Buchführung und Finanzberichte

Hans Peter Möller · Bernd Hüfner
Holger Ketteniß

Buchführung und Finanzberichte

Grundlagen, Theorie und Anwendung

5. Auflage

Springer Gabler

Hans Peter Möller
Aachen, Deutschland

Bernd Hüfner
Jena, Deutschland

Holger Ketteniß
Aachen, Deutschland

ISBN 978-3-658-20262-0   ISBN 978-3-658-20263-7   (eBook)
https://doi.org/10.1007/978-3-658-20263-7

Die Deutsche Nationalbibliothek verzeichnet diese Publikation in der Deutschen Nationalbibliografie; detaillierte bibliografische Daten sind im Internet über http://dnb.d-nb.de abrufbar.

Springer Gabler
1.-3.Aufl.: © Pearson Studium 2004, 2007, 2009
4. und 5.Aufl.: © Springer Fachmedien Wiesbaden 2012, 2018

Gedruckt auf säurefreiem und chlorfrei gebleichtem Papier

Springer Gabler ist Teil von Springer Nature
Die eingetragene Gesellschaft ist Springer Fachmedien Wiesbaden GmbH
Die Anschrift der Gesellschaft ist: Abraham-Lincoln-Str. 46, 65189 Wiesbaden, Germany

Vorwort zur 5. Auflage

Auf den ersten Blick scheinen Fragen der Buchführung in der Praxis unbedeutend zu werden. Viele Unternehmen lassen ihr Rechnungswesen von Dienstleistern durchführen. Andere verlegen die Arbeiten in fremde Länder, in denen die Lohnkosten niedriger sind. Durch diese Entwicklungen entsteht die Gefahr, dass sie über der Interpretation ihrer Finanzberichte dazu neigen, die grundlegenden Fragen der Konzeption und der Buchungstechnik zu verdrängen. Ähnliche Tendenzen findet man auch in der akademischen Lehre, wenn die Interpretation von Finanzberichten im Mittelpunkt von Betrachtungen steht. Wir Autoren streben dagegen mit dem vorliegenden Buch trotz dieser Entwicklungen eine grundlegende Ausbildung auf einem zentralen Gebiet des Rechnungswesens an.

Es wird versucht, theoretische Konzepte mit weitgehend einem einzigen praktischen Beispiel und dazu passenden Aufgaben zu verknüpfen. Das Werk wird mit seinem Übungsmaterial seit 2004 erfolgreich in der akademischen Lehre eingesetzt und seither ständig weiterentwickelt. Die gegenwärtige Auflage bezeichnen wir wiederum als von „Studenten getestet", soweit der Inhalt früherer Auflagen betroffen ist. Alle Anregungen von Dozenten und Studenten wurden im Text und bei den Fragen und Aufgaben berücksichtigt.

Das Buch enthält viele sich ergänzende Möglichkeiten, den Stoff erfolgreich zu erlernen:

- den Lehrtext mit vielen Beispielen,
- eine Menge von Kontrollfragen, die sich auf den Lehrtext beziehen
- sowie zahlreiche Übungsaufgaben mit ihren Ergebnissen.

Zum Aufbau des Buches

Das gesamte Buch wurde einer kritischen Durchsicht unterzogen. Dabei haben wir den Text an einigen Stellen verständlicher und klarer gefasst. Die Überarbeitung bezog sich auf alle Kapitel.

Arbeiten und Lernen mit diesem Buch

Jedes Kapitel enthält Beispiele zur Verdeutlichung und Vertiefung der theoretischen Aussagen und Übungsmaterial. Die meisten dieser Beispiele finden sich in eigenen Abschnitten, so dass man sie beim Lernen leicht überspringen oder bewusst auswählen kann. Das Übungsmaterial besteht aus Fragen mit Antworten, Kontrollfragen ohne Antworten und Übungsaufgaben. Die Fragen mit Antworten beziehen sich auf besonders wichtige Sachverhalte, die der Lernende unbedingt verstanden haben sollte. Die Kontrollfragen sollen der Prüfung dienen, ob der Lernende den Lehrtext verstanden hat. Die Übungsaufgaben stellen auf die Beispiele im Text ab; sie erweitern diese Beispiele aber auch. Am Ende des Buchs findet man neben einem Glossar Literaturhinweise, die sich in vielen Fällen nicht auf andere grundlegende Werke der Buchführung beziehen, sondern auf spezielle Veröffentlichungen zu einigen angesprochenen Punkten.

Danksagungen

Dank schulden die Autoren dem Verlag für die kompetente Unterstützung bei der Anfertigung des Buchs. Die Autoren danken insbesondere dem sehr sorgfältigen Lektor des Verlags und vielen anderen Lesern für ihre Unterstützung beim Beseitigen von Fehlern. Für Unklarheiten, die bisher nicht entdeckt und beseitigt wurden, übernehmen sie die volle Verantwortung.

Hans Peter Möller
Bernd Hüfner
Holger Ketteniß

Aachen, im Oktober 2017

Inhaltsübersicht

1 Zwecke und Zielgrößen der Finanzberichte von Unternehmen ... 1

1.1 Zwecke der Buchführung 3
1.2 Zielgrößen der Buchführung: Eigenkapital und Einkommen 10
1.3 Finanzberichte eines Unternehmens 27
1.4 Buchführung und Rechnungswesen im Beruf 29
1.5 Übungsmaterial 34

2 Regelungsgrundlagen zur Buchführung in Deutschland 39

2.1 Zweck und Art der Regelungen 40
2.2 Buchführungs- und Berichtspflicht nach deutschem Steuerrecht 42
2.3 Buchführungs- und Berichtspflicht nach deutschem Handelsgesetzbuch (ohne §315a dHGB) 46
2.4 Buchführungs- und Berichtspflicht nach deutschem Publizitätsgesetz 55
2.5 Buchführungs- und Berichtspflicht nach den *International Financial Reporting Standards* (*IFRS*) 57
2.6 Übungsmaterial 62

3 Systeme zur Messung von Eigenkapital und dessen Veränderungen 69

3.1 Definitionen von Eigenkapital und Eigenkapitalveränderungen 70
3.2 Deutsches Handelsgesetzbuch (dHGB) und *International Financial Reporting Standards* (*IFRS*) 78
3.3 Beispiel für die Abbildung von Ereignissen in Übersichten und in Finanzberichten 88
3.4 Übungsmaterial 104

4 System der doppelten Buchführung 111

4.1 Elemente des Systems 111
4.2 Zusammenhang zwischen den Elementen des Systems 123
4.3 Veranschaulichung des Systems am Beispiel 131
4.4 Vorläufige Saldenaufstellung 138
4.5 Korrigierte Saldenaufstellung: Berücksichtigung anderer relevanter Ereignisse 142
4.6 Aufspaltung des Eigenkapitals in Unterkonten 143
4.7 Übungsmaterial 154

5 Relevante Ereignisse während des Abrechnungszeitraums 165

5.1 Vorgänge während des Abrechnungszeitraums 166
5.2 Exkurs: Institutionelle Besonderheit in Deutschland bei Ausgaben für Personal 177
5.3 Konsequenzen der Umsatzsteuer für die Buchführung 180

5.4   Behandlung von Einnahmen und Ausgaben während des
      Abrechnungszeitraums im Beispiel 183
5.5   Kennzahlen zur Entscheidungsunterstützung 209
5.6   Übungsmaterial 210

6   Relevante Ereignisse zum Ende des Abrechnungszeitraums 225
6.1   Grundlagen 225
6.2   Realisierte Ereignisse im Zusammenhang mit einer Marktleistungsabgabe . . 226
6.3   Realisierte Ereignisse im Zusammenhang mit der Periodisierung von
      Zahlungen 236
6.4   Unrealisierte Ereignisse, deren Einkommenskonsequenzen vorweg-
      genommen werden 242
6.5   Ein Beispiel für Buchungen am Ende des Abrechnungszeitraums 245
6.6   Korrigierte Saldenaufstellung und Finanzberichte 248
6.7   Ethische Probleme bei vermögensorientierter Buchführung 254
6.8   Übungsmaterial 255

7   Ermittlung von Finanzberichten 273
7.1   Grundlagen 273
7.2   Einfluss der Struktur von Finanzberichten auf den Arbeitsumfang 275
7.3   Vorgehen bei der Erstellung von Finanzberichten 284
7.4   Beispiele für die Erstellung von Finanzberichten 292
7.5   Entscheidungsunterstützung: einige Bilanzkennzahlen 309
7.6   Übungsmaterial 310

Literaturverzeichnis **327**

Glossar **329**

Sachverzeichnis **351**

Inhaltsverzeichnis

1   Zwecke und Zielgrößen der Finanzberichte von Unternehmen . . . 1

1.1   Zwecke der Buchführung 3
    1.1.1   Information des Unternehmers 3
    1.1.2   Information über Eigenkapital, Einkommen und Eigenkapitaltransfers . . 5
    1.1.3   Informationsabhängigkeit von Rechtsform und Organisationsstruktur . . 6
1.2   Zielgrößen der Buchführung: Eigenkapital und Einkommen 10
    1.2.1   Abbildungsmöglichkeiten 10
        1.2.1.1   Inhaltliche Möglichkeiten 10
        1.2.1.2   Formale Möglichkeiten 12
    1.2.2   Demonstration der Zahlungsorientierung und der
        Vermögensorientierung am Beispiel 13
    1.2.3   Regelsysteme für das betriebswirtschaftliche Rechnungswesen 18
    1.2.4   Allgemeine Anforderungen 20
        1.2.4.1   Unternehmensbezogene Anforderungen 21
        1.2.4.2   Buchführungsbezogene Anforderungen 24
1.3   Finanzberichte eines Unternehmens 27
1.4   Buchführung und Rechnungswesen im Beruf 29
1.5   Übungsmaterial 34
    1.5.1   Fragen mit Antworten 34
    1.5.2   Verständniskontrolle 35
    1.5.3   Aufgaben zum Selbststudium 35

2   Regelungsgrundlagen zur Buchführung in Deutschland 39

2.1   Zweck und Art der Regelungen 40
2.2   Buchführungs- und Berichtspflicht nach deutschem Steuerrecht 42
    2.2.1   Regelungen für Unternehmen auf Basis einer einzigen rechtlich
        selbstständigen Wirtschaftseinheit 42
        2.2.1.1   Buchführungspflicht 42
        2.2.1.2   Berichtspflicht 45
    2.2.2   Zusätzliche Regelungen für Konzerne 45
2.3   Buchführungs- und Berichtspflicht nach deutschem Handelsgesetzbuch
    (ohne §315a dHGB) 46
    2.3.1   Regelungen für Unternehmen auf Basis einer einzigen rechtlich
        selbstständigen Wirtschaftseinheit 46
        2.3.1.1   Buchführungspflicht 46
        2.3.1.2   Berichtspflicht 48
    2.3.2   Zusätzliche Regelungen für Konzerne 51
        2.3.2.1   Buchführungspflicht 52
        2.3.2.2   Berichtspflicht 53
2.4   Buchführungs- und Berichtspflicht nach deutschem Publizitätsgesetz 55
    2.4.1   Regelungen für Unternehmen als eine einzige rechtlich selbstständige
        Wirtschaftseinheit 55

                2.4.1.1   Buchführungspflicht 55

                2.4.1.2   Berichtspflicht 55

       2.4.2   Zusätzliche Regelungen für Konzerne 56

                2.4.2.1   Buchführungspflicht 56

                2.4.2.2   Berichtspflicht 56

2.5   Buchführungs- und Berichtspflicht nach den *International Financial Reporting Standards* (*IFRS*) 57

       2.5.1   Regelungen für Unternehmen als eine einzige rechtlich selbstständige Wirtschaftseinheitt 59

                2.5.1.1   Buchführungspflicht 59

                2.5.1.2   Berichtspflicht 60

       2.5.2   Zusätzliche Regelungen für Konzerne 60

                2.5.2.1   Buchführungspflicht 60

                2.5.2.2   Berichtspflicht 61

2.6   Übungsmaterial 62

       2.6.1   Fragen mit Antworten 62

       2.6.2   Verständniskontrolle 63

       2.6.3   Aufgaben zum Selbststudium 65

3   Systeme zur Messung von Eigenkapital und dessen Veränderungen **69**

3.1   Definitionen von Eigenkapital und Eigenkapitalveränderungen 70

       3.1.1   Definitionen des Eigenkapitals 70

                3.1.1.1   Allgemeine Definitionen 70

                3.1.1.2   Spezielle Definitionen 71

       3.1.2   Definitionen von Eigenkapitalveränderungen 73

                3.1.2.1   Allgemeine Definitionen 73

                3.1.2.2   Spezielle Definitionen 77

3.2   Deutsches Handelsgesetzbuch (dHGB) und *International Financial Reporting Standards* (*IFRS*) 78

       3.2.1   Wichtige Regelungen des dHGB 78

                3.2.1.1   Herkunft, Zweck und Aufbau des dHGB 78

                3.2.1.2   Zahlungen als Grundlage der Buchführung nach dHGB 79

                3.2.1.3   Zahlungen im Zusammenhang mit der Beschaffung von Vermögensgegenständen oder Fremdkapital im dHGB 80

                3.2.1.4   Zahlungen im Zusammenhang mit der Verwertung oder Nutzung von Vermögensgegenständen und Fremdkapitalposten im dHGB 81

                3.2.1.5   Probleme im Zusammenhang mit den unterschiedlichen Typen von Ein- und Auszahlungen 83

       3.2.2   Wichtige Regelungen der *IFRS* 85

                3.2.2.1   Herkunft, Zweck und Aufbau der *IFRS* 85

                3.2.2.2   Zahlungen als Grundlage der Buchführung nach *IFRS* 86

                3.2.2.3   Zahlungen im Zusammenhang mit der Beschaffung von *assets* oder Fremdkapital 86

3.2.2.4 Zahlungen im Zusammenhang mit der Verwertung oder
Nutzung von *assets* oder Fremdkapital 86
3.2.2.5 Probleme im Zusammenhang mit den unterschiedlichen
Typen von Ein- und Auszahlungen 88
3.3 Beispiel für die Abbildung von Ereignissen in Übersichten und in
Finanzberichten 88
3.3.1 Abbildung in Übersichten 88
3.3.2 Abbildung in Finanzberichten 98
3.4 Übungsmaterial 104
3.4.1 Fragen mit Antworten 104
3.4.2 Verständniskontrolle 104
3.4.3 Aufgaben zum Selbststudium 105

4 System der doppelten Buchführung 111
4.1 Elemente des Systems 111
4.1.1 Bilanz- und Einkommensrechnungsposten 112
4.1.1.1 Wichtige Postenarten 113
4.1.1.2 Kontenplan und Kontenrahmen 116
4.1.2 Relevante Ereignisse 119
4.1.3 Kontenformen 121
4.2 Zusammenhang zwischen den Elementen des Systems 123
4.2.1 Grundlagen 123
4.2.2 Standardisierung des Inhalts von Konten mit getrennten Spalten
für „Zugang" und „Abgang" 125
4.2.3 Standardisierung der Dokumentation im Journal 126
4.2.4 Ausführung des Buchungssatzes auf Konten 129
4.2.5 Stichtagsorientierte Übernahme der Daten für oder aus
Finanzberichten 130
4.3 Veranschaulichung des Systems am Beispiel 131
4.3.1 Analyse, Journaleintrag und Konteneintrag von Geschäftsvorfällen .. 131
4.3.2 Ermittlung der Kontensalden 137
4.4 Vorläufige Saldenaufstellung 138
4.4.1 Grundlagen 138
4.4.2 Fehlersuche mit Hilfe der vorläufigen Saldenaufstellung 140
4.4.3 „Normale" Salden von Konten 141
4.5 Korrigierte Saldenaufstellung: Berücksichtigung anderer relevanter
Ereignisse 142
4.6 Aufspaltung des Eigenkapitals in Unterkonten 143
4.6.1 Grundlagen 143
4.6.2 Verdeutlichung am Beispiel 144
4.6.2.1 Buchung von Geschäftsvorfällen 145
4.6.2.2 Konteninhalte und Kontenstände nach den Buchungen 152
4.6.2.3 Vorläufige Saldenaufstellung 154
4.7 Übungsmaterial 154
4.7.1 Fragen mit Antworten 154

4.7.2   Verständniskontrolle 155
4.7.3   Aufgaben zum Selbststudium 157

5   Relevante Ereignisse während des Abrechnungszeitraums 165
5.1   Vorgänge während des Abrechnungszeitraums 166
   5.1.1   Grundlagen 166
      5.1.1.1   Handhabung bei Unternehmen, die nur nicht-lagerfähige
             Dienstleistungen herstellen und verkaufen 168
      5.1.1.2   Handhabung bei Unternehmen, die lagerfähige
             Vermögensgüter herstellen und verkaufen 169
   5.1.2   Umsatzaufwendungen laufend erfassen oder einmalig je
      Abrechnungszeitraum? 174
5.2   Exkurs: Institutionelle Besonderheit in Deutschland bei Ausgaben für
   Personal 177
5.3   Konsequenzen der Umsatzsteuer für die Buchführung 180
5.4   Behandlung von Einnahmen und Ausgaben während des Abrechnungs-
   zeitraums im Beispiel 183
   5.4.1   Beispiel für den Einkauf und Verkauf von Handelsware (ohne
      Umsatzsteuer) 183
      5.4.1.1   Einkauf mit Rabatt und teilweiser Warenrücksendung 183
      5.4.1.2   Verkauf mit Preisnachlass und teilweiser Rücknahme 187
   5.4.2   Beispiel für die Behandlung von Ausgaben für Personal 192
   5.4.3   Beispiel eines Unternehmens, das nur nicht-lagerfähige
      Dienstleistungen verkauft (ohne Umsatzsteuer) 193
   5.4.4   Beispiel eines Unternehmens, das lagerfähige Vermögensgüter
      verkauft (ohne Umsatzsteuer) 194
   5.4.5   Exkurs: Einkommensermittlung und Zurechnungsprinzipien 199
   5.4.6   Beispiele für die Berücksichtigung der Umsatzsteuer 205
      5.4.6.1   Mehrwertsteuer beim Einkauf von Vermögensgütern oder
             Dienstleistungen 206
      5.4.6.2   Mehrwertsteuer beim Verkauf von Vermögensgütern oder
             Dienstleistungen 208
      5.4.6.3   Mehrwertsteuer beim „Eigenverbrauch" 209
5.5   Kennzahlen zur Entscheidungsunterstützung 209
5.6   Übungsmaterial 210
   5.6.1   Fragen mit Antworten 210
   5.6.2   Verständniskontrolle 212
   5.6.3   Aufgaben zum Selbststudium 214

6   Relevante Ereignisse zum Ende des Abrechnungszeitraums 225
6.1   Grundlagen 225
6.2   Realisierte Ereignisse im Zusammenhang mit einer Marktleistungsabgabe . . 226
   6.2.1   Anpassung der Kontostände an die Ergebnisse einer Inventur 226
   6.2.2   Auseinanderfallen von Zahlung und Einkommenswirkung 227

        6.2.2.1   Aufwandswirkung nach Zahlungswirkung 229
        6.2.2.2   Ertragswirkung nach Zahlungswirkung 230
        6.2.2.3   Ertragswirkung vor Zahlungswirkung 232
        6.2.2.4   Aufwandswirkung vor Zahlungswirkung 233
        6.2.2.5   Zusammenfassung der Buchungen bei Auseinanderfallen
                  von Zahlung und Einkommenswirkung 236
   6.3   Realisierte Ereignisse im Zusammenhang mit der Periodisierung von
         Zahlungen 236
   6.4   Unrealisierte Ereignisse, deren Einkommenskonsequenzen vorweg-
         genommen werden 242
        6.4.1   Niedrigerer Börsenwert, Marktwert oder beizulegender Wert von
                Aktiva und höherer Wert von Passiva nach dHGB 242
        6.4.2   Absehbare zukünftige Verluste nach dHGB 243
   6.5   Ein Beispiel für Buchungen am Ende des Abrechnungszeitraums 245
   6.6   Korrigierte Saldenaufstellung und Finanzberichte 248
        6.6.1   Korrektur der vorläufigen Saldenaufstellung 248
        6.6.2   Aufstellung von Finanzberichten aus der korrigierten
                Saldenaufstellung 249
   6.7   Ethische Probleme bei vermögensorientierter Buchführung 254
   6.8   Übungsmaterial 255
        6.8.1   Fragen mit Antworten 255
        6.8.2   Verständniskontrolle 256
        6.8.3   Aufgaben zum Selbststudium 258

7   **Ermittlung von Finanzberichten** **273**
   7.1   Grundlagen 273
   7.2   Einfluss der Struktur von Finanzberichten auf den Arbeitsumfang 275
        7.2.1   Einkommensrechnung 275
        7.2.2   Eigenkapitaltransferrechnung 276
        7.2.3   Eigenkapitalveränderungsrechnung 277
        7.2.4   Bilanz 277
        7.2.5   Anlagespiegel 281
        7.2.6   Kapitalflussrechnung 281
   7.3   Vorgehen bei der Erstellung von Finanzberichten 284
        7.3.1   Einkommensrechnung 284
        7.3.2   Eigenkapitaltransferrechnung 285
        7.3.3   Eigenkapitalveränderungsrechnung 286
        7.3.4   Bilanz 286
        7.3.5   Anlagespiegel 287
        7.3.6   Kapitalflussrechnung 287
   7.4   Beispiele für die Erstellung von Finanzberichten 292
        7.4.1   Einkommensrechnung 292
        7.4.2   Eigenkapitaltransferrechnung 294
        7.4.3   Eigenkapitalveränderungsrechnung 296
        7.4.4   Bilanz 296

7.4.5   Anlagespiegel 299
7.4.6   Kapitalflussrechnung 299
7.5   Entscheidungsunterstützung: einige Bilanzkennzahlen 309
7.6   Übungsmaterial 310
7.6.1   Fragen mit Antworten 310
7.6.2   Verständniskontrolle 311
7.6.3   Aufgaben zum Selbststudium 313

Literaturverzeichnis 327

Glossar 329

Sachverzeichnis 351

1 Zwecke und Zielgrößen der Finanzberichte von Unternehmen

Lernziele

Nach dem Studium dieses Kapitels sollten Sie in der Lage sein,

- die Rollen der Buchführung und des betriebswirtschaftlichen Rechnungswesens in Unternehmen zu verstehen,
- die Bedeutung von Buchführungszahlen im Rahmen des Rechnungswesens für Unternehmer zu erkennen, sowohl in der Rolle von Unternehmensleitern als auch in der von Eigenkapitalgebern,
- einige Fachbegriffe der Buchführung und der Betriebswirtschaftslehre verwenden zu können,
- einige Anforderungen zu kennen, die üblicherweise an Informationsinstrumente gestellt werden, insbesondere an Instrumente zur Darstellung von Eigenkapital und Einkommen,
- ein Verständnis dafür zu erlangen, wie die Finanzberichte, insbesondere eine Bilanz und die Veränderungsrechnungen des Eigenkapitals (Einkommensrechnung und Eigenkapitaltransferrechnung), aussehen und
- zu wissen, welche beruflichen Möglichkeiten sich bei Kenntnis der Buchführung und des betriebswirtschaftlichen Rechnungswesens ergeben.

Überblick

Der Inhalt des Kapitels dient der Darstellung wichtiger Zwecke und Zielgrößen der Buchführung im Rahmen des betriebswirtschaftlichen Rechnungswesens. Allgemein gesprochen stellt die Buchführung ein Instrument zur organisierten Abbildung der finanziellen Lage eines Unternehmens aus Sicht des Unternehmers oder der Unternehmer dar. Wir unterstellen der Einfachheit halber zunächst, der Unternehmer sei eine einzige Person. Später unterscheiden wir Fälle, in denen wir den Unternehmer in zwei Rollen sehen, möglicherweise auch als viele unterschiedliche Personen. Der Unternehmer leitet nicht nur das Unternehmen, er gibt auch freiwillig Kapital in das Unternehmen. Dies tut er ohne einen formalen Anspruch auf Rückzahlung. Wenn das Unternehmen von anderen Personen geleitet wird als von denjenigen, die das Kapital einbringen, bezeichnen wir die eine Personengruppe als Manager und die andere als Eigenkapitalgeber.

Für andere Personengruppen mit direkten rechtlichen Ansprüchen gegenüber dem Unternehmen, beispielsweise Beschäftigten oder Banken, bei denen das Unternehmen ein Darlehen aufgenommen hat, liefert die Buchführung nur mittelbare Informationen. Die rechtlichen Ansprüche dieser Personengruppen werden gegenüber denjenigen des Unternehmers vorrangig bedient, da der Unternehmer sich mit dem zufrieden geben muss, was nach Ausgleich aller formalen Ansprüche Fremder übrig bleibt.

Die Abbildung der finanziellen Lage kann auf den Betrag ausgerichtet sein, der dem Unternehmer zu einem Zeitpunkt aus dem Unternehmen zustünde. Diesen Betrag nennen wir Eigenkapital. Sie kann auch auf den Betrag abzielen, der in einem Zeitraum durch die Unternehmenstätigkeit (und nicht durch finanzielle Transaktionen zwischen dem Unternehmer und dem Unternehmen) entstanden ist oder vernichtet wird. Diesen Betrag nennen wir Einkommen. Ist das Einkommen positiv, sprechen wir von Gewinn, ist es negativ, von Verlust. Eigenkapital- und Einkommensaspekte werden in diesem Buch gemeinsam behandelt, aber in verschiedenen Finanzberichten dargestellt, in der Bilanz und in den Rechnungen über die Veränderungen des Eigenkapitals, die aus einer Einkommensrechnung und einer Eigenkapitaltransferrechnung bestehen. Die Eigenkapitaltransferrechnung enthält alle Veränderungen des Eigenkapitals, die aus Aktionen zwischen dem Unternehmen und dem oder den Unternehmern stattfinden. Die Einkommensrechnung bildet dagegen alle Ereignisse ab, die zwischen dem Unternehmen und der Umwelt mit Ausnahme des oder der Unternehmer stattfinden. Darüber hinaus wird in der Kapitalflussrechnung die Liquiditätslage des Unternehmens beschrieben.

Im ersten Kapitel geht es zunächst darum, welche Informationen man mit der Buchführung ermitteln möchte. Im Vordergrund der Darstellung steht dabei der Zweck, den Unternehmer zu informieren. Es wird unterstellt, dieser sei hauptsächlich an der Ermittlung des ihm zustehenden Eigenkapitals des Unternehmens und an der Ermittlung des auf ihn entfallenden Einkommens des Unternehmens interessiert. Eigenkapital und Einkommen von Unternehmen kann man daher als die Zielgrößen der Buchführung und des betriebswirtschaftlichen Rechnungswesens betrachten. Das gesamte Vorgehen der Buchführung stellt auf die Ermittlung dieser beiden Größen ab.

Der Aussagegehalt des errechneten Eigenkapitals und Einkommens von Unternehmen hängt davon ab, wie man die Ermittlung dieser Eigenkapital- und Einkommensgrößen vornimmt. Eine besondere Rolle spielen dabei die Annahmen, die man über das Unternehmen trifft sowie über die Eigenschaften, die man sich von den Darstellungen wünscht. Derartige Überlegungen muss man angestellt haben, wenn man sinnvoll und vollständig Buchführung betreiben möchte. Üblicherweise werden solche Gedanken aber nicht der Buchführung, sondern dem betriebswirtschaftlichen Rechnungswesen zugeordnet. Wir wollen in diesem Buch verstehen, wie die Buchführung funktioniert. Deswegen befassen wir uns auch mit den Teilen des betriebswirtschaftlichen Rechnungswesens, die eine Grundlage der Buchführung darstellen.

Die Zahlen der Buchführung werden zu Finanzberichten zusammengefasst. Wir wollen nicht darüber streiten, ob man solche Finanzberichte der Buchführung oder dem betriebswirtschaftlichen Rechnungswesen zuordnet. Wir betrachten alles, was zum Verständnis der Buchführung und zur Erstellung der Finanzberichte notwendig erscheint. In einem weiteren Abschnitt des Kapitels geben wir beispielhaft für ein Unternehmen die wichtigen mit der Buchführung zusammenhängenden Finanzberichte an.

Der vorletzte Abschnitt des Kapitels führt die Berufschancen im Bereich der Buchführung und des betriebswirtschaftlichen Rechnungswesens kurz auf. Im Unternehmen zählen dazu der Beruf des Buchhalters ebenso wie die vielen Tätigkeiten in der kaufmännischen Unternehmensleitung. Außerhalb von Unternehmen ist an alle zu denken, die von der Geschäftsführung ausgeschlossen sind, an den Anteilseigner ebenso wie an den Steuerberater, an den sogenannten Wirtschaftsprüfer und an den Unternehmensberater.

Im letzten Abschnitt des Kapitels wird Übungsmaterial angeboten: Fragen zum Inhalt mit Antworten, Fragen zur Verständniskontrolle ohne Antworten und einige Aufgaben zum Selbststudium mit Ergebnissen.

Wir haben kurz erwähnt, dass die Begriffe *betriebswirtschaftliches Rechnungswesen* und *Buchführung* nicht miteinander verwechselt werden sollten. *Betriebswirtschaftliches Rechnungswesen* ist der umfassende Begriff. Mit *Buchführung* wird bei enger Begriffsabgrenzung der Teil des *betriebswirtschaftlichen Rechnungswesens* beschrieben, in dem es primär um die Prozesse der organisierten Erfassung und Aufzeichnung ökonomisch relevanter Vorgänge geht. Wir verwenden den Begriff hier jedoch in einem umfassenderen Sinn, der auch die Erstellung von Finanzberichten einschließt.

1.1 Zwecke der Buchführung

1.1.1 Information des Unternehmers

Die Buchführung lässt sich zusammen mit dem betriebswirtschaftlichen Rechnungswesen als ein Informationsinstrument von Unternehmern auffassen. Darin werden die finanziellen Konsequenzen von Entscheidungen und Ereignissen im Unternehmen aus der Sicht des Unternehmers abgebildet. Die Abbildungen werden zu Finanzberichten zusammengefasst und spätestens dann Entscheidungsträgern im Unternehmen unterbreitet.[1] In ihnen wird in Geldeinheiten über das Unternehmen berichtet. Die Berichte liefern Informationen über die Vergangenheit und – wesentlich wichtiger – über die Zukunft. Sie sollen helfen, gute Entscheidungen als Unternehmer zu treffen, die sich beispielsweise bei den Fragen der Unternehmensführung stellen könnten: „Wie viel Kapital steckt in meinem Unternehmen? Wie groß war der Gewinn des abgelaufenen Jahres? Macht mein Unternehmen immer noch Gewinn? Soll ich zusätzliches Personal einstellen? Verdiene ich genug Geld, um meine Miete zahlen zu können? Muss ich zusätzliches Kapital von fremden Personen oder Institutionen aufnehmen?" – Antworten auf solche einfach klingenden Fragen werden zur Beurteilung und Steuerung von Unternehmen benötigt, können aber nur nach mühsamen Rechnungen unter bestimmten Annahmen gegeben werden. Im Rahmen ihres Rechnungswesens sammeln Unternehmer daher Informationen über ihr Unternehmen, insbesondere berücksichtigen sie dabei alle Ein- und Auszahlungen. Sie hoffen, daraus Antworten auf solche und andere Fragen ermitteln zu können. Abbildung 1.1, Seite 4, verdeutlicht die Rolle des betriebswirtschaftlichen Rechnungswesens eines Unternehmens in einem Entscheidungskontext. Die Striche mit den Pfeilenden kennzeichnen darin den Informationsfluss.

Betriebswirtschaftliches Rechnungswesen zur Dokumentation der Unternehmenstätigkeit und zur Entscheidungsunterstützung von Unternehmern

---

[1] In der deutschsprachigen Literatur ist es bisher üblich, in Anlehnung an das deutsche Handelsgesetzbuch vom Jahresabschluss zu sprechen. Darunter werden traditionell eine *Bilanz*, eine *Gewinn- und Verlustrechnung* sowie ein *Anhang* verstanden. Angesichts der zunehmenden Ausweitung der Berichtspflichten auf zusätzliche Rechenwerke und wegen der Forderung nach einer Berichterstattung für kürzere Zeiträume als ein Jahr wird hier nicht mehr vom *Jahresabschluss* gesprochen, sondern allgemein von *Finanzberichten*.

Hauptzweck: Information über die Eigenkapital- und Einkommenskonsequenzen aller Ereignisse, die den Unternehmer berühren

Die Buchführung eines Unternehmens dokumentiert die finanziellen Konsequenzen von Ereignissen, die den Unternehmer berühren, letztlich, um das ihm zustehende Eigenkapital zu einem Zeitpunkt und sein Einkommen während eines Zeitraums zu bestimmen. Eigenkapital und Einkommen sind Größen, die man nicht messen, sondern nur errechnen kann. Unternehmer haben keine andere Möglichkeit, solche Zahlen zu ermitteln, als die in der Buchführung und im betriebswirtschaftlichen Rechnungswesen aufgezeigten. Die Ereignisse, deren Konsequenzen im Rahmen der Buchführung abgebildet werden, bezeichnet man als die für die Buchführung relevanten Ereignisse. Der Unternehmer selbst beziehungsweise seine Manager arbeiten mit diesen Zahlen. Sie benutzen sie zur Festsetzung finanzieller Ziele und zur Steuerung des Zielerreichungsprozesses.

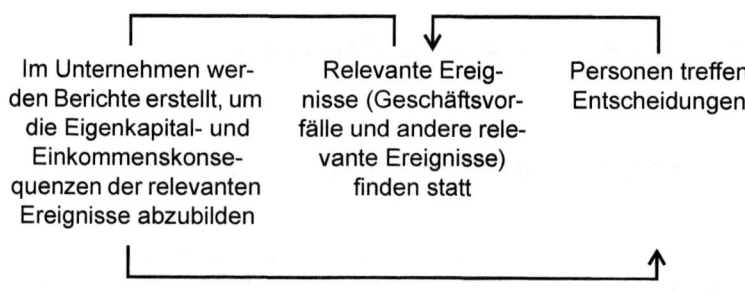

Im Unternehmen werden Berichte erstellt, um die Eigenkapital- und Einkommenskonsequenzen der relevanten Ereignisse abzubilden

Relevante Ereignisse (Geschäftsvorfälle und andere relevante Ereignisse) finden statt

Personen treffen Entscheidungen

Abbildung 1.1: Buchführung und betriebswirtschaftliches Rechnungswesen im Entscheidungskontext eines Unternehmens

Nebenzweck: Information auch für andere Personengruppen und Behörden

Viele Personen oder Institutionen, die Entscheidungen treffen – im Rahmen der Entscheidungslehre auch als Entscheidungsträger bezeichnet – benötigen darüber hinaus Informationen, wie sie die Buchführung liefert. Dies gilt für Privatleute ebenso wie für Investoren am Kapitalmarkt, die über die Anlage in Aktien auf der Basis erwarteter Renditen und Risiken entscheiden. Sie analysieren die Finanzberichte der hinter den Aktien stehenden Unternehmen. Ähnliches gilt für Kreditgeber. Darüber hinaus verpflichten die Steuerbehörden vieler Länder ihre Unternehmen sogar dazu, ein Rechnungswesen nach steuerrechtlichen Regeln zu betreiben, aus dem sich die Höhe vieler Steuerarten errechnet.

Unternehmensexterne und unternehmensinterne Adressaten

Die gerade verwendeten Formulierungen betreffen zum Teil Unternehmen, in denen keine Übereinstimmung zwischen den Personen besteht, die das Unternehmen leiten, und denen, die es mit Eigenkapital versorgen. In solchen Fällen gibt es nicht mehr nur einen einzigen Unternehmer; seine Rolle als Unternehmensleiter und Investor entfällt auf das Management und auf die Anteilseigner.[2] Dann kann man zwischen unternehmensinternen und unternehmensexternen Nutzern unterscheiden. Unternehmensinterne Nutzer sind diejenigen, welche Entscheidungen im Unternehmen treffen, unternehmensexterne sind all diejenigen, die von der Unternehmensleitung ausgeschlossen sind. Dementsprechend lässt sich auch das betriebswirtschaftliche Rechnungswesen mit der Buchführung in zwei Bereiche unterteilen. Einer dieser Bereiche betrifft den nur für die Unternehmenssteuerung gedachten Bereich und ein anderer denjenigen, der an Außenstehende weitergegeben wird. Daraus folgt die

---

[2]   Die aus einer solchen Rollenverteilung des Unternehmers resultierenden Probleme wurden erstmals ausführlich von Berle, A.A./Means, G.C. (1932) beschrieben.

Unterscheidung zwischen dem internen Rechnungswesen und dem externen Rechnungswesen. Während das externe Rechnungswesen hauptsächlich auf die Informationsbedürfnisse unternehmensexterner Eigenkapitalgeber ausgerichtet sein sollte, dient das interne Rechnungswesen vorwiegend der Entscheidungsunterstützung unternehmensinterner Entscheidungsträger.

Soweit die Buchführung und das betriebswirtschaftliche Rechnungswesen zur Informationsvermittlung an Gruppen dienen, die von der Unternehmensführung ausgeschlossen sind und keine rechtlichen Ansprüche besitzen, haben sie auch ethischen Normen zu genügen. Das gilt insbesondere für Situationen, in denen es dem Informanten, hier der Unternehmensleitung, unangenehm ist, Informationen preiszugeben. Zu denken ist beispielsweise an die Information von Managern in Situationen, in denen Unternehmen wegen der Schaffung und Ausnutzung monopolähnlicher Marktstellungen und demzufolge hohen Gewinnen die Zerschlagung droht. Ein ähnliches Beispiel liegt vor, wenn die Geschäfte sehr schlecht „gelaufen" sind und die Unternehmensleitung daher befürchten muss, abgelöst zu werden. In solchen Fällen kann das Management geneigt sein, Informationen des Rechnungswesens, die nach außen gegeben werden, in seinem Sinne zu verzerren. Die Verlockung dazu ist umso größer, je höher die finanziellen Konsequenzen der Probleme für die Unternehmensleitung sind.

Gefahr in Unternehmen durch „unsaubere" Informationspolitik der Unternehmensleitung gegenüber Außenstehenden

Unternehmen versuchen solche ethischen Probleme durch Bindung der Unternehmensleitung an interne Verhaltenskodizes oder durch Rollenvereinigung zu minimieren. Von einer Rollenvereinigung kann man beispielsweise sprechen, wenn man durch geeignete Maßnahmen die Manager teilweise in die Rolle von Anteilseignern versetzt, indem man ihnen den Aktienkauf attraktiv anbietet. Außenstehende Interessenten, z.B. institutionelle Anleger, versuchen ebenfalls, Fehlinformationen seitens der Unternehmensleitungen zu vermeiden, z.B. dadurch, dass sie dem Management die Einhaltung bestimmter Verhaltensregelungen nahelegen.[3] Auch der Berufsstand derer, die das Rechnungswesen von Gesellschaften im Interesse Außenstehender prüfen, in Deutschland der Berufsstand der Wirtschaftsprüfer in der Rolle als Finanzberichtprüfer, in den USA derjenige der *Certified Public Accountants* in der Rolle des *Auditors*, hat es sich zur Aufgabe gemacht, bei seinen Prüfungen ethische Gesichtspunkte zu beachten.

Lösungsvorschlag: Bindung der Informationsproduzenten an Verhaltensregeln oder Einsetzung in die Eigenkapitalgeberrolle

1.1.2 Information über Eigenkapital, Einkommen und Eigenkapitaltransfers

Ein wesentlicher Zweck der Buchführung und des betriebswirtschaftlichen Rechnungswesens besteht darin, die finanzielle Lage des Unternehmens darzustellen. Dazu sind die vom Unternehmer im Unternehmen eingesetzten Mittel, das Eigenkapital, ebenso zu bestimmen wie das Wachstum dieser Mittel im Rahmen der Unternehmenstätigkeit. Die aus der Unternehmenstätigkeit erwachsende Veränderung der vom Unternehmer eingesetzten Mittel wird im vorliegenden Buch als Einkommen bezeichnet. Darüber hinaus verändert sich das Eigenkapital durch Eigenkapitaltransfers. Darunter verstehen wir Einlagen und Entnahmen

Eigenkapital und seine Veränderungen: Einkommen und Eigenkapitaltransfers

---

[3]   So können beispielsweise Wertpapierfonds vom Management eines Unternehmens die Einhaltung eines vorgegebenen Verhaltens verlangen, bevor sie Aktien dieses Unternehmens kaufen.

der Unternehmer aus ihrem privaten Bereich in das Unternehmen oder aus dem Unternehmen in ihren privaten Bereich. Wir verwenden damit in diesem Buch die Bestandsgröße Eigenkapital mit den Veränderungsgrößen Einkommen und Eigenkapitaltransfers.

Begriffsvielfalt in der Literatur

Während der Begriff des Eigenkapitals in der Literatur weitgehend akzeptiert ist, erscheinen für den Begriff des Einkommens viele unterschiedliche Ausdrücke. Wir verwenden den Begriff *Einkommen* für die vielen Bezeichnungen, die etwas Ähnliches aussagen sollen. Im deutschen Steuerrecht beispielsweise werden dafür die Bezeichnungen *Einkommen aus Gewerbebetrieb* und *Gewinn* beziehungsweise *Verlust* gebildet. Das *Einkommen aus Gewerbebetrieb* kann positiv, null oder negativ sein. Im deutschen Handelsrecht werden die Begriffe *Jahresüberschuss* und *Konzernjahresüberschuss* verwendet, wenn das Einkommen positiv ist. Die Begriffe *Jahresfehlbetrag* und *Konzernjahresfehlbetrag* zieht man heran, wenn es negativ ist. In der Betriebswirtschaftslehre werden auch die Begriffe *Erfolg* und *Ergebnis* benutzt. Sind diese Größen positiv, wird von *Gewinn*, sonst von *Verlust* gesprochen. In der englischen Sprache haben sich im Zusammenhang mit dem Einkommen die Begriffe *net income*, *net loss*, *profit* und *loss* eingebürgert.

Eigenkapital und Einkommen als Steuerungsgrundlage

Insbesondere in großen Unternehmen benötigt man Hilfsmittel zur Beurteilung von Investitionen, von Standorten, von Beschäftigten sowie zur Planung von anderen Entscheidungen. Die Buchführung und das betriebswirtschaftliche Rechnungswesen können der Unternehmensleitung helfen, das Unternehmen zu steuern, wenn die Steuerung an den vom Unternehmer eingesetzten Mitteln und an deren Mehrung oder Minderung durch die Unternehmenstätigkeit orientiert ist. Andere, nicht finanzielle Ziele des Unternehmers bleiben unberücksichtigt.

Einkommen zur Bestimmung einkommensabhängiger Zahlungen

Das Einkommen dient nicht nur der Unternehmenssteuerung, sondern auch der Bestimmung einkommensabhängiger Zahlungen; man denke beispielsweise an einkommensabhängige Tantiemen oder einkommensabhängige Beiträge.und Abgaben.

1.1.3 Informationsabhängigkeit von Rechtsform und Organisationsstruktur

Ausgestaltung des finanziellen Rechnungswesens abhängig von mehreren Einflussgrößen

Die handelsrechtliche Pflicht zur Buchführung und die Art der Ausgestaltung der Buchführung hängen in Deutschland unter anderem davon ab, wie groß das Unternehmen ist und in welcher Rechtsform oder in welchem Kontext es betrieben wird. Im Wesentlichen kann man hinsichtlich der Buchführungspflicht zwei Größenklassen, drei grundlegend verschiedene Typen von Rechtsformen sowie zwei Kontextsituationen voneinander unterscheiden.

Mindestgröße für Buchführungspflicht

Hinsichtlich der Größe sieht das dHGB nach § 241a dHGB eine Buchführungspflicht nur für Unternehmen vor, die an zwei aufeinanderfolgenden Bilanzstichtagen jeweils einen Umsatz von mehr als 600 000 Euro und einen Gewinn von mehr als 60 000 Euro vorweisen. Für kleinere Unternehmen besteht keine handelsrechtliche Buchführungspflicht.

Rechtsformbezogene Buchführungspflicht

Bezüglich der Rechtsform unterscheidet das dHGB das von einem einzelnen Unternehmer in einer einzigen Rechtsform geführte Unternehmen, diverse Formen von Personengesellschaften, teilweise mit Haftungsbegrenzung einzelner Gesellschafter, und die Kapitalgesellschaft mit genereller Haftungsbegrenzung in Form der Gesellschaft mit beschränkter

Haftung (GmbH), der Aktiengesellschaft (AG) und der eingetragenen Genossenschaft (eG). Darüber hinaus gibt es Mischformen wie die Kommanditgesellschaft auf Aktien (KGaA), die hier nicht weiter angesprochen werden. Für Konzerne, die aus einem führenden wirtschaftlich selbstständigen Unternehmen bestehen, das Anteile an wirtschaftlich unselbstständigen Unternehmen besitzt, gibt es keine Buchführungspflicht. Die Unterschiede hängen damit zusammen, dass die Betreiber eines Unternehmens je nach dessen Rechtsform in einer anderen Rolle mit jeweils unterschiedlichem Informationsbedarf stecken. Die europäischen Regeln zur Buchführung und Rechnungslegung, wie sie sich aus der vierten und aus der siebten Richtlinie der Europäischen Gemeinschaft[4] ergeben, gehen auf diese Unterschiede ein.

Für die *International Financial Reporting Standards* (*IFRS*), die derzeit in Europa von Gesellschaften mit Kapitalmarktbezug anzuwenden sind, sieht das deutsche Handelsrecht ebenfalls eine Buchführungspflicht vor.

Kontextbezogene Buchführungspflicht

Komplikationen entstehen immer dann, wenn ein Unternehmen so organisiert ist, dass es als ökonomisch selbstständige Wirtschaftseinheit aus mehreren lediglich rechtlich selbstständigen Wirtschaftseinheiten besteht. Die Buchführungspflicht liegt nach europäischem Recht dann nur bei den rechtlich selbstständigen Wirtschaftseinheiten, nicht aber bei der ökonomischen Wirtschaftseinheit. Das Eigenkapital und das Einkommen des Unternehmens als ökonomische Wirtschaftseinheit zu ermitteln, bereitet Probleme, die in diesem Buch nur am Rande behandelt werden.

Komplikationen bei Unternehmen, die nicht zur Buchführung verpflichtet sind

Wir skizzieren die Grundlagen der Buchführung für jeweils als rechtlich selbstständige Wirtschaftseinheiten aufgefasste Typen von Unternehmen.

- Unternehmen, die in einer einzigen Rechtsform von einem einzigen Unternehmer geführt werden. In solchen Unternehmen kann der Unternehmer über alle Vermögensgüter verfügen und alle Schulden beeinflussen. Es ist selbstverständlich, dass die Buchführung eines solchen Unternehmens nicht die privaten Vermögensgüter und Geschäfte des Unternehmers umfasst, obwohl diese oft für die Schulden des Unternehmens auch persönlich mit ihrem privaten Vermögen haftet. Es ist auch klar, dass es gerade in solchen Unternehmen eine Fülle von Sachverhalten gibt, die je nach Interpretation des Unternehmers dessen Privatbereich oder das Unternehmen betreffen. Solche Unternehmen besitzen rechtlich eine endliche Lebensdauer. Sie werden durch die Entscheidung des Unternehmers zur Übergabe oder zur Schließung beendet, spätestens beim Tod es Unternehmers. Der Unternehmer kann alles über sein Unternehmen selbst in Erfahrung bringen. Schlechte Entscheidungen betreffen letztlich nur ihn. Er haftet mit seinem gesamten Vermögen für das Unternehmen. Deswegen erlauben die Regeln zur Buchführung und zur Finanzberichterstellung für solche Unternehmen – wenn sie denn nicht von der Buchführung befreit sind – viel Ermessen seitens des Buchhalters beziehungsweise Unternehmers.

Unternehmen in einer einzigen Rechtsform, die von einem einzigen Unternehmer geführt werden

- Unternehmen in einer einzigen Rechtsform, die von mehreren Unternehmern geführt werden, heißen Personengesellschaften. Personengesellschaften sollten aus mindestens zwei Personen bestehen, den Gesellschaftern, die alle am Eigenkapital, am Einkommen und an den Eigenkapitaltransfers des Unternehmens beteiligt sind. Das Unternehmen wird im Rechnungswesen getrennt von der privaten Sphäre der

Unternehmen in einer einzigen Rechtsform, die von mehreren Unternehmern geführt werden

---

[4] Die vierte EG-Richtlinie wurde 1978 und die siebte EG-Richtlinie 1983 erlassen. Seither hat es nur kleinere Korrekturen gegeben.

Gesellschafter behandelt. Mindestens einer der Gesellschafter haftet voll mit seinem privaten Vermögen. Personengesellschaften kommen in Deutschland als stille Gesellschaften, als offene Handelsgesellschaften (oHG) oder bei Haftungsbegrenzung Einzelner als Kommanditgesellschaften (KG) vor.[5] In stillen Gesellschaften beteiligt der Unternehmer weitere Personen am Eigenkapital und am Einkommen des Unternehmens, die jedoch nur im Innenverhältnis in Erscheinung treten. Nach außen hin ist eine stille Gesellschaft nicht von einem Unternehmen zu unterscheiden, das von einem einzigen Unternehmer in einer einzigen Rechtsform geführt wird. In offenen Handelsgesellschaften haften alle Gesellschafter mit ihrem privaten Vermögen, in Kommanditgesellschaften unterscheidet man Gesellschafter, die mit ihrem gesamten privaten Vermögen haften (Komplementäre), von Gesellschaftern, die ihre Haftung betragsmäßig beschränkt haben (Kommanditisten). Personengesellschaften werden durch die Entscheidung der Gesellschafter, die auch durch eine Zahlungsunfähigkeit ausgelöst sein kann, oder durch deren Tod beendet. Die Anforderungen an die Buchführung sind in solchen Personengesellschaften insbesondere wegen der teilweise komplizierten Kapital- und Einkommensverhältnisse höher als in Unternehmen, die nur von einer einzigen Person geführt werden. Da aber allen Beteiligten ein Einblick in die Buchhaltung zusteht, gibt es prinzipiell keine anderen Regeln als für Unternehmen, die nur von einer einzigen Person geführt werden.

Unternehmen in einer einzigen Rechtsform mit mehreren Eigenkapitalgebern und bestelltem Leitungsorgan, Auftreten als juristische Person

– Kapitalgesellschaften sind Unternehmen, deren Eigenkapital meistens von mehreren Personen aufgebracht wird. Im Gegensatz zu den vorgenannten Unternehmenstypen besitzen sie eine eigene Rechtspersönlichkeit als juristische Person. Dank dieser Konstruktion tritt das Unternehmen nach außen im eigenen Namen auf. Die Gesellschafter können ihre Anteile normalerweise verkaufen oder zurückgeben. Für Schulden des Unternehmens haften sie nicht mit ihrem gesamten persönlichen Vermögen, sondern können, z.B. bei einer Unternehmensinsolvenz, höchstens ihren Anteil am Kapital des Unternehmens verlieren oder einen vorher bestimmten Betrag nachzahlen. Selbstverständlich umfasst das Rechnungswesen einer Kapitalgesellschaft nicht die persönlichen Angelegenheiten der Anteilseigner. Kapitalgesellschaften kommen in Deutschland als Aktiengesellschaften (AG), als Gesellschaften mit beschränkter Haftung (GmbH) und als eingetragene Genossenschaften (eG) vor. Darüber hinaus haben Personengesellschaften, bei denen eine Kapitalgesellschaft als Komplementär fungiert, die Regeln für Kapitalgesellschaften anzuwenden. Anteile an Aktiengesellschaften können zum Handel an Aktienbörsen zugelassen werden. Die Lebensdauer von Kapitalgesellschaften ist rechtlich nicht begrenzt. Die Anteilseigner haben normalerweise keinen Einblick in die Buchhaltung. Die Unternehmerrolle wird oft von mehreren Personengruppen ausgeführt, von den Managern und den Anteilseignern. Die Manager leiten das Unternehmen, die Anteilseigner stellen diesen ohne einen Anspruch auf Rückzahlung Kapital zur Verfügung, das im Unternehmen als Eigenkapital geführt wird. Für solche Kapitalgesellschaften werden besondere Anforderungen an die Buchführung und an das betriebswirtschaftliche Rechnungswesen gestellt, weil die Manager über alle, die Anteilseigner aber zunächst über keine Informationen aus dem Unternehmen verfügen.

---

[5] Solche Mischformen haben die Regeln für Kapitalgesellschaften anzuwenden, wenn als Vollhafter eine Kapitalgesellschaft dient.

Weil Unternehmen mit einem einzigen Unternehmer und solche mit mehreren Unternehmern ihre Buchführung und ihr Rechnungswesen grundsätzlich so ausgestalten können wie Kapitalgesellschaften, konzentrieren wir uns in diesem Buch auf die Buchführung und das betriebswirtschaftliche Rechnungswesen von Kapitalgesellschaften.

Beschränkung des Buchinhalts

Für Unternehmen, die sich aus mehreren rechtlich selbstständigen Wirtschaftseinheiten zusammensetzen, besteht weltweit keine generelle Buchführungspflicht. Sie brauchen nur einige besondere Sachverhalte aufzuzeichnen, die für die sogenannte Konsolidierung notwendig sind. Der Grund dürfte darin liegen, dass ihre rechtlich selbstständigen Wirtschaftseinheiten zur Buchführung verpflichtet sind und man aus deren Aufzeichnungen die Finanzberichte für das leitende Unternehmen als ökonomisch selbstständige Wirtschaftseinheit unter Beachtung der besonderen Aufzeichnungen ermitteln kann. Konzerne stellen solche ökonomisch selbstständigen Wirtschaftseinheiten dar. Ihre Finanzberichte werden durch Zusammenfassung und Konsolidierung der Finanzberichte aller rechtlich selbstständigen Wirtschaftseinheiten des Konzerns ermittelt. Die mit der Erstellung solcher Finanzberichte zusammenhängenden Probleme spielen in diesem Buch nur eine untergeordnete Rolle.

Konzerne sind Unternehmen, die sich aus mehreren rechtlich selbstständigen Wirtschaftseinheiten zusammensetzen

Ein wesentlicher Unterschied zwischen Unternehmen, die von einer einzigen Person geführt werden und Personengesellschaften einerseits sowie Kapitalgesellschaften andererseits liegt in der unterschiedlichen Haftung, welche die Rechtsordnung denen auferlegt, die über die Vermögensgüter und Schulden des Unternehmens verfügen können. Kann ein einzelner Unternehmer oder eine Personengesellschaft die Schulden nicht zurückzahlen, so greifen die Kreditgeber normalerweise auf das private Vermögen der Unternehmer zurück. Wird hingegen eine Kapitalgesellschaft zahlungsunfähig, so können die Kreditgeber nur auf das Vermögen dieser Gesellschaft und nicht auch auf das private Vermögen der Anteilseigner zugreifen. Lediglich bei Genossenschaften gibt es darüber hinaus eine begrenzte Zuzahlungspflicht der Genossen.

Haftungsbegrenzung als Grund für Buchführungsunterschiede

Das begrenzte persönliche Risiko der Anteilseigner erklärt die Beliebtheit von Kapitalgesellschaften. Es kommt hinzu, dass es diesem Unternehmenstyp theoretisch möglich ist, durch Ausdehnung der Zahl der Anteilseigner nahezu unbegrenzte Kapitalmengen aufzubringen. Ab einer gewissen Größe werden die Eigenkapitalgeber das Unternehmen nicht mehr selbst leiten, sondern sich einer professionellen Unternehmensleitung bedienen. Dann erscheint es für viele Betrachtungen sinnvoll, den Unternehmer im Sinne des Managers von dem Unternehmer im Sinne des Eigenkapitalgebers zu unterscheiden. Der beliebten Haftungsbegrenzung stehen allerdings bei vielen Gesellschaften die Pflichten zur Veröffentlichung von Informationen gegenüber, z.B. die zur Veröffentlichung von Finanzberichten. Diese sollen insbesondere den vom Geschehen im Unternehmen ausgeschlossenen Anteilseignern den Einblick in das Unternehmen ermöglichen. Zusätzlich sollen die Geschäftspartner etwas über das Risiko erfahren, das mit der beschränkten Haftung des Unternehmens verbunden ist. Das ist besonders wichtig, wenn ein rechtlich und ökonomisch selbstständiges Unternehmen aus mehreren rechtlich selbstständigen Wirtschaftseinheiten besteht und daher das Eigenkapital und das Einkommen der einzelnen rechtlich selbstständigen Wirtschaftseinheiten durch marktunübliche Geschäfte beeinflussen kann.

Haftungsbegrenzung und Veröffentlichungspflicht bei Kapitalgesellschaften

Das Rechnungswesen unterscheidet sich in den aufgeführten Unternehmenstypen aus zwei Gründen. Der eine Grund liegt darin, dass die Angabpflichten und die Gewinnverwendungsregeln sich unterscheiden. Dementsprechend benötigt man unterschiedliche Formen der Eigenkapitaldarstellung. Der andere Grund besteht darin, dass die Informa-

Rechtsformunterschiedliche Ausweis- und Gewinnverwendungsregeln

tion der von der Unternehmensleitung ausgeschlossenen Gesellschafter umso wichtiger wird, je geringer die persönliche Haftung der Manager ist. Daraus folgen unterschiedliche Regeln zur Abbildung von Sachverhalten.

Annahmen des vorliegenden Buches

Für die weiteren Ausführungen zur Buchführung und zum betriebswirtschaftlichen Rechnungswesen von Unternehmen wird zunächst – zur Darstellung der Buchführungsgrundlagen – unterstellt, wir hätten es mit einem von einem einzigen Unternehmer geführten Unternehmen zu tun. Dabei wird von der Buchführung und vom betriebswirtschaftlichen Rechnungswesen einer Kapitalgesellschaft ausgegangen. Unternehmen, die von einem einzigen Unternehmer oder von einer Personengesellschaft geführt werden, können die Regeln für Kapitalgesellschaften anwenden, Kapitalgesellschaften dürfen dagegen nicht nach den Regeln für andere Rechtsformen oder Personengesellschaften verfahren.

1.2　Zielgrößen der Buchführung: Eigenkapital und Einkommen

1.2.1　Abbildungsmöglichkeiten

Bestands- und Bewegungsrechnungen

Im Folgenden wird beschrieben, wie der Eigenkapital- und Einkommensaspekt in der Buchführung und im betriebswirtschaftlichen Rechnungswesen abgebildet werden kann. Ferner wird auf den formalen Abbildungszusammenhang zwischen Bestands- und Bewegungsrechnungen eingegangen. Eine Bestandsrechnung besteht aus der Zusammenstellung der Bestände an Vermögensgütern und Fremdkapital zu einem Zeitpunkt. Eine Bewegungsrechnung zeigt demgegenüber die Veränderungen eines Bestandes während eines Zeitraums. Besonders beliebt sind Bewegungsrechnungen des Eigenkapitals, deren eine die Einkommensrechnung und deren andere die Eigenkapitaltransferrechnung darstellt.

1.2.1.1　Inhaltliche Möglichkeiten

Beschränkung auf den finanziellen Aspekt

Die Buchführung und damit das betriebswirtschaftliche Rechnungswesen beschränken sich auf die Darstellung des finanziellen Aspekts des Unternehmensgeschehens[6]. Zur Beschreibung konkreter Ereignisse in der Buchführung bedarf es zunächst einiger Vorentscheidungen. Man muss genau bestimmen, welchen Zweck man mit der Abbildung erreichen möchte und was man im Einzelnen wie abzubilden hat, wenn vom finanziellen Aspekt die Rede ist. Steht fest, dass wir es mit einem betriebswirtschaftlichen Rechnungswesen für ein Unternehmen zu tun haben, so erwartet man Informationen darüber, wie das Unternehmen finanziell dasteht und wie es sich finanziell entwickelt hat. Strittig könnte

---

[6]　Schneider, D. (1997), S. 107-158.

dabei werden, wie man den finanziellen Aspekt relevanter Ereignisse angemessen abbildet.

Bei der Abbildung des finanziellen Aspektes eines Ereignisses könnte man daran denken, den Bestand oder die Veränderung der Zahlungsmittel des Unternehmens oder beides abzubilden. Versteht man darunter nur das Bargeld, so würde entweder aufgezeichnet, was an Bargeld in der Kasse liegt, oder wie sich dieser Bestand durch die mit den Geschäften des Abrechnungszeitraums verbundenen Ein- und Auszahlungen verändert oder beides. Die sich ergebenden Zahlen sind zwar trefflich für eine Planung und Kontrolle von Ein- und Auszahlungen geeignet, besitzen aber den Nachteil, dass sie nicht erkennen lassen, inwieweit die Zahlungsmittel und deren Veränderung den Unternehmer berühren. Beispielsweise würde beim Kauf eines Grundstücks lediglich der Abgang an Zahlungsmitteln aufgezeichnet, dies noch dazu erst, wenn die Zahlung getätigt wird. Interessiert man sich auch dafür, was mit den Zahlungsmitteln geschehen ist, so sind zusätzlich zur Herkunft des Bestandes an Zahlungsmitteln deren Veränderungen mit den jeweiligen Zwecken festzuhalten. Zahlungen sind eindeutig ermittel- und nachprüfbar. Eine entscheidende Schwäche von Zahlungsrechnungen ist aber darin zu sehen, dass sie die Auswirkungen auf andere Vermögensgüter als Bargeld und auf Fremdkapital nicht erkennen lassen.

Zahlungsrechnung

Die Zahlungsmittel, ihre Mehrungen und Minderungen aus der Geschäftstätigkeit sowie die Ein- und Auszahlungen des Unternehmens ergeben sich aus Beobachtungen der Realität über Zahlungen, z.B. aus Verträgen oder aus Einzahlungen in das und Auszahlungen aus dem Unternehmen. Ein zahlungsorientiertes Eigenkapital und seine Veränderungen aus einer zahlungsorientierten Einkommensrechnung und aus einer zahlungsorientierten Eigenkapitaltransferrechnung kann man nur als Saldo errechnen.

Beispiel: Herkunft der Informationen

Bei einem weiten Verständnis des finanziellen Aspekts würde man nicht nur – wie bisher – die Zahlungsmittel, sondern alle in Geld ausdrückbaren Ressourcen des Unternehmens und alle Ansprüche auf diese Ressourcen zum Gegenstand des Rechnungswesens machen. Bei einem Grundstückskauf würde man beispielsweise nicht nur den Abgang an Zahlungsmitteln aufzeichnen, sondern auch den Zugang des Grundstücks. Das weite Verständnis des finanziellen Aspekts hat sich in der Praxis weltweit zur Beurteilung der Unternehmenstätigkeit durchgesetzt und zur Entwicklung von Rechenwerken geführt, in denen nicht nur der Bestand an Zahlungsmitteln und deren Veränderung, sondern auch die Bestände anderer Ressourcen und Ansprüche sowie deren Veränderungen berücksichtigt werden. Solche Rechenwerke werden in der englischen Sprache als *accrual accounting*, als Rechnungswesen mit „Häufchen" bezeichnet; im Deutschen fehlt ein entsprechender Ausdruck. Wir sprechen daher hier von einem bestandsorientierten Rechnungswesen (mit Unternehmerbezug).

Gegenüberstellung von Ressourcen und Ansprüchen: bestandsorientiertes Rechnungswesen mit Unternehmerbezug

Im Gegensatz zu Zahlungsrechnungen setzen Gegenüberstellungen von Ressourcen und Ansprüchen sowie deren Veränderungen einige Überlegungen und Festsetzungen voraus. Dabei geht es darum, wie man in einem Unternehmen die Ein- und Auszahlungen in diejenigen Rechengrößen transformiert, die für ein Rechenwerk mit Ressourcen und Ansprüchen sowie deren Veränderungen benötigt werden. Abbildung 1.2, Seite 12, beschreibt den Zusammenhang zwischen Zahlungsrechnungen und umfassenderen Bestandsrechnungen in einer eindrucksvollen Weise. Wir erkennen, dass die Zahlungsmittel und deren Veränderungen im Rahmen des bestandsorientierten Rechnungswesens mit seinen vielen Regeln umgewandelt werden zu Größen wie Vermögensgütern und Fremdkapital, zu Erträgen und Aufwendungen, zu Eigenkapital und Einkommen. Dies verlangt für alle Posten außer den

Struktur des Rechnungswesens

Zahlungsmitteln Schätzungen ihrer Werte. Zum Anschaffungszeitpunkt von Vermögensgütern und Fremdkapitalposten bereitet das keine Schwierigkeiten, danach sehr wohl. Im vorliegenden Buch befassen wir uns ausführlich mit dem Zusammenhang zwischen Zahlungen und ihrer Abbildung im bestandsorientierten Rechnungswesen.

1.2.1.2 Formale Möglichkeiten

Bestandsrechnung Aus formaler Sicht kann man zwischen Bestands- und Bewegungsrechnungen unterscheiden. In einer Bestandsrechnung, beispielsweise einer Bilanz, werden eine oder mehrere Bestandsgrößen abgebildet. Bestandsrechnungen beziehen sich immer auf einen Zeitpunkt. Sie sind besonders interessant, wenn sie mehrere Bestandsposten gemeinsam abbilden. Beispielsweise interessiert den Unternehmer der gesamte Bestand an Ressourcen eines Unternehmens und der gesamte Bestand an Ansprüchen Fremder auf diese Ressourcen. Er kann aus dem Saldo der Bestandswerte von Unternehmensressourcen und Ansprüchen Fremder ablesen, wie viel eigenes Kapital er in seinem Unternehmen gebunden hat.

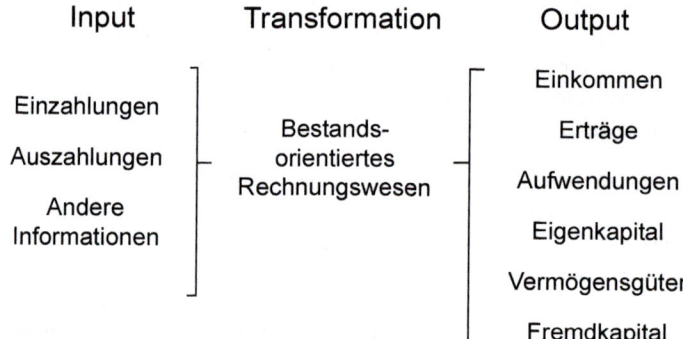

Abbildung 1.2: Zusammenhang zwischen verschiedenen Größen des Rechnungswesens (Quelle Beaver, W.H. (1998), S.6)

Bewegungsrechnung Als Bewegungsrechnung wird dagegen ein Rechenwerk bezeichnet, das die Veränderung eines oder mehrerer Bestandsposten abbildet. Für einen Unternehmer kann es hilfreich sein, die Veränderung des auf ihn entfallenden Kapitals im Zeitablauf zu verfolgen. Die Veränderung des Eigenkapitals lässt sich aus einer Einkommensrechnung in Verbindung mit einer Eigenkapitaltransferrechnung ermitteln. Bewegungsrechnungen beziehen sich immer auf einen Zeitraum, z.B. einen Tag, eine Woche, einen Monat, ein Quartal oder ein Jahr.

Zusammenhang zwischen Bestands- und Bewegungsrechnung Bestands- und Bewegungsrechnung hängen miteinander zusammen, soweit es um die Bestände und deren Bewegung sowie um korrespondierende Zeitpunkte beziehungsweise Zeiträume geht. Dies gilt mengen- und wertmäßig:

$$Endbestand = Anfangsbestand + Zugänge - Abgänge$$

Kennt man den Anfangsbestand eines Postens, so lässt sich der Endbestand aus dem Anfangsbestand und den Daten einer korrespondierenden Bewegungsrechnung dieses Postens ermitteln. Zugänge und Abgänge dieses Postens stammen aus der Bewegungsrechnung. Die Umformung

$$Endbestand - Anfangsbestand = Zugänge - Abgänge$$

verdeutlicht, dass man die Bestandsveränderung nicht nur aus einer Bewegungsrechnung des Zeitraums zwischen dem Anfangs- und Endzeitpunkt, sondern auch aus zwei zeitlich aufeinanderfolgenden Bestandsrechnungen zu diesen Zeitpunkten herleiten kann.

Möchten Sie also wissen, wie sich das von Ihnen in Ihr Unternehmen eingebrachte Kapital beispielsweise während des vergangenen Quartals verändert hat, dann haben Sie zwei Möglichkeiten, dies zu ermitteln. Sie können zum einen das am Ende des Quartals auf Sie entfallende Kapital, das Eigenkapital, mit dem von Ihnen zu Beginn des Quartals investierten Kapital vergleichen. Das gleiche Ergebnis erhalten Sie, wenn Sie während des Quartals alle Veränderungen Ihres Kapitals aufzeichnen und diese am Quartalsende zusammenfassen.

Differenz von Beständen entspricht der Summe von Veränderungen

Im Folgenden wird unterstellt, man wolle die Ressourcen des Unternehmens und die Ansprüche Fremder auf diese Ressourcen abbilden. Es wird ferner angenommen, dass dies im Rahmen regelmäßiger Bestands- und Bewegungsrechnungen geschehe.

Folgerungen für das vorliegende Buch

1.2.2 Demonstration der Zahlungsorientierung und der Vermögensorientierung am Beispiel

Wir skizzieren hier kurz an einem für die Praxis der Buchführung irrelevanten Beispiel, wie die wichtigen Finanzberichte einer zahlungsbezogenen Rechnung aussehen können. Diese Darstellung soll uns zusammen mit dem anschließenden Beispiel helfen, einige der Begriffe und Besonderheiten zu verstehen, die für die Buchführung von Bedeutung sind. Wie verwenden dabei alle Begriffe mit dem Zusatz „zahlungsbezogen", um deutlich zu machen, dass es sich um die Abbildung einer Zahlungsrechnung handelt, also um etwas anderes, als um die traditionelle Abbildung, die in der Buchführung vorgenommen wird. Wir geben zwei von uns sogenannte zahlungsorientierte Bilanzen (eine vom Beginn des Jahres X1 und eine vom Ende des Jahres X1)[7] sowie eine zahlungsorientierte Einkommensrechnung und eine zahlungsorientierte Eigenkapitaltransferrechnung sowie eine zahlungsorientierte Eigenkapitalveränderungsrechnung für ein Unternehmen an. Die Begriffe erklären wir im Folgenden. Dabei benutzen wir die zweispaltige Darstellung der Buchführung, obwohl das im Beispiel keine Rolle spielt. Im Beispiel werden nur Zahlungen und Zahlungsveränderungen abgebildet.

Beispiel: Begründung

Das Unternehmen sei zum Endes des Vorjahrs mit Zahlungsmitteln der Unternehmer in Höhe von 100 GE gegründet worden.[8] Es kaufe im Jahre X1 ein Vermögensgut für 50 GE ein, das aber erst im folgenden Jahr bezahlt wird. Dieses Vermögensgut verkaufe es im

Beispiel: Ausgangsdaten

---

[7]   Die Zeitangaben werden durchgehend neutral angegeben. Wir verwenden beispielsweise die Zahl X1 zur Kennzeichnung eines Jahres 1.

gleichen Jahr für 200 GE gegen Barzahlung. Während des Jahres legt der Unternehmer weitere 100 GE aus seinen privaten Mitteln in die Kasse des Unternehmens. Er entnimmt ferner 75 GE aus der Unternehmenskasse für private Zwecke. Wir betrachten das Kalenderjahr als den hier interessierenden Abrechnungszeitraum.

Beispiel: zahlungsorientierte Finanzberichte, zahlungsorientierte Anfangsbilanz

In der zahlungsorientierten Anfangsbilanz zu Beginn von X1 in Abbildung 1.3, Seite 14, sehen wir die Zahlungsmittel, die das Unternehmen zu Beginn von X1 besitzt. Diese bestehen nur aus Bargeld in Höhe von 100 GE. Die Herkunft ergibt sich aus der rechten Seite der Bilanz, der Spalte für das zahlungsorientierte Kapital, zu Beginn von X1. In unserem Beispiel gibt es nur vom Unternehmer eingebrachtes, also „eigenes" Kapital in Höhe von 100 GE. Die letzte Zeile enthält aus Kontrollgründen die Spaltensummen, die gleich hoch sein müssen, weil wir in der linken Spalte unsere Zahlungsmittel angeben und in der rechten, wie viele dieser Zahlungsmittel von Fremden und wie viele vom Unternehmer eingelegt wurden.

Zahlungsorientierte Bilanz zu Beginn von X1 in GE

Zahlungsmittelbestand		Bestand an zahlungsorientiertem Kapital	
Zahlungsmittel	100	Zahlungsorientiertes Fremdkapital	0
		Zahlungsorientiertes Eigenkapital	100
Summe Zahlungsmittel	100	Summe zahlungsorientiertes Kapital	100

Abbildung 1.3: Zahlungsorientierte Bilanz des Unternehmens zu Beginn von X1

Zahlungsorientierte Einkommensrechnung

Die zahlungsorientierte Einkommensrechnung in Abbildung 1.4, Seite 15, bildet die zahlungsorientierten Eigenkapitalveränderungen während des Jahres ab, die nichts mit Transfers zwischen dem Unternehmen und dem Unternehmer zu tun haben. Eine Mehrung wird als zahlungsorientierter Ertrag und eine Minderung als zahlungsorientierter Aufwand bezeichnet. Übersteigt der zahlungsorientierte Ertrag den zahlungsorientierten Aufwand, hat man einen zahlungsorientierten Gewinn erzielt, im umgekehrten Fall einen zahlungsorientierten Verlust. Wir sehen in unserem formalen Schema beide Posten vor, obwohl in tatsächlichen Rechnungen immer nur einer gefüllt ist. Wenn wir die Zahlungen in Verbindung mit dem Vermögensgut in dem Jahr berücksichtigen, in dem sie stattfinden, erhalten wir die folgende zahlungsorientierte Einkommensrechnung. Auch in diesem Finanzbericht gibt die letzte Zeile aus Kontrollgründen die Spaltensummen wieder.

Zahlungsorientierte Eigenkapitaltransferrechnung

Die zahlungsorientierte Eigenkapitaltransferrechnung gibt die zahlungsorientierten Eigenkapitalveränderungen wieder, die sich aus Transferzahlungen zwischen dem Unternehmer und dem Unternehmen ergeben. In unserem Beispiel handelt es sich um eine Einlage von Zahlungsmitteln durch den Unternehmer in Höhe von 100 GE und um eine Entnahme von Zahlungsmitteln in Höhe von 75 GE, die in Abbildung 1.5, Seite 15, wiedergegeben sind. Als Saldo erwächst daraus eine zahlungsorientierte Eigenkapitalmehrung in Höhe von 25 GE. Wir haben, wiederum aus Kontrollgründen, eine Zeile mit den jeweiligen Spaltensummen angefügt.

---

[8]　Anstatt bestimmter Währungen wie Euros, Schweizer Franken oder Dollars verwenden wir in diesem Buch durchgehend die Bezeichnung Geldeinheiten, abgekürzt GE. Tausend Geldeinheiten kürzen wir auf TGE und Millionen von Geldeinheiten auf Mio. GE. Die Aussagen gelten gleichermaßen für jede Währung.

Zahlungsorientierte Einkommensrechnung für das Jahr X1 in GE

Zahlungsorientierter Aufwand		Zahlungsorientierter Ertrag	
Auszahlung aus dem Einkauf des Vermögensguts	0	Einzahlung aus dem Verkauf des Vermögensguts	200
Saldo: zahlungsorientierter Gewinn (Summe rechte Spalte minus Summe linke Spalte ohne diesen Posten, falls Saldo positiv)	200	Saldo: zahlungsorientierter Verlust (Summe linke Spalte minus Summe rechte Spalte ohne diesen Posten, falls Saldo positiv)	0
Summe zahlungsorientierter Aufwand plus zahlungsorientierter Gewinn	200	Summe zahlungsorientierter Ertrag plus zahlungsorientierter Verlust	200

Abbildung 1.4: Zahlungsorientierte Einkommensrechnung des Unternehmens für das Jahr X1

Zahlungsorientierte Eigenkapitaltransferrechnung für das Jahr X1 in GE

Entnahme		Einlage	
Auszahlung wegen Entnahme	75	Einzahlung wegen Einlage	100
Saldo: Zahlungsorientierte positive Eigenkapitaltransfers (Summe rechte Spalte minus Summe linke Spalte ohne diesen Posten, falls Saldo positiv)	25	Saldo: Zahlungsorientierte negative Eigenkapitaltransfers (Summe linke Spalte minus Summe rechte Spalte ohne diesen Posten, falls Saldo positiv)	0
Summe Entnahme plus zahlungsorientierte positive Eigenkapitaltransfers	100	Summe Einlage plus zahlungsorientierte negative Eigenkapitaltransfers	100

Abbildung 1.5: Zahlungsorientierte Eigenkapitaltransferrechnung des Unternehmens für das Jahr X1

Nachdem wir das zahlungsorientierte Einkommen und die zahlungsorientierten Eigenkapitaltransfers ermittelt haben, sind wir in der Lage, die zahlungsorientierte Eigenkapitalveränderungsrechnung aufzustellen. Dies geschieht in Abbildung 1.6, Seite 15. Auch hier haben

Zahlungsorientierte Eigenkapitalveränderungsrechnung

Zahlungsorientierte Eigenkapitalveränderungsrechnung für das Jahr X1 in GE

Minderungen		Anfangsbestand und Mehrungen	
		Zahlungsorientiertes Eigenkapital zu Beginn von X1	100
Zahlungsorientiertes negatives Einkommen (Zahlungsorientierter Verlust) in X1	0	Zahlungsorientiertes positives Einkommen (Zahlungsorientierter Gewinn) in X1	200
Zahlungsorientierte Eigenkapitalminderung aus Transfers (Zahlungsorientierter negativer Eigenkapitaltransfer) in X1	0	Zahlungsorientierte Eigenkapitalerhöhung aus Transfers (Zahlungsorientierter positiver Eigenkapitaltransfer) in X1	25
Saldo: Zahlungsorientiertes positives Eigenkapital zum Ende von X1 (Summe rechte Spalte minus Summe linke Spalte ohne diesen Posten, falls Saldo positiv)	325	Saldo: Zahlungsorientiertes negative Eigenkapital zum Ende von X1 (Summe linke Spalte minus Summe rechte Spalte ohne diesen Posten, falls Saldo positiv)	0
Summe der Posten	325	Summe der Posten	325

Abbildung 1.6: Zahlungsorientierte Eigenkapitalveränderungsrechnung des Unternehmens für das Jahr X1

wir, wieder aus Kontrollgründen, eine Zeile mit den Spaltensummen angefügt.

Zahlungsorientierte Schlussbilanz

Aus der zahlungsorientierten Bilanz zu Beginn von X1, der zahlungsorientierten Einkommensrechnung für X1 und der zahlungsorientierten Eigenkapitaltransferrechnung für X1 sowie der zahlungsorientierten Eigenkapitaleveränderungsrechnung für X1 lässt sich in unserem Beispiel die zahlungsorientierte Bilanz zum Ende von X1 wie in Abbildung 1.7, Seite 16, bestimmen. Wir haben es in unserem Beispiel bereits mit einem bestandsorientierten Rechnungswesen zu tun. Darin betrachten wir allerdings nur die Bestände an Zahlungsmitteln sowie die daraus erwachsenden Bestände an Fremd- und Eigenkapital.

Zahlungsorientierte Bilanz zum Ende von X1 in GE

Zahlungsmittelbestand		Bestand an zahlungsorientiertem Kapital	
Zahlungsmittel		Zahlungsorientiertes Fremdkapital	0
Anfangsbestand Zahlungsmittel	100	Zahlungsorientiertes Eigenkapital	
+ Zugang Zahlungsmittel aus Einkommen	200	Anfangsbestand Eugenkapital	100
+ Zugang Zahlungsmittel aus Eigenkapitaltransfer	25	+ Zugang Eigenkapital aus Einkommensrechnung	200
		+ Zugang Eigenkapital aus Eigenkapitaltransferrechnung	25
Summe Zahlungsmittel	325	Summe zahlungsorientiertes Kapital	325

Abbildung 1.7: Zahlungsorientierte Bilanz des Unternehmens zum Ende von X1

Beispiel: Ergänzung der Ausgangsdaten

Eine Fortsetzung des obigen Beispiels mag ein bestandsorientiertes Rechnungswesen mit Unternehmerbezug skizzieren. Wir verwenden jetzt nur noch die Begriffe, die auch in der traditionellen Buchführung herangezogen werden. Wir unterstellen zusätzlich zum obigen Sachverhalt, das Unternehmen habe im Jahr X1 ein Grundstück zu einem Betrag vom 250 GE gekauft und dies bis zum Ende von X1 bar bezahlt. Zusätzlich habe es während des Abrechnungszeitraums ein Darlehen in Höhe von 150 GE aufgenommen, das zum Ende des Abrechnungszeitraums noch nicht zurückgezahlt ist.

Beispiel: eine bestandsorientierte Bilanz als Lösung

Diese zusätzlichen Sachverhalte und der in einer zahlungsorientierten Rechnung nicht berücksichtigte Kauf des Vermögensguts (weil er im Abrechnungszeitraum noch nicht bezahlt wurde) wirken sich bei bestandsorientierter Betrachtungsweise auf die Rechnungen aus. Die Abbildung entspricht dann dem, was man im traditionellen Rechnungswesen vorfindet. In einer Bestandsrechnung erfasst man auch gekaufte Vermögensgüter, die man noch nicht bezahlt hat und Fremdkapitalverpflichtungen, die man erst in der Zukunft erfüllt. Diese Vermögensgüter und Fremdkapitalposten stellen so lange Vermögen und Fremdkapital dar, wie sie sich im Unternehmen befinden. In Höhe des Kaufpreises der Vermögensgüter besteht für das Unternehmen eine Zahlungsverpflichtung gegenüber Fremden. Das Fremdkapital ist also bei bestandsorientierter Darstellung, wie in unserem Fall, um den Anschaffungspreis solcher Vermögensgüter höher als in der zahlungsorientierten Bilanz. Darüber hinaus sind die Regeln zur Ermittlung des Einkommens anders als bei zahlungsorientierter

Betrachtung. Weltweit bestimmt man das Einkommen zunächst durch eine Gegenüberstellung der nicht vom Unternehmer erhaltenen Vermögensgüter (im Beispiel der Zahlungsmittel aus dem Verkauf in Höhe von 200 GE) und der nicht an den Unternehmer hingegebenen Vermögensgüter (im Beispiel haben wir die Anschaffungsausgabe des Vermögensguts in Höhe von 50 GE angesetzt). Berücksichtigt man diese beiden Effekte, so erhält man die Einkommensrechnung der Abbildung 1.8, Seite 17 und die Bilanz des Unternehmens zum Ende

Bestandsorientierte Einkommensrechnung für das Jahr X1 in GE

Aufwendungen		Erträge	
Ausgabe für das hingegebene Vermögensgut	50	Einnahme für das verkaufte Vermögensgut	200
Positives Einkommen, Gewinn (falls Saldo der Erträge minus Ausfwendungen ohne diesen Posten positiv)	150	Negatives Einkommen, Verlust (falls Saldo der Aufwendungen minus Erträge ohne diesen Posten positiv)	0
Summe Aufwendungen plus Gewinn	200	Summe Erträge plus Verlust	200

Abbildung 1.8: Bestandsorientierte Einkommensrechnung des Unternehmens für das Jahr X1

von X1 der Abbildung 1.9, Seite 17. Die Eigenkapitaltransferrechnung haben wir hier nicht

Bestandsorientierte Bilanz des Unternehmens zum Ende von X1 in GE

Vermögensgüterbestand			Kapitalbestand		
Zahlungsmittel			Fremdkapital		
Bestand Zahlungsmittel vor Grundstückskauf und Darlehensaufnahme	325		Bestand Fremdkapital wegen Darlehen	150	
– Abgang Zehlungsmittel wegen Grundstückskauf	–250		+ Zunahme Fremdkapital wegen Kauf von Vermögensgütern	50	200
+ Zugang Zahlungsmittel wegen Darlehensaufnahme	+150	225	Eigenkapital		
verkaufbare Vermögensgüter (Grundstück)		250	Anfangsbestand Eigenkapital	100	
+ Zugang verkaufbare Vermögensgüter	+50		+ Zugang Eigenkapital aus Einkommen	150	
– Abgang verkaufbare Vermögensgüter	–50	0	+ Zugang Eigenkapital aus Eigenkapitaltransfer	25	275
Summe Vermögensgüter		475	Summe Kapital		4/5

Abbildung 1.9: Bestandsorientierte Bilanz des Unternehmens bei einer Vermögensrechnung zum Ende von X1

gesondert aufgeführt, sondern lediglich die Transfers in der Bilanz aufgeführt. In dieser Bilanz haben wir für die linke und für die rechte Seite jeweils drei Spalten vorgesehen. Eine dient der Angabe des Texts und die beiden anderen enthalten jeweils Zahlen. Die jeweils erste Zahlenspalte gibt die Werte an, aus denen sich der Bestand eines Postens errechnet, die jeweils zweite den errechneten Wert des Postens zum Bilanzstichtag. Die Übersichten haben wir auch jetzt wieder aus Kontrollgründen um die Summe der jeweils rechten Spalten ergänzt.

Geringe bzw. keine Auswirkungen auf andere Finanzberichte

Wegen der Einkommensveränderung wird auch die Eigenkapitalveränderungsrechnung berührt. In den anderen Rechenwerken sind lediglich die Überschriften und die Bezeichnungen der Posten sowie eventuell die Beträge anzupassen.

1.2.3 Regelsysteme für das betriebswirtschaftliche Rechnungswesen

Weltweite Vielfalt von Regelungssystemen

Dem nach außen orientierten betriebswirtschaftlichen Rechnungswesen liegen in allen Ländern gewisse Konzepte und Prinzipien zur Definition und Bewertung von Vermögensgütern, Schulden, Erträgen und Aufwendungen zu Grunde. In Deutschland ergeben sich diese beispielsweise aus den Vorschriften des deutschen Handelsgesetzbuchs (dHGB) sowie aus den Grundsätzen ordnungsmäßiger Buchführung und Bilanzierung (GoB), in den USA beispielsweise aus den *Generally Accepted Accounting Principles* (*US-GAAP*). Auf internationaler Ebene haben sich beispielsweise die *International Financial Reporting Standards* (*IFRS*) entwickelt, die auch viele der *International Accounting Standards* (*IAS*) umfassen. Es handelt sich dabei erstens um ganz allgemeine Prinzipien, die einzuhalten sind, wenn man eine andere Person über etwas informieren möchte, und zweitens um spezielle Regeln, die nur das Rechnungswesen und die Buchführung betreffen.

Rechtsphilosophische Hintergründe der verschiedenen Regelungen

Bei den Vorschriften des dHGB handelt es sich um Normen im Sinne des Römischen Rechts, bei den deutschen GoB um einen im Regelwerk des dHGB häufig genannten unbestimmten Rechtsbegriff, dessen Inhalt nicht kodifiziert oder von einem offiziellen Gremium verbindlich vorgegeben ist. Das dHGB ist im Rahmen eines demokratischen Prozesses im Parlament nach ausführlichen Anhörungen von Experten entstanden. Die *US-GAAP* sowie die *IFRS* sind dagegen private Vereinbarungen, mit denen Betroffene sich selbst zu einem bestimmten Handeln verpflichten, um staatliche Regelungen zu vermeiden. Sie sind zudem in Ländern entstanden, die ihr Recht in der Tradition des Germanischen Rechts auf ein *case law* hin entwickeln. Sie wurden aus übergeordneten, in einem sogenannten Rahmenkonzept (*framework*) dokumentierten Zwecken hergeleitet und von einem mit der Setzung von Standards betrauten Gremium, aber nicht von einem Parlament frei gewählter Volksvertreter verabschiedet. In den USA handelt es sich bei diesem Gremium um den privat organisierten *Financial Accounting Standards Board* (*FASB*)[9], im *IFRS*-Kontext ebenfalls um einen privat organisierten Verein namens *International Accounting Standards Board* (*IASB*)[10]. In Deutschland existiert mit dem Deutschen Rechnungslegungs Standards Committee (*DRSC*)[11] seit 1998 ebenfalls ein privat organisierter Verein zur Standardisierung der deutschen Rechnungslegung. Dieser Verein darf sich jedoch nur damit befassen, Empfehlungen zur Rechnungslegung im Rah-

---

[9]   Vgl. die Selbstpräsentation des *FASB* im Internet (*www.fasb.org*, Abruf am 25.7.2017).
[10]   Vgl. die Selbstpräsentation des *IASB* im Internet (*www.iasb.org*, Abruf am 25.8.2017).
[11]   Vgl. die Selbstpräsentation des *DRSC* im Internet (*www.drsc.de*, Abruf am 25.8.2017).

men des dHGB zu geben. Diese Empfehlungen werden den Grundsätzen ordnungsmäßiger Buchführung (GoB) zugeordnet.

Die Vorschriften und Grundsätze des externen betriebswirtschaftlichen Rechnungswesens
werden – je nach ihrer Güte und Verträglichkeit mit den Zwecken des internen betriebswirtschaftlichen Rechnungswesens eines Unternehmens – auch im internen betriebswirtschaftlichen Rechnungswesen verwendet.

Anwendung der Regeln teilweise auch für interne Zwecke

Der Zweck der Regelungen des dHGB und der GoB ist nicht direkt ersichtlich. Zwar fordert das dHGB in §264 für Kapitalgesellschaften, dass „der Jahresabschluss unter Beachtung der Grundsätze ordnungsgemäßer Buchführung ein den tatsächlichen Verhältnissen
entsprechendes Bild der Vermögens-, Finanz- und Ertragslage zu vermitteln" hat; doch
diese Forderung ist kaum als Zweck der Regelungen des dHGB anzusehen, weil das dHGB
selbst definiert, was unter der Vermögens-, Finanz- und Ertragslage zu verstehen ist. In der
Fachliteratur wird oft argumentiert, der Hauptzweck der deutschen Rechnungslegung
bestehe darin, die Gläubiger zu schützen. Dabei wird allerdings vernachlässigt, dass der
Hauptzweck auch im dHGB darin besteht, die Unternehmensleitung und die außenstehenden Anteilseigner zu informieren. Ein Schutz von Gläubigern kommt nur dadurch
zustande, dass absehbare zukünftige Verluste nicht erst bei ihrem Eintritt einkommensmindernd zu berücksichtigen sind, sondern bereits, wenn man sie erkennt. Hauptzweck der
US-GAAP und der *IFRS* ist es, Informationen bereitzustellen, die Anlegern bei ihren Entscheidungen über die Investition in ein Unternehmen nützlich sind.

Zwecke einiger Regelungskreise

Bei der Bereitstellung von Informationen des betriebswirtschaftlichen Rechnungswesens ist
zu beachten, dass der aus den Informationen zu gewinnende Nutzen größer sein sollte als
die Kosten[12] für deren Bereitstellung. Die Abwägung von Nutzen und Kosten erfordert eine
Wertungsentschcheidung desjenigen, der das Rechnungswesen bereitstellt. Die Kosten der
Berichterstattung lassen sich aber nicht zwingend spezifischen Nutzern zuordnen. Tatsächlich wird es viele Arten von Nutzern geben, die durch die Entscheidung des Unternehmens
für ein beispielsweise erhöhtes Berichterstattungsniveau bereit sind, ihre Kooperations-
konditionen (z.B. die Entschädigung für die Überlassung von Kapital) zu ändern. Darum
stellt eine Kosten-Nutzen-Abwägung keine triviale Angelegenheit dar. Dennoch erscheint es
aus Sicht des berichterstattenden Unternehmens, der Nutzer des betriebswirtschaftlichen
Rechnungswesens sowie aus der Perspektive von Standardsetzern unabdingbar, den Informationsnutzen der Rechnungswesenempfänger gegenüber den Informationskosten des
rechnungslegenden Unternehmens abzuwägen.[13]

Bereitstellung von Informationen des Rechnungswesens muss wirtschaftlich sein!

Die folgenden Ausführungen stützen sich zunächst auf grundlegende Konzepte und dann
auf Prinzipien des Rechnungswesens, die mehr oder weniger ausgeprägt in allen Ländern
gelten, in denen externes betriebswirtschaftliches Rechnungswesen betrieben wird.[14] Es
gibt viele unterschiedliche Versuche, diese Prinzipien zu systematisieren. Um dem Leser
das Verständnis der angelsächsischen Literatur zu erleichtern, werden neben den deutschen Begriffen häufig die englischsprachigen Begriffe genannt.

Weltweite Geltung bestimmter Annahmen

---

[12] Der Begriff *Kosten* wird hier im allgemeinen Sprachgebrauch verwendet und nicht im Sinn der
     im deutschsprachigen Raum verwendeten Kostenrechnungsgrößen.
[13] Vgl. Beaver, W.H. (1998), insbesondere Kapitel 7.
[14] Vgl. beispielsweise Leffson, U. (1987), Ballwieser, W. (2002), Moxter, A. (2003).

1.2.4 Allgemeine Anforderungen

Relevanz

Ohne Relevanz kein Informationsgehalt!

Weil Informationen und damit auch Aufzeichnungen und Berichte des Rechnungswesens von ihren Nutzern als Grundlage von Entscheidungen herangezogen werden, sollen sie (entscheidungs-) relevant sein (*relevance principle*). Von Entscheidungsrelevanz ist auszugehen, wenn Informationen des Rechnungswesens ökonomische Entscheidungen der Nutzer beeinflussen. Das gilt genau dann, wenn solche Informationen zu Entscheidungen führen, welche die Nutzer ohne die entsprechende Information nicht gefällt hätten. Damit eine Information entscheidungsrelevant ist, muss sie auch zeitgerecht vorliegen (*timeliness*). Informationen, die eine schon geplante Entscheidung nur bestärken, sind in diesem strengen Sinne nicht als entscheidungsrelevant anzusehen.

Ohne Zeitnähe keine Relevanz

Informationen können ihre Entscheidungsrelevanz verlieren. Das ist insbesondere dann der Fall, wenn sie nicht mehr zeitnah, nicht mehr aktuell sind. Nicht nur Anteilseigner beziehungsweise Investoren auf Aktienmärkten, sondern grundsätzlich sämtliche Nutzer des Rechnungswesens können mit veralteten Unternehmensinformationen nur in Sonderfällen etwas anfangen.

Verlässlichkeit

Ohne Verlässlichkeit kein Informationsgehalt!

Aufzeichnungen und Berichte des Rechnungswesens sollen auch verlässlich sein, weil sie von ihren Nutzern zu Entscheidungen herangezogen werden (*reliability principle*). Die Verlässlichkeit ist am höchsten, wenn die Richtigkeit der Daten von einem unabhängigen Beobachter bestätigt werden kann. Ist dies nicht möglich, sollte die bestmögliche Schätzung herangezogen werden. Gibt es beispielsweise vom Kauf eines Vermögensguts Belege, Rechnungen oder Quittungen, so stellt der auf diesen Belegen vermerkte Betrag den Anschaffungswert zum Kaufzeitpunkt als einen verlässlichen Wert dar. Planen Sie beispielsweise in Ihrem Unternehmen, einen drei Jahre alten Pkw für 15 000 GE zu kaufen, dessen Wert Sie auf 20 000 GE schätzen, dann sollte der Pkw trotz Ihrer persönlichen Schätzung mit einem Wert von 15 000 GE im Rechnungswesen des Unternehmens erfasst werden. Dieser Betrag ist dann für den Anschaffungszeitpunkt objektiv nachprüfbar und verlässlich ermittelt. Zu späteren Zeitpunkten kann es sich als zweckmäßig erweisen, den Betrag zu verändern.

Spannungsverhältnis zwischen Relevanz und Verlässlichkeit

Ein Zuwachs an Verlässlichkeit geht oft mit einer Einbuße an Relevanz einher. Umgekehrt gilt: Soll ein Ereignis zeitnah abgebildet werden, ist eine Darstellung ökonomischer Konsequenzen häufig schon dann erforderlich, wenn noch nicht alle Aspekte des Ereignisses hinreichend sicher und damit verlässlich sind. Das Spannungsverhältnis lässt sich nur durch eine subjektive Entscheidung des Bilanzierers lösen. Dabei muss dem Berichterstattenden klar sein, dass verlässliche Informationen, z.B. solche über die Anschaffungsausgaben einer Jahrzehnte zurückliegenden Anschaffung eines Grundstücks, in den meisten Fällen alles andere als relevant sind. Weltweit haben die Bilanzierungsregeln traditionell der Verlässlichkeit ein größeres Gewicht eingeräumt als der Relevanz. Erst neuerdings wird mit dem Aufkommen von Geschäften zur Absicherung des Einkommens aus riskanten Geschäften und mit dem Management von Risikopositionen der Relevanz durch eine Bewertung zu Tageswerten zunehmend Bedeutung beigemessen.

1.2.4.1 Unternehmensbezogene Anforderungen

Ökonomisch selbstständige Wirtschaftseinheit

Das betriebswirtschaftliche Rechnungswesen bezieht sich immer auf eine Institution. Ökonomisch besonders aussagefähig sind die Zahlen, wenn diese Institution sich nach ökonomischen Kriterien als selbstständige Wirtschaftseinheit von anderen Institutionen abgrenzen lässt (*economic entity*-Konzept). Dann lässt sich auch das Rechnungswesen einer solchen Wirtschaftseinheit streng von demjenigen anderer Wirtschaftseinheiten trennen.

Ökonomisch selbstständige Wirtschaftseinheit

In der Praxis werden meist juristische und nicht wirtschaftliche Kriterien zur Abgrenzung derjenigen Institution verwendet, die finanzielle Berichte zu erstellen hat. In Deutschland ist handelsrechtlich beispielsweise ab einer bestimmten Unternehmensgröße jeder Kaufmann zu einem betriebswirtschaftlichen Rechnungswesen verpflichtet, gleichgültig, ob es sich bei ihm um eine natürliche oder um eine juristische Person handelt. Im Gegensatz zu einer ökonomischen Institutionsabgrenzung kann eine solche juristische Abgrenzung zur Beeinträchtigung des Aussagegehalts der Rechnungslegung missbraucht werden. Dies ist beispielsweise der Fall, wenn eine Kapitalgesellschaft A eine Untergesellschaft B gründet und die Unternehmensleitung dann einen Teil der Geschäfte der Gesellschaft A über B abwickelt: Die juristische Sichtweise führt dazu, dass die finanziellen Berichte von A die Geschäfte nicht enthalten, die über B abgewickelt werden. Ökonomisch ist es jedoch für die Kapitalgeber von A wünschenswert zu erfahren, was mit ihrem Kapital geschieht, unabhängig davon, ob dies in A oder in B der Fall ist.

Juristische Abgrenzung in Deutschland dominierend

Der Kaufmann wird sein Unternehmen als eine andere Wirtschaftseinheit verstehen als seine Privatsphäre. Zumindest für sein Unternehmen wird er ein Rechnungswesen betreiben, das die Vermengung mit Ereignissen in seiner Privatsphäre ausschließt. Nur dann kann er die Zahlen aus dem Rechnungswesen zur Beurteilung seines Unternehmens heranziehen. Für den Studenten der Informatik beispielsweise, der neben seinem Studium ein EDV-Beratungsunternehmen betreibt, ist das Unternehmen eine Wirtschaftseinheit. Er wird das Geld, das er in diesem Unternehmen erwirtschaftet hat, im Rechnungswesen seines Unternehmens streng von dem Geld trennen, das ihm seine Eltern zum Geburtstag schenken. Sonst könnte er nicht erkennen, was ihm die Investition in das Unternehmen und die Tätigkeit im Unternehmen gebracht haben. Selbstverständlich kann er jederzeit Geld aus seinem Privatvermögen in das Unternehmen einlegen und auch welches entnehmen. Die Aussagen gelten ähnlich für die Gesellschafter von Personen- wie von vielen Kapitalgesellschaften. Ein anderes Beispiel liegt vor, wenn ein Unternehmen Teile der Vermögensgüter an ein anderes ökonomisch selbstständiges Unternehmen verkauft. Ab dem Verkaufszeitpunkt gehören die Werte der verkauften Unternehmensteile nicht mehr in das Rechnungswesen des verkaufenden Unternehmens, sondern in das Rechnungswesen des kaufenden Unternehmens.

Abgrenzung der Unternehmenssphäre

Beachtet man nicht das Konzept, das Rechnungswesen eines Unternehmens jeweils nur für eine ökonomisch selbstständige Organisationseinheit durchzuführen, so kann die Aussagefähigkeit des Rechnungswesens beeinträchtigt sein. Vermengt der oben genannte Student das Geldgeschenk seiner Eltern mit den Ressourcen seines Unternehmens, so kann er nicht mehr erkennen, ob sich das Unternehmen für ihn lohnt. Gleiches gilt für einen Unterneh-

Rechtliche Selbstständigkeit muss nicht mit ökonomischer Selbstständigkeit einhergehen

mer, der Teile der Ressourcen nicht an ein anderes ökonomisch selbstständiges Unternehmen verkauft, sondern es in eine neue Gesellschaft ausgründet, deren Anteile er oder sein Unternehmen (Tochterunternehmen) besitzt: er gewinnt nur dann einen Überblick über das von ihm eingesetzte Kapital, wenn er die Kapitalentwicklung der Untergesellschaft in das Rechnungswesen einbezieht. Eine rechtlich selbstständige Organisation macht daher noch längst kein ökonomisch selbstständiges Unternehmen aus.

Rechnungswesen für Unternehmer als Residualanspruchs-berechtigte

Üblicherweise werden der Inhalt des Rechnungswesens und die Größen, um deren Ermittlung es dabei geht (Zielgrößen des Rechnungswesens), jeweils für eine ökonomisch selbstständige Wirtschaftseinheit aus der Sicht des Unternehmers definiert. Der Unternehmer besitzt zwar die Verfügungsmacht über das Unternehmensvermögen; seine rechtlichen Ansprüche an das Unternehmen werden jedoch erst nach den Ansprüchen aller anderen Anspruchsberechtigten erfüllt. Es handelt sich gewissermaßen um Restansprüche. Deswegen bezeichnet man den Unternehmer auch als einen Residualanspruchsberechtigten. Für ihn ist es besonders wichtig, die ökonomischen Konsequenzen von relevanten Ereignissen im Unternehmen abzubilden; denn ihm bleibt nicht nur der Anspruch auf das „Residuum". Seine Ressourcen sind es auch, die bei ökonomisch ungünstigen Vorgängen als erste schwinden. Er wird daher vom Rechnungswesen seines Unternehmens Informationen über seinen Anteil am Kapital und dessen Veränderung im Zeitablauf, insbesondere über das Einkommen, erwarten.

Rechnungswesen für Unternehmer als Sachwalter des investierten Kapitals

In Unternehmen, in denen der Unternehmensleiter nur seine Arbeitskraft und kein Eigenkapital einbringt, stellen die Eigenkapitalgeber die gleichen Anforderungen an das Rechnungswesen wie ein Unternehmer, in dessen Hand „Eigenkapital" und „Verfügungsmacht" vereint sind. Für die Unternehmensleitung kann es in solchen Unternehmen zumindest bei Entscheidungen und Rechtfertigungen interessant sein, Inhalt und Zielgrößen des Rechnungswesens anders aufzufassen. Sie argumentiert gerne aus der Sicht aller Kapitalgeber, wenn sie das gesamte von ihr verwaltete Kapital (und nicht nur das ihr von den Eigenkapitalgebern anvertraute) sowie dessen Veränderung durch die im Unternehmen getätigten Investitionen herausstellt. Wenn in der Fachliteratur deshalb Kapital und Einkommen eines Unternehmens diskutiert werden, ist für das Rechnungswesen zunächst zu klären, welche der beiden Sichtweisen vorherrscht. Wir vernachlässigen die auf den gesamten Kapitaleinsatz bezogene Sichtweise im Folgenden weitgehend. Die rechtlichen Vorschriften für das Rechnungswesen stellen weltweit auf die Unternehmer als Residualanspruchsberechtigte ab.

Unternehmensfortführung

Annahme der Unternehmens-fortführung

Bei der Aufstellung von Finanzberichten wird von der Annahme der Unternehmensfortführung ausgegangen (*going concern*-Annahme). Man unterstellt dabei, das Unternehmen werde mindestens so lange betrieben, bis die angeschafften Vermögensgüter der beabsichtigten Nutzung zugeführt sind und das Fremdkapital zurückgezahlt ist. Die Alternative dazu besteht darin, von der Beendigung des Unternehmens auszugehen. Bei Unternehmensbeendigung müssen alle Vermögensgüter verkauft werden und der jeweilige Verkaufspreis, der möglicherweise als Folge des Veräußerungszwangs vom üblichen Marktpreis abwiche, wäre der angemessene Wertansatz. Weil die Beendigung eines Unternehmens die Ausnahme und nicht die Regel darstellt, wird es üblicherweise als sinnvoll angesehen, für den Wertansatz die Annahme der Unternehmensfortführung so lange aufrechtzuerhalten, wie die Unternehmensauflösung nicht bevorsteht. Dies ist genau die Regelung, welche weltweit von Rechnungslegungsregeln gefordert wird.

Stabile Währungseinheit

Der finanzielle Aspekt des Rechnungswesens verlangt eine Beschränkung auf das, was in Geldeinheiten ausdrück- und messbar ist. Im Gegensatz zu physikalischen Maßen wie Längen-, Raum-, Gewichts- oder Zeitmaßen verändert sich der Wert einer Geldeinheit im Laufe der Zeit. Wenn das allgemeine Preisniveau eines Landes steigt, spricht man von Inflation. Bei Inflation kann man heute mit einer Geldeinheit weniger Vermögensgüter kaufen, als man es früher konnte. Bei einer Deflation verhält es sich umgekehrt. Für das Rechnungswesen wird angenommen, der Wert des Geldes sei so stabil, dass man die Auswirkungen der allgemeinen Preisniveauveränderung vernachlässigen könne. Dieses Konzept der stabilen Währungseinheit (*monetary unit*-Konzept) gestattet es, Geldbeträge, die sich auf unterschiedliche Zeitpunkte beziehen, zusammenzuzählen oder voneinander abzuziehen, ohne sie vorher wegen eventuell unterschiedlicher Wertigkeit miteinander vergleichbar gemacht zu haben. Es leuchtet allerdings ein, dass dies problematisch sein kann, weil Geldbeträge aus unterschiedlichen Zeitpunkten möglicherweise verschiedene Güterwerte repräsentieren.

Keine Berücksichtigung von Geldwertschwankungen im Zeitablauf

Wollte man Geldwertschwankungen berücksichtigen, so müsste man die Geldbeträge in Einheiten einer fiktiven stabilen Währung umrechnen. Betrachtet man den Zins als Preis für die zeitliche Überlassung von Geld und gleichzeitig auch als Preis für den Ausgleich von Inflation oder Deflation, dann können solche Umrechnungen durch Aufzinsen oder Abzinsen der ursprünglichen Geldbeträge vorgenommen werden.

Komplikationen bei der Berücksichtigung von Inflation oder Deflation

Ein Beispiel: Wenn Sie ein Vermögensgut, das Sie für 100 GE gekauft haben, ein Jahr später für 110 GE verkaufen, dann haben Sie hinterher 10 GE mehr als vorher, unabhängig davon, ob Inflation herrscht oder nicht. Diese 10 GE als eine Wertsteigerung des von Ihnen eingesetzten Kapitals zu betrachten, ist die Implikation des Konzepts der stabilen Währungseinheit. Die Alternative wäre, die Inflation bei der Einkommensermittlung zu berücksichtigen. Wäre beispielsweise während des Jahres eine Inflation von 10 % eingetreten, so hätte man die Wertveränderung sicherlich anders ermittelt: Vor dem Vergleich des Verkaufspreises mit dem Einkaufspreis hätte man einen der beiden Geldbeträge um den Effekt der Inflation und des zeitlichen Auseinanderfallens der Zahlungen bereinigen müssen. Für die Ermittlung der Wertsteigerung des eingesetzten Kapitals hätte man entweder die eingekaufte Ware mit einem um 10 % erhöhten fiktiven Anschaffungspreis ansetzen oder den Verkaufspreis fiktiv um den gleichen Effekt verringern können. Dann hätte sich aus dem Verkauf keine Wertsteigerung des eingesetzten Kapitals ergeben. Daher wird argumentiert, beim Vergleich des Verkaufspreises mit dem Einkaufspreis habe sich bei Berücksichtigung der Inflation nur ein sogenannter „Scheingewinn" ergeben. Die Wertsteigerung ehemals angeschaffter Vermögensgüter als Folge der Inflation bedeutet dann keine Wertsteigerung des Unternehmens, sondern nur einen Ausgleich für die Kaufkraftänderung. Sie dient nur dem Ausgleich dafür, die ursprüngliche Substanz des Unternehmens wiederherzustellen und hat nichts mit der Leistung des Unternehmens zu tun. Daher wird vorgeschlagen, sie nicht dem Einkommen des Unternehmens hinzuzurechnen.[15]

„Scheingewinn"

---

[15] Vgl. zum Überblick Moxter, A. (1984), S. 57–79.

Allgemeine Annahmen

Tatsächlich unterstellen die meisten Rechnungslegungsregeln, es gäbe weder Inflation noch Deflation. Besondere Vorkehrungen für inflationäre oder deflationäre Wirtschaftsphasen werden nur von den Rechnungslegungssystemen einiger Länder vorgesehen, in denen große Inflation herrscht, sowie von den Regeln der *IFRS*.

1.2.4.2 Buchführungsbezogene Anforderungen

Leistungsabgabeorientierung und Einzelbewertung

Einkommensmessung bei Leistungsabgabe

Einkommensorientierte Finanzberichte werden im Regelfall aus den tatsächlichen oder erwarteten Zahlungen eines Zeitraums entwickelt. Konsequenzen von Ereignissen und Handlungen im Unternehmen werden zur Einkommensmessung allerdings nicht zwingend zu dem Zeitpunkt beziehungsweise in dem Zeitraum und in der Höhe berücksichtigt, in dem Einzahlungen oder Auszahlungen stattfinden. Leistungsabgaben werden vielmehr dann berücksichtigt, wenn Leistungen an Marktpartner abgegeben werden und somit ein Zahlungsanspruch entstanden ist. Auszahlungen für Vermögensgüter, die über mehrere Abrechnungszeiträume genutzt werden, berücksichtigt man anteilig bei der Einkommensermittlung. Darüber hinaus nimmt man die Einkommenswirkung einiger zukünftigen Ereignisse vorweg. Das erfordert neben der Aufzeichnung von Zahlungen und Zahlungsansprüchen die Erfassung und Bewertung jedes einzelnen Postens, für den etwas bezahlt wurde oder wird, ohne dass er seine Einkommenswirkung bereits entfaltet haben muss (bestandsorientiertes Rechnungswesen, *accrual accounting*). Der Vorteil dieses Konzepts liegt darin, dass Informationen bereitgestellt werden, die nützlicher erscheinen als Zahlungssalden. Einkommensrechnungen liefern dann nicht nur Informationen über vergangene Ereignisse, die zahlungswirksam waren; sie informieren darüber hinaus auch über ökonomische Konsequenzen von Ereignissen, die künftige Zahlungswirkungen mit sich bringen. Der Nachteil der Abkehr von einer Zahlungsrechnung liegt zweifellos in einem höheren Erfassungsaufwand und darin, dass im Gegensatz zur Zahlungsorientierung die Abbildung bei umfassender Bestandsorientierung oftmals nicht ohne Ermessen möglich ist. Alternativ dazu wäre es denkbar, die Einkommensentstehung auf den Zeitpunkt der Auftragsannahme oder den des Zahlungseingangs festzulegen.[16] Regulierungen des Rechnungswesens unterstellen traditionell weltweit die Leistungsabgabeorientierung bei einer gleichzeitigen Einzelbewertung.

Bewertung von Vermögensgütern und Fremdkapital

Traditionell: Bewertung zu Anschaffungsausgaben beziehungsweise zum Rückzahlungsbetrag

Traditionell fordern Rechnungslegungsregeln, dass Vermögensgüter und Dienstleistungen zum Anschaffungszeitpunkt zu den Preisen aufgezeichnet werden, die vom Unternehmen am Markt entrichtet werden (*cost principle*), weil diese Werte verlässlich ermittelbar sind. Dem entspricht es, dass Fremdkapitalverpflichtungen bei ihrer Entstehung mit dem Betrag anzusetzen sind, der zur Erfüllung der Verpflichtung nötig ist.

---

[16] Vgl. dazu beispielsweise Poensgen, H.O. (1973), S. 195–221.

Hat man es mit einem nicht abnutzbaren Vermögensgut zu tun, erscheint es zur objektivierten Einkommensermittlung sinnvoll, diesen Wert so lange beizubehalten, wie das angeschaffte Vermögensgut im Unternehmen verbleibt. Wertveränderungen werden nicht gesondert erfasst und erscheinen erst zusammen mit dem durch einen Verkauf erzielten Erlös als Einkommen. Alternativ dazu wird vorgeschlagen, eine Bewertung zum Marktpreis vorzunehmen und Marktpreisänderungen einkommenswirksam zu berücksichtigen.

Bewertung von Vermögensgütern nach der Anschaffung

Bei abnutzbaren Vermögensgütern, beispielsweise einer Maschine zur Herstellung von Erzeugnissen, würde die Bewertung zu Anschaffungsausgaben dazu führen, dass selbst dann noch der Anschaffungswert aufgezeichnet wäre, wenn das Vermögensgut infolge der Abnutzung objektiv wertlos wäre. In der Regel wird vom Anschaffungswertprinzip für die Einkommensermittlung daher auf folgende Weise abgewichen: die Anschaffungsausgaben abnutzbarer Vermögensgüter, deren Nutzung sich über mehrere Abrechnungszeiträume erstreckt, berücksichtigt man anteilig in den Zeiträumen der Nutzung als Einkommensminderung; die abnutzbaren Vermögensgüter werden – entsprechend um den (kumuliert) verrechneten Aufwand in ihrem Anschaffungswert gemindert – jeweils zu ihrem Restwert angesetzt. Man spricht auch von den fortgeführten Anschaffungsausgaben. Die Konsequenzen, die sich bei Abkehr von einer solchen Bewertung zu fortgeführten Anschaffungsausgaben ergeben, sind weitgehend unklar, weil man oft geschätzte Werte anstatt verlässlicher Werte verarbeiten muss. Mit der Relevanz kann es dagegen ganz anders aussehen. Konsequent wäre es zudem bei Vernachlässigung des noch zu erwähnenden Vorsichtsprinzips, nicht nur Abschreibungen, sondern auch Zuschreibungen vorzusehen.

Mängel der Anschaffungsausgabenorientierung bei abnutzbaren Vermögensgütern

Probleme für die Nutzung von Anschaffungswerten im Rechnungswesen können sich insbesondere ergeben, wenn der Marktpreis des Vermögensguts im Zeitablauf Schwankungen unterworfen ist. Der Anschaffungswert ist dann zwar objektiv nachprüfbar, jedoch für viele Fragen ökonomisch irrelevant. In Deutschland werden Wertschwankungen immer dann berücksichtigt, wenn der Marktpreis eines Vermögensguts niedriger ist als die fortgeführten Anschaffungsausgaben oder wenn der Rückzahlungsbetrag eines Fremdkapitalpostens höher ist als der Verfügungsbetrag zum Anschaffungszeitpunkt. Damit sollen erwartete Wertminderungen des Eigenkapitals bereits zum Zeitpunkt des Erkennens und nicht erst zum Zeitpunkt ihres Eintritts erfasst werden. In anderen Regelungskreisen, z.B. in den *US-GAAP* oder in den *IFRS*, wird dagegen zunehmend ein Ansatz zum *fair value* vorgeschrieben. Dies ist ein Wertansatz, der eine marktnahe Bewertung von Vermögensgütern und Fremdkapitalposten sicherstellen soll. Dabei handelt es sich im Idealfall um einen unter normalen Bedingungen zustande gekommenen Marktpreis auf einem aktiven Markt, gleichgültig, ob er über oder unter den Anschaffungsausgaben liegt.[17] Der Ansatz zum *fair value* soll die Zeitnähe und Relevanz der Zahlen des Rechnungswesens erhöhen.

Mängel der Anschaffungsausgabenorientierung bei Wertschwankungen

---

[17] Ist kein aktiver Markt vorhanden, so ist der *fair value* auf Basis eines Bewertungskalküls zu ermitteln, der so weit wie möglich Marktdaten verwenden sollte.

Einhaltung von Vorsicht

Vorsichtsprinzip als Prinzip asymmetrischer Berücksichtigung guter und schlechter Informationen

Aufgrund des Vorsichtsprinzips (*prudence principle, conservatism*) soll sich eine rechnungslegende Unternehmensleitung „im Zweifel eher zu arm als zu reich rechnen". Das Prinzip wird in Deutschland in einem umfassenden und in einem engen Sinne verwendet. Aus umfassender Sicht bedeutet es, alle Regeln für den Ansatz und die Bewertung so auszulegen beziehungsweise zu gestalten, dass das Eigenkapital und das Einkommen niedrig erscheinen. Dies erreicht man durch einen zeitlich relativ späten Ansatz erwarteter Eigenkapitalmehrungen und einen zeitlich relativ frühen Ansatz erwarteter Eigenkapitalminderungen.

Vorsichtsprinzip zur Ermittlung von Wertansätzen aus Schätzintervallen

Weniger restriktiv und weltweit einheitlich wird das Prinzip begriffen, wenn nur das Ermessen bei der Prognose und Schätzung des Einkommens betroffen ist, wenn dabei also künftiges unsicheres Unternehmensgeschehen zu berücksichtigen ist, etwa die Abwertung zweifelhafter Forderungen. Das Vorsichtsprinzip drückt sich beispielsweise in der Festlegung relativ später Erfassungszeitpunkte für erwartete Einkommenssteigerungen aus, hingegen in relativ frühen Erfassungszeitpunkten für erwartete Einkommensminderungen. Offensichtlich ist, dass ein solches Vorgehen mit bloßen Verlässlichkeitsüberlegungen nicht erklärbar ist. Vielmehr kommt im Vorsichtsprinzip ein asymmetrisches Konzept der Verlässlichkeit zum Ausdruck, nach dem die Darstellung einer günstigen Einkommensentwicklung ein höheres Niveau an Nachprüfbarkeit erfordert als die Darstellung einer ungünstigen Entwicklung. Der Grund liegt darin, dass rechnungslegende Manager eher dazu neigen, die von ihnen verantwortete Lage des Unternehmens zu beschönigen, als sie zu schlecht darzustellen.

Kein Freibrief zur Bildung stiller Reserven!

Die bewusste Unterbewertung von Vermögensgütern oder Überbewertung von Fremdkapital ist indes auch durch das Vorsichtsprinzip nicht zu rechtfertigen. Die Regeln verschiedener externer Rechnungslegungskreise berücksichtigen das Vorsichtsprinzip in unterschiedlichem Ausmaß.

Ermöglichung von Vergleichen

Ohne Vergleichbarkeit kein Informationsgehalt!

Vergleichbarkeit (*comparability*) von Informationen stellt eine weitere wichtige Eigenschaft von Rechenwerken dar. Denn die Vergleichbarkeit von Aufzeichnungen und Berichten des Rechnungswesens ermöglicht es erst, Finanzberichte desselben Unternehmens im Zeitablauf (Zeitvergleich) oder finanzielle Berichte verschiedener Unternehmen für einen Zeitraum oder Zeitpunkt beurteilen zu können (Unternehmensvergleich). Vergleichbarkeit im Zeitablauf erfordert zunächst, dass die Angaben eines Unternehmens zu Beginn eines Zeitraums mit denen zum Ende des vorhergehenden Zeitraums übereinstimmen. Ist dies nicht der Fall, lassen sich die Ziffern zweier zeitlich aufeinanderfolgender Bewegungsrechnungen nicht sinnvoll vergleichen. Betrachtungen über mehrere Zeiträume hinweg erscheinen dann erst recht nicht mehr angebracht.

Maßnahmen zur Erzielung von Vergleichbarkeit

Vergleichbarkeit von Informationen des Rechnungswesens lässt sich durch verschiedene Maßnahmen erreichen, etwa durch Verwendung derselben Messregeln für alle Unternehmen oder für ein einzelnes Unternehmen durch Angabe von Vorjahreszahlen oder auch mittels stetiger Regelanwendung im Zeitablauf. Eine wahlrechtsfreie Rechnungslegung dient zweifelsfrei der Vergleichbarkeit. Darüber hinaus trägt sie zur Ehrlichkeit in der Wissensübertragung bei, die für die Rechenschaftslegung über finanzielle Sachverhalte unverzichtbar ist.[18] Die nationalen Regeln externer Rechnungslegungskreise erfüllen die Forderung nach Vergleichbarkeit in unterschiedlichem Maße.

1.3 Finanzberichte eines Unternehmens

Unternehmen müssen in Deutschland einige Veröffentlichungspflichten erfüllen. Diejenigen für Kapitalgesellschaften sind umfangreicher und strenger als diejenigen für andere Unternehmen. Hinzu kommen détaillierte Vorgaben für so genannte kapitalmarktorientierte Unternehmen. Wir erwähnen in diesem Buch aus Platzgründen nur die Finanzberichte, die kapitalmarktorientierte Unternehmen aufzustellen und zu publizieren haben. Dazu gehören für rechtlich und ökonomisch selbständige Unternehmen insbesondere eine Einkommensrechnung und – falls diese auf Grund von Bilanzierungsvorgaben oder Wahlmöglichkeiten unvollständig ist – eine Vervollständigung der Einkommensrechnung (*Comprehensive Income Statement*), bei Vorliegen von Einlagen oder Entnahmen eine Eigenkapitaltransferrechnung, eine Bilanz, eine Eigenkapitalveränderungsrechnung, in der die Ergebnisse der Einkommens- und Eigenkapitaltransferrechnung zusammengefasst werden, und eine Zahlungsstrom- oder Kapitalflussrechnung. Auf die Darstellung eines Berichts, der die wichtigen Unternehmenszahlen nach Segmenten untergliedert enthält, verzichten wir hier. Im Fall eines Unternehmens, das als ökonomisch selbständige Wirtschaftseinheit aus mehreren rechtlich selbständigen, aber ökonomisch unselbstständigen Wirtschaftseinheiten besteht, im Fall eines Konzerns also, sind die Finanzberichte für den Konzern nach den spezifischen Regeln für Konzerne zu erstellen und zu publizieren. Nach den *International Financial Reporting Standards* und nach den *US-GAAP* sind deutlich mehr Informationen zu geben als nach deutschem Recht. All diese Rechenwerke enthalten Informationen, die im Rahmen der Buchführung der rechtlich selbstständigen Wirtschaftseinheiten erfasst und zusammengestellt werden.

Umfangreiche Veröffentlichungspflichten

Im Folgenden werden wichtige Finanzberichte am Beispiel der *Deutsche Telekom AG* aufgezeigt. Diese Finanzberichte sind nicht – wie im obigen Beispiel – in Kontoform dargestellt, sondern in der sogenannten Berichts- oder Staffelform. Dabei werden die – aus der Kontoform bekannte – linke und die rechte Seite der Berichte nicht nebeneinander, sondern untereinander angeordnet. Die Finanzberichte sind ferner mit „Konzern …" überschrieben, weil sie nicht eine Aussage für die *Deutsche Telekom AG* als juristische Einheit angeben, sondern über die *Deutsche Telekom AG* als ökonomisch selbstständige Wirtschaftseinheit, also inklusive all ihrer Untergesellschaften, informieren. Dazu gehört, dass neben den Eigenkapitalveränderungen aller rechtlich selbständigen Untereinheiten der *Deutsche Telekom AG* statt der Beteiligungen die Vermögensgüter und das Fremdkapital aller Untereinheiten berücksichtigt wird. Der Posten *Konzernüberschuss* entspricht hier der Größe, die wir bisher in einer rechtlich selbstständigen Wirtschaftseinheit als Einkommen bezeichnet haben. Sie stellt in der Einkommensrechnung und in der Bilanz der *Deutsche Telekom AG* als Konzern dasjenige Einkommen dar, das für die Eigenkapitalgeber der *Deutsche Telekom AG* insgesamt, also auch in allen Untergesellschaften, erwirtschaftet wurde. Die Posten *Anderen Gesellschaftern zustehendes Ergebnis* und *Anteile anderer Gesellschafter* enthalten diejenigen Teile des Einkommens beziehungsweise Eigenkapitals von Untereinheiten, die nicht den Aktionären der *Deutsche Telekom AG* zustehen.

Beschränkung hier auf die Konzern-Finanzberichte der Deutsche Telekom AG

Abbildung 1.10, Seite 28, enthält die Bilanz zum 31. Dezember des Jahres 2016 mit Angabe der Vorjahreswerte für 2015.

Beschränkung auf wichtige Finanzberichte

---

[18] Vgl. Schneider, D. (1997), S. 199–200.

Deutsche Telekom AG, Konzern-Bilanz
(Werte in Mio. Euro, Vorjahreswerte angepasst)

	31.12.2016	31.12.2015
AKTIVA		
KURZFRISTIGE VERMÖGENSWERTE	**26 638**	**32 184**
Zahlungsmittel und Zahlungsmitteläquivalente	7 747	6 897
Forderungen aus Lieferungen und Leistungen und sonstige Forderungen	9 362	9 238
Ertragsteuerforderungen	218	129
Sonstige finanzielle Vermögenswerte	5 713	5 805
Vorräte	1 629	1 847
Übrige Vermögenswerte	1 597	1 346
Zur Veräußerung gehaltene langfristige Vermögenswerte und Veräußerungsgruppen	372	6 922
LANGFROISTIGE VERMÖGENSWERTE	**121 847**	**111 736**
Immaterielle Vermögenswerte	60 599	57 025
Sachanlagen	46 758	44 637
Beteiligungen an *at equity* bilanzierten Unternehmen	725	822
Sonstige finanzielle Vermögenswerte	7 886	3 530
Aktive latente Steuern	5 210	5 248
Übrige Vermögenswerte	669	474
BILANZSUMME	**148 485**	**143 920**
PASSIVA		
KURZFRISTIGE SCHULDEN	**33 126**	**33 548**
Finanzielle Verbindlichkeiten	14 422	14 439
Verbindlichkeiten aus Lieferungen und Leistungen und sonstige Verbindlichkeiten	10 441	11 090
Ertragsteuerverbindlichkeiten	222	197
Sonstige Rückstellungen	3 068	3 367
Übrige Schulden	4 779	4 451
Schulden in direktem Zusammenhang mit zur Veräußerung gehaltenen langfristigen Vermögenswerten und Veräußerungsgruppen	194	4
LANGFRISTIGE SCHULDEN	**76 514**	**72 222**
Finanzielle Verbindlichkeiten	50 228	47 941
Pensionsrückstellungen und ähnliche Verpflichtungen	8 451	8 028
Sonstige Rückstellungen	3 320	2 978
Passive latente Steuern	10 007	9 205
Übrige Schulden	4 508	4 070
SCHULDEN	**109 640**	**105 770**
EIGENKAPITAL	**38 845**	**38 150**
Gezeichnetes Kapital	11 973	11 793
Eigene Anteile	(50)	(51)
	11 923	**11 742**
Kapitalrücklage	53 356	52 412
Gewinnrücklagen einschließlich Ergebnisvortrag	(38 727)	(38 969)
Kumuliertes sonstiges Konzernergebnis	78	(178)
Kumuliertes sonstiges Konzernergebnis in direktem Zusammenhang mit zur Veräußerung gehaltenen langfristigen Vermögenswerten und Veräußerungsgruppen	–	1 139
Konzernüberschuss / (-fehlbetrag)	2 675	3 254
ANTEILE DER EIGENTÜMER DES MUTTERUNTERNEHMENS	**29 305**	**29 400**
Anteile anderer Gesellschafter	9 540	8 750
BILANZSUMME	**148 485**	**143 920**

Abbildung 1.10: Konzern-Bilanzen der Deutsche Telekom AG zum Ende der Geschäftsjahre 2016 und 2015 (Quelle: Deutsche Telekom AG, Geschäftsbericht 2016 (deutsch), S. 126-127)

Abbildung 1.11, Seite 30, zeigt die Einkommensrechnung für das Geschäftsjahr 2016 das den Zeitraum zwischen dem 1.1.2016 und dem 31.12.2016 umfasst, sowie die Vorjahreswerte für die Jahre 2015 und 2014.

Da die *Deutsche Telekom AG* Bilanzierungsregeln angewendet hat, nach denen das Einkommen nur unvollständig ermittelt wird, hat sie auch die Vervollständigung ihrer Einkommensrechnung darzustellen. Diese Vervollständigung wird bei der *Deutsche Telekom AG* „Gesamtergebnisrechnung" genannt. Eine solche Rechnung enthält – ausgehend vom Einkommen der Einkommensrechnung – all diejenigen Eigenkapitalveränderungen, die weder in der Einkommensrechnung auftauchen, noch Einlagen oder Entnahmen darstellen. Abbildung 1.12, Seite 31, enthält diese „Gesamtergebnisrechnung".

Eine formale Eigenkapitaltransferrechnung gibt die *Deutsche Telekom AG* (in Übereinstimmung mit den *IFRS*) nicht an. Man findet nur eine Übersicht über die in den drei Geschäftsjahren ausgegebenen Aktien. Eine solche Rechnung führen wir deswegen für das Unternehmen hier nicht auf.

Abbildung 1.13, Seite 32, stellt entsprechende Eigenkapitalveränderungsrechnungen und Abbildung 1.14, Seite 33, entsprechende Kapitalflussrechnungen der *Deutsche Telekom AG* dar. Die hier wiedergegebene Eigenkapitalveränderungsrechnung stellt nur den Ausschnitt für ein einziges Jahr dar. Die *Deutsche Telekom AG* hat die Angaben dagegen für mehrere Jahre gemacht. Auf die Angabe eines Anlagespiegels, wie er von den Regeln des deutschen Handelsrechts gefordert und von der Telekom angegeben wird, sei hier verzichtet. Ebenso wird keine Aufteilung der Zahlen nach Unternehmenssegmenten wiedergegeben.

1.4 Buchführung und Rechnungswesen im Beruf

Der vorliegende Abschnitt führt die Berufschancen im Bereich der Buchführung und des betriebswirtschaftlichen Rechnungswesens kurz auf. Viele Berufe ranken sich um die Buchführung und um das betriebswirtschaftliche Rechnungswesen. Innerhalb von Unternehmen sind es direkt beispielsweise der Buchhalter oder der *accountant*, der Kostenanalytiker und -planer, der Revisor sowie derjenige, der die mit dem Rechnungswesen befassten Teile des Informationssystems des Unternehmens entwirft und fortentwickelt. Indirekt sind alle Entscheidungsträger eines Unternehmens mit der Buchführung und dem betriebswirtschaftlichen Rechnungswesen verbunden, weil ihre Entscheidungen in erheblichem Maße auf Buchführungszahlen beruhen oder in diese eingehen. Außerhalb von Unternehmen ist an alle zu denken, die von der Geschäftsführung ausgeschlossen sind, an den Anteilseigner ebenso wie an den Steuerberater, an den Wirtschaftsprüfer in der Rolle des Finanzberichtsprüfers und an den Unternehmensberater.

Deutsche Telekom AG, Konzern-Gewinn- und Verlustrechnung
(Werte in Mio. Euro, Vorjahreswerte angepasst)

	2016	2015	2014
UMSATZERLÖSE	**73095**	**69228**	**62658**
Sonstige betriebliche Erträge	4180	2008	3231
Bestandsveränderungen	(12)	(11)	1
Aktivierte Eigenleistungen	2112	2041	1944
Materialaufwand	(37084)	(35706)	(32048)
Personalaufwand	(16463)	(15856)	(14683)
Sonstige betriebliche Aufwendungen	(3284)	(3316)	(3282)
Abschreibungen	(13380)	(11360)	(10574)
BETRIBSERGEBNIS (EBIT)	**9164**	**7028**	**7247**
Zinsergebnis	(2492)	(2363)	(2340)
Zinserträge	223	246	325
Zinsaufwendungen	(2715)	(2609)	(2665)
Ergebnis aus *at equity* bilanzierten Unternehmen	(53)	24	(198)
Sonstiges Finanzergebnis	(2072)	89	(359)
FINANZERGEBNIS	**(4617)**	**(2250)**	**(2897)**
ERGEBNIS VOR ERTRAGSTEUERN	**4547**	**4778**	**4350**
Ertragsteuern	(1443)	(1276)	(1106)
ÜBERSCHUSS / (FEHLBETRAG)	**3104**	**3502**	**3244**
ZURECHNUNG DES ÜBERSCHUSSES / (FEHLBETRAGS) AN DIE			
Eigentümer des Mutterunternehmens (Konzernüberschuss / (-fehlbetrag)	2675	3254	2924
Anteile anderer Gesellschafter	429	248	320
ERGEBNIS JE AKTIE			
Unverwässert	0,58	0,71	0,65
Verwässert	0,58	0,71	0,65

Abbildung 1.11: Unvollständige Konzern-Einkommensrechnungen der Deutsche Telekom AG für 2016 und zwei Vorjahre (Quelle: Deutsche Telekom AG, Geschäftsbericht 2016 (deutsch), Seite 128)

Deutsche Telekom AG, Konzern-Gesamtergebnisrechnung
(Werte in Mio. Euro, Vorjahreswerte angepasst)

	2016	2015	2014
ÜBERSCHUSS / (FEHLBETRAG)	3104	3502	3244
Posten, die nicht nachträglich in die Gewinn- und Ver,lustrechnung umklassifiziert werden			
Ergebnis aus der Neubewertung von leistungsorientierten Plänen	(660)	230	(1581)
Anteil am sonstigen Ergebnis von Beteiligungen an *at equity* bilanzierten Unternehmen	0	0	(29)
Steuern auf direkt mit dem Eigenkapital verrechnete Wertänderungen	205	(60)	477
	(455)	170	(1133)
Posten, die nachträglich in die Gewiin- und Verlustrechnung umklassifiziert werden, wenn bestimmte Gründe vorliegen			
Gewinne und Verluste aus der Umrechnung der Abschlüsse ausländischer Geschäftsbetriebe			
Erfolgswirksame Änderung	(948)	4	(4)
Erfolgsneutrale Änderung	395	2000	1849
Gewinne und Verluste aus der Neubewertung von zur Veräußerung verfügbaren finanziellen Vermögenswerten			
Erfolgswirksame Änderung	2282	0	(1)
Erfolgsneutrale Änderung	(2323)	31	41
Gewinne und Verluste aus Sicherungsinstrumenten			
Erfolgswirksame Änderung	328	(255)	(267)
Erfolgsneutrale Änderung	(457)	653	265
Anteil am sonstigen Ergebnis von Beteiligungen an *at equity* bilanzierten Unternehmen			
Erfolgswirksame Änderung	7	0	0
Erfolgsneutrale Änderung	1	25	0
Steuern auf direkt mit dem Eigenkapital verrechnete Wertänderungen	39	(127)	3
	(676)	2331	1886
SONSTIGES ERGEBNIS	(1131)	2501	753
GESAMTERGEBNIS	1973	6003	3997
ZURECHNUNG DES GESAMTERGEBNISSES AN DIE			
Eigentümer des Mutterunternehmens	1306	5221	3184
Anteile anderer Gesellschafter	667	782	813

Abbildung 1.12: Vervollständigung der Konzern-Einkommensrechnungen der Deutsche Telekom AG für 2016 und zwei Vorjahre (Quelle: Deutsche Telekom AG, Geschäftsbericht 2016 (deutsch), Seite 129)

Deutsche Telekom AG, Konzern-Eigenkapitalveränderungsrechnung 2016
(verkürzt auf 1 Jahr, Werte in Mio. Euro)

	Gezeichnetes Kapital	Eigene Anteile	Kapitalrücklage	Gewinnrücklage, Ergebnisvortrag	Konzernüberschuss / (-fehlbetrag)	Währungsumrechnung ausländischer Geschäftsbet.	Neubewertungsrücklage	Zur Veräußerung verfügbare finanzielle Vermögenswerte	Sicherungsinstrumente	at equity bilanzierte Untern.	Steuern	Summe	Anteile anderer Gesellschafter	Gesamt Konzern-Eigenkapital
Stand 1.1.2016	11793	(51)	52412	(38969)	3254	427	(62)	110	738	(17)	(235)	29400	8750	38150
Veränd. Konsolidierungskreis												–	–	–
Transaktionen mit Eigentümern			(87)			(6)						(93)	117	24
Gewinnvortrag				3254	(3254)							0	–	0
Dividendenausschüttungen				(2523)								(2523)	(97)	(2620)
Kapitalerhöhung Deutsche Telekom AG	180		839									1019	–	1019
Kapitalerhöhung aus anteilsbasierter Vergütung			192									192	103	295
Aktienrückkauf / Aktienverkauf / Treuhänderisch hinterlegte Aktien		1	3									4	–	4
Überschuss / (Fehlbetrag)					2675							2675	429	3104
Sonst. Ergebnis				(454)		(792)		(41)	(129)	8	39	(1369)	238	(1131)
Gesamtergebnis												1306	667	1973
Transfer in Gewinnrücklagen				(38)			2			36		0	–	0
Stand 31.12.2016	11973	(50)	53356	(38727)	2675	(371)	(60)	69	609	27	(196)	29305	9540	38845

Abbildung 1.13: Konzern-Eigenkapitalveränderungsrechnungen der Deutsche Telekom AG für 2016 (verkürzt um 2 Jahre) (Quelle: Deutsche Telekom AG, Geschäftsbericht 2011 (deutsch), S. 130–131)

Deutsche Telekom AG, Konzern-Kapitalflussrechnung
(Werte in Mio. Euro, Vorjahreswerte angepasst)

	2016	2015	2014
ERGEBNIS VOR ERTRAGSTEUERN	4547	4778	4350
Abschreibungen auf immaterielle Vermögenswerte und Sachanlagen	13380	11360	10574
Finanzergebnis	4617	2250	2897
Ergebnis aus dem Abgang vollkonsolidierter Gesellschaften	(7)	(583)	(1674)
Ergebnis aus Veräußerungen von nach der Equity-Methode bewerteten Anteilen	(2591)	–	–
Sonstige zahlungsunwirksame Vorgänge	316	243	166
Ergebnis aus dem Abgang immaterieller Vermögenswerte und Sachanlagen	(495)	(87)	(436)
Veränderung aktives *Working Capital*	(1000)	(1438)	(2275)
Veränderung der Rückstellungen	(234)	112	382
Veränderung übriges passives *Working Capital*	(510)	878	2207
Erhaltene/(Gezahlte) Ertragsteuern	(527)	(695)	(679)
Erhaltene Dividenden	331	578	344
Nettozahlungen aus dem Abschluss, Auflösung und Konditionenänderung von Zinsderivaten	289	100	55
OPERATIVER CASHFLOW	18116	17496	15911
Gezahlte Zinsen	(3488)	(3464)	(3390)8
Erhaltene Zinsen	905	965	72
CASHFLOW AUS GESCHÄFTSTÄTIGKEIT	15533	14997	13393
Auszahlungen für Investitionen in			
Immaterielle Vermögensgegenstände	(5603)	(6446)	(4658)
Sachanlagen	(8037)	(8167)	(7186)
Langfristige finanzielle Vermögenswerte	(483)	(493)	(806)
Auszahlungen für die Übernahme der Beherrschung über Tochterunternehmen und sonstige			
Beteiligungen	(2)	(28)	(606)
Einzahlungen aus Abgängen von			
Immateriellen Vermögenswerten	1	4	16
Sachanlagen	363	363	265
Langfristigen finanziellen Vermögenswerten	335	446	74
Einzahlungen aus dem Verlust der Beherrschung über Tochterunternehmen und sonstige			
Beteiligungen	4	(58)	1540
Veränderung der Zahlungsmittel (Laufzeit mehr als 3 Monate),			
Wertpapiere und Forderungen des kurzfristigen finanziellen Vermögens	(186)	(638)	591
Sonstiges	–	2	9
CASHFLOW AUS INVESTITIONSTÄTIGKEIT	(13608)	(15015)	(10761)
Aufnahme kurzfristiger Finanzverbindlichkeiten	26187	33490	12785
Rückzahlung kurzfristiger Finanzverbindlichkeiten	(34951)	(36944)	(17089)
Aufnahme mittel- und langfristiger Finanzverbindlichkeiten	9520	5247	4275
Rückzahlung mittel- und langfristiger Finanzverbindlichkeiten	(20)	(207)	(1042)
Dividendenausschüttungen (inkl. Minderheiten)	(1596)	(1256)	(1290)
Tilgung von Leasingverbindlichkeiten	(374)	(224)	(164)
Aktienrückkauf Deutsche Telekom AG	–	(15)	–
Verkauf eigene Aktien Deutsche Telekom AG	–	31	–
Einzahlungen aus Transaktionen mit nicht beherrschenden Gesellschaftern	26	43	43
Auszahlungen aus Transaktionen mit nicht beherrschenden Gesellschaftern	(114)	(1041)	(950)
Sonstiges	–	–	(2)
CASHFLOW AUS FINANZIERUNGSTÄTIGKEIT	(1322)	(876)	(3434)
Auswirkung von Kursveränderungen auf die Zahlungsmittel (Laufzeit bis 3 Monate)	250	267	323
Zahlungsmittelveränderung im Zusammenhang mit zur Veräußerung gehaltenen langfristigen Vermögenswerten und Veräußerungsgruppen	(3)	1	32
NETTOVERÄNDERUNG DER ZAHLUNGSMITTEL (LAUFZEIT BIS 3 MONATE)	850	(626)	(447)
BESTABD AM ANFANG DES JAHRES	6897	7523	7970
BESTAND AM ENDE DCES JAHRES	7747	6897	7523

Abbildung 1.14: Konzern-Kapitalflussrechnungen der Deutsche Telekom AG für 2016 und zwei Vorjahre (Quelle: Deutsche Telekom AG, Geschäftsbericht 2011 (deutsch), S. 132)

1.5 Übungsmaterial

1.5.1 Fragen mit Antworten

Fragen	Antworten
In welchen grundlegenden Rechtsformen lässt sich ein Unternehmen organisieren?	Als sogenannter eingetragener Kaufmann, als Personengesellschaft, als Kapitalgesellschaft und – abweichend von den Rechtsformen – als Konzern.
Inwieweit hat die Wahl der Rechtsform Einfluss auf die anzuwendenden Rechnungslegungsregeln?	Für unterschiedliche Rechtsformen gelten unterschiedliche Regeln. Auch die Unternehmensgröße sowie der Kapitalmarktbezug beeinflussen die anzuwendenden Regeln. Für Kapitalgesellschaften gelten beispielsweise strengere Regeln als für die anderen Rechtsformen von Unternehmen.
Was soll im betriebswirtschaftlichen Rechnungswesen abgebildet werden?	Finanzielle Ereignisse, die ein Unternehmen betreffen und objektiv gemessen werden können. Ein Unternehmen stellt eine rechtlich selbstständige Wirtschaftseinheit dar, deren wirtschaftliche Lage getrennt von der wirtschaftlichen Lage der Eigenkapitalgeber zu sehen ist.
Sollten Unternehmen juristisch oder ökonomisch abgegrenzt werden?	Ökonomisch sinnvolle Berichte lassen sich nur bei ökonomischer Unternehmensabgrenzung gewinnen. Allerdings kann die ökonomische Unternehmensabgrenzung mit der juristischen zusammenfallen.
Welche Eigenschaften sollte das Rechnungswesen besitzen, um relevant zu sein?	Es sollte diejenigen Informationen liefern, welche die Entscheidungen der Informationsnutzer beeinflussen können. Diese Informationen sollten verlässlich und zeitnah sein.
Warum wird eine Einkommensermittlung auf der Basis von Anschaffungsausgaben gegenüber anderen Wertansätzen oft favorisiert?	Anschaffungsausgaben sind objektiv nachprüfbar.
Wie soll man Vermögensgüter und Fremdkapital ansetzen, um möglichst verlässliche Zahlen zu erhalten?	In der Regel mit den tatsächlichen historischen Anschaffungsausgaben beziehungsweise mit den historischen Rückzahlungsbeträgen. Schätzwerte sind „mit Vorsicht" zu schätzen.
Wie soll man Vermögensgüter und Fremdkapital ansetzen, um möglichst relevante Zahlen zu erhalten?	In der Regel mit den aktuellen Tageswerten zum Bilanzstichtag.
Woraus können die finanziellen Berichte von Unternehmen bestehen?	Zu den finanziellen Berichten können gehören: eine Einkommensrechnung, eine Bilanz, ein Anlagespiegel, eine Eigenkapitalveränderungsrechnung, eine Kapitalflussrechnung und eine Segmentberichterstattung.

1.5.2 Verständniskontrolle

1. Worin liegt der Unterschied zwischen „Rechnungswesen" und „Buchführung"?

2. Identifizieren Sie die Nutzer von Informationen des Rechnungswesens! Erklären Sie, wie die Information jeweils genutzt wird!

3. Nennen Sie zwei bedeutende Gründe für die Entwicklung des Rechnungswesens!

4. Welche Institution formuliert die Rechnungslegungsregeln in Deutschland, welche in den USA und welche auf internationaler Ebene?

5. Identifizieren Sie die „Eigentümer" einer Personengesellschaft und einer Kapitalgesellschaft!

6. Warum sind ethische Standards für das Rechnungswesen erforderlich?

7. Beschreiben Sie kurz die Bedeutung des Prinzips der Verlässlichkeit!

8. Warum ist das Konzept der ökonomisch selbstständigen Wirtschaftseinheit bedeutsam für das Rechnungswesen?

9. Geben Sie einige Beispiele für die Abgrenzung von Wirtschaftseinheiten!

10. Welche Rolle spielt die anschaffungsausgabenorientierte Bewertung im Rechnungswesen?

11. Welche Probleme ergeben sich aus dem Streben nach leistungsabgabeorientierter Einkommensmessung, welches Problem wird hierdurch vermieden?

1.5.3 Aufgaben zum Selbststudium

Abbildung eines einfachen Sachverhalts im Rahmen von zahlungsorientierten Finanzberichten   **Aufgabe 1.1**

Vorbemerkung zu Aufgabe 1.1

Der Hinweis auf Anfangsbilanz, Einkommensrechnung, Eigenkapitaltransferrechnung, Eigenkapitalveränderungsrechnung und Schlussbilanz kann, muss aber nicht so interpretiert werden, dass man einen Bezug zum Unternehmer herstellt. Ohne Bezug zum Unternehmer errechnet man nur Größen, die sich auf das gesamte Unternehmen beziehen und nicht nur auf die Teile, die auf den Unternehmer entfallen.

Unter dem Begriff der „zahlungsorientierten Bilanz" erfassen wir nur die Zahlungsmittel sowie in der „zahlungsorientierten Einkommensrechnung" und der „zahlungsorientierten Eigenkapitaltransferrechnung" nur deren Veränderung.

Die Begriffe „zahlungsorientierte Anfangsbilanz", „zahlungsorientierte Einkommensrechnung", „zahlungsorientierte Eigenkapitaltransferrechnung", „zahlungsorientierte Eigenkapitalveränderungsrechnung", „zahlungsorientierte Schlussbilanz" und sämtliche mit diesen Begriffen verwandten Ausdrücke – wie „zahlungsorientiertes Einkommen" – werden in der Realität nicht verwendet. Ihre Erwähnung in Aufgabe 1.1 dient in Verbindung mit der Aufgabe 1.2 allein dem didaktischen Zweck, den hinter der doppelten Buchführung stehenden Gedanken gut vermitteln zu können.

Mit Bezug zum Unternehmer kann man immer sehen, welcher Teil der Zahlungsmittel an Fremde zu zahlen ist und welcher dem Unternehmer verbleibt.

Sachverhalt

Eva Schmitz hat zu Beginn des Wirtschaftsjahres X1 ein Unternehmen gegründet. Dazu hat sie bei der Gründung aus privaten Quellen Zahlungsmittel in Höhe von 1 000 GE in die Unternehmenskasse eingelegt. Zusätzlich hat sie zu Beginn von X1 bei der Bank ein Darlehen für ihr Unternehmen über 500 GE aufgenommen. Die Rückzahlung dieses Darlehens findet im Abrechnungszeitraum X2 statt und wird sich auf 500 GE belaufen. Mit dem Bargeld in Höhe von 1 500 GE beginnt sie zu Beginn von X1 ihr Unternehmen. Im weiteren Verlauf des Abrechnungszeitraums X1 kauft sie für 400 GE Vermögensgüter gegen Barzahlung ein. Die Hälfte davon verkauft sie noch in X1 für 500 GE. Sie stimmt der Absicht des Käufers zu, der diesen Betrag erst im Abrechnungszeitraum X2 zu zahlen gedenkt. Für ihre Urlaubsfahrt entnimmt Eva Schmitz der Unternehmenskasse in X1 einen Betrag in Höhe von 600 GE. Der Abrechnungszeitraum des Unternehmens, das Wirtschaftsjahr, entspricht dem Kalenderjahr.

Fragen und Teilaufgaben

1. Erstellen Sie eine „zahlungsorientierte Anfangsbilanz" für den Beginn von X1!
2. Bilden Sie die Ereignisse in einer „zahlungsorientierten Einkommensrechnung" für X1 ab, soweit sie das „zahlungsorientierte Einkommen" betreffen!
3. Bilden Sie die Ereignisse in einer „zahlungsorientierten Eigenkapitaltransferrechnung" für X1 ab, soweit sie „zahlungsorientierte Eigenkapitaltransfers" betreffen!
4. Stellen Sie eine „zahlungsorientierte Eigenkapitalveränderungsrechnung" für X1 auf!
5. Ermitteln sie eine „zahlungsorientierte Schlussbilanz" für das Ende von X1!

Lösungshinweise zu den Fragen und Teilaufgaben

Der Hinweis auf Anfangsbilanz, Einkommensrechnung, Eigenkapitaltransferrechnung, Eigenkapitalveränderungsrechnung und Schlussbilanz kann, muss aber nicht so interpretiert werden, dass man einen Bezug zum Unternehmer herstellt. Ohne Bezug zum Unternehmer errechnet man in den „zahlungsorientierten Bilanzen" nur die Zahlungsmittel sowie in der „zahlungsorientierten Einkommensrechnung" und der „zahlungsorientierten Eigenkapitaltransferrechnung" nur deren Veränderung. Im Einzelnen erhält man

1. in der „zahlungsorientierten Anfangsbilanz" ohne Unternehmerbezug 1 500 GE Zahlungsmittel,
2. in der „zahlungsorientierten Einkommensrechnung" ohne Unternehmerbezug einen Betrag von −400 GE als Zahlungsmittelveränderung, damit ein zahlungsorientierter Verlust,
3. in der „zahlungsorientierten Eigenkapitaltransferrechnung" ohne Unternehmerbezug eine „zahlungsorientierte Eigenkapitalminderung" in Höhe von 600 GE, was einer „zahlungsorientierten Eigenkapitalmehrung von −600 GE entspricht,

4. eine „zahlungsorientierte Eigenkapitalveränderungsrechnung" mit einem „zahlungso-
    rientierten Eigenkapital" zum Ende des Abrechnungszeitraums X1 in Höhe von
    1 000 GE – 400 GE – 600 GE = 0 GE, was einer „zahlungsorientierten Eigenkapitalver-
    änderung" von 0 GE entspricht,

5. in der „zahlungsorientierten Schlussbilanz" ohne Unternehmerbezug Zahlungsmittel
    in Höhe von 500 GE.

Ohne Bezug zum Unternehmer kann man nicht sehen, welcher Teil der Zahlungsmittel
an Fremde zu zahlen ist und welcher dem Unternehmer verbleibt. Mit Bezug zum
Unternehmer errechnet man, dass Zahlungsmittel in Höhe von 500 GE irgend wann
zurückzuzahlen sind. Es entfällt damit kein positiver Rest auf den Unternehmer.

Abbildung eines einfachen Sachverhalts im Rahmen von bestandsorientierten, auf den Unternehmer bezogenen Finanzberichten   **Aufgabe 1.2**

Vorbemerkung zu Aufgabe 1.2

Mit Bestandsorientierung und Bezug zum Unternehmer kann man immer sehen, in welcher
Höhe Vermögensgüter und Fremdkapitalposten bestehen und in welcher Höhe der Unternehmer daran beteiligt ist.

Sachverhalt

Eva Schmitz hat zu Beginn des Wirtschaftsjahres X1 ein Unternehmen gegründet. Dazu
hat sie bei der Gründung aus privaten Quellen Zahlungsmittel in Höhe von 1 000 GE in die
Unternehmenskasse eingelegt. Zusätzlich hat sie zu Beginn von X1 bei der Bank ein Darlehen für ihr Unternehmen über 500 GE aufgenommen. Die Rückzahlung dieses Darlehens
findet im Abrechnungszeitraum X2 statt und wird sich auf 500 GE belaufen. Mit dem Bargeld in Höhe von 1 500 GE beginnt sie zu Beginn von X1 ihr Unternehmen. Im weiteren
Verlauf des Abrechnungszeitraums X1 kauft sie für 400 GE Vermögensgüter gegen Barzahlung ein. Die Hälfte davon verkauft sie noch in X1 für 500 GE. Sie stimmt der Absicht
des Käufers zu, der den Betrag erst im Abrechnungszeitraum X2 zu zahlen gedenkt. Für
ihre Urlaubsfahrt entnimmt Eva Schmitz der Unternehmenskasse in X1 einen Betrag in
Höhe von 600 GE. Die Bewertung der Vermögensgüter und der Fremdkapitalposten
erfolge zu Anschaffungsausgaben beziehungsweise zum Rückzahlungsbetrag. Der
Abrechnungszeitraum des Unternehmens, das Wirtschaftsjahr, entspricht dem Kalenderjahr.

Fragen und Teilaufgaben

1. Erstellen Sie eine bestandsorientierte, auf den Unternehmer bezogene Anfangsbilanz
    für den Beginn von X1!

2. Bilden Sie die Ereignisse in einer bestandsorientierten, auf den Unternehmer bezogenen
    Einkommensrechnung für X1 ab, soweit sie das Einkommen betreffen!

3. Bilden Sie die Ereignisse in einer bestandsorientierten, auf den Unternehmer bezoge-
    nen Eigenkapitaltransferrechnung für X1 ab, soweit sie Eigenkapitaltransfers betref-
    fen!

4. Fassen Sie die Eigenkapitalveränderungen in einer bestandsorientierten Eigenkapitalveränderungsrechnung für X1 zusammen!

5. Ermitteln sie eine bestandsorientierte, auf den Unternehmer bezogene Schlussbilanz für das Ende von X1!

Lösungshinweise zu den Fragen und Teilaufgaben

Mit Bestandsorientierung und Bezug zum Unternehmer kann man immer sehen, in welcher Höhe Vermögensgüter und Fremdkapitalposten bestehen und in welcher Höhe der Unternehmer daran beteiligt ist. Im Einzelnen errechnet man

1. in der „bestandsorientierten Anfangsbilanz" mit Unternehmerbezug ein Vermögen in Höhe von 1 500 GE, das zu 1 000 GE aus eigenen Mitteln finanziert wurde,

2. in der „bestandsorientierten Einkommensrechnung" mit Unternehmerbezug ein Einkommen in Höhe von 500 GE – 200 GE = 300 GE,

3. in der „bestandsorientierten Eigenkapitaltransferrechnung" einen Transfer von Vermögensgütern (Bargeld in Höhe von 600 GE) und eine „bestandsorientierte Eigenkapitalreduktion" in Höhe von 600 GE,

4. in der „bestandsorientierten Eigenkaptalveränderungsrechnung" ein „bestandsorientiertes Eigenkapital" zum Ende des Abrechnungszeitraums X1 in Höhe von 1 000 GE + 300 GE – 600 GE = 700 GE, was einer „bestandsorientierten Eigenkapitalveränderung" von –300 GE entspricht,

5. in der „bestandsorientierten Schlussbilanz" mit Unternehmerbezug Vermögensgüter in Höhe von 1 200 GE und ein Eigenkapital in Höhe von 700 GE.

2 Regelungsgrundlagen zur Buchführung in Deutschland

Lernziele

Nach dem Studium dieses Kapitels sollten Sie wissen,

– wie sich juristisch definierte von betriebswirtschaftlich definierten Unternehmen unterscheiden,

– nach welchen Rechtsgrundlagen Unternehmen in Deutschland verpflichtet sind, Bücher zu führen beziehungsweise Finanzberichte aufzustellen,

– unter welchen Voraussetzungen juristisch definierte Unternehmen in Deutschland zur Buchführung und Aufstellung von Finanzberichten verpflichtet sind,

– unter welchen Voraussetzungen ökonomisch definierte Unternehmen in Deutschland zu zusätzlichen Aufzeichnungen zur Erstellung von Konzernfinanzberichten verpflichtet sind,

– dass es neben Buchführungspflichten auch weniger umfangreiche Aufzeichnungpflichten für juristisch definierte Unternehmen gibt, die am besten mit Hilfe der Buchführung erfüllt werden,

– welche Unterschiede und Gemeinsamkeiten zwischen steuerrechtlichen und handelsrechtlichen Pflichten zur Buchführung bestehen,

– welcher Einfluss den *International Financial Reporting Standards* für die Buchführung und die Berichterstellung kapitalmarktorientierter Unternehmen zukommt.

Überblick

Der Inhalt des Kapitels dient dazu, Ihnen die Regelungsgrundlagen zur Buchführung und zur Aufstellung von Finanzberichten in Deutschland zu vermitteln[1]. Dabei wird zwischen verschiedenen Regelungsgrundlagen unterschieden, in denen sich Vorschriften über die Buchführung finden. Dazu zählen in Deutschland das deutsche Steuerrecht, das traditionelle deutsche Handelsgesetzbuch (ohne den Hinweis auf die *International Financial Reporting Standards*) und seit einiger Zeit auch die *International Financial Reporting Standards*. Für jede Art dieser Regelungsgrundlagen unterscheiden wir Regelungen, die für jedes Unternehmen im rechtlichen Sinne gelten, von Regelungen, die zusätzlich zu erfüllen sind, wenn ein solches Unternehmen seine Geschäfte in mehreren rechtlich selbstständigen Wirtschaftseinheiten tätigt. Gemäß dem *economic entity*-Konzept sind Zahlen des betriebswirt-

---

[1]   Die Ausführungen beziehen sich auf den Stand am 30.6.2017.

schaftlichen Rechnungswesens dann besonders aussagekräftig, wenn sie sich auf eine Institution beziehen, die sich nach ökonomischen Kriterien als selbstständige Wirtschaftseinheit von anderen Institutionen abgrenzen lässt.

Zunächst wird jeweils auf allgemeine Pflichten zur Buchführung, Aufzeichnung und Berichterstellung für Unternehmen eingegangen, deren gesamter Geschäftsbetrieb sich in einer der oben beschriebenen rechtlich abgegrenzten Wirtschaftseinheiten abspielt. Im Anschluss daran weisen wir auf Buchführungs- und Berichterstellungspflichten für Unternehmen hin, die ihre Geschäfte in mehreren rechtlich selbstständigen Wirtschaftseinheiten unter Leitung und Kontrolle einer ökonomisch selbstständigen Wirtschaftseinheit betreiben, auf sogenannte Konzerne. Insgesamt sind die entsprechenden Passagen des deutschen Steuer- und Handelsrechts, des Publizitätsrechts oder der *International Financial Reporting Standards* zu beachten.

2.1 Zweck und Art der Regelungen

Gesamtwirtschaftlicher Wohlfahrtsgewinn durch Buchführungs- und Berichtaufstellungspflicht?

Warum verpflichtet der Gesetzgeber Unternehmen zur Buchführung und Aufstellung von Finanzberichten? Sinnvoll erscheint dies nur, wenn die gesamtwirtschaftliche Wohlfahrt durch die Einführung dieser Pflichten gegenüber einer Situation ohne diese Pflichten zunimmt. Der Zwang zur Buchführung und Aufstellung von Finanzberichten zieht zweifellos direkte und indirekte Kosten nach sich, die ohne diesen Zwang nicht entstünden. Nicht so klar ist die Frage nach dem gesamtwirtschaftlichen Wohlfahrtsgewinn einer Buchführungs- und Berichterstellungspflicht zu beantworten. Fest steht indes, dass die gesamtwirtschaftliche Wohlfahrt durch Einführung solcher Pflichten nur dann gesteigert wird, wenn hiermit Zwecke erfüllt werden, die als gesamtwirtschaftlich wertvoll betrachtet werden.

Dokumentationszweck (Rechtssicherheit)

Mehrere Zwecke lassen sich anführen, deren Erfüllung einen Wohlfahrtsgewinn erwarten lässt. Buchführungsunterlagen dokumentieren das Unternehmensgeschehen. Die finanziellen Konsequenzen von Ereignissen im Unternehmen und um das Unternehmen herum werden mit Hilfe der Buchführung unter Verwendung einer standardisierten Systematik erfasst. Die Standardisierung der Aufzeichnungen macht das Unternehmensgeschehen für Dritte leicht nachvollziehbar, vergleichbar und nachprüfbar. Dies dient der Rechtssicherheit in einer Gemeinschaft. Rechtssicherheit ist notwendig, weil Unternehmen mit anderen Unternehmen und gesellschaftlichen Gruppen in vielfältigen rechtlichen Beziehungen stehen, die in erheblichem Maße Vertrauen in das Unternehmen und in das Rechtssystem voraussetzen, insbesondere auch in die Nachprüfbarkeit von Fakten im Konfliktfall. Diese Rolle nimmt die Buchführung wahr, beispielsweise mit Hilfe der aus ihr generierten Finanzberichte, die am Ende jedes Abrechnungszeitraums Rechenschaft über die Verwendung des eingesetzten Kapitals geben.

Informationszweck

Die regelmäßige Erstellung von Finanzberichten zwingt Unternehmensleitungen zur Selbstinformation über die wirtschaftliche Lage des Unternehmens. Unternehmensleitungen dienen solche Informationen zur Kontrolle ihrer Geschäftstätigkeit. Aus gesamtwirtschaftlicher Sicht wird hierdurch erreicht, dass Unternehmensleitungen – gegenüber einer Situation ohne Buchführung – günstige oder schwierige Unternehmenssituationen ausnutzen oder abstellen. Gesamtwirtschaftliche Kosten in Form von Unternehmenskrisen und Unternehmenszusammenbrüchen werden so gesenkt. Wenn Unternehmen zur Offenlegung ihrer Finanzberichte verpflichtet sind, erhalten Personen oder Institutionen, die von der Leitung des Unternehmens ausgeschlossen sind, sogenannte Unternehmensexterne oder Außenstehende, wichtige Informationen über die wirtschaftliche Lage des Unternehmens. Sie können ihre mit dem Unternehmen zusammenhängenden Entscheidungen dann auf Informationen stützen, über die sie sonst nicht verfügten. Die Offenlegungspflicht dient so dem Interessenausgleich zwischen rechnungslegendem Unternehmen und den externen Unternehmensinteressierten. Gegenüber einer Situation ohne die Information aus Finanzberichten ist davon auszugehen, dass solche unternehmensexternen Gruppen überhaupt erst zur Kooperation mit dem Unternehmen bereit sind und je nach Aussagegehalt der vermittelten Berichtsinformationen bessere Allokationsentscheidungen treffen.

Aus Sicht des deutschen Steuergesetzgebers dient die Buchführung und die damit zusammenhängende Einkommensermittlung ferner dem Zweck, eine gleichmäßige, an der wirtschaftlichen Leistungsfähigkeit orientierte Besteuerung steuerpflichtiger Unternehmen zu erreichen.

Zweck der Gleichmäßigkeit der Besteuerung

In Deutschland existieren genaue Regeln für alle Unternehmen, welche die Kaufmannseigenschaft im juristischen Sinne besitzen. Diese Eigenschaft ist juristisch definiert, und es werden Rechte und Pflichten daran geknüpft. Erst in den letzten Jahrzehnten hat sich im Recht zusätzlich die ökonomische Sicht entwickelt, nach der Unternehmen im ökonomischen Sinne definiert und als wirtschaftlich selbstständige Einheiten angesehen werden. Zu einem wirtschaftlich selbstständigen Unternehmen können – wie bereits erwähnt – mehrere Institutionen im rechtlichen Sinne gehören, also beispielsweise mehrere lediglich rechtlich, aber nicht wirtschaftlich selbstständige Gesellschaften. Aus ökonomischer Sicht interessiert dann hauptsächlich das Rechnungswesen der als ökonomisch selbstständige Wirtschaftseinheit aufgefassten Gesamtheit von Wirtschaftseinheiten. Die bloße Addition der Zahlen der lediglich juristisch selbstständigen Wirtschaftseinheiten kann solche Informationen nur in ganz speziellen Fällen liefern.

Juristische oder ökonomische Definition eines Unternehmens?

In den folgenden Ausführungen werden jeweils zunächst die verschiedenen Arten von Vorschriften für Unternehmen als rechtliche selbstständige Wirtschaftseinheiten und als ökonomisch selbstständige Wirtschaftseinheiten aufgeführt. Man spricht im letztgenannten Fall von Konzernen. Vorschriften zur Buchführung in Deutschland findet man im deutschen Steuerrecht, im deutschen Handelsgesetzbuch (dHGB), im Publizitätsgesetz (PublG) und in den *International Financial Reporting Standards* (*IFRS*).

Vorausschau

2.2 Buchführungs- und Berichtspflicht nach deutschem Steuerrecht

2.2.1 Regelungen für Unternehmen auf Basis einer einzigen rechtlich selbstständigen Wirtschaftseinheit

2.2.1.1 Buchführungspflicht

Formale Rechts-grundlagen

Für das deutsche Steuerrecht ergeben sich Buchführungs- und Aufzeichnungspflichten aus der Abgabenordnung (AO). Diese verweist in § 140 AO darauf, dass Vorschriften aus anderen Gesetzen zu beachten sind, wenn diese für die Besteuerung bedeutsam sind. Die handelsrechtliche Pflicht zur Buchführung geht somit indirekt in das deutsche Steuerrecht ein. Die steuerrechtliche Buchführungspflicht wird gleichsam von der handelsrechtlichen hergeleitet. Man spricht daher von der sogenannten derivativen Buchführungspflicht nach deutschem Steuerrecht. In § 141 AO wird zudem die originäre steuerliche Buchführungs- und Aufzeichnungspflicht geregelt.

Einkommens-besteuerung als Zweck steuerrechtlicher Gewinnermittlung

Zu den nicht steuerrechtlichen Vorschriften, die über § 140 AO auch für das Steuerrecht gelten, zählen die Buchführungs- und Aufzeichnungspflichten des dHGB. Die steuerrechtlichen Vorschriften zur Einkommensteuer hängen eng mit denen des dHGB zusammen. Die Einkommensteuer knüpft an die wirtschaftliche Leistungsfähigkeit des steuerpflichtigen Unternehmens im juristischen Sinn an.

Buchführungspflicht nach der Abgaben-ordnung

Die steuerrechtliche Gewinnermittlung nach § 5 Absatz 1 EStG baut auf einer nach handelsrechtlichen Grundsätzen geführten Buchführung auf. Daher interessiert es, welche Unternehmen nach deutschem Steuerrecht zu einer solchen Buchführung verpflichtet sind. Die Abgabenordnung (AO) regelt die Buchführungspflicht für steuerliche Zwecke.

Derivative Buchführungspflicht

§ 140 AO stellt zunächst fest, dass Verpflichtungen zur Buchführung oder zu Aufzeichnungen nach anderen als Steuergesetzen auch für Zwecke der Besteuerung zu erfüllen sind. Dies gilt auch für Buchführungs- beziehungsweise Aufzeichnungspflichten nach anderen als handelsrechtlichen Gesetzen, etwa solchen nach dem Fahrlehrergesetz, dem Hebammengesetz oder dem Weingesetz. Nach dem Weingesetz sind Weinbauunternehmen sowie Weinkellereien unter anderem zum Führen von Fasslagerbüchern, Kellerbüchern und Weinlagerbüchern verpflichtet. Solchen Vorschriften kommt man gut mit der Buchführung nach.

Originäre Buchführungspflicht

Aus § 141 Absatz 1 AO folgt die originäre steuerrechtliche Verpflichtung, Bücher zu führen und regelmäßig Finanzberichte aufgrund jährlicher Bestandsaufnahmen von Vermögensgütern und Fremdkapital zu erstellen. Danach sind gewerbliche Unternehmen sowie Land- und Forstwirte, die handelsrechtlich nicht buchführungspflichtig sind, steuerrechtlich buchführungspflichtig, wenn mindestens eines der folgenden vier Kriterien erfüllt ist.

1. Die Umsätze einschließlich der steuerfreien Umsätze, ausgenommen die Umsätze nach § 4 Nr. 8 bis 10 des Umsatzsteuergesetzes, betragen mehr als 600 000 Euro im Kalenderjahr.

2. Selbstbewirtschaftete land- und forstwirtschaftliche Flächen besitzen einen Wirtschaftswert (§ 46 des Bewertungsgesetzes) von mehr als 25 000 Euro.

3. Der Gewinn aus Gewerbebetrieb beträgt mehr als 60 000 Euro im Wirtschaftsjahr.

4. Der Gewinn aus Land- und Forstwirtschaft übersteigt 60 000 Euro im Kalenderjahr.

Gegenüber der im Folgenden noch darzustellenden handelsrechtlichen Regelung werden hierdurch ab einer bestimmten Unternehmensgröße zusätzlich zum dHGB Gewerbetreibende ohne Kaufmannseigenschaft sowie Land- und Forstwirte erfasst. Das deutsche Steuerrecht zieht so den Kreis der zur Buchführung Verpflichteten weiter als das deutsche Handelsrecht. Offensichtlich dient dies dem Interesse der Gleichmäßigkeit der Besteuerung.

Nach § 142 Absatz 1 AO haben buchführungspflichtige Land- und Forstwirte neben den jährlichen Bestandsaufnahmen und Finanzberichten üblicher Gewerbetreibender auch ein sogenanntes Anbauverzeichnis zu führen. Hierin ist zu dokumentieren, mit welchen Fruchtarten die selbstbewirtschafteten Flächen im abgelaufenen Wirtschaftsjahr bestellt waren (§ 142 AO). **Ergänzende Vorschriften für Land- und Forstwirte**

Die originäre steuerrechtliche Buchführungspflicht beginnt nicht bereits in dem Kalender- oder Wirtschaftsjahr, in dem die oben genannten Kriterien zum ersten Mal erfüllt sind. Voraussetzung ist vielmehr, dass dem Unternehmen die Buchführungspflicht durch die Finanzbehörde bekannt gegeben wurde. Auf Basis von Steuerbescheiden oder Feststellungsbescheiden lässt sich von der Finanzbehörde feststellen, ob einer der genannten Grenzwerte obiger Kriterien möglicherweise überschritten wird. Die Buchführungspflicht beginnt dann in dem Kalenderjahr, das dem Jahr der Bekanntmachung durch die Finanzbehörde folgt (§ 141 Absatz 2 Satz 1 AO). Sie endet ein Jahr nach Ablauf des Wirtschaftsjahres, in dem die Finanzbehörde feststellt, dass die Voraussetzungen der Buchführungspflicht nicht mehr vorliegen (§ 141 Absatz 2 Satz 2 AO). **Beginn und Ende der originären Buchführungspflicht**

Nach deutschem Steuerrecht gibt es neben der Pflicht zur Buchführung auch Aufzeichnungspflichten für Unternehmen, die keiner Buchführungspflicht unterliegen. Während im Rahmen der Buchführung sämtliche abzubildenden Ereignisse richtig, zeitgerecht und geordnet abzubilden sind, erfassen Aufzeichnungen nur bestimmte Arten von Ereignissen. Allgemeine Anforderungen an Buchführung und Aufzeichnungen sowie zu beachtende Ordnungsvorschriften werden in §§ 145–146 AO geregelt. Weil sich keine grundlegenden Unterschiede zu den Vorschriften nach dHGB ergeben, wird hier auf eine Darstellung verzichtet. **Aufzeichnungspflichten versus Buchführungspflichten**

Nach §§ 143–144 AO müssen gewerbliche Unternehmer ihren gesamten Warenverkehr, sowohl ihren Wareneingang als auch ihren Warenausgang, vollständig erfassen. Neben üblichen Waren sind hierbei Rohstoffe, unfertige Erzeugnisse, Hilfsstoffe und Zutaten zu berücksichtigen, die der Unternehmer im Rahmen seines Gewerbebetriebs zur Weiterveräußerung oder zum Verbrauch erwirbt. Aufzuzeichnen sind nach §§ 143, 144 Absatz 3 AO jeweils das Datum des Wareneingangs beziehungsweise -ausgangs oder der entsprechenden Rechnung, der Name und die Anschrift des Lieferanten, die han- **Aufzeichnungspflicht des Wareneingangs und Warenausgangs** delsübliche Bezeichnung und der Preis der Ware. Darüber hinaus wird ein Hinweis auf einen entsprechenden Beleg gefordert, der in Form einer Rechnung, eines Kassenzettels oder einer Quittung vorliegen kann.

Prüfungsmöglichkeit durch die Finanzverwaltung

Der Finanzverwaltung dienen solche Aufzeichnungen dazu, den gesamten Warenverkehr eines Unternehmens zu überwachen. Leicht lässt sich bei einer sogenannten Betriebsprüfung eines Unternehmens durch die Finanzverwaltung kontrollieren, ob es Waren auf Lager gibt, die nie als Wareneingang erfasst wurden. Um auch den gewerblichen Handel mit land- und forstwirtschaftlichen Erzeugnissen überwachen zu können, sind auch originär buchführungspflichtige Land- und Forstwirte verpflichtet, den Warenausgang aufzuzeichnen (§ 144 Absatz 5 AO).

Aufzeichnungspflicht für die Umsatzbesteuerung

Eine weitere Aufzeichnungspflicht für Unternehmen ergibt sich aus der Besteuerung von Umsätzen, die im Umsatzsteuergesetz (UStG) geregelt ist. Die Aufzeichnungspflicht knüpft an die Unternehmereigenschaft im Sinne von § 2 Absatz 1 UStG an. Danach ist derjenige ein Unternehmer, der eine gewerbliche oder berufliche Tätigkeit selbstständig ausübt. Als gewerblich oder beruflich gilt dabei jede nachhaltige Tätigkeit zur Erzielung von Einnahmen, auch wenn die Absicht zur Gewinnerzielung fehlt.

Steuerbare, steuerpflichtige und steuerfreie Umsätze

Der Zweck der Aufzeichnungspflicht für die Umsatzbesteuerung besteht darin, die Bemessungsgrundlage für die Besteuerung nach UStG zu liefern. Steuerbar sind nach § 1 UStG Umsätze aus Lieferungen und sonstigen Leistungen im Inland, der Eigenverbrauch des Unternehmers, die Einfuhr von Gegenständen aus einem Drittlandsgebiet in das Inland und der sogenannte innergemeinschaftliche Erwerb im Inland gegen Entgelt (im Falle von Importen aus anderen EU-Mitgliedstaaten). Steuerpflichtig sind diejenigen steuerbaren Umsätze, die nicht steuerfrei sind. Steuerfreie Umsätze werden unter anderem in § 4 UStG aufgelistet. Darunter fallen beispielsweise Umsätze von Ärzten, Museen oder Privatschulen. § 5 UStG regelt Steuerbefreiungen für die Einfuhr bestimmter Gegenstände.

Bemessungsgrundlagen der Umsatzbesteuerung

Die Umsatzsteuer bemisst sich für Lieferungen und sonstige Leistungen sowie beim innergemeinschaftlichen Erwerb nach dem vereinbarten Entgelt für die Leistung vor Berücksichtigung der Umsatzsteuer (§ 10 Absatz 1 Satz 2 UStG). Bemessungsgrundlage beim Eigenverbrauch sind – je nach Verfügbarkeit – Einkaufspreis zuzüglich Nebenkosten beziehungsweise die Selbstkosten der entnommenen Gegenstände (§ 10 Absatz 4 UStG). Im Falle der Einfuhr von Gegenständen ist auf deren Wert nach den jeweiligen Vorschriften über den Zollwert abzustellen (§ 11 Absatz 1 UStG).

Befreiung von Aufzeichnungspflichten nach UStG

Voraussetzungen für eine Befreiung von Aufzeichnungspflichten und damit für ein vereinfachtes Verfahren enthält § 23 UStG, nach dem die mit der Umsatzsteuer zu verrechnenden Vorsteuern auf Grundlage von Durchschnittssätzen ermittelt werden können.

Aufbewahrungspflichten

§ 147 Absatz 1 AO fordert von allen buchführungs- und aufzeichnungspflichtigen Personen, Ordnungsvorschriften für die Aufbewahrung von Unterlagen zu erfüllen. Der Kreis der aufbewahrungspflichtigen Personen wird damit weiter gesteckt als nach deutschem Handelsrecht. Materiell entsprechen die steuerrechtlichen Vorschriften denen nach § 257 dHGB. Das gilt für zehn- beziehungsweise sechsjährige Aufbewahrungszeiträume von Buchführungsunterlagen und Aufzeichnungen, wenn nicht in anderen Steuergesetzen kürzere Aufbewahrungsfristen zugelassen sind (§ 147 Absatz 1 und 3 AO). Wie nach Handelsrecht können bestimmte Buchführungsunterlagen unter Erfüllung von Ordnungsvorschriften auch auf elektronischen Datenträgern gespeichert werden (§ 147 Absatz 2 AO). Die Aufbewahrungsfrist beginnt mit dem Schluss des Kalenderjahres, in dem die letzte Eintragung gemacht beziehungsweise der finanzielle Bericht des Geschäftsjahres aufgestellt worden ist (§ 147 Absatz 4 AO).

2.2.1.2 Berichtspflicht

Nach geltendem Einkommensteuerrecht ist die Maßgröße der wirtschaftlichen Leistungsfähigkeit der steuerrechtliche Gewinn. Wie dieser Gewinn ermittelt wird und mit welchen Werten einzelne Bilanzpositionen für Besteuerungszwecke zu bewerten sind, wird im Einkommensteuergesetz (EStG), insbesondere in §§ 4-6 EStG, weitgehend, aber nicht abschließend geregelt.

Grundlage in §§ 4-6 EStG

Zu den Sachverhalten, die im Einkommensteuerrecht nicht explizit angesprochen werden, zählen aufgrund von § 5 EStG die handelsrechtlichen Vorschriften. Hiernach ist der steuerrechtliche Gewinn durch einen vollständigen Betriebsvermögensvergleich zu ermitteln. Diese Gewinnermittlungsmethode ist für Gewerbetreibende maßgebend, die freiwillig oder aufgrund gesetzlicher Verpflichtung Bücher führen und regelmäßig Finanzberichte erstellen. Nach § 5 Absatz 1 EStG haben sie für den Schluss des Wirtschaftsjahres das sogenannte Betriebsvermögen anzusetzen, das nach handelsrechtlichen Grundsätzen ordnungsmäßiger Buchführung zu ermitteln ist. Folglich ergibt sich das Betriebsvermögen einer Steuerbilanz aus einer handelsrechtlichen Bilanz. Man spricht in diesem Zusammenhang auch von der Maßgeblichkeit der Handelsbilanz für die Steuerbilanz. Der steuerrechtliche Gewinn des Wirtschaftsjahres ermittelt sich nach § 4 Absatz 1 EStG als Unterschiedsbetrag zwischen dem Betriebsvermögen am Schluss des Wirtschaftsjahres und am Schluss des vorangegangenen Wirtschaftsjahres, vermehrt um den Wert der Entnahmen, vermindert um den Wert der Einlagen. Zum Teil sind die steuerrechtlichen Vorschriften so streng, dass sie steuerliche Vorteile an eine entsprechende Berücksichtigung in den Finanzberichten nach dHGB knüpfen. Man spricht dann auch von der „Umkehrung der Maßgeblichkeit der Handelsbilanz für die Steuerbilanz".

Gewinnermittlung für Gewerbetreibende nach § 5 Absatz 1 EStG

2.2.2 Zusätzliche Regelungen für Konzerne

Das deutsche Steuerrecht vernachlässigt weitgehend die Existenz von Konzernen. Dementsprechend sind keine Regelungen des deutschen Steuerrechts zu nennen, in denen besondere Vorschriften für Konzerne aufgeführt werden.

Keine konzernrelevanten steuerrechtlichen Regelungen!

2.3 Buchführungs- und Berichtspflicht nach deutschem Handelsgesetzbuch (ohne §315a dHGB)

Definition des deutschen Handelsgesetzbuchs für das Buch

Wir verstehen hier unter den Regelungen des deutschen Handelsgesetzbuches alle Regelungen außer denen des §315a dHGB, in dem kapitalmarktorientierte deutsche Konzerne verpflichtet werden, grundsätzlich ab dem Geschäftsjahr 2005 beziehungsweise unter bestimmten Bedingungen ab dem Geschäftsjahr 2007 die *International Financial Reporting Standards* in ihren konsolidierten Finanzberichten anzuwenden. Diese Standards behandeln wir gesondert in einem der folgenden Abschnitte.

2.3.1 Regelungen für Unternehmen auf Basis einer einzigen rechtlich selbstständigen Wirtschaftseinheit

2.3.1.1 Buchführungspflicht

Buchführungspflicht des Kaufmanns nach dHGB

Die Buchführungspflicht ist in §238 Absatz 1 Satz 1 dHGB festgeschrieben: „Jeder Kaufmann ist verpflichtet, Bücher zu führen und in diesen seine Handelsgeschäfte und die Lage seines Vermögens nach den Grundsätzen ordnungsmäßiger Buchführung ersichtlich zu machen." Eine Befreiungsvorschrift dazu existiert nach §241a dHGB für „Einzelkaufleute, die an den Abschlussstichtagen von zwei aufeinanderfolgenden Geschäftsjahren nicht mehr als 600000 Euro Umsatzerlöse und 60000 Euro Jahresüberschuss aufweisen", es sei denn, sie sind kapitalmarktorientiert. Die Buchführungspflicht knüpft damit an die Kaufmannseigenschaft im Rechtssinne mit einer Befreiungsvorschrift für kleine Einzelkaufleute an.

„Ist-Kaufmann" und Handelsgewerbe

Das deutsche Handelsrecht regelt den Begriff des Kaufmanns in §§1-7 dHGB. Nach §1 Absatz 1 dHGB ist derjenige ein Kaufmann, der ein Handelsgewerbe betreibt. Fachleute sprechen in diesem Fall von einem *Ist-Kaufmann*. Absatz 2 bezeichnet das Handelsgewerbe. „Handelsgewerbe ist jeder Gewerbebetrieb, es sei denn, dass das Unternehmen nach Art oder Umfang einen in kaufmännischer Weise eingerichteten Geschäftsbetrieb nicht erfordert". Jedes Handelsgewerbe ist unter seinem Namen, juristisch Firma genannt, in das Handelsregister einzutragen. Was ein Gewerbebetrieb ist und wann dieser einen in kaufmännischer Weise eingerichteten Geschäftsbetrieb erfordert, wird allerdings im dHGB nicht konkretisiert.

„Kann-Kaufmann"

Zu den Kaufleuten zählen nach §2 dHGB auch Gewerbetreibende, die nicht unter §1 dHGB fallen, ihre Firma jedoch ins Handelsregister haben eintragen lassen. Zu dieser Gruppe zählen z.B. Handwerker, wenn sie die Firma des Unternehmens in das Handelsregister haben eintragen lassen. Juristen sprechen in diesem Fall von einem *Kann-Kaufmann*. Gleiches gilt für Land- und Forstwirte sowie Kleingewerbetreibende, deren Tätigkeit nicht unter die in §1 dHGB aufgeführte Handelsgewerbetätigkeit fällt. Erfordern diese Tätigkeiten nach Art und Umfang einen in kaufmännischer Weise eingerichteten Geschäftsbetrieb und lassen die Unternehmer die Firma ins Handelsregister eintragen, so gelten sie als Kaufleute (§3 dHGB). Mit der Löschung der Eintragung im Handelsregister, die der *Kann-Kaufmann* beantragen kann, geht der Kaufmannsstatus wieder verloren.

Schließlich weist §6 dHGB Handelsgesellschaften sowie bestimmten Vereinen die Kaufmannseigenschaft zu. Dazu zählen auch Kapitalgesellschaften. Hierbei ergibt sich die Kaufmannseigenschaft aus der besonderen Rechtsform des Unternehmens. Unter Juristen ist dafür die Bezeichnung *Form-Kaufmann* üblich.

„Form-Kaufmann"

Die Buchführungspflicht beginnt in dem Zeitpunkt, zu dem die Kaufmannseigenschaft erlangt wurde, also entweder mit der Aufnahme des Handelsgewerbes, dem Handelsregistereintrag oder der Gründung einer Gesellschaft mit Kaufmannseigenschaft begründender Rechtsform und dem sich anschließenden Handelsregistereintrag. Sie endet, wenn das Handelsgewerbe eingestellt, der Eintrag im Handelsregister gelöscht wird oder die Gesellschaft abgewickelt und der Eintrag im Handelsregister gelöscht wird.

Beginn und Ende der Buchführungspflicht

Jeder Kaufmann hat sich im Rahmen seiner Buchführungspflicht allgemein an die handelsrechtlichen Grundsätze ordnungsmäßiger Buchführung (GoB) zu halten (§238 Absatz 1 Satz 1 dHGB). Was die konkrete Ausgestaltung der Buchführung, etwa die Wahl des Buchführungssystems, angeht, lässt der Gesetzgeber dem Kaufmann allerdings weitgehende Freiheiten.

Anforderungen an die Buchführung von Kaufleuten

- Gefordert wird nach §238 Absatz 1 Satz 2 dHGB z.B. nur, die Buchführung so auszugestalten, dass sich ein sachverständiger Dritter innerhalb angemessener Zeit einen Überblick über die im Rechnungswesen abgebildeten Ereignisse und über die Lage des Unternehmens verschaffen kann.
- Abgebildete Ereignisse müssen sich in ihrer Entstehung und Abwicklung verfolgen lassen (§238 Absatz 1 Satz 3).
- §239 Absatz 1 und 2 dHGB verlangen für sämtliche Aufzeichnungen eine lebende Sprache und dass Eintragungen vollständig, richtig, zeitgerecht und geordnet vorgenommen werden.
- Um nachträgliche Manipulationen in der Buchführung zu erschweren, müssen ursprüngliche Eintragungen dauerhaft feststellbar bleiben, und es muss nachzuvollziehen sein, dass Eintragungen ursprünglicher Natur sind. Nachträgliche Änderungen von Eintragungen sind nicht zulässig. Fehler müssen durch gesonderte Einträge korrigiert werden (§239 Absatz 3 dHGB).

Buchführungsunterlagen müssen aufbewahrt werden, damit eine spätere Nachprüfbarkeit gewährleistet ist. §257 dHGB regelt die Aufbewahrungspflichten solcher und anderer Unterlagen sowie die Aufbewahrungsfristen für Kaufleute. Zehn Jahre aufzubewahren sind Handelsbücher, die Liste der Vermögensgüter und Fremdkapitalposten in Form sogenannter Inventare, Bilanzen und Veränderungsrechnungen des Eigenkapitals (Einkommens- und Eigenkapitaltransferrechnungen), Lageberichte, die Eröffnungsbilanz sowie die zu ihrem Verständnis erforderlichen Arbeitsanweisungen und sonstigen Organisationsunterlagen. Sechs Jahre Aufbewahrungsfrist gelten für sonstige Unterlagen (§257 Absatz 4 dHGB). Mit Ausnahme der Bilanzen und Veränderungsrechnungen des Eigenkapitals (Einkommens- und Eigenkapitaltransferrechnungen) sowie der Eröffnungsbilanz eines Unternehmens können Buchführungsunterlagen auch auf elektroni-

Aufbewahrungspflichten

schen Datenträgern aufbewahrt werden, sofern dabei gewisse Ordnungsvorschriften eingehalten werden (§ 257 Absatz 3 dHGB). Die Aufbewahrungsfrist beginnt mit dem Schluss des Kalenderjahres, in dem die letzte Eintragung in Büchern zu diesem Kalenderjahr gemacht beziehungsweise die Finanzberichte des Geschäftsjahres aufgestellt worden sind (§ 257 Absatz 5 dHGB). Weitere Details zur Vorlage von Buchführungsunterlagen in gewissen Spezialsituationen werden in den §§ 258-261 dHGB geregelt.

2.3.1.2 Berichtspflicht

Vorschriften für Unternehmen aller Rechtsformen

Im dritten Buch des dHGB finden sich in den §§ 240-263 dHGB die für alle Kaufleute geltenden allgemeinen Vorschriften zur Aufstellung von Finanzberichten nach deutschem Handelsrecht. §§ 240, 242 Absatz 1-2 dHGB verpflichten den Kaufmann zur regelmäßigen Aufstellung eines Inventars sowie einer Bilanz (mit Eigenkapitaltransferangaben) und einer Einkommensrechnung („Gewinn- und Verlustrechnung"), am Schluss eines jeden Geschäftsjahres. Auch zu Beginn seines Handelsgewerbes muss der Kaufmann sein Inventar feststellen und eine Eröffnungsbilanz aufstellen. Das Inventar stellt eine Liste der vorgefundenen Vermögensgüter und Schulden dar.

Aufstellung der Finanzberichte jeweils für Wirtschaftsjahre

Nach § 242 Absatz 3 dHGB bilden die Finanzberichte Bilanz (mit Eigenkapitaltransferangaben) und Einkommensrechnung am Ende eines Geschäftsjahres zusammen den sogenannten Jahresabschluss. Dieser ist nach den GoB aufzustellen (§ 243 Absatz 1 dHGB). Das zu Grunde gelegte Geschäftsjahr darf dabei eine Dauer von zwölf Monaten nicht überschreiten (§ 240 Absatz 2 Satz 2 dHGB). Was die Aufstellungsfrist nach Ablauf des Geschäftsjahres angeht, fordert § 243 Absatz 3 dHGB nur die Erstellung „innerhalb der einem ordnungsmäßigen Geschäftsgang entsprechenden Zeit". Die mit der Bezeichnung „Jahresabschluss" gekennzeichneten Finanzberichte sind in deutscher Sprache sowie in Euro aufzustellen (§ 244 dHGB) und vom Kaufmann unter Angabe des Datums zu unterzeichnen (§ 245 dHGB).

Überblick über Ansatzvorschriften

§§ 246-251 dHGB befassen sich mit den Ansatzvorschriften. Hier wird geregelt, welche Posten der handelsrechtliche „Jahresabschluss" enthalten muss, welche er nicht enthalten darf und welche er enthalten kann. In den Vorschriften werden Begriffe erwähnt, die einer Erläuterung bedürfen. Wir verzichten an dieser Stelle jedoch auf eine Erläuterung, weil wir im weiteren Verlauf des Buchs noch darauf zu sprechen kommen. Hier seien die Vorschriften nur der Vollständigkeit halber aufgezählt. Der verpflichtende Bilanzansatz wird in § 246 Absatz 1 dHGB deutlich, und zwar im Vollständigkeitsgebot, also in der Berücksichtigung sämtlicher Vermögensgegenstände, Fremdkapitalposten und Rechnungsabgrenzungsposten. Ebenso sind alle Aufwendungen und Erträge in der Einkommensrechnung aufzuführen. Bilanzansatzverbote gelten beispielsweise (noch) für einige in § 248 dHGB angeführte selbst geschaffene immaterielle Vermögensgegenstände des Anlagevermögens. Ansatzwahlmöglichkeiten bestehen für ausgewählte Rechnungsabgrenzungsposten (§ 250 Absatz 3 dHGB).

Überblick über Vorschriften zur Bewertung

Vorschriften zur Bewertung von Posten der Bilanz (mit Eigenkapitaltransferangaben) und Einkommensrechnung findet man in den §§ 252-256 dHGB. Allgemeine Bewertungsgrundsätze im Sinne von spezifischen Grundsätzen ordnungsmäßiger Buchführung (z.B. Einzelbewertung, Methodenstetigkeit) finden sich in § 252 dHGB. Die übrigen Vorschriften dienen der Regelung spezieller Wertansätze. § 253 dHGB beschäftigt sich mit der Bewertung von Vermögensgegenständen und Fremdkapitalposten. In bestimmten Fällen erlaubt §254 HGB abweichend von Prinzip der Einzelbewertung die Bildung sogenannter Bewertungseinheiten. §255 dHGB definiert die Komponenten von Ausgaben, die in die „Anschaffungs- oder Herstellungskosten" von Vermögensgegenständen einzubeziehen sind.[2] Vereinfachungen für die Ermittlung von Anschaffungswerten werden für gleichartige Vermögensgegenstände des Vorratsvermögens in §256 dHGB gestattet. Posten in fremder Währung sind nach §256a dHGB zum Devisenkassamittelkurs am Bilanzstichtag umzurechnen.

Alle Kaufleute, die nicht dem Publizitätsgesetz unterliegen, müssen nach §247 Absatz 1 dHGB in ihrer Bilanz das Anlage- und das Umlaufvermögen, das Eigenkapital, die Fremdkapitalposten sowie die Rechnungsabgrenzungsposten gesondert ausweisen und hinreichend aufgliedern. Für Kapitalgesellschaften gelten zusätzlich weitere Vorschriften.

Vorschriften für alle Kaufleute

In den §§264-289a dHGB befinden sich ergänzende Vorschriften mit hohen Anforderungen für Kapitalgesellschaften. Seit Inkrafttreten des „Kapitalgesellschaften- und Co-Richtlinie-Gesetzes" (KapCoRiLiG) im Jahre 2000 gelten diese nach §264a Absatz 1 dHGB auch für bestimmte haftungsbeschränkte Personengesellschaften, bei denen – direkt oder indirekt – nicht mindestens ein persönlich haftender Gesellschafter eine natürliche Person ist. Dies gilt beispielsweise für Unternehmen in der Rechtsform einer GmbH & Co. KG.

Ergänzende Vorschriften für haftungsbeschränkte Kapital- und Personengesellschaften

Erweiterte Anforderungen an die Ausgestaltung von Finanzberichten solcher Gesellschaften zu stellen, wird mit einer verschärften Haftungsproblematik begründet. Solche Unternehmen haften Gläubigern gegenüber nur mit ihrem Gesellschaftsvermögen. Darüber hinaus kommt es in Kapitalgesellschaften oft zur Trennung von Eigentum (bei den Anteilseignern) und Verfügungsgewalt (beim Management). Die Publizitätspflicht entspricht den Informationsinteressen der von der Geschäftsführung ausgeschlossenen Anteilseigner.

Zweck der ergänzenden Vorschriften

Die Finanzberichte von kapitalmarktorientierten Kapitalgesellschaften im Sinne von §264d dHGB müssen nach §264 Absatz 1 dHGB einen Anhang, einen Lagebericht, eine Kapitalflussrechnung sowie einen Eigenkapitalspiegel enthalten. Eine Segmentberichterstattung sollte ebenfalls angegeben werden. Der Anhang erläutert die Finanzberichte und enthält ergänzende Angaben (§§284-288 dHGB). Im Lagebericht sind nach §289 dHGB zumindest der Geschäftsverlauf und die Lage der Gesellschaft so darzustellen, dass ein den tatsächlichen Verhältnissen entsprechendes Bild vermittelt wird. Auf die Risiken der künftigen Entwicklung sowie auf nicht aus der Bilanz ersichtliche Geschäfte ist dabei einzugehen. Darüber hinaus soll der Lagebericht berichten über

Erweiterung des Jahresabschlusses um Anhang und Lagebericht

– die voraussichtliche Entwicklung der Gesellschaft und ihre wesentlichen Chancen und Risiken,

– Vorgänge von besonderer Bedeutung, die nach dem Schluss des Geschäftsjahres eingetreten sind,

---

[2]　Wir haben Anführungsstriche verwendet, um deutlich zu machen, dass der vom Gesetzgeber verwendete Begriff der „Kosten" nicht mit dem Inhalt belegt ist, wie es gemäß üblicher betriebswirtschaftlicher Terminologie der Fall ist. Hiernach müsste man von „Anschaffungs- oder Herstellungsausgaben" sprechen, wenn man die Absicht des Gesetzgebers darlegen möchte.

– bestimmte Arten von Risiken sowie Risikomanagementziele und -methoden der Gesellschaft einschließlich der Methoden zur Absicherung,

– den Bereich der Forschung und Entwicklung,

– bestehende Zweigniederlassungen der Gesellschaft.

Auf die weiteren Finanzberichte, die Kapitalflussrechnung und den Eigenkapitalspiegel, gehen wir in diesem Buch im Gegensatz zur Segmentberichterstattung noch ein.

Strengere Vorschriften für Kapitalgesellschaften

Höhere Rechnungslegungsanforderungen äußern sich bei solchen Gesellschaften unter anderem in

– kürzeren Aufstellungsfristen (drei Monate) für die Finanzberichte (§ 264 Absatz 1 Satz 3 dHGB),

– detaillierteren Regeln für die Gliederung von Bilanz und Einkommensrechnung (§§ 265-267 dHGB),

– der Pflicht zur Prüfung der Finanzberichte durch unabhängige, öffentlich bestellte Dritte (§§ 316-324 dHGB),

– Pflicht zur Offenlegung von Jahresabschlüssen im Bundesanzeiger (§ 325-329 dHGB).

Größenabhängige Differenzierung ergänzender Vorschriften

Die Verschärfungen gegenüber den Vorschriften für alle Kaufleute werden in Abhängigkeit von Größenmerkmalen der Gesellschaften teilweise wieder eingeschränkt. In § 267 dHGB werden kleine, mittelgroße und große Gesellschaften, gemessen nach drei Größenmerkmalen – Bilanzsumme, Umsatzerlöse und Zahl der Arbeitnehmer – voneinander unterschieden. Die Zuordnung zu einer Größenklasse hängt davon ab, ob an zwei aufeinanderfolgenden Abschlussstichtagen mindestens zwei der drei Größenmerkmale bestimmte Schwellenwerte erreichen. Abbildung 2.1, Seite 50, stellt diese Schwellenwerte für die drei Größenklassen von Kapitalgesellschaften und haftungsbeschränkten Personengesellschaften dar.

In vollem Umfang gelten die strengen Vorschriften nur für große Gesellschaften. Unabhängig von den Ausprägungen der Größenmerkmale gelten kapitalmarktorientierte Kapitalgesellschaften im Sinne des § 264d dHGB stets als groß.

Größenklasse der Gesellschaft	Größenmerkmal		
	Bilanzsumme in Euro	Umsatz in Euro	Durchschnittliche Zahl der Arbeitnehmer
klein	bis zu 6 Mio.	bis zu 12 Mio.	bis zu 50
mittel	darüber bis zu 20 Mio.	darüber bis zu 40 Mio.	darüber bis zu 250
groß	größer als 20 Mio.	größer als 40 Mio.	größer als 250

Abbildung 2.1: Schwellenwerte für die Bestimmung der Größenklasse einer Kapitalgesellschaft beziehungsweise haftungsbeschränkten Personengesellschaft nach § 267 dHGB

Für kleine Gesellschaften bestehen die folgenden Erleichterungen:

- Wegfall des Lageberichts (§264 Absatz 1 Satz 4),

- Verlängerung der Frist zur Erstellung der Finanzberichte auf bis zu sechs Monate (§264 Absatz 1 Satz 4 dHGB),

- verkürzte Gliederung von Bilanz und Einkommensrechnung (§266 Absatz 1 Satz 3, §276 dHGB),

- keine Pflicht zur Prüfung der Finanzberichte (§316 Absatz 1 dHGB),

- nur Pflicht zur Offenlegung von Bilanz und Anhang im Bundesanzeiger (§325 Absatz 1-2 dHGB i.V.m. §326 Absatz 1 dHGB).

Für mittelgroße Gesellschaften gelten Regeln, die inhaltlich zwischen denen für große und für kleine Gesellschaften liegen.

Durch das 2012 in Kraft getretene Kleinstkapitalgesellschaften-Bilanzrechtsänderungsgesetz (MicroBilG) gelten für Kleinstkapitalgesellschaften weitere Berichtserleichterungen. Kleinstkapitalgesellschaften liegen nach §267a dHGB vor, wenn entsprechende Gesellschaften an zwei aufeinanderfolgenden Abschlussstichtagen zwei der drei folgenden Merkmale nicht überschreiten:

- Umsatzerlöse bis zu 700000 Euro,

- Bilanzsumme bis zu 350000 Euro,

- durchschnittliche Beschäftigtenzahl bis zu 10 Arbeitnehmer.

Für diese Gruppe von Unternehmen gelten folgende Erleichterungen:

- Wegfall des Anhangs, wenn bestimmte Angaben unter der Bilanz ausgewiesen werden (§264 Absatz 1 Satz 5 dHGB),

- deutlich verkürzte Gliederung von Bilanz und Einkommensrechnung (§266 Absatz 1 Satz 4, §276 dHGB),

- Wahlrecht zwischen der Offenlegung der Bilanz im elektronischen Bundesanzeiger und der dauerhaften Hinterlegung beim Betreiber des Bundesanzeigers (§326 Absatz 2 dHGB).

Rechtsformspezifische Vorschriften zur Rechnungslegung ergeben sich darüber hinaus aus Spezialvorschriften. Für Aktiengesellschaften sind diese im Aktiengesetz (AktG), für Gesellschaften mit beschränkter Haftung im Gesetz betreffend die Gesellschaften mit beschränkter Haftung (GmbHG) sowie für Genossenschaften im Gesetz betreffend die Erwerbs- und Wirtschaftsgenossenschaften (GenG) enthalten. Darüber hinaus findet man zu Genossenschaften, Kreditinstituten und Versicherungen weitere Vorschriften im dHGB.

2.3.2 Zusätzliche Regelungen für Konzerne

Viele Unternehmen bestehen nicht nur aus einer einzigen rechtlich selbstständigen Wirtschaftseinheit. Sie setzen sich aus mehreren rechtlich selbstständigen Gesellschaften zusammen (vgl. hierzu auch die Ausführungen zum Konzept der ökonomisch selbstständigen Wirtschaftseinheit in Kapitel 1). Traditionell knüpft das deutsche Handelsrecht seine

Regeln über Buchführung und Rechnungslegung an die Kaufmannseigenschaft und damit primär an rechtlich selbstständige Wirtschaftseinheiten. Dies ist unabhängig davon, ob diese Einheiten ökonomisch selbstständig oder unselbstständig sind.

Ökonomischer Gesellschaftsverbund als ein Unternehmen

Bestehen Unternehmen aus mehreren rechtlich selbstständigen Gesellschaften unter einheitlicher Leitung einer ökonomisch selbstständigen Wirtschaftseinheit, so hat man es im ökonomischen Sinne mit einem einzigen Unternehmen, einem Konzern, zu tun. Interessiert sich ein Anleger für einen solchen Konzern, benötigt er Finanzberichte, die sich auf diese ökonomische Unternehmenseinheit beziehen. Die einzelnen Finanzberichte der das Unternehmen bildenden Gesellschaften helfen ihm dabei nur in Sonderfällen weiter, weil sie verzerrt sein können. Die Probleme der Erstellung von Finanzberichten solcher Konzerne werden in spezieller Literatur zur sogenannten Konzernrechnungslegung behandelt.[3]

2.3.2.1 Buchführungspflicht

In der Regel ist eine originäre Buchführung in Konzernen nicht vorhanden

Bei einem ökonomisch selbstständigen Unternehmen, das nur aus einer einzigen rechtlich definierten Gesellschaft besteht, entsprechen die aus den gesetzlichen Verpflichtungen zur Buchführung erstellten Finanzberichte für die rechtlich abgegrenzte Unternehmenseinheit denjenigen für die ökonomische Unternehmenseinheit. Betrachtet man dagegen ein Unternehmen, das sich aus mehreren rechtlich selbstständigen Gesellschaften unter der Leitung einer ökonomisch selbstständigen Wirtschaftseinheit zusammensetzt, so ist die Situation eine andere. Die Erstellung von Finanzberichten für ein solches ökonomisch definiertes Unternehmen ist schwieriger. Zwar verfügt jede rechtlich selbstständige Gesellschaft über ihre eigene Buchführung, in der Regel existiert aber keine originäre Buchführung für die ökonomische Unternehmenseinheit. Folglich ergeben sich die entsprechenden Finanzberichte für die Lage eines solchen ökonomisch definierten Unternehmens normalerweise nicht aus einer einzigen Buchführung.

Buchführungspflicht für ökonomisch definierte Unternehmen nach dHGB?

Das deutsche Handelsrecht fordert formal keine originäre Buchführung für Konzerne. Die in §238 Absatz 1 Satz 1 dHGB festgeschriebene Buchführungspflicht für alle Kaufleute wird im Rahmen der dHGB-Vorschriften nicht ausdrücklich auf Konzerne ausgeweitet. Vielmehr sind entsprechende Finanzberichte nach §290 dHGB sowie nach §300 Absatz 1 Satz 1 dHGB rückwirkend aus den Finanzberichten der zum ökonomischen Verbund gehörenden juristisch selbstständigen Wirtschaftseinheiten herzuleiten. Hieraus lässt sich allerdings nicht schließen, dass für ökonomisch abgegrenzte Unternehmenseinheiten nach deutschem Handelsrecht keine gesonderten Buchführungspflichten bestehen beziehungsweise entstehen. Im Rahmen der Erstellung von Finanzberichten für Konzerne ist gleichwohl eine besondere Buchführung zu betreiben. Damit ist die Aufzeichnung aller Vorgänge gemeint, die es ermöglichen, die Finanzberichte der rechtlich abgegrenzten Unternehmenseinheiten in Finanzberichte für die ökonomische Unternehmenseinheit überführen zu können. Im Folgenden wird nur kurz auf die Probleme eingegangen, die sich bei einer Erstellung sogenannter Konzern-Finanzberichte ergeben. Die meisten dieser Probleme lassen sich mit einer ergänzenden Buchführung in den Griff bekommen.

---

[3]   Vgl. z. B. Baetge et al. (2015) oder Busse von Colbe et al. (2009), Coenenberg et al. (2016), Möller et al. (2017).

In einem ersten Schritt ist zu klären, welche rechtlich selbstständigen Wirtschaftseinheiten überhaupt als zugehörig zur ökonomisch selbstständigen Unternehmenseinheit betrachtet werden. Es geht um die Abgrenzung des sogenannten Konsolidierungskreises. Ist dies geklärt, sind einzubeziehende Finanzberichte so zu vereinheitlichen, dass gleiche Sachverhalte unabhängig davon, in welchem Typ von Wirtschaftseinheit sie anfallen, gleich abgebildet werden. Andernfalls macht es keinen Sinn, Finanzberichte mehrerer Wirtschaftseinheiten zusammenzufassen. Bei so modifizierten Finanzberichten einer Wirtschaftseinheit spricht man von der sogenannten Handelsbilanz II dieser Wirtschaftseinheit im weiten Sinn. Auf die mit der Erstellung solcher „Bilanzen" zusammenhängenden Probleme gehen wir in diesem Buch nicht näher ein.

Vorgehen bei Erstellung konsolidierter Finanzberichte

2.3.2.2 Berichtspflicht

Das deutsche Handelsrecht beschäftigt sich in §§290-315 dHGB mit konsolidierungsspezifischen Besonderheiten. §§290-293 dHGB konkretisieren den Anwendungsbereich konsolidierter Rechnungslegung mit Regelungen zur Aufstellungspflicht beziehungsweise zu Aufstellungsbefreiungen. Vorschriften zum Konsolidierungskreis finden sich in §§294-296 dHGB, solche zu Inhalt und Form der konsolidierten Finanzberichte in §§297-299 dHGB. Einzelheiten zu Bewertung und Konsolidierungstechniken regeln §§300-312 dHGB. In §§313-315 dHGB folgen die Vorschriften zu Anhang und Lagebericht konsolidierter Rechnungslegung.

Überblick über dHGB-Vorschriften zur konsolidierten Rechnungslegung

Nach §290 dHGB sind Kapitalgesellschaften mit Sitz in Deutschland als Obergesellschaften zur Aufstellung konsolidierter finanzieller Berichte verpflichtet, wenn sie unmittelbar oder mittelbar einen beherrschenden Einfluss auf eine oder mehrere Untergesellschaften ausüben können. Ein beherrschender Einfluss einer Obergesellschaft liegt nach §290 Absatz 2 dHGB dann vor, wenn eine der vier folgenden Bedingungen für das Verhältnis von Ober- und Untergesellschaft erfüllt ist.

Aufstellungspflicht konsolidierter Finanzberichte nach dHGB

- Die Obergesellschaft besitzt die Mehrheit der Stimmrechte der Untergesellschaft.
- Die Obergesellschaft besitzt als Gesellschafterin der Untergesellschaft das Recht, in der Untergesellschaft die Mehrheit der Mitglieder des Verwaltungs-, Leitungs- oder Aufsichtsorgans zu bestellen oder abzuberufen, wenn sie gleichzeitig Gesellschafter ist.
- Der Obergesellschaft steht das Recht zu, auf Basis eines abgeschlossenen Beherrschungsvertrags oder einer Bestimmung in der Satzung der Untergesellschaft einen beherrschenden Einfluss auf die Untergesellschaft auszuüben.
- Die Obergesellschaft trägt bei wirtschaftlicher Betrachtungsweise die Mehrheit der Risiken und Chancen einer Untereinheit, die zur Erreichung eines eng begrenzten und genau definierten Ziels der Obergesellschaft dient.

Bei Vorliegen verschiedener Voraussetzungen kann eine Obergesellschaft davon befreit werden, Konzernfinanzberichte zu erstellen. Nach §291 Absatz 1 dHGB gilt dies beispielsweise dann, wenn eine übergeordnete Obergesellschaft mit Sitz in Deutschland, der Europäischen Union beziehungsweise des Europäischen Wirtschaftsraums existiert, in deren Konzernfinanzberichten die Daten der Obergesellschaft einfließen. Weil die untergeordnete Obergesellschaft zugleich Untergesellschaft ist, gelten die Konzernfinanzberichte der übergeordneten Obergesellschaft als sogenannte „befreiende Konzernfinanzbe-

Befreiungspflicht von konsolidierten Finanzberichten nach dHGB

richte". Hierdurch kann die untergeordnete Obergesellschaft von der Aufstellungspflicht entbunden werden. Seit Inkrafttreten des Transparenz- und Publizitätsgesetzes (TransPuG) in 2002 gilt die Befreiung von der konsolidierten Finanzberichterstellung allerdings nicht mehr für solche Obergesellschaften, deren Aktien in einem Mitgliedstaat der EU oder dem Europäischen Wirtschaftsraum zum Handel in einem geregelten Markt zugelassen sind (§ 291 Absatz 3 Nr.1 dHGB). § 292 dHGB regelt die Voraussetzungen, die erfüllt sein müssen, um durch konsolidierte Finanzberichte einer Obergesellschaft aus Staaten, die nicht der Europäischen Union oder dem Europäischen Wirtschaftsraums angehören, von der Aufstellungspflicht befreit zu werden. Nach § 293 Absatz 1 dHGB entfällt die Pflicht zur Aufstellung von Konzernfinanzberichten zudem, wenn gemäß den besonderen Größenkriterien für Konzerne ein sogenannter kleiner Konzern vorliegt, wobei börsennotierte Gesellschaften immer als groß gelten.

Befreiung von der (zusätzlichen) Aufstellung konsolidierter finanzieller Berichte nach dHGB, Verpflichtung auf *IFRS*

Nach dem Inkrafttreten des „Kapitalaufnahmeerleichterungsgesetzes" (KapAEG) mit seinen Modifikationen des dHGB (z.B. § 292a dHGB) im Jahre 1998 waren börsennotierte deutsche Obergesellschaften von der Pflicht zur Aufstellung von Konzernfinanzberichten nach dHGB befreit, wenn sie stattdessen Konzernfinanzberichte nach international anerkannten Regeln, z.B. nach den *IFRS* oder nach den *US-GAAP*, erstellten, die inhaltlich mit den Konzernfinanzberichten nach deutschem Recht vergleichbar waren. Seit Mitte 2002 gibt es eine europäische Verordnung, nach der alle börsennotierten europäischen Unternehmen ihre Konzernfinanzberichte in Zukunft nach *IFRS* aufstellen müssen, als bisherige Anwender nationaler Bilanzierungsvorschriften ab dem Geschäftsjahr 2005 und als bisherige Anwender der *US-GAAP* ab dem Geschäftsjahr 2007.[4]

Aufstellungspflicht von Kapitalflussrechnung, Segmentberichterstattung und Eigenkapitalveränderungsrechnung

Ebenfalls im Jahre 1998 trat das „Gesetz zur Kontrolle und Transparenz im Unternehmensbereich" (KonTraG) in Kraft. Seitdem sind börsennotierte deutsche Obergesellschaften dazu verpflichtet, im Rahmen ihrer Finanzberichte den Konzernanhang um eine Kapitalflussrechnung und eine Segmentberichterstattung zu erweitern. Seit Inkrafttreten des TransPuG im Jahre 2002 wird zusätzlich ein Eigenkapitalspiegel gefordert (§ 297 Absatz 1 Satz 2 dHGB). Allerdings sehen das KonTraG und das TransPuG weder für Kapitalflussrechnungen noch für Segmentberichterstattungen, noch für den Eigenkapitalspiegel detaillierte Vorschriften vor. Hinter dem Eigenkapitalspiegel verbirgt sich eine Zusammenstellung sämtlicher Eigenkapitalveränderungen, die wir in diesem Buch als Eigenkapitalveränderungsrechnung bezeichnen.

---

[4] Die entsprechende EU-Verordnung Nr. 1606/2002 vom 19. Juli 2002 „Anwendung internationaler Rechnungslegungsstandards" trat am 14. September 2002 in Kraft.

2.4 Buchführungs- und Berichtspflicht nach deutschem Publizitätsgesetz

2.4.1 Regelungen für Unternehmen auf Basis einer einzigen rechtlich selbstständigen Wirtschaftseinheinheit

2.4.1.1 Buchführungspflicht

Unternehmen, die ihre Geschäfte in einer einzigen rechtlich selbstständigen Wirtschaftseinheit betreiben, müssen unabhängig von ihrer Größe eine Buchführung erstellen. Im Publizitätsgesetz (PublG) ist geregelt, dass große Unternehmen im Rahmen ihrer Buchführung unabhängig von ihrer Rechtsform Regeln anzuwenden haben, die denen von Kapitalgesellschaften ähneln.

Größenabhängige Buchführungspflicht

2.4.1.2 Berichtspflicht

Das Publizitätsgesetz (PublG) enthält Vorschriften zur Aufstellung, Prüfung und Offenlegung von Finanzberichten großer Unternehmen, die nicht in der Rechtsform von Kapitalgesellschaften, bestimmten anderen haftungsbeschränkten Personengesellschaften, Genossenschaften oder Versicherungsvereinen auf Gegenseitigkeit auftreten. Hintergrund dieses Gesetzes bildet die Erkenntnis, dass solche Großunternehmen – unabhängig von ihrer Rechtsform – eine erhebliche branchenbezogene und gesamtwirtschaftliche Bedeutung besitzen. Ihre Bedeutung äußert sich insbesondere darin, dass zahlreiche Marktakteure, wie Lieferanten, Kunden, Gläubiger, Arbeitnehmer oder auch öffentliche Kommunen, auf den Fortbestand solcher Unternehmen angewiesen sind. Der Gesetzgeber führt das Schutzinteresse solcher Marktakteure und damit ein besonderes öffentliches Informationsinteresse an der wirtschaftlichen Lage an, um gegenüber den Vorschriften für alle Kaufleute erweiterte Rechnungslegungsvorschriften zu verlangen.

Zweck des Publizitätsgesetzes

Ein Unternehmen hat nach § 1 PublG besondere Rechnungslegungsvorschriften zu erfüllen, wenn es an drei aufeinanderfolgenden Abschlussstichtagen jeweils mindestens zwei der folgenden Größenmerkmale erfüllt.

Größenvoraussetzung für Geltung des PublG

- Die Bilanzsumme am Abschlussstichtag übersteigt 65 Mio. Euro.
- Die Umsatzerlöse in den zwölf Monaten vor dem Abschlussstichtag übersteigen 130 Mio. Euro.
- Die durchschnittliche Zahl der Arbeitnehmer in den zwölf Monaten vor dem Abschlussstichtag übersteigt 5000.

Erweiterte Vorschriften

Die erweiterten Rechnungslegungsvorschriften nach PublG sind denen von großen Kapitalgesellschaften sehr ähnlich. So wird gefordert,

- die Erstellung der Finanzberichte innerhalb von drei Monaten (§ 5 Absatz 1 PublG) vorzunehmen,
- die Finanzberichte um einen Anhang und einen Lagebericht (§ 5 Absatz 2 PublG) zu erweitern,
- die detaillierten Regeln für die Gliederung von Bilanz und Einkommensrechnung weitgehend (§ 5 Absatz 1 PublG) einzuhalten,
- die Finanzberichte mit dem Lagebericht von einem unabhängigen, öffentlich bestellten Dritten (§ 6 Absatz 1 PublG) prüfen zu lassen,
- die Finanzberichte, mit gewissen Beschränkungen, offenzulegen (§ 9 PublG).

Erleichterungen

Für personenbezogene Unternehmen sowie Personengesellschaften gelten gewisse Erleichterungen. Beispielsweise sind solche Unternehmen nach § 5 Absatz 2 PublG von der Pflicht zur Erstellung eines Anhangs und eines Lageberichts befreit.

2.4.2 Zusätzliche Regelungen für Konzerne

2.4.2.1 Buchführungspflicht

Buchführung über Konsolidierungsvorgänge auch für Nicht-Kapitalgesellschaften

Die bisher dargestellten Vorschriften zur Rechnungslegung von Unternehmen, die ihre Geschäfte in mehreren rechtlich selbstständigen Wirtschaftseinheiten betreiben, galten nur für Kapitalgesellschaften (AG, GmbH, eG) und entsprechende Mischformen (z.B. KGaA). Obergesellschaften in der Rechtsform einer Personengesellschaft fielen nicht hierunter. Seit dem Inkrafttreten des KapCoRiLiG im Jahre 2000 gelten nach § 264a Absatz 1 dHGB die maßgebenden Vorschriften der §§ 290-330 dHGB auch für bestimmte haftungsbeschränkte Personengesellschaften: und zwar für solche, bei denen – direkt oder indirekt – nicht mindestens ein persönlich haftender Gesellschafter eine natürliche Person ist. Dies gilt beispielsweise für Unternehmen mit der Rechtsform einer GmbH & Co. KG. Für den genannten Kreis von Unternehmen sind wiederum im Rahmen einer Buchführung Aufzeichnungen über die Vorgänge vorzunehmen, die für die Konsolidierung der zusammengefassten Finanzberichte erforderlich sind.

2.4.2.2 Berichtspflicht

Erstellungspflicht nach PublG

Das oben vorgestellte Publizitätsgesetz macht die Pflicht zur Berichterstattung von Obergesellschaften für Nicht-Kapitalgesellschaften davon abhängig, dass bestimmte Größenmerkmale erfüllt sind. Ein Unternehmen in der Rolle einer Obereinheit hat nach § 11 Absatz 1 PublG Finanzberichte mit einem entsprechenden Lagebericht unter zwei Bedingungen zu erstellen. Erstens muss die betreffende Obereinheit auf mindestens eine andere Wirtschaftseinheit unmittelbar oder mittelbar einen beherrschenden Einfluss ausüben können und zweitens muss die ökonomische Unternehmenseinheit an drei aufeinanderfolgenden Bilanzstichtagen jeweils mindestens zwei der folgenden Größenmerkmale erfüllen.

– Die Bilanzsumme am Abschlussstichtag muss 65 Mio. Euro übersteigen.

– Die Umsatzerlöse in den zwölf Monaten vor dem Bilanzstichtag müssen 130 Mio. Euro übertreffen.

– Die durchschnittliche Zahl der Arbeitnehmer inländischer, zur ökonomischen Unternehmenseinheit gehöriger Gesellschaften in den zwölf Monaten vor dem Bilanzstichtag muss 5000 übersteigen.

In Übereinstimmung mit dem dHGB wird in §11 PublG ein Konzern mit der Möglichkeit zur Ausübung eines beherrschenden Einflusses einer Obergesellschaft auf mindestens eine andere Wirtschaftseinheit nach §290 Absatz 2 dHGB begründet. Da im Publizitätsgesetz weitgehend auf die handelsrechtlichen Konsolidierungsvorschriften verwiesen wird, gelten grundsätzlich die gleichen Konsolidierungsvorschriften wie nach dHGB. §§11-15 PublG fassen die Vorschriften zur Aufstellung, Prüfung und Offenlegung konsolidierter Finanzberichte für nach dem PublG verpflichtete Unternehmen zusammen.

Unterschiede in der Aufstellungspflicht nach dHGB und PublG

Vor dem Inkrafttreten des KapCoRiLiG diente allein das Publizitätsgesetz dazu, die Pflicht zur Berichterstattung für Nicht-Kapitalgesellschaften zu regeln. Seitdem das KapCoRiLiG Eingang ins dHGB gefunden hat, richtet sich die Pflicht zur Rechnungslegung einer GmbH & Co. KG und vergleichbarer Unternehmensformen typischerweise nach den §§290-330 dHGB und nicht mehr nach den §§11-15 PublG. Zweifellos ist eine Folge des KapCoRiLiG, dass sich der Kreis von rechnungslegungspflichtigen Obereinheiten erheblich erweitert hat.

Gesunkene Bedeutung der Erstellungspflicht nach PublG

2.5 Buchführungs- und Berichtspflicht nach den *International Financial Reporting Standards (IFRS)*

Die vom *IASB* verabschiedeten *International Financial Reporting Standards*, kurz *IFRS* genannt, setzen sich aus den *International Financial Reporting Standards* (*IFRS*), den *International Accounting Standards* (*IAS*) und den Interpretationen des *International Financial Reporting Interpretations Committee* (*IFRIC*) sowie früher des *Standing Interpretations Committee* (SIC) zusammen. Der Name „*IAS*" bezeichnet solche Rechnungslegungsstandards, die bis März des Jahres 2001 etabliert wurden, selbst wenn diese noch heutzutage einen Überarbeitungsprozess durchlaufen. *IFRS* heißen die seit April des Jahres 2001 neu entwickelten Standards. Zur Sprachverkürzung beziehungsweise Sprachvereinfachung sei auch nachfolgend von den *IFRS* die Rede, wenn die Gesamtheit der angeführten Standards und Interpretationen gemeint ist. Für europäische Unternehmen sind nicht alle *IFRS* gültig, sondern nur diejenigen, die von der EU anerkannt wurden. Im Zuge dieser Anerkennung hat es weitreichende Änderungen der *IFRS* gegeben

Unlogisch, aber wahr: IFRS bestehen aus IFRS, IAS und entsprechenden Interpretationen

IFRS als qualitativ hochwertig intendierte Rechnungslegungsregeln zur Entscheidungsunterstützung von Investoren

Der Zweck der Finanzberichterstellung nach *IFRS* liegt vorrangig in der Entscheidungsnützlichkeit (*decision usefulness*) der vermittelten Informationen, also in der Brauchbarkeit solcher Informationen zur Fundierung von Anlageentscheidungen von Investoren am Kapitalmarkt. Dies geht unmissverständlich aus den Abschnitten 12 und 13 des *IFRS*-Rahmenkonzepts (*framework*) hervor, welches das theoretische Fundament für die Rechnungslegung nach *IFRS* bildet. Zur Erfüllung des Zwecks der Entscheidungsnützlichkeit werden qualitativ hochwertige, aussagefähige und vergleichbare Informationen der Finanzberichte nach *IFRS* notwendig. Dies setzt wiederum qualitativ hochwertige, klare und durchsetzbare *IFRS* zur Generierung solcher Informationen voraus. Von Seiten des *IASB* wird von qualitativer Hochwertigkeit der Regeln gesprochen, weil Entwürfe der Standards von der Öffentlichkeit diskutiert werden können.

IFRS sind kein abgeschlossenes, in sich konsistentes Regelwerk!

Die *IFRS* stellen alles andere als ein abgeschlossenes, in sich konsistentes Regelwerk dar. Nach der Zählung des *IASB* existieren zur Zeit 45 Standards: von den ursprünglich 41 *IAS* sind noch 28 *IAS* – wenn auch mit Modifikationen – in Kraft. Hinzuzurechnen sind bislang 17 in Kraft getretene neue *IFRS* (Stand Ende Juli 2017), wobei in der Nummerierung der *IAS* sowie der *IFRS* im engen Sinne keine Systematik zu erkennen ist. Zwar gibt es auch noch das so genannte Rahmenkonzept; dieses gilt allerdings explizit nicht als *IFRS*. Aus Sicht der EU sind jedoch nicht alle diese Standards anzuwenden. Auch fehlen noch viele der vom *IASB* als erforderlich erachteten Standards, auch wenn diese zum Teil schon von Arbeitsgruppen des *IASB* bearbeitet werden. Typischerweise befinden sich verschiedene Standards in unterschiedlichen Entwicklungsstadien. Das *IASB* berichtet hierüber ausführlich auf seiner Internetseite (*www.iasb.org*). Darüber hinaus sind zahlreiche schon existierende *IFRS* einem steten Veränderungsprozess unterworfen. Dies erklärt sich beispielsweise mit dem kontinuierlichen Streben von *IASB* und *FASB* nach einer Konvergenz von *US-GAAP* und *IFRS*. Darüber hinaus fehlt es den *IFRS* an Widerspruchsfreiheit. So sind die *IFRS* nicht immer mit dem im Jahre 1989 veröffentlichten und 2010 überarbeiteten Rahmenkonzept vereinbar. Schon gar nicht lässt sich eine logisch nachvollziehbare Herleitbarkeit der *IFRS*-Regelsetzungen aus den allgemeinen Grundsätzen des Rahmenkonzepts konstatieren. Auch sind die *IFRS* untereinander nicht kompatibel. Zum Teil existieren sogar Inkonsistenzen innerhalb eines einzigen *IFRS*.[5]

Unterschiede hinsichtlich der rechtlichen Bindungswirkung von IFRS

Hinsichtlich ihrer rechtlichen Bindungswirkung sind die vom *IASB* in London verabschiedeten *IFRS* von solchen *IFRS* zu unterscheiden, welche das Anerkennungsverfahren (*endorsement*) der EU-Kommission in Brüssel durchlaufen haben. Erstgenannte *IFRS* haben lediglich den Charakter privater Regelsetzung. Die durch die EU-Kommission akzeptierten und im EU-Amtsblatt veröffentlichten *IFRS* stellen hingegen EU-Recht dar. Sie tragen den Charakter EU-weit rechtsverbindlicher Rechnungslegungsregeln und wirken so unmittelbar in das nationale Recht der EU-Mitgliedstaaten und damit auch in das deutsche Recht hinein.

Relevanz der IFRS für deutsche Unternehmen durch EU-Verordnung Nr. 1606/2002

Relevant sind die *IFRS* für deutsche Unternehmen aufgrund der EU-Verordnung Nr. 1606/2002, die am 14. September 2002 in Kraft trat. Hiernach sind kapitalmarktorientierte Konzerne grundsätzlich ab dem Geschäftsjahr 2005 verpflichtet, ihre Konzernfinanzberichte nach den *IFRS* aufzustellen. Eine Übergangsfrist bis zum Geschäftsjahr

---

[5]   Zu diesbezüglichen Beispielen und weiteren konzeptionellen Problemen sowie zu Akzeptanzproblemen, Durchsetzungsproblemen und Entwicklungsproblemen der *IFRS* vgl. ausführlich Ballwieser (2009), S. 213–220.

2007 galt für solche Konzerne, die noch wegen einer Notierung ihrer Aktien am U.S.-amerikanischen Kapitalmarkt den U.S.-amerikanischen Rechnungslegungsstandards (*US-GAAP*) folgen. Dasselbe wird nach Artikel 9 der EU-Verordnung Konzernen eingeräumt, die nur aufgrund emittierter Fremdkapitaltitel unter den Anwendungsbereich der EU-Verordnung fallen.

Die angesprochene EU-Verordnung stellt es in die Regelungshoheit der EU-Mitgliedstaaten, den nationalen Anwendungsbereich der *IFRS* weiter zu fassen. So wird den EU-Mitgliedstaaten in Art. 5 der Verordnung eingeräumt, die Anwendung der *IFRS* als Wahlrecht oder verpflichtende Vorschrift für die Konzernrechnungslegung nicht-kapitalmarktorientierter Konzerne sowie für die Rechnungslegung der rechtlichen Unternehmenseinheit von kapitalmarkt- sowie nicht-kapitalmarktorientierten Unternehmen vorzugeben. Der deutsche Gesetzgeber hat hierauf im Jahr 2004 mit der Verabschiedung des Bilanzrechtsreformgesetzes reagiert und das dHGB um die Vorschriften § 315a dHGB sowie § 325 Absatz 2a dHGB ergänzt.

Relevanz der *IFRS* für deutsche Unternehmen durch Ergänzung des deutschen Handelsgesetzbuchs

Nach § 315a Absatz 3 dHGB haben nicht-kapitalmarktorientierte Konzerne die Möglichkeit, befreiende Konzernfinanzberichte nach *IFRS* aufzustellen anstelle von Konzernfinanzberichten nach dHGB. Wenn sie das tun, sind sie allerdings zur vollständigen Befolgung der von der EU-Kommission akzeptierten *IFRS* verpflichtet. Nach § 325 Absatz 2a dHGB ist es ferner Unternehmen erlaubt, ihre Rechnungslegung für die rechtlich selbstständige Wirtschaftseinheit nach den *IFRS* offenzulegen. Die befreiende Wirkung hinsichtlich einer dHGB-Rechnungslegung entfaltet sich allerdings nur hinsichtlich der Offenlegung, nicht hinsichtlich der Erstellung. Folglich haben solche Unternehmen neben ihrer freiwillig publizierten *IFRS*-Rechnungslegung noch eine dHGB-Rechnungslegung für ihre rechtlich selbstständige Wirtschaftseinheit anzufertigen. Die letztgenannte Wahlmöglichkeit betrifft sämtliche Unternehmen, welche verpflichtet sind, die Rechnungslegung für ihre rechtlich selbstständige Wirtschaftseinheit zu publizieren. *De facto* bedeutet dies, dass neben den Kapitalgesellschaften auch Nicht-Kapitalgesellschaften betroffen sind, die insbesondere unter die KapCoRiLiG-bedingten Regelungen von § 264a dHGB sowie unter § 9 PublG fallen.

Wahlrechte nach dHGB zur Erstellung beziehungsweise Offenlegung von (Konzern-) Finanzberichten nach *IFRS*

2.5.1 Regelungen für Unternehmen auf Basis einer einzigen rechtlich selbstständigen Wirtschaftseinheit

2.5.1.1 Buchführungspflicht

Innerhalb der *IFRS* gibt es keine expliziten Regeln zu Buchführungs- und Aufzeichnungspflichten von Unternehmen. Unterstellt man allerdings, die *IFRS* seien als Regelwerk der Rechnungslegung für Unternehmen eines Landes verpflichtend vorgeschrieben, dann folgt hieraus implizit eine Pflicht für solche Unternehmen, Buchführung zu betreiben; denn ohne Buchführung lassen sich die geforderten Finanzberichte nach *IFRS* nicht erstellen.

Implizite Buchführungspflicht für Unternehmen, die Finanzberichte nach *IFRS* erstellen müssen

Keine implizite Buchführungspflicht für deutsche Unternehmen

Allerdings werden deutsche Unternehmen weder vom europäischen noch vom deutschen Gesetzgeber gezwungen, die *IFRS* im Rahmen ihrer Rechnungslegung für die rechtlich selbstständige Wirtschaftseinheit ihres Unternehmens zu befolgen. Dies gilt nicht einmal für kapitalmarktorientierte Unternehmen. Demnach kann selbst von einer solchen impliziten Buchführungspflicht nach *IFRS* für Finanzberichte der rechtlich selbstständigen Wirtschaftseinheit eines deutschen Unternehmens keine Rede sein. Gleichwohl bedürfen Unternehmen, die vom Wahlrecht des §325 Absatz 2a dHGB Gebrauch machen, besonderer Aufzeichnungen und Buchführungsunterlagen, die eine Herleitung erwünschter Finanzberichte nach *IFRS* erlauben.

2.5.1.2 Berichtspflicht

Keine Pflicht deutscher Unternehmen zu *IFRS*-Finanzberichten für die rechtlich selbstständige Unternehmensform!

Wie gerade erwähnt, sind die *IFRS* keinesfalls verpflichtend für die Erstellung von Finanzberichten der rechtlich selbstständigen Wirtschaftseinheit deutscher Unternehmen anzuwenden. Es gibt daher keine diesbezügliche Berichtspflicht. Wenn allerdings deutsche Unternehmen die freiwillige Offenlegung solcher Finanzberichte intendieren, haben sie die *IFRS* vollständig zu befolgen (§325 Absatz 2a Satz 2 dHGB).

Nach *IFRS* zu erstellende Finanzberichte eines Unternehmens

Gemäß *IAS* 1.10 gehören zu einem vollständigen Satz von Finanzberichten nach *IFRS* eine Bilanz, eine Einkommensrechnung, eine Eigenkapitalveränderungsrechnung, eine Kapitalflussrechnung, Angaben zu Bilanzierungs- und Bewertungsmethoden sowie erläuternde Angaben. Kapitalmarktorientierte Unternehmen sind darüber hinaus nach *IFRS* 8.1-4 dazu verpflichtet, ihren Satz von Finanzberichten um eine Segmentberichterstattung (*segment reporting*) zu erweitern sowie nach *IAS* 33.1-2 zusätzlich Angaben zum Einkommen je Aktie (*earnings per share*) zu machen.

2.5.2 Zusätzliche Regelungen für Konzerne

2.5.2.1 Buchführungspflicht

Implizite Buchführungspflicht für kapitalmarktorientierte deutsche Konzerne

Nach §315a Absatz 1 und 2 dHGB sind kapitalmarktorientierte deutsche Konzerne grundsätzlich ab dem Geschäftsjahr 2005 beziehungsweise 2007 verpflichtet, ihre Konzernfinanzberichte nach den *IFRS* zu erstellen. Implizit folgt hieraus eine Pflicht für solche Unternehmen, auf geeignete Weise Handelsbücher zu führen und Konsolidierungsmaßnahmen zu dokumentieren, um eine zweckentsprechende Erstellung solcher Konzernfinanzberichte erst zu ermöglichen.

Kapitalmarktorientierung als Voraussetzung für die Berichtspflicht nach *IFRS*

Voraussetzung für die obligatorische Erstellung und Veröffentlichung von Konzernfinanzberichten nach *IFRS* gemäß §315a dHGB ist es, dass deutsche Unternehmen sowohl das Kriterium der Kapitalmarktorientierung erfüllen als auch grundsätzlich verpflichtet sind, eine Konzernrechnungslegung zu erstellen. Unternehmen gelten unter Verweis auf die besagte EU-Verordnung als kapitalmarktorientiert, wenn deren Wertpapiere am jeweiligen Bilanzstichtag in zumindest einem EU-Mitgliedstaat zum Handel auf einem geregelten Markt zugelassen sind. Dabei kann es sich um Eigenkapitaltitel oder um Fremdkapitaltitel handeln.

Ob kapitalmarktorientierte deutsche Unternehmen zur Aufstellung von Konzernfinanzberichten verpflichtet sind, wird in § 315a dHGB unter Verweis auf die bereits in Abschnitt 2.3.2.2 dargestellten handelsrechtlichen Bestimmungen der §§ 290-293 dHGB geregelt; diese konkretisieren den Anwendungsbereich der Konzernrechnungslegung mit Vorschriften zur Aufstellungspflicht von Konzernfinanzberichten. Die Regelungshoheit über die Erstellungspflicht solcher Konzernfinanzberichte verbleibt so beim deutschen Gesetzgeber, während die im Rahmen einer potenziellen Erstellung heranzuziehenden Regeln vollständig den von der EU-Kommission akzeptierten *IFRS* folgen müssen.

Konzernrechnungslegungspflicht nach §§ 290-293 dHGB als Voraussetzung für die Berichtspflicht nach *IFRS*

2.5.2.2 Berichtspflicht

Sofern die *IFRS* – entgegen dem Fall in Deutschland – als zwingendes Regelsystem für die Rechnungslegung eines Landes vorgegeben sind, ergibt sich die Konzernrechnungslegungspflicht aus *IFRS* 10. Voraussetzung für die Verpflichtung, eine Konzernrechnungslegung zu erstellen, ist nach *IFRS* 10.4 die Möglichkeit einer Obergesellschaft (*parent*) zur Beherrschung (*control*) mindestens einer Untergesellschaft. Ein *control*-Verhältnis liegt nach *IFRS* 10.5-18 vor, wenn die drei nachfolgenden Beherrschungstatbestände vorliegen:

Aufstellungspflicht konsolidierter Finanzberichte nach den *IFRS*

– Die Obergesellschaft hat die Fähigkeit, die relevanten Aktivitäten der Untergesellschaft zu bestimmten (Entscheidungsmacht).

– Die Obergesellschaft ist wegen der Verbindung zur Untergesellschaft variablen Rückflüssen ausgesetzt.

– Die Entscheidungsmacht der Obergesellschaft kann eingesetzt werden, um die Höhe der variablen Rückflüsse zu beeinflussen (Zusammenhang).

Grundsätzlich haben nach *IFRS* 10 alle Obergesellschaften bei Vorliegen eines *control*-Verhältnisses eine Konzernrechnungslegung zu erstellen. Gegenüber den Regelungen nach dHGB existiert keine größenabhängige Befreiung von der Konzernrechnungslegungspflicht. Allerdings gilt eine Befreiungsmöglichkeit nach *IFRS* 10.4 (a) für solche Obergesellschaften, die ihrerseits Untergesellschaften in einem größeren Konzernzusammenhang sind. Dann wird angenommen, dass nicht die sogenannten Teilkonzernfinanzberichte jener Obergesellschaften das für Außenstehende interessierende Informationswerk darstellen, sondern die auf den gesamten Konzern bezogenen Finanzberichte. Jene Teilkonzernfinanzberichte weisen gegebenenfalls ähnliche Informationsmängel auf wie die Finanzberichte für eine einzelne rechtlich selbstständige Wirtschaftseinheit, wenn ein Konzernzusammenhang vorliegt. Voraussetzung für die Befreiung einer Wirtschaftseinheit von der Erstellung von Teilkonzernfinanzberichten ist die Erstellung und Veröffentlichung von Konzernfinanzberichten durch die ihr jeweils übergeordnete Obereinheit, sofern es sich bei dieser nicht um eine kapitalmarktorientierte Kapitalgesellschaft handelt. Sollten Minderheitsgesellschafter an der zu befreienden Gesellschaft beteiligt sein, ist nach *IFRS* 10.4 (a) die Befreiung an deren Zustimmung gebunden.

Befreiungsmöglichkeiten von konsolidierter Finanzberichtspflicht nach *IFRS*

Auswahl spezifischer IFRS zur Erstellung konsolidierter Finanzberichte

Konsolidierungsspezifische *IFRS* finden sich beispielsweise in *IFRS* 10, der sich grundsätzlich mit der Erstellung von Konzernfinanzberichten, hierzu notwendigen Begriffen und Konzepten, mit dem Konsolidierungskreis sowie mit ausgewählten Konsolidierungsverfahren auf Grundlage der sogenannten Vollkonsolidierung beschäftigt. Andere „Konsolidierungsvarianten" finden sich in anderen *IFRS*, beispielsweise ist die sogenannte Bewertung nach der *equity*-Methode Gegenstand von *IAS* 28. wohingegen die quotale Erfassung von gemeinschaftlichen Tätigkeiten in *IFRS* 11 geregelt ist. *IFRS* 3 beschäftigt sich wiederum mit Unternehmenszusammenschlüssen und geht so detailliert auf die Kapitalkonsolidierung ein.

2.6 Übungsmaterial

2.6.1 Fragen mit Antworten

Fragen	**Antworten**
An welche Eigenschaft knüpft die handelsrechtliche Buchführungspflicht an?	An die Kaufmannseigenschaft im Rechtssinne nach §§ 1-7 dHGB.
Wer gilt nach deutschem Handelsrecht als Kaufmann?	(1) Derjenige, der ein Handelsgewerbe betreibt (Ist-Kaufmann), (2) derjenige, der ein Unternehmen betreibt, das nach Art und Umfang einen in kaufmännischer Weise eingerichteten Geschäftsbetrieb erfordert, und sich freiwillig ins Handelsregister eintragen lässt (Kann-Kaufmann), und (3) Handelsgesellschaften und Vereine, denen das Gesetz die Eigenschaft eines Kaufmanns beilegt (Form-Kaufmann).
Was versteht man unter derivativer und originärer Buchführungspflicht nach deutschem Steuerrecht?	Die derivative Buchführungspflicht nach § 140 AO bedeutet, die Buchführungs- und Aufzeichnungspflichten nach anderen Gesetzen beachten zu müssen, wenn dies für Zwecke der Besteuerung bedeutsam ist. Die originäre Buchführungspflicht nach § 141 AO begründet Buchführungs- und Aufzeichnungspflichten ohne Verweis auf andere Gesetze.
Zieht das deutsche Handelsrecht den Kreis der zur Buchführung Verpflichteten weiter als das deutsche Steuerrecht?	Nein, es ist umgekehrt. Nach deutschem Steuerrecht werden zusätzlich Gewerbetreibende ohne Kaufmannseigenschaft sowie Land- oder Forstwirte ab einer bestimmten Unternehmensgröße zur Buchführung verpflichtet.
Um welche Informationswerke sind die Finanzberichte von Kapitalgesellschaften und haftungsbeschränkten Personengesellschaften im Vergleich zu den Finanzberichten von anderen Unternehmens zu erweitern?	(1) Um einen Anhang, der aus Erläuterungen zu den Finanzberichten und aus ergänzenden Angaben besteht, und (2) um einen Lagebericht, der Geschäftsverlauf, Lage und voraussichtliche Entwicklung des Unternehmens beschreibt.

Fragen	**Antworten**
Wie äußern sich die strengen Rechnungslegungs-anforderungen für Kapitalgesellschaften und besondere haftungsbeschränkte Personengesellschaften gegenüber herkömmlichen Kaufleuten?	(1) In kürzeren Aufstellungsfristen für die Finanzberichte, (2) in detaillierteren Regeln für die Gliederung von Bilanz und Einkommensrechnung, (3) in zum Teil weniger ermessensabhängigen Bewertungsregeln, (4) in der Pflicht zur Prüfung der Finanzberichte durch unabhängige, öffentlich bestellte Dritte und (5) in der Pflicht zur Offenlegung der Finanzberichte.
Gelten gleiche Rechnungslegungsvorschriften für alle Kapitalgesellschaften und haftungsbeschränkten Personengesellschaften?	Nein, mit zunehmender Größe der Gesellschaften (gemessen in Bilanzsumme, Umsatzerlösen, Anzahl der Arbeitnehmer) werden strengere Rechnungslegungsvorschriften wirksam. In voller Strenge gelten sie nur für sogenannte „große" Gesellschaften, zu denen alle börsennotierten Gesellschaften zählen.
Gibt es neben Handelsrecht und Steuerrecht andere Gesetze, die Rechnungslegungsaspekte regeln?	Ja, rechtsformspezifische Vorschriften zur Rechnungslegung ergeben sich aus Spezialgesetzen, wie dem Aktiengesetz für Aktiengesellschaften, dem GmbH-Gesetz für GmbHs sowie dem Genossenschaftsgesetz für Genossenschaften.
An welche Voraussetzungen ist die Pflicht von Obergesellschaften zur Erstellung von Finanzberichten nach deutschem Handelsrecht geknüpft?	(1) Gesellschaftsverbund steht unter ökonomisch einheitlicher Leitung einer Obergesellschaft oder (2) eine Obergesellschaft kontrolliert eine Untergesellschaft.
Welche Unternehmen sind nach deutschem Handelsrecht zur Aufstellung einer Kapitalflussrechnung und einer Segmentberichterstattung verpflichtet?	Nur börsennotierte deutsche Obergesellschaften. Dies gilt seit Inkrafttreten des KonTraG im Jahre 1998.
Woraus setzen sich die sogenannten *International Financial Reporting Standards*, kurz *IFRS* genannt, zusammen?	Aus Rechnungslegungsstandards, die zum Teil *International Accounting Standards* (*IAS*) und zum Teil auch *IFRS* heißen, sowie den vom *IASB* herausgegebenen Interpretationen solcher Standards.
Handelt es sich bei den *IFRS* um ein abgeschlossenes und in sich konsistentes Regelwerk zur finanziellen Berichterstattung von Unternehmen?	Nein. Zum einen fehlen noch zahlreiche der vom *IASB* in Angriff genommenen Rechnungslegungsstandards; zum anderen sind Konsistenzprobleme zwischen einzelnen Standards, zwischen Standards und Rahmenkonzept und sogar innerhalb einzelner Standards festzustellen.
Welche Unternehmen sind nach deutschem Handelsrecht zur Aufstellung von Konzernfinanzberichten nach den *IFRS* verpflichtet?	Nach §315a dHGB sind kapitalmarktorientierte Konzerne grundsätzlich ab dem Geschäftsjahr 2005 verpflichtet, ihre Konzernfinanzberichte nach den *IFRS* aufzustellen. Die grundsätzliche Pflicht zur Konzernrechnungslegung ergibt sich aus den Vorschriften der §§ 290–293 dHGB.

2.6.2 Verständniskontrolle

1. Welchen Zwecken dient die Buchführungspflicht aus Sicht des Gesetzgebers?
2. Welchen Zweck verfolgt die Buchführungspflicht nach deutschem Steuerrecht?
3. Wie ist die steuerrechtliche Buchführungspflicht nach der Abgabenordnung geregelt?

4. Wann beginnt und wann endet die originäre Buchführungspflicht nach deutschem Steuerrecht?

5. Welchen Zweck verfolgt die Aufzeichnungspflicht des Wareneingangs und Warenausgangs für gewerbliche Unternehmer nach deutschem Steuerrecht? Wie ist sie geregelt?

6. An welche Eigenschaft knüpft die Aufzeichnungspflicht für die Umsatzbesteuerung an und wozu dient diese Pflicht?

7. Wie wird der Kaufmannsbegriff nach deutschem Handelsrecht konkretisiert?

8. Nennen Sie Beispiele natürlicher oder juristischer Personen, die nach deutschem Handelsrecht als Kaufleute gelten!

9. Wann beginnt und wann endet die Buchführungspflicht nach deutschem Handelsrecht?

10. Welchen grundlegenden Anforderungen muss die Buchführung nach deutschem Handelsrecht genügen?

11. Wozu dienen die Aufbewahrungspflichten von Buchführungsunterlagen nach deutschem Handelsrecht und wie sind sie geregelt?

12. Welche allgemeinen Vorschriften gelten für alle Kaufleute zur Aufstellung von Finanzberichten nach deutschem Handelsrecht?

13. Was ist der Zweck der ergänzenden Vorschriften für Kapitalgesellschaften und haftungsbeschränkte Personengesellschaften?

14. Warum erscheint eine Pflicht zur Erstellung von Konzernfinanzberichten für Obergesellschaften sinnvoll?

15. Erklären Sie Unterschiede zwischen der Erstellung finanzieller Berichte für Unternehmen, die aus einer einzigen rechtlich selbstständigen Wirtschaftseinheit bestehen, und für Unternehmen, die sich aus mehreren rechtlich selbstständigen Wirtschaftseinheiten zusammensetzen!

16. Gibt es nach deutschem Handelsrecht Befreiungsmöglichkeiten für Unternehmen, die eigentlich Konzernfinanzberichte nach dHGB erstellen sollten? Wenn ja, welche?

17. Was ist der Zweck des Publizitätsgesetzes?

18. Mit welchen Rechnungslegungsvorschriften sind die Vorschriften nach Publizitätsgesetz hinsichtlich ihrer Regelungsschärfe am ehesten zu vergleichen?

19. Inwiefern sind die *International Financial Reporting Standards*, kurz *IFRS* genannt, für die Erstellung von Finanzberichten deutscher Unternehmen relevant?

20. Sind die vom *IASB* veröffentlichten *IFRS* hinsichtlich ihrer rechtlichen Bindungswirkung mit den *IFRS* identisch, die das Anerkennungsverfahren der EU-Kommission in Brüssel passiert haben?

21. Gibt es nach *IFRS* Befreiungsmöglichkeiten für Unternehmen, die eigentlich Konzernfinanzberichte nach *IFRS* erstellen sollten? Wenn ja, welche?

22. Was ist der Zweck der *IFRS*?

23. Knüpft die obligatorische Erstellung von Konzernfinanzberichten nach *IFRS* gemäß § 315a dHGB an den Kriterien zur Aufstellungspflicht nach *IFRS* oder nach dHGB an?

2.6.3 Aufgaben zum Selbststudium

Buchführungspflicht

Aufgabe 2.1

Sachverhalt

Eva Schmitz ist selbständige Handwerkerin. Sie sieht sich als Kleingewerbetreibende, nicht aber als Kauffrau im handelsrechtlichen Sinn, die Handelsbücher führen muss. Im abgelaufenen Geschäftsjahr X0, das dem Kalenderjahr entsprach, hat sie Umsätze von 150 000 GE sowie ein Einkommen in Höhe von 28 000 GE erzielt. Mit einem ähnlichen Einkommen rechnet Frau Schmitz auch in Zukunft. X0 stehe für das Kalenderjahr 2016.

Fragen und Teilaufgaben

1. Ist Eva Schmitz zur Buchführung verpflichtet? Gehen Sie bei der Beantwortung auf die verschiedenen Rechtsgrundlagen im deutschen Steuerrecht, im deutschen Handelsrecht (dHGB), im Publizitätsgesetz (PublG) und in den *IFRS* ein!
2. Am 20. Juli X1 erhält Frau Schmitz einen Brief vom Finanzamt mit der Aufforderung, rückwirkend vom 1. Jamuar X1 an Handelsbücher zu führen. Sie ist über diese Mitteilung überrascht. Sie möchte keine Buchführung einrichten. Ist die Forderung des Finanzamts rechtmäßig, die Buchführungspflicht schon ab dem 1. Januar X1 zu verlangen? Wann beginnt beziehungsweise endet die Buchführungspflicht alternativ nach dHGB, PublG und den *IFRS*?

Lösungshinweise zu den Fragen und Teilaufgaben

1. Die Lösung ergibt sich aus dem Text des Kapitels.
2. Die Lösung ergibt sich aus dem Text des Kapitels.

Aufbewahrungspflicht

Aufgabe 2.2

Sachverhalt

Josef Maier erstellt am 15. Mai X1 die Bilanz seines Unternehmens zum 31. Dezember X0. Er schließt damit die Buchführung des Geschäftsjahres X0 ab, das dem Kalenderjahr entspricht. Neben den Buchführungsunterlagen verfügt er über Geschäftsbriefe, die sich auf das Unternehmensgeschehen in X0 beziehen. X0 stehe für das Kalenderjahr 2017.

Fragen und Teilaufgaben

1. Wie lange sind die Handelsbücher des Jahres X0 einschließlich der Bilanz, der Einkommensrechnung und des Inventars mindestens aufzubewahren? Gehen Sie bei der Beantwortung auf die verschiedenen Rechtsgrundlagen im deutschen Steuerrecht, im dHGB, im PublG und in den *IFRS* ein!

2. Wie lange sind die Geschäftsbriefe des Jahres X0 nach deutschem Steuerrecht, nach dHGB, nach PublG und nach *IFRS* mindestens aufzubewahren?

3. Wann beginnt die Aufbewahrungspflicht nach deutschem Steuerrecht und nach dH-GB?

Lösungshinweise zu den Fragen und Teilaufgaben

1. Nach § 257 dHGB sowie nach § 147 AO sind Handelsbücher, Inventare, Bilanzen, Lageberichte mindestens zehn Jahre aufzubewahren.

2. Geschäftsbriefe gehören nicht zu den Buchführungsunterlagen, sondern zu den sonstigen Unterlagen. Sie sind daher mindestens sechs Jahre aufzubewahren.

3. Die Aufbewahrungsfrist beginnt mit dem Ende desjenigen Kalenderjahres, in dem die Bilanz aufgestellt beziehungsweise die letzte Eintragung in Handelsbücher für das Geschäftsjahr X0 gemacht wird. Also beginnt die Frist am 31.12.X1.

Aufgabe 2.3   Berichtspflicht für nicht-kapitalmarktorientierte Unternehmen

Sachverhalt

Die Y oHG hat in den letzten drei Geschäftsjahren vor dem Geschäftsjahr X0 in ihrer Bilanz eine Bilanzsumme zwischen 80 Millionen Euro und 100 Millionen Euro ausgewiesen. Die Umsatzerlöse beliefen sich in den zugehörigen Einkommensrechnungen auf einen Wert zwischen 200 Millionen Euro und 250 Millionen Euro. Die durchschnittliche Zahl der Arbeitnehmer pro Geschäftsjahr schwankte in dem entsprechenden Dreijahreszeitraum zwischen 1500 und 1700. Für das Geschäftsjahr X0 hat die Y oHG einen Finanzbericht nach dem deutschen Handelsrecht aufzustellen. X0 stehe für das Jahr 2016.

Fragen und Teilaufgaben

1. Die gesetzlichen Vertreter der Y oHG sind der Meinung, dass die Finanzberichte ihres Unternehmens erst sechs Monate nach Ablauf des Geschäftsjahres X0 zu erstellen sind. Ist die Einschätzung der gesetzlichen Vertreter richtig? Gehen Sie bei der Beantwortung der Frage auf die Fristen zur Finanzberichterstellung nach deutschem Steuerrecht, dHGB, PublG und *IFRS* ein!

2. Hat die Y oHG für X0 neben ihrer Bilanz und Einkommensrechnung noch weitere Finanzberichte zu erstellen? Welche Finanzberichte sehen das deutsche Steuerrecht, dHGB, PublG und *IFRS* vor?

3. Die gesetzlichen Vertreter der Y oHG wissen nicht, welche Gliederungsvorschriften bei der Aufstellung ihrer Bilanz und Einkommensrechnung beachtet werden müssen. Welche Rechtsgrundlage ist für die Y oHG bezüglich der Gliederungsvorschriften maßgebend? Gehen Sie in Ihrer Antwort auch auf Gliederungsvorschriften nach deutschem Steuerrecht, dHGB, PublG und *IFRS* ein!

Lösungshinweise zu den Fragen und Teilaufgaben

1. Es gilt das Publizitätsgesetz (PublG). Nach § 5 Absatz 1 PublG sind die Finanzberichte für X0 in den ersten drei Monaten des Wirtschaftsjahres X1 aufzustellen.

2. Nach § 5 Absatz 2 PublG ist die Gesellschaft von der Publikation eines Anhangs und eines Lageberichts befreit.

3. Die Bilanz und die Einkommensrechnung sind nach §§ 265, 266 dHGB entsprechend der Vorschriften für große Kapitalgesellschaften zu gliedern.

Berichtspflicht für kapitalmarktorientierte Unternehmen   **Aufgabe 2.4**

Sachverhalt

Die Y AG mit Sitz in München, die Obergesellschaft zweier ebenfalls in Deutschland ansässiger Untergesellschaften ist und deren Aktien an der Münchner Börse gehandelt werden, hat für das Geschäftsjahr X1 gemäß §§ 290-293 dHGB einen Konzernfinanzbericht zu erstellen. Da die Bilanzsumme in X0 lediglich 1,0 Millionen Euro betrug und sich die Umsatzerlöse in X0 auf 1,5 Millionen Euro beliefen, gehen die gesetzlichen Vertreter der Y AG davon aus, dass die Gesellschaft ihre Konzernfinanzberichte – wie bisher – in Übereinstimmung mit dem traditionellen deutschen Bilanzrecht, das heißt nach den Regelungen des dHGB außer denen des § 315 a dHGB, erstellen kann. X0 stehe für das Jahr 2016.

Fragen und Teilaufgaben

1. Ist die Einschätzung der gesetzlichen Vertreter des Unternehmens richtig, dass die Y AG ihre Konzernfinanzberichte weiterhin in Übereinstimmung mit dem traditionellen dHGB erstellen kann?

2. Nachdem die gesetzlichen Vertreter der Y AG erfahren haben, dass sie zur Aufstellung von Konzernfinanzberichten verpflichtet sind, entscheiden sie, aus Vereinfachungsgründen auch die Finanzberichte der in Deutschland ansässigen Untergesellschaften in Übereinstimmung mit den *IFRS* zu erstellen und auf eine Aufstellung der Finanzberichte dieser Wirtschaftseinheiten nach dHGB gänzlich zu verzichten. Ist dieses Vorgehen rechtmäßig?

3. Die gesetzlichen Vertreter der Y AG sind zudem der Ansicht, dass bei Verwendung der *IFRS* zwar ein vollständiger Satz von Finanzberichten gemäß *IAS* 1 aufzustellen sei, auf eine Segmentberichterstattung indes verzichtet werden kann. Teilen Sie diese Ansicht mit den gesetzlichen Vertretern der Y AG?

Lösungshinweise zu den Fragen und Teilaufgaben

1. Nach § 315 a Absatz 1 und 2 dHGB haben kapitalmarktorientierte Unternehmen ihre Finanzberichte nach den *IFRS* zu erstellen.

2. Gemäß § 325 Absatz 2a dHGB dürfen Unternehmen die Finanzberichte für die rechtlich selbstständigen Wirtschaftseinheiten nach den *IFRS* publizieren. Für die Erstellung gilt diese Befreiungsvorschrift aber nicht.

3. Bei Anwendung der *IFRS* ist auch eine Segmentberichterstattung vorzunehmen.

3 Systeme zur Messung von Eigenkapital und dessen Veränderungen

Lernziele

Nach dem Studium dieses Kapitels sollten Sie in der Lage sein,

- Eigenkapital und Eigenkapitalveränderungen als zentrale Größen des Rechnungswesens zu begreifen und ermitteln zu können,
- die zwei Formen von Bilanzgleichungen als Hilfsmittel zur Beschreibung der finanziellen Konsequenzen von Ereignissen zu benutzen,
- die intratemporale Bilanzgleichung als Analysewerkzeug zur Abbildung relevanter Ereignisse heranzuziehen,
- die Begriffe „Aktivtausch", „Passivtausch", „Bilanzverlängerung" und „Bilanzverkürzung" in ihren Konsequenzen für die intratemporale Bilanzgleichung zu unterscheiden,
- zu verstehen, wie sich die Regelsysteme des dHGB und der *IFRS* grundlegend hinsichtlich ihrer Einkommens- und Eigenkapitalmessung unterscheiden,
- im konkreten Beispiel relevante Ereignisse hinsichtlich ihrer Konsequenzen für die intratemporale Bilanzgleichung zu analysieren.

Überblick

Der Inhalt des Kapitels dient einer ersten Erklärung des Vorgehens der Buchführung unter besonderer Betrachtung des Eigenkapitals und seiner Veränderungen. Dazu ist es nötig, kurz auf einige Regelungssysteme einzugehen, mit denen in der Praxis das Eigenkapital und insbesondere das Einkommen gemessen werden. An einem einfachen Beispiel wird gezeigt, wie man bei der Abbildung der Eigenkapitalsituation vorgehen kann. Dabei wird zugleich der Zusammenhang zwischen den finanziellen Konsequenzen von Ereignissen und den Finanzberichten verdeutlicht. Der Hauptzweck dieses Kapitels besteht darin, Sie mit der Messung von Eigenkapital und Eigenkapitalveränderungen vertraut zu machen. Dabei lernen Sie die in der Praxis relevanten beiden Arten von Eigenkapitalveränderungen kennen, das Einkommen und Eigenkapitaltransfers. Das Eigenkapital und seine beiden Veränderungsarten bilden einen Schlüssel zum Verständnis der folgenden Kapitel.

3.1 Definitionen von Eigenkapital und Eigenkapitalveränderungen

3.1.1 Definitionen des Eigenkapitals

Eigenkapital und Eigenkapitalveränderungen als Zielgrößen

Das Eigenkapital zu einem Zeitpunkt und die Eigenkapitalveränderung während eines Zeitraums stellen diejenigen Größen dar, zu deren Ermittlung der Unternehmer Buchführung betreibt und Finanzberichte anfertigt. In der Bilanz wird das Eigenkapital zum Bilanzstichtag errechnet. Die Einkommensrechnung ermittelt diejenige Veränderung des Eigenkapitals während eines Zeitraums, die nicht aus Transfers zwischen dem Unternehmen und dem Unternehmer herrührt. Die Eigenkapitaltransferrechnung lässt diejenige Entwicklung des Eigenkapitals im Zeitablauf erkennen, die aus Transfers zwischen dem Unternehmen und dem Unternehmer hervorgehen. Einkommen und Eigenkapitaltransfers werden in der Eigenkapitalveränderungsrechnung zur Fortschreibung des Eigenkapitals herangezogen. Die Kapitalflussrechnung zeigt, welche Zahlungsströme die Veränderung der Zahlungsmittel bewirkt haben.

3.1.1.1 Allgemeine Definitionen

Unterschiedlichkeit von Definitionen

Wir beschreiben hier eine allgemeine Definition des Eigenkapitals und die speziellen Definitionen, die sich im deutschen Handelsgesetzbuch sowie in den *International Financial Reporting Standards* befinden.

Konzept des Eigenkapitals

Das Eigenkapital ergibt sich, indem man den Wert der ökonomischen Ressourcen eines Unternehmens dem Wert derjenigen Ansprüche gegenüberstellt, den Fremde auf diese Ressourcen besitzen. Es gilt die Formel

> *Eigenkapital eines Unternehmens*
> *= ökonomische Ressourcen des Unternehmens (Vermögensgüter)*
> *– Ansprüche Fremder auf diese Ressourcen (Fremdkapitalposten).*

Ressourcen als Mittelverwendung und Ansprüche als Mittelherkunft

Unter den Ressourcen kann man sich Vermögensgüter, Rechte und andere Vorteile vorstellen, die sich in der Verfügungsmacht des Unternehmens befinden, unter den Ansprüchen zukünftige Belastungen dieser Ressourcen durch andere Personen als den Unternehmer beziehungsweise die Eigenkapitalgeber. Diese Ansprüche Fremder auf die Unternehmensressourcen und das Eigenkapital sind sich untereinander ähnlich. Denn beide Größen beziehen sich auf die Ressourcen des Unternehmens; allerdings unterscheiden sie sich fundamental von diesen. Die Ressourcen stellen die Mittel dar, die der Unternehmer einsetzt (Mittelverwendung); die beiden anderen Posten zeigen, von wem das Kapital für diese Mittel stammt (Mittelherkunft). Die obengenannte Formel lässt sich entsprechend umstellen.

Bilanz als Mittel zur Eigenkapitalmessung

Zur Ermittlung des Eigenkapitals ist es erforderlich, den Umfang und die Höhe der ökonomischen Ressourcen des Unternehmens sowie die Höhe der Ansprüche Fremder auf diese Ressourcen zu bestimmen. Eine Aufstellung, die diesen Zusammenhang zum

Ausdruck bringt und zugleich die Unterschiedlichkeit von Mittelverwendung und Mittelherkunft berücksichtigt, wird im betriebswirtschaftlichen Rechnungswesen als Bilanz bezeichnet. Das Wort wird aus dem Italienischen beziehungsweise Vulgärlatein hergeleitet und bedeutete ursprünglich so etwas wie eine zweischalige Waage beziehungsweise das Abwägen, das man bei einer zweischaligen Waage durchführen muss, um beide Schalen „in die Waage" zu bringen. Man kann sich vorstellen, in der einen Schale lägen die Ressourcen des Unternehmens und in der anderen die Ansprüche Fremder. Dann entspricht das Eigenkapital dem Betrag, welcher der Schale mit den Ansprüchen hinzuzufügen ist, damit beide Schalen „in die Waage" kommen.

In Zusammenhang mit einer Bilanz spricht man nicht mehr von Ressourcen und Ansprüchen Fremder. Man benutzt andere Begriffe dafür. So verwendet man anstatt des Worts „Ressource" im deutschen Handelsrecht den Ausdruck „Vermögensgegenstand", im deutschen Einkommensteuerrecht steht dafür „(positives) Wirtschaftsgut". Bei der Übersetzung des englischen Worts *asset* aus den Regelungskreisen der *US-GAAP* oder der *IFRS* ins Deutsche hat man sich für den Ausdruck „Vermögenswert" entschieden. Hinter jedem dieser Wörter verbergen sich andere Definitionen. Viele Ressourcen erfüllen die Kriterien aller Definitionen, einige nur diejenigen spezieller Definitionen. Wir verwenden hier das Wort „Vermögensgut" synonym zu Ressource und zugleich als Oberbegriff. Vermögensgüter werden im externen Rechnungswesen von Land zu Land und teilweise auch von Rechenzweck zu Rechenzweck unterschiedlich definiert. Die Ansprüche Fremder auf diese Ressourcen werden ebenfalls in den verschiedenen Rechtskreisen unterschiedlich definiert.

Begriffe und Definitionen für Unternehmensressourcen unterschiedlich für verschiedene Regelungskreise

3.1.1.2 Spezielle Definitionen

Im deutschen Handelsrecht heißt ein Vermögensgut „Vermögensgegenstand". Als Vermögensgegenstand gelten alle einzeln veräußerbaren Vermögensgüter, über die das Unternehmen verfügen kann. Als „(positive) Wirtschaftsgüter" gelten nach deutschem Einkommensteuerrecht alle selbstständig bewertbaren Vermögensgüter in der Verfügungsmacht des Unternehmens. Die Definitionen ähneln sich zwar, führen aber dazu, dass es – wenn auch nur wenige – Vermögensgüter gibt, die unter die eine Definition fallen, unter die andere dagegen nicht. Im englischen Sprachraum heißt ein Vermögensgut *asset*. Darunter wird regelmäßig eine in der Verfügungsmacht eines Unternehmens stehende ökonomische Ressource verstanden, für die man in der Vergangenheit etwas eingesetzt hat und von der man sich in der Zukunft einen finanziellen Nutzen verspricht. Trotz der unterschiedlichen Definitionen sind es weitgehend die gleichen Vermögensgüter, die in den verschiedenen Regelungskreisen als Vermögensgüter gelten. Auf Unterschiede wird später noch hingewiesen.

Vermögensgegenstand, Wirtschaftsgut, *asset*

Zu den Vermögensgütern gehören Bargeld sowie materielle und immaterielle Vermögensgüter, z.B. Forderungen gegenüber Kunden, Sachgüter, Rechte, Lizenzen. Zu den Sachgütern zählen unter anderem Vorräte an Roh-, Hilfs- und Betriebsstoffen, Erzeugnisse, eingekaufte Handelsware, Maschinen, Büro- und Geschäftsausstattung, Gebäude und Grundstücke. Die Überlegungen, die erforderlich sind, ein Vermögensgut im Rahmen der unterschiedlichen Definitionen zu identifizieren, seien am Beispiel der Forderungen eines Unternehmens gegenüber einem Kunden skizziert. Forderungen entstehen, wenn ein Kunde verspricht, dem Unternehmen innerhalb einer bestimmten Frist

Begriffe und Definitionen von Vermögensgütern in verschiedenen Regelungskreisen

einen Geldbetrag zukommen zu lassen. Damit liegt ein Anspruch des Unternehmens auf die Ressourcen des Kunden vor. Eine Forderung auf zukünftige Zahlung kann veräußert werden, beispielsweise an eine Bank. Sie erfüllt mit der Veräußerbarkeit das Kriterium des deutschen Handelsrechts für einen „Vermögensgegenstand". Sie lässt sich auch bewerten und erfüllt damit zugleich die Anforderung des deutschen Einkommensteuerrechts an ein „positives Wirtschaftsgut". Weil für die Forderung eines Unternehmens auf zukünftige Zahlung in der Vergangenheit etwas eingesetzt wurde und auch ein in der Verfügungsmacht des Unternehmens stehender zukünftiger finanzieller Nutzen zu erwarten ist, entspricht sie auch dem *asset*-Begriff.

Begriffe und Definitionen für Ansprüche Fremder in verschiedenen Regelungskreisen

Die Ansprüche Fremder sind durch Verpflichtungen des Unternehmens gegenüber diesen Fremden begründet. Die Fremden heißen Gläubiger des Unternehmens. Ihre Ansprüche und die Verpflichtungen des Unternehmens diesen gegenüber bestehen so lange, bis das Unternehmen seinen Verpflichtungen nachgekommen ist. Man unterscheidet Verpflichtungen, die „gewiss" sind und nach Höhe und Zeitpunkt der Fälligkeit feststehen von solchen, deren Höhe oder Fälligkeit „ungewiss" sind. Schließt ein Unternehmen etwa mit seinen Beschäftigten einen Pensionsvertrag ab, so verpflichtet es sich zu zukünftigen Pensionszahlungen, deren gesamte Höhe jedoch meist unsicher ist. Die Unsicherheit rührt daher, dass man bei Abschluss des Vertrages nicht weiß, ob man später tatsächlich zur Zahlung herangezogen wird, und gegebenenfalls, wie lange man später Zahlungen zu erbringen hat. Handelt es sich um finanzielle Verpflichtungen, so nennt man die sicheren Ansprüche im deutschen Handelsrecht „Verbindlichkeiten" und die in irgendeiner Art ungewissen Verpflichtungen „Rückstellungen". Beide Arten von Verpflichtungen werden üblicherweise unter dem Begriff „Fremdkapital" zusammengefasst. Das Einkommensteuerrecht verwendet für Verpflichtungen den Begriff „negatives Wirtschaftsgut". Im Englischen heißen sichere Ansprüche Fremder *liabilities* und unsichere *provisions*. In allen genannten Regelungskreisen gehören Zahlungsverpflichtungen an Dritte in genau bekannter Höhe zum Fremdkapital. Etwas anders verhält es sich mit ungewissen finanziellen Verpflichtungen gegenüber Dritten. So sind beispielsweise nach dem deutschen Steuerrecht und nach den *IFRS* ungewisse Zahlungsverpflichtungen nur unter bestimmten Bedingungen als Fremdkapital anzusehen. Zur Vermeidung von Willkür bei der Einkommensermittlung müssen für den Ansatz von ungewissen Verpflichtungen in einer Bilanz einige, wenn auch objektiv nicht nachprüfbare Bedingungen vorliegen. Das deutsche Handelsrecht, das derartiges Fremdkapital als Rückstellungen bezeichnet, verwendet an dieser Stelle ebenfalls unscharfe Objektivierungskriterien. Die Entscheidung über den Ansatz bleibt in beiden Regelungskreisen weitgehend dem Unternehmer überlassen.

Eigenkapital als Saldo von bewerteten Vermögensgütern und bewerteten Fremdkapitalposten

Aus der Gegenüberstellung von Vermögensgütern und Fremdkapital lässt sich das Eigenkapital (*owners' equity*) ermitteln. Das Eigenkapital bezeichnet den Teil der Unternehmensressourcen, der nach Abzug der Ansprüche von Fremden übrig bleibt. Das Eigenkapital misst damit die Höhe des Kapitals, das dem Unternehmer beziehungsweise den Eigenkapitalgebern zuzurechnen ist. Es verkörpert den Wert des Kapitals, das der Unternehmer beziehungsweise die Eigenkapitalgeber in ihrem Unternehmen gebunden haben. Im Gegensatz zu den Vermögensgütern und dem Fremdkapital ist das Eigenkapital nicht beobachtbar. Seine Höhe hängt wesentlich davon ab, was man in den einzelnen Regelungskreisen alles den Vermögensgütern und dem Fremdkapital zurechnet und wie man die einzelnen Posten bewertet. Die Bewertung ist notwendigerweise subjektiv. Eine Objektivierung erfolgt zur Vermeidung von Ermessensspielräumen in den Regelungen, die der jeweilige Regelungskreis dafür vorsieht.

Eine Bilanz beschreibt unabhängig vom jeweiligen Regelungskreis die Tatsache, dass der Wert der Vermögensgüter definitionsgemäß der Summe der Werte des Fremd- und Eigenkapitals entsprechen muss. Bei einer zweispaltigen Darstellung stehen die Vermögensgüter üblicherweise auf der linken Seite, das Fremd- und das Eigenkapital auf der rechten Seite. Im Rahmen einer einspaltigen Darstellung werden zunächst die Vermögensgüter angegeben, danach die Kapitalbeträge. In beiden Fällen geht es nach der Formel:

Intratemporale Bilanzgleichung

$$\textit{Wert der Vermögensgüter = Fremdkapital + Eigenkapital}$$

Diese Formel wird in der Fachliteratur unabhängig vom jeweiligen Regelungskreis als „intratemporale Bilanzgleichung" bezeichnet. Sie wird intratemporal genannt, weil es sich um einen Zusammenhang handelt, der in einem Zeitraum zu jedem Zeitpunkt zwischen den Posten besteht. Einen guten Überblick über die verschiedenen Arten der Messung von Eigenkapital und Eigenkapitalveränderungen findet man in der Fachliteratur zur Bilanzierung.[1]

3.1.2 Definitionen von Eigenkapitalveränderungen

3.1.2.1 Allgemeine Definitionen

Das Eigenkapital eines Unternehmens resultiert aus Investitionen und Desinvestitionen des Unternehmers beziehungsweise der Eigenkapitalgeber in das Unternehmen sowie aus der Tätigkeit des Unternehmens. Es verändert sich durch finanzielle Transaktionen zwischen dem Unternehmen und den Eigenkapitalgebern, durch die Tätigkeit des Unternehmens mit Außenstehenden und unter bestimmten Bedingungen auch durch Veränderungen in der Umwelt des Unternehmens. Viele Ereignisse können dabei eine Rolle spielen, z.B. (1) die volkswirtschaftlich konjunkturelle Situation, (2) der Ausgang von politischen Wahlen, (3) Verkaufsaktivitäten des Unternehmers, (4) die Entwicklung der Preise von Rohstoffen, (5) die Belastung des Unternehmens mit Steuern, (6) der Ausfall der Zahlungsfähigkeit von Schuldnern, (7) Naturkatastrophen wie Überschwemmungen und Erdbeben oder (8) andere nachteilige Ereignisse. Im Rechnungswesen werden nicht alle Ereignisse berücksichtigt, sondern nur diejenigen, deren finanzielle Konsequenzen verlässlich gemessen werden können. So werden beispielsweise die Einkommenskonsequenzen der wirtschaftlich konjunkturellen Situation genauso wenig gesondert ermittelt wie die Konsequenzen von politischen Wahlen.

Beispiele für Ursachen von Eigenkapitalveränderungen

---

[1] Vgl. beispielsweise für Deutschland Eisele, W., Knobloch, A.P. (2011), Coenenberg et al. (2016) sowie für die *IFRS* die entsprechenden Standards.

Möglichkeiten zur Messung von Eigenkapitalveränderungen

Die Veränderung des Eigenkapitals während eines Zeitraums lässt sich auf zwei Arten ermitteln. Eine Art besteht darin, zu Beginn und zu Ende des Zeitraums eine Bilanz zu erstellen und die jeweiligen Werte des Eigenkapitals miteinander zu vergleichen. Eine andere Art besteht darin, während dieses Zeitraums jede einzelne Eigenkapitalveränderung zu erfassen und dann alle Eigenkapitalveränderungen des Zeitraums zusammenzufassen. Beide Vorgehensweisen führen zum gleichen Resultat; denn es gilt ja auch für das Eigenkapital

$$Anfangsbestand + Zugang - Abgang = Endbestand$$

Intertemporale Bilanzgleichung

Dieser Zusammenhang wird vereinzelt als „intertemporale" Bilanzgleichung bezeichnet, weil er auf die Bestandsveränderung zwischen zwei Zeitpunkten abstellt. Insbesondere bei vielen Eigenkapitalveränderungen während eines Zeitraums dürfte es einfacher sein, die Veränderung des Eigenkapitals durch Vergleich der Werte zweier Bilanzen zu ermitteln. Man beraubt sich dann allerdings der Möglichkeit, die errechnete Eigenkapitalveränderung nach unterschiedlichen Ursachen aufspalten zu können.

Arten von Eigenkapitalveränderungen

Eine Aufspaltung von Eigenkapitalveränderungen wird allgemein als wichtig angesehen: Man möchte all diejenigen Eigenkapitalveränderungen, die Investitionen oder Desinvestitionen der Eigenkapitalgeber in das oder aus dem Unternehmen darstellen, getrennt von all denjenigen Eigenkapitalveränderungen sehen, die als Rückflüsse aus der Geschäftstätigkeit auf Grundlage der Investitionen des Unternehmens betrachtet werden können. Darüber hinaus möchte man erkennen können, aus welchen Komponenten sich solche Eigenkapitalveränderungen zusammensetzen. Abbildung 3.1 zeigt die mit Eigenkapitalveränderungen zusammenhängenden Begriffe und ihre Beziehungen zum Eigenkapital. Die bisherigen Darstellungen und die Abbildung machen deutlich, dass man normalerweise immer nur zwei Arten von Eigenkapitalveränderungen unterscheidet: Eigenkapitaltransfers und Einkommen. Im U.S.-amerikanischen Rechnungswesen bezeichnet man den Sachverhalt, dass die gesamte Eigenkapitalveränderung sich aus Einlagen abzüglich Entnahmen plus Erträgen abzüglich Aufwendungen ergibt, als *clean surplus* Annahme.

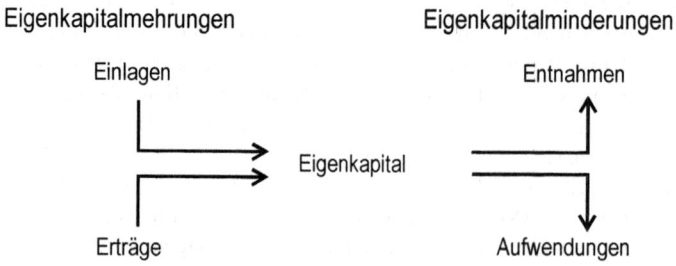

Abbildung 3.1: Eigenkapitalveränderungsarten

Eigenkapitaltransfers: Einlagen und Kapitalerhöhungen sowie Entnahmen, Dividenden und Kapitalherabsetzungen

Die Investitionen oder Desinvestitionen des Unternehmers beziehungsweise der Eigenkapitalgeber in das oder aus dem Unternehmen bezeichnen wir als Eigenkapitaltransfers. Zahlungen von den Eigenkapitalgebern in das Unternehmen werden bei personenbezogenen Unternehmen und Personengesellschaften als „Einlagen" oder „Privateinlagen" bezeichnet, bei Kapitalgesellschaften als „Kapitalerhöhungen". Zahlungen vom Unternehmen an den beziehungsweise die Eigenkapitalgeber nennt man bei personenbezogenen Unternehmen und Personengesellschaften „Entnahmen" oder „Privatentnahmen"; bei Kapitalgesellschaften spricht man von „Dividenden" und „Kapitalrückzahlungen" oder „Kapitalherabsetzungen". Wir verwenden im Folgenden nur die Begriffe „Einlage" und „Entnahme" unabhängig von der Rechtsform eines Unternehmens.

Soweit die Veränderung des Eigenkapitals nicht aus Eigenkapitaltransfers besteht, bezeichnen wir sie als Einkommen. Das Einkommen erhält man, indem man alle derartigen Einkommensmehrungen – sie werden als Erträge bezeichnet – den zugehörigen Minderungen, den Aufwendungen, gegenüberstellt. Saldierungen bestimmter Erträge mit bestimmten Aufwendungen sind verpönt. Sie werden in einigen Regelungskreisen sogar verboten. Mit der Gegenüberstellung ist gemeint, dass insbesondere bei Verkäufen die Erträge aus dem Verkauf getrennt von den Aufwendungen aus dem Verkauf anzugeben sind. Für die übrigen Sachverhalte ist es wichtig, genau zu definieren, wann eine Einkommenswirkung entstehen soll. Dies bedeutet primär, die Zeitpunkte festzulegen, zu denen man Einnahmen und Ausgaben als Erträge und Aufwendungen berücksichtigen möchte.

Einkommensrechnung: Erträge minus Aufwendungen

Das Streben des Unternehmers geht meist dahin, das Eigenkapital durch die Erzielung von Einkommen zu steigern. Das Einkommen erhält man durch Abzug der Aufwendungen von den Erträgen. Ein Ertrag entsteht beispielsweise beim Verkauf eines Vermögensguts am Markt in Höhe des Marktpreises. Eine Eigenkapitalmehrung im Sinne des Einkommens entsteht aber erst, wenn der Ertrag (Verkaufspreis) über demjenigen Betrag liegt, mit dem das verkaufte Vermögensgut ehemals in den Büchern des Unternehmens stand. Im umgekehrten Fall ergibt sich eine Einkommensminderung. Ein Ertrag entsteht aber auch, soweit dem Unternehmen Schulden erlassen werden. Erträge erhöhen den Wert der Vermögensgüter oder sie mindern das Fremdkapital. Sie wirken sich dadurch positiv auf die Höhe des Einkommens und damit des Eigenkapitals aus.

Erträge

Aufwendungen entstehen beim Verkauf und möglicherweise bei der Nutzung von Vermögensgütern sowie bei bestimmten Erhöhungen von bestehendem Fremdkapital. Mit ihnen ist eine Reduzierung (des Werts) der Vermögensgüter beziehungsweise eine Erhöhung des Fremdkapitals verbunden. Daher wirken sie sich negativ auf die Höhe des Eigenkapitals aus. Aufwendungen entstehen – wie oben bereits erwähnt – beim Verkauf eines Vermögensguts durch dessen Hingabe an den Marktpartner. Aufwendungen entstehen aber auch durch andere isolierte Abnahmen von Vermögensgütern oder durch andere isolierte Fremdkapitalzunahmen. Als isoliert betrachten wir eine Abnahme von Vermögensgütern (Zunahme von Fremdkapital), die nicht von einer gleich hohen Zunahme anderer Vermögensgüter (Abnahme von Fremdkapital) begleitet wird.

Aufwendungen

Unternehmer streben im Allgemeinen an, dass die Erträge die Aufwendungen übersteigen. Ein Überschuss der Erträge über die Aufwendungen heißt nach dHGB „Jahresüberschuss", ein Überschuss der Aufwendungen über die Erträge „Jahresfehlbetrag". Das Einkommensteuerrecht spricht von „Gewinn" und „Verlust". Im Englischen haben sich die Begriffe *net income*, *net earnings*, *net profit* sowie *net loss* eingebürgert. Soweit wir in unseren Ausführungen nicht auf einen speziellen Begriff zurückgreifen, verwenden wir als Oberbegriff die Bezeichnung „Einkommen" und lassen dafür positive wie negative Beträge zu.

Einkommen als Saldo von Erträgen und Aufwendungen

Bestimmung von Eigenkapitalveränderungen durch Ausschluss anderer Vorgänge

Zur Aufstellung einer Einkommensrechnung muss man für jedes Ereignis wissen, ob das Eigenkapital berührt wird oder nicht und ob die Eigenkapitalveränderung aus Transfers herrührt oder nicht. Ob ein Ereignis, welches die Vermögensgüter oder das Fremdkapital betrifft, sich auch auf die Veränderung des Eigenkapitals auswirkt, kann man nicht direkt herausfinden. Es gibt nämlich auch Ereignisse, die sich auf die Vermögensgüter oder das Fremdkapital auswirken, ohne Eigenkapitalveränderungen zu bewirken.

Vier Schritte zum Ausschluss von Eigenkapitalveränderungen

Man kann Eigenkapitalveränderungen nur dadurch bestimmen, dass man einige Arten von Veränderungen ausschließt, von denen man weiß, dass sie keine Eigenkapitalveränderungen bedeuten. Dieser Prozess lässt sich in vier Schritte zerlegen.

– **Schritt 1**, bei Zunahme des Werts eines Vermögensguts A
   – Prüfung, ob der Bestand eines anderen Vermögensguts wegen dieser Zunahme in gleicher Höhe abnimmt, und
   – Prüfung, ob der Bestand eines Fremdkapitalpostens wegen dieser Zunahme in gleicher Höhe zunimmt.

   Ist eine der Bedingungen erfüllt, ist die Zunahme des Werts eines Vermögensguts A nicht mit einer Eigenkapitalveränderung verbunden.

– **Schritt 2**, bei Abnahme des Werts eines Vermögensguts A
   – Prüfung, ob der Bestand eines anderen Vermögensguts wegen dieser Abnahme in gleicher Höhe zunimmt, und
   – Prüfung, ob der Bestand eines Fremdkapitalpostens wegen dieser Abnahme in gleicher Höhe abnimmt.

   Ist eine der Bedingungen erfüllt, ist die Abnahme des Werts eines Vermögensguts A nicht mit einer Eigenkapitalveränderung verbunden.

– **Schritt 3**, bei Zunahme des Werts eines Fremdkapitalpostens B
   – Prüfung, ob der Bestand eines anderen Fremdkapitalpostens wegen dieser Zunahme in gleicher Höhe abnimmt, und
   – Prüfung, ob der Bestand eines Vermögensguts wegen dieser Zunahme in gleicher Höhe zunimmt.

   Ist eine der Bedingungen erfüllt, ist die Zunahme des Werts eines Fremdkapitalpostens B nicht mit einer Eigenkapitalveränderung verbunden.

– **Schritt 4**, bei Abnahme des Werts eines Fremdkapitalpostens B
   – Prüfung, ob der Bestand eines anderen Fremdkapitalpostens wegen dieser Abnahme in gleicher Höhe zunimmt, und
   – Prüfung, ob der Bestand eines Vermögensguts wegen dieser Abnahme in gleicher Höhe abnimmt.

   Ist eine der Bedingungen erfüllt, ist die Abnahme des Werts eines Fremdkapitalpostens B nicht mit einer Eigenkapitalveränderung verbunden.

Konsequenz

Eine Veränderung des Eigenkapitals ist also auszuschließen, wenn eine der Prüfungsbedingungen erfüllt ist. Andernfalls haben wir es mit einer Eigenkapitalveränderung zu tun. Diese kann entweder aus einem Eigenkapitaltransfer herrühren oder Einkommen darstellen.

3.1.2.2 Spezielle Definitionen

Die Einkommensermittlungsregeln sehen weltweit vor, dass die auf einen Abrech- **Klassifikations-**
nungszeitraum entfallenden Einnahmen und Ausgaben ermittelt werden. Zu diesem **schema**
Zweck unterscheidet man drei Kategorien von Einnahmen und Ausgaben. Diese Kategorien behandelt man zur Einkommensermittlung zu unterschiedlichen Zeitpunkten als
Erträge oder Aufwendungen:

- *Realisierte Einnahmen* und diesen zugerechnete *realisierte Ausgaben*, die beide mit
  dem Verkauf von Vermögensgütern und Dienstleistungen zusammenhängen, betrachtet man als Einnahmen und Ausgaben, die mit der Abgabe von Leistungen an Marktpartner zusammenhängen. Sie werden in demjenigen Zeitpunkt zu Erträgen und Aufwendungen, zu dem der Verkäufer seine Pflichten erfüllt hat. Die planmäßige
  Abschreibung eines Vermögensguts beispielsweise, die man gedanklich mit der Herstellung der verkauften Erzeugnisse in Verbindung bringt, wird zu dem Zeitpunkt zu
  Aufwand, zu dem diese Erzeugnisse verkauft werden. Bis dahin stellt sie einen Teil der
  Herstellungsausgaben für diese Erzeugnisse dar.

- Andere realisierte Einnahmen und realisierte Ausgaben, die nichts mit dem Verkauf
  von Vermögensgütern und Dienstleistungen zu tun haben, werden mit dem Teil, der
  auf den laufenden Abrechnungszeitraum entfällt, im laufenden Abrechnungszeitraum
  zu Erträgen und Aufwendungen. Man spricht deswegen auch von der Periodisierung
  solcher Einnahmen und Ausgaben. Die planmäßige Abschreibung eines Vermögensguts beispielsweise, die man gedanklich nicht mit der Herstellung der verkauften
  Erzeugnisse in Verbindung bringt, wird zu dem Zeitpunkt zum Aufwand, zu dem sie
  angefallen ist.

- Einige *erwartete, aber noch unrealisierte Einnahmen* und *erwartete, aber noch unrealisierte Ausgaben* können schließlich in jedem Rechtskreis bereits im laufenden
  Abrechnungszeitraum zu Ertrag oder Aufwand werden. Man spricht daher von dem
  Prinzip, bestimmte zukünftige Einnahmen oder Ausgaben bereits heute als Erträge
  oder Aufwendungen vorwegzunehmen.

Diese drei Prinzipien bezeichnet Schneider als eine Einkommensdefinition. Gewinn
entsteht dabei primär, aber nicht vollständig aus einer Leistungsabgabe an Marktpartner.[2]

Unterschiede zwischen den Einkommensmessungen verschiedener Regelungskreise **Gründe für Einkom-**
entstehen hauptsächlich aus drei Gründen. Erstens sehen die verschiedenen Regelungs- **mensunterschiede in**
kreise unterschiedliche Dinge als Vermögensgüter an. Dementsprechend können sich **verschiedenen Rege-**
unterschiedliche Arten von Wertveränderungen als Aufwendungen ergeben. Zweitens **lungskreisen**
gehen die unterschiedlichen Regelungskreise mit zukünftigen, noch unrealisierten Einnahmen und Ausgaben unterschiedlich um. Im dHGB dürfen nur bestimmte zukünftige
Verluste vorweggenommen werden. (§ 253 Absatz 4 dHGB). Die *IFRS* gestatten dagegen die Berücksichtigung vieler Arten zukünftiger Gewinne und Verluste. Als Beispiel
sei auf die in beiden Regelungskreisen unterschiedliche Behandlung von Aufträgen verwiesen, deren Fertigung das Geschäftsjahr überdauert. Nach dHGB bleiben die hergestellten Vermögensgüter so lange als unfertige oder fertige Erzeugnisse in der Bilanz
stehen, bis der Verkäufer allen seinen Verpflichtungen nachgekommen ist. Nach *IFRS*

---

[2] Vgl. Schneider, D. (1997), S. 119–140, insbesondere S. 119 129.

verhält man sich unter speziellen Bedingungen am Ende jeden Geschäftsjahres in Bilanz und Einkommensrechnung so, wie wenn man einen Teil verkauft hätte, obwohl man noch gar nicht geliefert hat. Ein dritter Grund mag in den unterschiedlichen Wertansätzen gesehen werden, die in die Buchwerte von Vermögensgütern eingegangen sind. Während das dHGB bei Vermögensgütern nur Wertansätze zulässt, die den Anschaffungswerten entsprechen oder niederiger als diese sind, und beim Fremdkapital nur solche, die den Buchwerten entsprechen oder höher als diese sind, erlauben die *IFRS* auch höhere Werte für Vermögensgüter und niedrigere Werte für Fremdkapital, woraus *ceteris paribus* andere Aufwendungen resultieren können.

3.2 Deutsches Handelsgesetzbuch (dHGB) und *International Financial Reporting Standards* (*IFRS*)

In den folgenden Abschnitten werden die Begriffe der jeweiligen Regelungskreise verwendet.

3.2.1 Wichtige Regelungen des dHGB

Grobe Übersicht über die Bilanzierungsregeln des dHGB

Wie wir im zweiten Kapitel bereits gelesen haben, bestimmt das deutsche Handelsrecht, dass nur die dort aufgeführten Rechtsformen von Unternehmen deren Buchführungspflicht begründen. Viele dieser rechtlich selbstständigen Wirtschaftseinheiten arbeiten aber jeweils unter der Leitung einer wirtschaftlich selbstständigen Wirtschaftseinheit zusammen. als eine einzige ökonomisch definierte Wirtschaftseinheit zusammen. Für solche Konzerne gelten zusätzliche Bilanzierungsregeln. Deutsche Unternehmen im Sinne rechtlich selbstständiger Wirtschaftseinheiten haben Buchführung zu betreiben und Finanzberichte aufzustellen. Ökonomisch selbstständige Wirtschaftseinheiten, welche die Spitze eines Konzerns darstellen, haben zudem die von ihnen beherrschten, lediglich rechtlich selbstständigen Wirtschaftseinheiten in ihre Rechnungslegung einzubeziehen und so genannte Konzernfinanzberichte zu erstellen. Wir sind uns darüber im Klaren, dass die Finanzberichte von lediglich als rechtlich selbstständig verstandenen Untergesellschaften aus Konzernen durch Maßnahmen innerhalb des Konzerns verzerrt sein können. Aussagefähiger erscheinen bei solchen Gesellschaften die Konzernfinanzberichte. Die folgenden Darstellungen gehen nicht ins Detail, sondern stellen die Bilanzierungsregeln recht grob dar. Dabei vernachlässigen wir die Besonderheiten der Konzernrechnungslegung.

3.2.1.1 Herkunft, Zweck und Aufbau des dHGB

Herkunft

Vor ungefähr 120 Jahren wurde nach über zwanzigjähriger Diskussion und Bearbeitung der Vorentwürfe das deutsche Handelsgesetzbuch vom Parlament in einem demokratischen Prozess beschlossen. Das Gesetzeswerk hat seither einige Veränderungen erfahren. Im Zeitablauf wurde es von allen parlamentarischen Gesetzgebern im Rahmen demokratischer Prozesse beraten und beschlossen.

Das dHGB definiert Regeln für alle an Unternehmen interessierten Personen. Es versucht dabei, einen Interessenausgleich unter diesen Gruppen herbeizuführen. Es stellt also nicht nur auf die Interessen der Unternehmer und Eigenkapitalgeber ab. In diesem Zusammenhang nehmen die Regeln zur Bilanzierung eine wichtige Stellung ein. Darüber hinaus können viele Regelungen zum Interessenausgleich, jedoch nicht die zur Bilanzierung, durch vertragliche Vereinbarungen zwischen den betroffenen Personen verändert werden.

Zweck des dHGB

Das dHGB ist weitgehend systematisch aufgebaut. Die Regelungen ergänzen sich. Sie sind zudem überschneidungsfrei und schließen sich gegenseitig aus.

Aufbau des dHGB

3.2.1.2 Zahlungen als Grundlage der Buchführung nach dHGB

Während eines Abrechnungszeitraums erhalten Unternehmen viele Einzahlungen, und sie tätigen viele Auszahlungen. Sie tun dies, um sich mit Vermögensgegenständen auszustatten, die sie für die Einrichtung und den Betrieb ihres Unternehmens benötigen: (1) für die Erstellung von Dienstleistungen, die sie erbringen und verkaufen, (2) für den Ein- und Verkauf der Vermögensgegenstände, mit denen sie handeln (Handelsware), oder (3) für die Herstellung von Erzeugnissen, die sie verkaufen möchten. Dabei kann es vorkommen, dass sie Zahlungsmittel ausleihen, die sie gerade nicht benötigen. Üblich ist es auch, dass sie Zahlungsmittel beschaffen, wenn ihre Liquiditätslage dies erfordert. Dabei kann es sich sowohl um Zahlungsmittel von dem Unternehmer als Privatmann handeln als auch um Zahlungsmittel von unternehmensfremden Personen oder Institutionen. Im Gegensatz zu den Zahlungsmitteln vom Unternehmer als Privatmann müssen die Zahlungsmittel von Fremden irgend wann zurückgezahlt werden. Den Fremden ist normalerweise eine Entschädigung für die zeitliche Überlassung der Zahlungsmittel zu überlassen.. Viele der Ein- und Auszahlungen entfalten ihre Wirkung über einen einzigen Abrechnungszeitraum hinaus in andere Zeiträume.

Ein- und Auszahlungen eines Unternehmens

Hinsichtlich der Wirkung auf eine Bilanz unterscheiden wir verschiedene Arten von Ereignissen – solche, die sich auf das Eigenkapital auswirken, und solche, die das nicht tun. Um die Behandlung in der Buchführung zu bestimmen, muss man die jeweils geltenden Regeln zur Messung des Eigenkapitals und seiner Veränderungen kennen.

Behandlung abhängig von Bilanzierungsregeln

Üblicherweise werden die gegenwärtigen oder zukünftigen Zahlungen um entstandene Forderungen und Verbindlichkeiten zu Einnahmen und Ausgaben ergänzt. Eine nur teilweise erbrachte Auszahlung für die Beschaffung eines Vermögensguts wird um die Zunahme der Verbindlichkeit ergänzt, um so die durch die Beschaffung verursachte Ausgabe zu ermitteln. Aus den so ergänzten Zahlungen erwachsen dann Posten, die wir in einer Bilanz als Aktiva oder als Passiva aufführen.

Aktiva und Passiva

Bestimmung desjenigen Teils von Einnahmen und Ausgaben, der den laufenden Abrechnungszeitraum betrifft

Es gibt einige Arten von Einnahmen und Ausgaben, die sich eindeutig auf mehrere Abrechnungszeiträume erstrecken, z.B. Mieteinnahmen für einen Zeitraum, der teilweise den laufenden Abrechnungszeitraum umfasst und teilweise nachfolgende Abrechnungszeiträume. Solche streng zeitraumbezogenen Einnahmen und Ausgaben kann man eindeutig auf diejenigen Abrechnungszeiträume aufteilen, die von ihnen betroffen werden. Wenn wir im Folgenden die Ausdrücke „Einnahmen" und „Ausgaben" verwenden, meinen wir bei solchen streng zeitraumbezogenen Zahlungen immer nur denjenigen Teil, der auf den laufenden Abrechnungszeitraum entfällt.

3.2.1.3 Zahlungen im Zusammenhang mit der Beschaffung von Vermögensgegenständen oder Fremdkapital im dHGB

Definition von Aktiva und Passiva

Es entspricht der herrschenden Lehre in Deutschland, dass beschaffte Vermögensgüter dann als Vermögensgegenstände bezeichnet werden, wenn sie veräußerbar sind. Das dHGB erwähnt in § 246 Vermögensgegenstände und führt die vorgesehenen Kategorien von Vermögensgegenständen in einer Bilanz auf (Vgl. §§ 247, 266 dHGB). Wenn Vorgänge eine künftige Belastung der Vermögensgegenstände bedeuten, werden sie als Fremdkapital bezeichnet. In den Bilanzschemata werden die vorgesehenen Kategorien von Fremdkapitalposten erwähnt (§§ 247, 266 dHGB). Eine solche Bilanz aus Vermögensgegenständen und Fremdkapitalposten stellt mit dem Eigenkapital gewissermaßen das Potenzial eines Unternehmens zur Deckung von Fremdkapital dar.

Auswirkung der Zahlungen auf die Finanzberichte

Realisierte Zahlungen, die das Unternehmen für die Anschaffung von Vermögensgegenständen tätigt oder aus der Aufnahme von Fremdkapital erhält, beeinflussen bei ihrer Entstehung weder das Eigenkapital noch das Einkommen, wenn man die erworbenen Vermögensgegenstände oder Fremdkapitalposten mit den Werten ansetzt, die man für sie ausgegeben oder erhalten hat. Insofern wird die Einkommensrechnung durch die Anschaffung von Vermögensgegenständen oder die Aufnahme von Fremdkapital nicht berührt. Einkommenswirkungen können sich erst danach ergeben. Die Prüfung auf eine eventuelle Eigenkapitalwirkung ist schwierig, weil man das Eigenkapital und seine Veränderungen nicht direkt messen oder beobachten kann. Das Eigenkapital und seine Veränderungen lassen sich nur unter Beachtung spezieller Bilanzierungsregeln errechnen. Dabei müssen wir jede Einnahme oder Ausgabe auf zwei Sachverhalte hin prüfen: (1) in welcher Höhe sie den laufenden und nicht eventuell einen anderen zukünftigen Abrechnungszeitraum angehen und ob sich (2) daraus keine Konsequenzen für die Höhe der Vermögensgegenstände oder des Fremdkapitals ergeben. Diese beiden Prüfungen zerfallen in vier Schritte.

3.2.1.4 Zahlungen im Zusammenhang mit der Verwertung oder Nutzung von Vermögensgegenständen und Fremdkapitalposten im dHGB

Hinsichtlich der Auswirkungen auf die Einkommensrechnung kann man mit Schneider[3] drei Typen von Ein- und Auszahlungen und von Einnahmen und Ausgaben unterscheiden. Der eine Typ deckt diejenigen tatsächlichen Beiträge ab, die mit dem Verkauf von Vermögensgegenständen und Dienstleistungen zusammenhängen. Der zweite Typ besteht aus denjenigen tatsächlichen Ein- und Auszahlungen, die nicht mit verkauften Vermögensgegenständen in Verbindung gebracht werden. Der dritte Typ enthält im Gegensatz zu den beiden vorher genannten Typen fiktive Größen, sogenannte vorweggenommene Einkommenskomponenten, die im deutschen Handelsgesetzbuch zum Schutz von Gläubigern vorgeschrieben, aber auf erwartete zukünftige Verluste beschränkt sind.

Typen von Ein- und Auszahlungen

Realisierte Zahlungen aus der Abgabe von Vermögensgegenständen und Dienstleistungen an Marktpartner

Der auf einen Abrechnungszeitraum entfallende Teil von realisierten Zahlungen wird zunächst um die zugehörigen Forderungen und Verbindlichkeiten ergänzt, um die Einnahmen und Ausgaben zu erhalten. Diese Einnahmen und Ausgaben, die mit dem tatsächlichen Verkauf von Vermögensgegenständen und Dienstleistungen (Dienstleistungen, Handelsware und Erzeugnisse ebenso wie andere Vermögensgegenstände, die man nicht mehr benötigt) zusammenhängen, werden in der Buchführung weltweit anders behandelt als derjenige Teil, der nichts damit zu tun hat. Schneider spricht von der Marktleistungsabgabe.[4] Einnahmen und Ausgaben im Zusammenhang mit einem Verkauf bestehen aus dem Verkaufserlös (Einnahmen) und aus den bei dem Verkauf hingegebenen Vermögensgegenständen (Ausgaben). Der Verkaufszeitpunkt kann in anderen Abrechnungszeiträumen liegen als der eventuelle Herstellungs- oder Anschaffungszeitpunkt der Vermögensgegenstände.

Definition einer Marktleistungsabgabe

Der Verkaufszeitpunkt entspricht dem Realisationszeitpunkt. Er ist derjenige Augenblick, in dem der Verkäufer allen seinen Pflichten nachgekommen ist. Die sogenannten *terms of trade*, eine Liste mit unterschiedlichen Handelsvereinbarungen, helfen dem Unternehmer bei Verkaufsverhandlungen, den Realisationszeitpunkt eines Geschäfts festzulegen. Vor diesem Zeitpunkt ist eine Bewertung zu Anschaffungs- oder Herstellungsausgaben vorgesehen (§253 Absatz 1 und 2 dHGB), danach eine Gewinnrealisierung (§252 Absatz 1 Nr. 4 dHGB). Komplizierter, aber im Prinzip genauso, sieht es aus, wenn man Einnahmen für den Verkauf eines Bündels von Vermögensgegenständen (Dienstleistungen, Handelsware und Erzeugnisse) erhält, dessen Elemente man in unterschiedlichen Abrechnungszeiträumen liefert. Man denke beispielsweise an den Verkauf eines Theaterabonnements mit einigen Theatervorstellungen im laufenden und anderen Vorstellungen im folgenden Abrechnungszeitraum. Wir betrachten diesen letztgenannten Fall hier nicht weiter. Zu bemerken ist auch, dass die Berücksichtigung von

Behandlung von Einnahmen und Ausgaben, die keine Eigenkapitaltransfers darstellen und einen Bezug zum Verkauf von Vermögensgegenständen aufweisen

---

[3] Vgl. Schneider, D. (1997), S. 119–140.

[4] Vgl. Schneider, D. (1997), S. 119–129.

Einnahmen aus dem Verkauf von Vermögensgegenständen in einer Einkommensrechnung immer gleichzeitig mit der Berücksichtigung der zugehörigen Ausgaben zu erfolgen hat. Das Problem liegt darin, zu bestimmen, welche Ausgaben etwas mit dem Verkauf von Vermögensgegenständen oder Dienstleitungen zu tun haben und welche nicht. Wir kümmern uns später um dieses Problem.

Zuordnung der Ausgaben zu Erzeugnissen und Verbuchung als Aufwand bei Verkauf der Erzeugnisse

Bei Ausgaben für nicht abnutzbare Vermögensgegenstände, die mit der Abgabe von Vermögensgegenständen oder Dienstleistungen zusammenhängen, müsste sich der Bilanzierer überlegen, wie er die Anschaffungsausgabe auf die zu verkaufenden Vermögensgegenstände oder Dienstleistungen verteilen will. Das dHGB sieht dazu aber keine spezielle Regel vor. Die Anschaffungsausgabe für derartige Vermögensgegenstände wird er zunächst auf die betroffenen Abrechnungszeiträume verteilen und anschließend auf alle in einem Abrechnungszeitraum verkauften Vermögensgegenstände (Dienstleistungen, Handelsware und Erzeugnisse). Dies dient dazu, diese Beträge im gleichen Zeitpunkt als Aufwand zu verrechnen, in dem die Einnahmen aus dem Verkauf als realisiert gelten. Erst im Zeitpunkt des Verkaufs von Vermögensgegenständen (Dienstleistungen, Handelsware und Erzeugnisse) ist eine Buchung vorzunehmen, in der die Wertminderung des abnutzbaren Vermögengegenstands als Aufwand zum Ausdruck kommt, weil sie einen Bezug zum zu verkaufenden Vermögensgegenstand aufweist. Man verbucht die Abschreibung also nicht direkt als Aufwand, sondern betrachtet sie im Herstellungszeitraum als Herstellungsausgabe der Erzeugnisse. Zum Verkaufszeitpunkt der Erzeugnisse geht diese Wertminderung dann als Aufwand in die Einkommensrechnung desjenigen Zeitraums ein, in dem Erzeugnisse verkauft werden.

Periodisierung von realisierten Zahlungen, die nichts mit Marktleistungsabgaben zu tun haben

Einnahmen und Ausgaben, die keine Eigenkapitaltransfers darstellen und keinen Bezug zu Erzeugnissen oder Handelsware aufweisen

Realisierte Ein- und Auszahlungen, die nichts mit Eigenkapitaltransfers zu tun haben und für die vom Bilanzierer kein Bezug zu Erzeugnissen oder Handelswaren hergestellt wird, werden um zugehörige Forderungen und Verbindlichkeiten zu Einnahmen und Ausgaben ergänzt. Sie gehen in demjenigen Abrechnungszeitraum als Ertrag oder Aufwand in die Einkommensrechnung ein, in dem sie entstanden sind (§ 252 Absatz 1 Nr. 5 dHGB). Schneider spricht hier vom Prinzip der Periodisierung.[5] Ausgaben fallen hauptsächlich für die Anschaffung oder Nutzung von Vermögensgegenständen (auf die Nutzungszeiträume verteilte Anschaffungsausgaben) an, für die Beschäftigung von Personal sowie für die Zahlung des Zinses und für die Rückzahlung von Verbindlichkeiten. Sie sind hier relevant, wenn sie nichts mit zu verkaufenden Vermögensgegenständen oder Dienstleistungen zu tun haben. Andernfalls werden sie als Ausgaben im Zusammenhang mit der Marktleistungsabgabe behandelt.

Verkauf von Vermögensgegenständen, die man nicht zum Verkauf beschafft hatte

Auch bei solchen Vermögensgegenständen, die man eigentlich nicht verkaufen wollte, ist ein Verkauf denkbar. Dann gelten die oben beschriebenen Regeln der Berücksichtigung von Einnahmen und Ausgaben zum Verkaufszeitpunkt. Nicht abnutzbare Vermögensgegenstände bleiben nach ihrer Anschaffung so lange mit ihrer Anschaffungsausgabe in der Bilanz, bis sie verkauft werden (§ 253 Absatz 1 Satz 1 dHGB). Erst dann erscheinen Ertrag und Aufwand in einer Einkommensrechnung. Auch abnutzbare Vermögensgegenstände bleiben so lange in der Bilanz, bis sie verkauft werden. Auch bei ihnen entsteht aus

---

[5] Vgl. Schneider, D. (1997), S. 129–137.

dem Verkauf ein Ertrag in Höhe des Verkaufserlöses und ein Aufwand in Höhe ihres restlichen Buchwerts. Entgegen dieser Darstellung ist es bei solchen Vermögensgegenständen üblich und gesetzlich vorgesehen, den Ertrag gegen den Abgang zu verbuchen und nur die Differenz zwischen dem Buchwert und dem Verkaufserlös als Ertrag oder als Aufwand auszuweisen.

Bei abnutzbaren Vermögensgegenständen entstehen zusätzlich Wertminderungen als Folge der Abnutzung (§ 253 Absatz 3 dHGB). Die Wertminderungen führen zu einer Abnahme der Buchwerte und zu Abschreibungen in der Einkommensrechnung. Diese werden bei denjenigen Vermögensgegenständen, die nichts mit dem Verkauf von Vermögensgegenständen zu tun haben, in denjenigen Abrechnungszeiträumen als Aufwand verrechnet, in denen die Wertminderung stattgefunden hat.

Wertminderungen abnutzbarer Vermögensgegenstände

Vorwegnahme der Einkommenskonsequenzen unrealisierter zukünftiger Zahlungen

Bilanzierungsregeln sehen aus verschiedenen Gründen neben den beiden genannten Typen der Behandlung tatsächlicher Ein- und Auszahlungen auch die Behandlung fiktiver Einkommenskomponenten vor.[6]

Fiktive anstatt tatsächlicher Ein- und Auszahlungen

Das dHGB bestimmt, dass zukünftige Verluste nicht erst in demjenigen Abrechnungszeitraum zu erfassen sind, in dem sie entstehen, sondern bereits in demjenigen, in dem man sie erkennt (§ 252 Absatz 1 Nr. 4 dHGB). Solche zukünftigen Verluste können beispielsweise entstehen, wenn der Marktpreis eines Vermögensgegenstands unter seinen Buchwert sinkt (§ 252 Absatz 3 dHGB) oder wenn man einen Verkaufsvertrag zu Konditionen abgeschlossen hat, die sich später als verlustträchtig erweisen (§ 249 Absatz 1 dHGB).

Nur Berücksichtigung zukünftiger Verluste

3.2.1.5 Probleme im Zusammenhang mit den unterschiedlichen Typen von Ein- und Auszahlungen

Wir weisen auf drei Probleme hin, die bei der oben beschriebenen Typisierung von Ein- und Auszahlungen sowie Einnahmen und Ausgaben zu lösen sind. Es geht dabei erstens um die Frage, wie man die Wertminderung abnutzbarer Vermögensgegenstände bestimmen kann, zweitens darum, wie man den Verkaufsbezug begründen kann, und drittens darum, ob die Einkommensrechnung alle oder nur einen Teil der Eigenkapitalveränderungen erfassen soll, die keine Eigenkapitaltransfers darstellen.

Übersicht

Unabhängig von der Behandlung in der Buchführung ergibt sich bei der Ermittlung der Wertminderungen abnutzbarer Vermögensgegenstände das Problem, dass man nicht mit physikalischen Mitteln herausfinden kann, in welcher Höhe in einem bestimmten Abrechnungszeitraum Wertminderungen entstanden sind. Man kann die Wertminderungen nur unter bestimmten Annahmen errechnen, z.B. unter der Annahme, man wolle die Anschaffungsausgabe gleichmäßig auf alle genutzten Abrechnungszeiträume verteilen. Dann divi-

Wertminderung von abnutzbaren Vermögensgegenständen

---

[6] Vgl. Schneider, D. (1997), S. 137–140.

diert man die Anschaffungsausgabe abzüglich eines eventuellen Restwerts durch die geschätzte Zahl von Abrechnungszeiträumen der Nutzung, um den auf jeden Abrechnungszeitraum durchschnittlich entfallenden Betrag zu ermitteln. Eine andere Annahme unterstellt, man wolle die Anschaffungsausgabe degressiv mit einem bestimmten Prozentsatz und einmaliger Abschreibung eines Restbuchwerts auf die betroffenen Abrechnungszeiträume verteilen. Dann ermittelt man beispielsweise bei einer geometrischdegressiven Ermittlung die Wertminderung eines Abrechnungszeitraums, indem man den Wert zu Beginn des Abrechnungszeitraums mit einem bestimmten Prozentsatz multipliziert. Der Wert zum Ende des Abrechnungszeitraums ergibt sich auch hier, indem man den Wert zu Anfang des Abrechnungszeitraums um die Wertminderung kürzt. Da man bei diesem Verfahren niemals auf eine Restbuchwert von null kommt und oft extrem hohe, allgemein als unrealistisch betrachtete Prozentsätze unterstellen müsste, um nach der Nutzungszeit auf einen vorgegebenen Restbuchwert zu kommen, rechnet man üblicherweise mit niedrigeren Prozentsätzen und wechselt nach einer bestimmten Nutzungszeit auf ein anderes Ermittlungsverfahren. Ob die auf einen Abrechnungszeitraum entfallende Wertminderung als Abschreibung in der Einkommensrechnung des Zeitraums erscheint, in dem die Wertminderung stattfindet, oder ob sie in der Einkommensrechnung desjenigen Abrechnungszeitraums berücksichtigt wird, in dem der Verkauf zugehöriger Vermögensgegenstände stattfindet, hängt vom Ausgang der nachfolgend dargestellten Überlegungen über den Verkaufsbezug ab.

Zuordnung zu Marktleistungsabgabe oder zu Periodisierung ist abhängig von der Argumentationskette

Ob Wertminderungen von Vermögensgegenständen mit dem Verkauf anderer Vermögensgegenstände zusammenhängen oder nicht, bestimmt letztlich der Bilanzierer mit seiner Argumentation. Er muss entscheiden, ob er eine bestimmte Ausgabe mit zu verkaufenden Vermögensgegenständen (Dienstleistungen, Handelsware und Erzeugnisse) in Verbindung bringt oder nicht. Zwei Argumentationsketten bieten sich ihm an. Bei einer unterstellt er einen Zusammenhang der Ausgabe mit den zu verkaufenden Vermögensgegenständen (Dienstleistungen, Handelsware und Erzeugnisse), wenn die Höhe der Ausgabe mit der Menge verkaufter Vermögensgegenstände zusammenhängt. Andernfalls sieht er keinen Zusammenhang. Diese Argumentationskette wird in der Betriebs- und Volkswirtschaftslehre als Grenz- oder Marginalprinzip bezeichnet. Bei der anderen Argumentationskette prüft er, ob der Verkauf eines Vermögensguts ohne die Ausgabe überhaupt möglich gewesen wäre. Erweist sich bei seiner Argumentation der Verkauf ohne die Ausgabe als unmöglich, so unterstellt er einen Zusammenhang, andernfalls nicht. Diese Argumentationskette bezeichnen wir als Finalprinzip. Die Entscheidung für das eine oder andere Zurechnungsprinzip kann sich auf die Höhe des errechneten Einkommens auswirken, weil es einige Ausgabenarten gibt, die sich nur nach dem Finalprinzip zu verkaufenden Vermögensgegenständen (Dienstleistungen, Handelsware und Erzeugnisse) zurechnen lassen (§ 255 Absatz 2 dHGB).

clean surplus

Schließlich sei noch erwähnt, dass die Bilanzierungsregeln neben Eigenkapitaltransfers und Einkommensgrößen weitere Eigenkapitalveränderungen zulassen können. Gibt es in einem Regelungskreis keine weiteren Eigenkapitalveränderungen, dann können alle Auswertungen innerhalb des Regelungskreises auf den Eigenkapitaltransfers und dem Einkommen aufbauen. In solchen Regelungskreisen wird die sogenannte *clean surplus*-Relation eingehalten. Gibt es in einem Regelungskreis weitere Eigenkapitalveränderungen, die man keiner dieser beiden Kategorien zuordnet, wird gegen die Relation verstoßen. Für Unternehmen im Sinne rechtlich selbstständiger Wirtschaftseinheiten kennt das dHGB keine Verstöße gegen die *clean surplus*-Relation. Im Zusammenhang mit Konzernfinanzberichten gelten nach dHGB allerdings drei Verstöße als zulässig.

3.2.2 Wichtige Regelungen der *IFRS*

Die *IFRS* unterscheiden sich vom dHGB in vielfacher Hinsicht. Das Ziel unserer Ausführungen besteht darin, dem Leser in Form eines Überblicks über die *IFRS* die wesentlichen Unterschiede zum dHGB zu vermitteln. Die Darstellung der *IFRS* selbst würde den Rahmen dieses Buchs sprengen. Die *IFRS* verstehen sich als Regelungen für ökonomisch selbstständige Wirtschaftseinheiten. Insofern stellen sie nicht auf bestimmte Rechtsformen ab. Sie betreffen Unternehmen, die sich in nur einer einzigen Rechtsform aufgestellt haben ebenso wie Unternehmen, die als Konzerne organisiert sind.

Zweck der Darstellung

3.2.2.1 Herkunft, Zweck und Aufbau der *IFRS*

Die *IFRS* werden von einem privaten Verein erarbeitet und herausgegeben. Das *International Accounting Standards Board* (*IASB*) ist ein Organ dieses Vereins. Es befasst sich mit der Standardsetzung. Im *IASB* arbeiten insgesamt 14 Personen als Vertreter von Unternehmen, Vertreter von Finanzberichtsprüfern und als Vertreter der Hochschule. Im Zuge der Entwicklung von Standards wird der Öffentlichkeit die Möglichkeit zu Stellungnahmen gegeben.

Herkunft

Der Zweck der Regelungen besteht nach dem sogenannten *Framework* der *IFRS* in der Information der wesentlichen an einem Unternehmen interessierten Personengruppen. Das *IASB* ist davon überzeugt, dass die Anteilseigner durch die Lieferung relevanter Daten Vorteile erfahren. Insofern besteht der Zweck letztlich in der Versorgung der Teilnehmer des Aktienmarktes mit den für sie wichtigen Fakten.

Zweck der Regelungen

Die *IFRS* bestanden aus vielen umfangreichen Standards zu einzelnen Teilgebieten der Bilanzierung mit vielen Beispielen. Der Aufbau ist nicht systematisch. Von diesen Standards wurden 28 von einer Vorgängerorganisation übernommen (und später mehrfach modifiziert), viele wurden vom *IASB* erarbeitet (und ebenfalls inzwischen mehrfach modifiziert). Die übernommenen Standards heißen *International Accounting Standards* (*IAS*), die neuen *International Financial Reporting Standards* (*IFRS*). Die Standards sind in der Reihenfolge ihrer Entstehung nummeriert. Die Standards stellen sämtlich auf die Lieferung von umfangreichen Informationen an die Aktienmarktteilnehmer ab.

Aufbau der *IFRS*

Die meisten Unternehmen mit Sitz in der Europäischen Union und mit Kapitalmarktbezug müssen diese Standards seit 2005, eine kleinere Gruppe seit 2007 anwenden, soweit die EU die Standards akzeptiert hat. Die meisten Standards wurden inzwischen nach vielen Modifikationen von der EU anerkannt.

Anerkennung durch die EU nötig

3.2.2.2 Zahlungen als Grundlage der Buchführung nach *IFRS*

Gegenüber dem dHGB andere Umwandlungsregeln

Wie im dHGB stützen sich die Regelungen der *IFRS* auf Zahlungen, die im Rahmen der Buchführung in Bestands- und Bewegungsgrößen umgewandelt werden. Die Umwandlungsregeln der *IFRS* unterscheiden sich allerdings von denen des dHGB, hauptsächlich in Bezug auf die Definition der Vermögensgüter und Fremdkapitalposten sowie in Bezug auf die Vorwegnahme der Einkommenskonsequenzen zukünftiger Ereignisse.

3.2.2.3 Zahlungen im Zusammenhang mit der Beschaffung von *assets* oder Fremdkapital

Definition von assets (Vermögenswerten) und Fremdkapital

Nach den *IFRS* werden die Vermögensgüter – anders als im dHGB – nicht als veräußerbare Vermögensgegenstände und das Fremdkapital nicht als zukünftige Belastungen der Vermögensgüter definiert. Vermögensgüter werden in der deutschen Übersetzung der *IFRS* als Vermögenswerte bezeichnet. Unter einem Vermögenswert versteht man bei den *IFRS* eine Ressource, über die man verfügen kann, wenn sie aus einem Ereignis der Vergangenheit resultiert und man aus ihr einen künftigen wirtschaftlichen Nutzen erwartet. Die *IFRS* sprechen von *assets*. Die Definition eines *asset* ist weiter als die des dHGB für Vermögensgegenstände. Daher kann man erwarten, dass Unternehmen bei sonst gleichen Bedingungen ihre Vermögenswerte nach den *IFRS* bestands- oder wertmäßig in einem größeren Umfang ausweisen als Vermögensgegenstände nach dHGB. Die Definition des Fremdkapitals verlangt nach den *IFRS* eine gegenwärtige Verpflichtung, wenn sie aus einem vergangenen Ereignis resultiert und ihre Erfüllung einen Abfluss von Ressourcen erwarten lässt, die einen wirtschaftlichen Nutzen beinhalten. Diese Definition erscheint enger als die des dHGB. Bei sonst gleichen Bedingungen kann man erwarten, dass Unternehmen nach *IFRS* ein geringeres Fremdkapital ausweisen als nach dHGB.

Auswirkung der Zahlungen auf die Finanzberichte

Für die Finanzberichte ergeben sich daraus kurzfristige und langfristige Konsequenzen. Kurzfristig dürfte das Eigenkapital nach *IFRS* höher ausgewiesen werden als nach dHGB. Langfristig ergeben sich bei Nutzung oder Verkauf der Vermögenswerte nach *IFRS* andere Erträge und Aufwendungen als nach dHGB.

3.2.2.4 Zahlungen im Zusammenhang mit der Verwertung oder Nutzung von *assets* oder Fremdkapital

Zahlungen aus der realisierten Abgabe von Vermögenswerten und Dienstleistungen an Marktpartner

Kaum Unterschiede zum dHGB

Die Behandlung von Zahlungen, die mit dem realisierten Verkauf von Vermögenswerten und Dienstleistungen an Marktpartner zusammenhängen, stimmt nach *IFRS* weitgehend mit derjenigen nach dHGB überein. Unterschiede können lediglich aus der unterschiedlichen Definition von Vermögensgütern und Fremdkapitalposten in den beiden

Regelungskreisen resultieren. Hinzuweisen ist auf die aus den unterschiedlichen Definitionen erwachsende Folgerung für die Herstellungsausgaben von Vermögensgütern.

Periodisierung von realisierten Zahlungen, die nichts mit Marktleistungsabgaben zu tun haben

Mit der Periodisierung von realisierten Zahlungen, die nichts mit Marktleistungsabgaben zu tun haben, verhält es sich nach *IFRS* fast genauso wie nach dHGB. Lediglich beim erworbenen Firmenwert, einem Posten, der sich im Zusammenhang mit der Rechnungslegung von Konzernen ergibt, haben sich Unterschiede eingestellt. Dieser Posten gilt seit 2002 nach den *IFRS* nicht mehr als abnutzbar. Unterschiede können auch daraus erwachsen, dass das dHGB die Herstellungsausgaben von Vermögensgütern anders definiert als die *IFRS*.

Kaum Unterschiede zum dHGB

Vorwegnahme der Einkommenskonsequenzen unrealisierter zukünftiger Zahlungen

Unterschiede zwischen dem dHGB und den *IFRS* ergeben sich aus der Vorwegnahme der Einkommenskonsequenzen zukünftiger Ereignisse. Die *IFRS* gestatten nicht nur – wie im dHGB üblich – die Vorwegnahme zukünftiger Verluste, sondern auch die zukünftiger Gewinne.

Übersicht

Die von den *IFRS* geforderte Berücksichtigung von gegenüber dem Anschaffungspreis gestiegenen Marktpreisen von Wertpapieren erscheint sinnvoll, weil der Unterschied zur Behandlung nach dHGB (Ansatz zu Anschaffungsausgaben) durch ein kurzes Telefongespräch mit dem Börsenhändler über einen Verkauf und unmittelbaren Rückkauf der Wertpapiere verhindert werden kann. Die Möglichkeit, gestiegene Marktpreise auch für andere Vermögenswerte ansetzen zu dürfen, eröffnet dem Bilanzierenden dagegen große Ermessensspielräume, selbst dann, wenn ein Bewertungsgutachten eingeschaltet wird. Andere Möglichkeiten, beispielsweise die der Berücksichtigung zukünftiger Erträge und zukünftiger Aufwendungen aus dem zukünftigen Verkauf bestimmter Güter und Dienstleistungen verstärken diesen Eindruck. Das sei an einer kurzen Darstellung der sogenannten *percentage of completion*-Methode erläutert.

Möglichkeiten zur Vorwegnahme der Einkommenskonsequenzen zukünftiger Ereignisse

Die *percentage of completion*-Methode besteht darin, dass man den Teil eines Auftrags, dessen Fertigstellungszeitpunkt in einem späteren Abrechnungszeitraum liegt, bereits im laufenden Abrechnungszeitraum so behandelt, wie wenn ein teilweiser Verkauf bereits stattgefunden hätte. Die Konsequenz besteht darin, dass man einen Zugang von fiktiven Forderungen und einen Ertrag aus einem fiktiven Verkauf ebenso verbucht wie den zugehörigen fiktiven Aufwand und den fiktiven Abgang von Vermögenswerten. Der Verkauf wird verbucht, obwohl der Verkäufer seinen Verpflichtungen noch nicht nachgekommen ist. Zwar werden viele der genannten Posten gesondert ausgewiesen und es wird sichergestellt, dass man Schätzfehler im Zeitablauf korrigiert; es bleibt aber die Vorwegnahme eines unrealisierten Ereignisses.

percentage of completion-Methode als Beispiel

3.2.2.5 Probleme im Zusammenhang mit den unterschiedlichen Typen von Ein- und Auszahlungen

Mehr Interpretations-probleme als beim dHGB

Über die im Zusammenhang mit dem dHGB gemachten Ausführungen hinaus sei erwähnt, dass es dem Leser von Finanzberichten schwergemacht wird, die unrealisierten Vorgänge vollständig zu durchschauen. Er kann in den Finanzberichten nicht mehr zwischen realisierten und unrealisierten Komponenten unterscheiden. Zudem gibt es viele Vorgänge, bei denen die *IFRS* eine Verrechnung direkt gegen das Eigenkapital anstatt über die Einkommensrechnung erlauben. Auch solche Verstöße gegen die Forderung nach Darstellung eines *clean surplus* tragen nicht zur Erhöhung der Aussagefähigkeit bei.

3.3 Beispiel für die Abbildung von Ereignissen in Übersichten und in Finanzberichten

3.3.1 Abbildung in Übersichten

Unterstellte Regeln für Ansatz, Bewertung und Einkommenser-mittlung

Wir unterstellen für unser Beispiel Ereignisse, die in den verschiedenen Regelungskreisen auf die gleiche Art und Weise behandelt werden. Bei der Argumentation stellen wir allerdings auf das dHGB ab. Anfangs erwähnen wir auch die Argumentationen anderer Regelungskreise. Wir ersparen es uns in diesem Kontext aber, die unterschiedlichen Begriffe des dHGB und der *IFRS* zu verwenden. Als Vermögensgüter seien nur veräußerbare Gegenstände und als Fremdkapitalposten nur künftige Belastungen des Unternehmensvermögens angesetzt. Die Vermögensgüter seien mit ihren fortgeführten Anschaffungsausgaben und die Verpflichtungen aus Fremdkapitalposten mit ihren Erfüllungsbeträgen anzusetzen. Die Eigenkapitalveränderungen unterscheiden wir zunächst nachrichtlich in Eigenkapitaltransfers und Einkommen. Einkommenskonsequenzen entstehen primär bei Abgabe einer Leistung an einen Marktpartner. Dann entsteht Ertrag in Höhe des Verkaufspreises und Aufwand in Höhe des Buchwerts der hingegebenen Leistung. Sekundäre Einkommenskonsequenzen ergeben sich darüber hinaus durch Berücksichtigung derjenigen Einnahmen und Ausgaben, die nicht mit zu verkaufenden Vermögensgütern zusammenhängen. Diese Posten werden zum Zeitpunkt ihrer Entstehung als Ertrag oder Aufwand verrechnet. Von der Berücksichtigung einer Vorwegnahme von Erträgen und Aufwendungen sehen wir in dem Beispiel ab.

Sachverhalt des Beispiels

Es sei angenommen, der „frisch gebackene" Bachelor Karl Gross mache sich als Unternehmensberater selbstständig und eröffne die „Unternehmensberatung Karl Gross". Weil er alleiniger Unternehmer ist, handelt es sich um ein personenbezogenes Unternehmen. Im Folgenden werden die Ereignisse im Gründungsmonat April X1 mit ihrer Wirkung auf die Bilanz, und insbesondere auf das Eigenkapital, betrachtet. Bei den

Eigenkapitalkonsequenzen vermerken wir jeweils, ob die Einkommensrechnung oder die Eigenkapitaltransferrechnung berührt wird.

Bei den folgenden Darstellungen machen wir von den Möglichkeiten Gebrauch, die uns **Struktur der Angaben** die intratemporale und die intertemporale Bilanzgleichung jeweils einräumen. Formale Schemata oder Vorgehensweisen wenden wir hier bewusst nicht an, weil es uns zunächst darum geht, dass Sie diese zwei für das Rechnungswesen wesentlichen Zusammenhänge verinnerlichen. Das Beispiel besteht aus 13 Ereignissen. Dabei handelt es sich um die gängigen Typen von Ereignissen, die für die Buchführung relevant sein können. Bei jedem Ereignis prüfen wir, welche Konsequenzen sich aus Sicht der intratemporalen Bilanzgleichung ergeben. Diese Konsequenzen zeichnen wir dann im Sinne der intertemporalen Bilanzgleichung auf. Dazu werden jeweils in der ersten Spalte der Übersichten der Anfangsbestand mit „AB", die Nummer des Ereignisses sowie der Endbestand mit „EB" angegeben. Im Anschluss daran fassen wir alle Ereignisse in einer einzigen Darstellung zusammen und entwickeln daraus die Finanzberichte.

Ereignis 1: Gründung des Unternehmens

Karl Gross beabsichtigt, private Ersparnisse in Höhe von 100000 GE in seine Unternehmensberatung einzulegen. Unmittelbar nach Gründung seines Unternehmens am 1. April des Jahres X1 bringt er Ersparnisse zu einer Bank. Diese richtet dafür am 2. April des Jahres X1 ein Konto auf den Namen „Unternehmensberatung Karl Gross" ein.

Sachverhalt

Wenn wir das Guthaben auf dem Bankkonto den Vermögensgütern in der Form von **Lösung des** Zahlungsmitteln zurechnen (das Guthaben könnte verkauft werden) und prüfen, ob eine **Sachverhalts** Eigenkapitalveränderung vorliegt, stellen wir fest, dass es sich nur um eine Eigenkapitalveränderung handeln kann, weil keine der vier oben genannten Bedingungen für diejenigen Veränderungen vorliegt, die das Eigenkapital nicht berühren. Die Eigenkapitalveränderung stellt einen Eigenkapitaltransfer dar, weil es um eine Zahlung vom Unternehmer in das Unternehmen geht. Die Bilanzgleichungen des Unternehmens stellen sich unter Berücksichtigung dieses Ereignisses (1) für die Unternehmensberatung Karl Gross folgendermaßen dar:

	Wert der Vermögensgüter		Fremdkapital	+	Eigenkapital	Typ der Eigenkapital-veränderung
	Zahlungsmittel	=	Fremdkapital	+	Kapital Karl Gross	
AB	0				0	
(1)	+100000				+100000	Einlage
EB	=100000				=100000	

Für jedes abgebildete Ereignis muss die Summe der Veränderungen auf der linken Seite der intratemporalen Bilanzgleichung der Summe der Veränderungen auf der rechten Seite entsprechen. Das erste Ereignis erhöht den Wert der Vermögensgüter des Unternehmens durch die Zunahme der Zahlungsmittel und den Wert des Eigenkapitals.

Beurteilung aus Sicht der anderen Regelungssysteme

Die Zahlungsmittel werden in allen oben erwähnten Regelungskreisen als Vermögensgut angesetzt. Aus ihnen lässt sich zukünftig Nutzen erwarten (*asset*). Sie lassen sich auch bewerten („positives Wirtschaftsgut"). Das Eigenkapital wird berührt, da das Ereignis (1) keinen Tausch innerhalb der Vermögensgüter darstellt und weil es (2) keine Zahlungsverpflichtung gegenüber einem fremden Anspruchsberechtigten begründet oder aufhebt. Es handelt sich also um einen Eigenkapitalvorgang, konkret um eine Einlage, mit der Karl Gross in seine Unternehmensberatung investiert.

Ereignis 2: Kauf eines unbebauten Grundstücks

Sachverhalt

Gross kauft am 2.4. für 60000 GE ein unbebautes Grundstück, auf dem er in Zukunft ein Bürogebäude errichten will. Er zahlt den Kaufpreis sofort durch Überweisung vom Bankkonto.

Lösung des Sachverhalts

Wenn wir das Bankkonto den Zahlungsmitteln zurechnen und das unbebaute Grundstück als veräußerbares Vermögensgut betrachten, ergibt die Prüfung des Sachverhalts auf eine der vier oben genannten Bedingungen hin, dass keine Eigenkapitalveränderung vorliegen kann. Das Vermögensgut „Zahlungsmittel" nimmt um den gleichen Betrag ab, um den das Vermögensgut „unbebautes Grundstück" zunimmt. In Bezug auf die Bilanzgleichungen stellen wir für dieses Ereignis (2) das Folgende fest.

	Wert der Vermögensgüter				Fremdkapital	+	Eigenkapital
	Zahlungsmittel	+	Grundstück		Fremdkapital	+	Kapital Karl Gross
AB	100000		0	=			100000
(2)	−60000		+60000				
EB	=40000		=60000				100000
	100000					100000	

Beurteilung aus Sicht der anderen Regelungssysteme

Durch den Kauf des unbebauten Grundstücks nimmt der Wert des Vermögensguts „unbebautes Grundstück" nach den Definitionen aller Regelungskreise zu, denn Gross hat eine Ausgabe getätigt, von der er sich zukünftig einen Nutzen erwartet (*asset*); er kann es bewerten („Wirtschaftsgut"). Zugleich nimmt durch die Entrichtung des Kaufpreises der Wert des Vermögensguts „Zahlungsmittel" ab. Der zukünftige Nutzen der Zahlungsmittel nimmt ab (*asset*); schließlich kann, was nicht mehr da ist, auch nicht bewertet werden („Wirtschaftsgut"). Weder Fremd- noch Eigenkapital haben sich folglich geändert.

Ereignis 3: Kauf von Büromaterial auf Kredit

Sachverhalt

Gross kauft am 3.4. Schreib- und anderes Material für sein Büro im Wert von 3000 GE. Er vereinbart mit dem Lieferanten die Bezahlung innerhalb von 30 Tagen.

Lösung des Sachverhalts

Wenn wir das Material für das Büro als veräußerbares Vermögensgut und die Zahlungsverpflichtung als eine ebenfalls veräußerbare Verpflichtung betrachten, ergibt die Prüfung auf einen Sachverhalt, der keine Eigenkapitalveränderung bedeutet, ein positives Ergebnis. Eine Eigenkapitalveränderung liegt folglich nicht vor. Die Konsequenz für die Bilanzgleichungen von Karl Gross lautet:

	Wert der Vermögensgüter					Fremdkapital + Eigenkapital	
	Zahlungs-mittel	+ Material	+ Grundstück			Fremdkapital	+ Kapital Karl Gross
AB	40000	0	60000	=		0	100000
(3)		+3000				+3000	
EB	40000	=3000	60000			=3000	100000
		103000				103000	

Das Büromaterial wird gekauft, weil Gross sich davon in der Zukunft Vorteile verspricht (*asset*). Er kann es einzeln bewerten („Wirtschaftsgut"). Daher ist es unabhängig vom zu Grunde liegenden Regelungskreis als Vermögensgut anzusetzen. Zugleich ist Gross eine Zahlungsverpflichtung eingegangen. Diese ist als Fremdkapital anzusetzen, weil sie eine künftige Belastung der Unternehmensberatung Karl Gross durch den Büromaterialhändler bedeutet.

Beurteilung aus Sicht der anderen Regelungssysteme

Ereignis 4: Ablieferung eines Gutachtens gegen Barzahlung

Gross verdient sein erstes Geld. Von einem Mandanten erhält er am 4.4. einen Betrag von 12000 GE in bar für ein Gutachten. Zur Erstellung des Gutachtens hat er seine Arbeitskraft – sein Einsatz ist ihm 5000 GE wert – sowie Büromaterial im Umfang von 600 GE eingesetzt.

Sachverhalt

Betrachten wir wiederum die Zunahme der Zahlungsmittel als eine Zunahme veräußerbarer Vermögensgüter und prüfen, ob irgendein Vorgang vorliegt, bei dem das Eigenkapital nicht betroffen ist, so ergibt sich, dass es sich nur um eine Eigenkapitalveränderung handeln kann. Offensichtlich handelt es sich um eine Eigenkapitalzunahme durch die Ablieferung einer Leistung an einen Marktpartner. Bei solchen Erträgen ist darauf zu achten, dass gleichzeitig der zugehörige Aufwand berücksichtigt wird. Dabei handelt es sich um die Abnahme von Büromaterial im Wert von 600 GE. Dass er für seine eigene Arbeitskraft 5000 GE einsetzt, ist belanglos, weil er errechnen will, wie viel ihm aus dem Verkauf verbleibt und nicht, wie viel ihm nach dem Verkauf über die 5000 GE hinaus verbleibt. Aus beiden Sachverhalten gemeinsam ergibt sich eine Einkommensmehrung. Auf seine Bilanzgleichungen wirkt sich das durch eine Zunahme der Zahlungsmittel und eine Zunahme seines eingesetzten Kapitals aus.

Lösung des Sachverhalts

	Wert der Vermögensgüter					Fremdkapital + Eigenkapital		Typ der Eigenkapital-veränderung
	Zahlungs-mittel	+ Material	+ Grundstück			Fremdkapital	+ Kapital Karl Gross	
AB	40000	3000	60000	=		3000	100000	
(4a)	+12000						+12000	Ertrag (Dienstl.)
(4b)		–600					–600	Aufwand (Dienstl.)
EB	=52000	=2400	60000			3000	=111400	
		114400				114400		

Das Büromaterial, das Gross eingesetzt hat, befindet sich nun nicht mehr in seinem Unternehmen. Es hat nicht direkt im Tausch gegen andere Vermögensgüter in gleicher Höhe abgenommen und wurde auch nicht zur Minderung von Fremdkapital abgegeben. Es muss sich daher um eine Minderung des Eigenkapitals handeln, und zwar um eine, die nichts mit Eigenkapitaltransfers zu tun hat, sondern mit der Erbringung der Dienstleistung zusammenhängt. Es handelt sich daher um einen Aufwand. Der Ertrag aus der Dienstleistung, die er erbracht hat, entspricht bei einem Handelsunternehmen dem Ertrag aus dem Verkauf von Handelsware. Der Aufwand für das Büromaterial entspräche bei einem Handelsunternehmen dem Aufwand für die verkauften Waren. Durch das Ereignis ist das Unternehmen gewachsen, wie die Summe der Werte der Vermögensgüter sowie die Summe aus Fremd- und Eigenkapital zeigen.

Verzicht auf Darstellung in anderen Regelungskreisen

Auf eine Darstellung der möglichen Konsequenzen im Rahmen der anderen Regelungskreise verzichten wir ab jetzt, weil wir davon überzeugt sind, dass der Leser die Unterschiede jetzt kennt.

Ereignis 5: Ablieferung eines Gutachtens mit Vereinbarung späterer Zahlung

Sachverhalt

Gross vereinbart mit einem weiteren Mandanten für ein am 5.4. erbrachtes Gutachten ein Honorar von 10 000 GE, zahlbar innerhalb eines Monats. Für das Gutachten setzt er Büromaterial im Wert von 400 GE ein.

Lösung des Sachverhalts

Der Sachverhalt entspricht bis auf das Zahlungsziel, das Gross dem Mandanten einräumt, dem vorher genannten. Durch die Erbringung des Gutachtens entsteht eine Forderung in Höhe von 10 000 GE, die er veräußern könnte. Da die Prüfungen auf einen der vier Sachverhalte alle negativ verlaufen, handelt es sich wiederum um eine Eigenkapitalmehrung. Da es sich nicht um einen Eigenkapitaltransfer handelt, kann nur ein Ertrag vorliegen. Gleichzeitig nimmt sein Büromaterial um 400 GE durch das Gutachten ab. Wegen des Zusammenhangs mit dem Gutachten ist die Abnahme zu dem Zeitpunkt als Aufwand zu berücksichtigen, zu dem er seine Verpflichtung erfüllt hat. Die Bilanzgleichungen lauten:

	Wert der Vermögensgüter					Fremdkapital + Eigenkapital		Typ der Eigenkapitalveränderung
	Zahlungsmittel	+ Forderung	+ Material	+ Grundstück	=	Fremdkapital	+ Kapital Karl Gross	
AB	52 000	0	2400	60 000		3000	111 400	
(5a)		+10 000					+10 000	Ertrag (Dienstl.)
(5b)			−400				−400	Aufwand (Dienstl.)
EB	52 000	=10 000	=2000	60 000		3000	=121 000	
		124 000					124 000	

Ereignis 6: Kauf von Erzeugnissen zum Weiterverkauf

Sachverhalt

Am 6.4 kauft Gross bei einem Verlag 1000 Bücher über Unternehmensberatung für 5000 GE und 500 „Programmpakete für den Unternehmensberater" zu 5000 GE gegen

Barzahlung ein. Die Hälfte davon verkauft er noch am gleichen Tag zu insgesamt 7500 GE.

Beim Einkauf ändert sich durch den Kauf die Zusammensetzung seines Vermögens. Er besitzt jetzt 10000 GE weniger Zahlungsmittel und dafür 10000 GE mehr an Bücher und Programmpaketen. Aus Platzgründen der grafischen Darstellung unserer Tabellen führen wir die Bücher und die Programmpakete in der gleichen Rubrik wie das Büromaterial. Es handelt sich jeweils um veräußerbare Vermögensgüter, die anzusetzen sind. Dadurch wird das Eigenkapital nicht berührt. Beim Verkauf nimmt der Zahlungsmittelbestand um 7500 GE zu, und der Wert der Bücher und Programmpakete vermindert sich um 5000 GE. In Höhe der Zunahme hat das Eigenkapital von Karl Gross zugenommen. Er hat einen Ertrag in Höhe von 7500 GE erzielt. In Höhe der 5000 GE hat sein Eigenkapital abgenommen. In dieser Höhe hat er einen Aufwand zu verzeichnen.

Lösung des Sachverhalts

	Wert der Vermögensgüter						Fremd-kapital + Eigen-kapital			Typ der Eigenkapital-veränderung
	Zahlungs-mittel	+ Forderung +	Material, Bücher, Software	+ Grund-stück	=		Fremd-kapital +	Kapital Karl Gross		
AB	52000	10000	2000	60000	=		3000	121000		
(6a)	−10000		+10000							
(6b)	+7500							+7500		Ertrag (Verkauf)
(6c)			−5000					−5000		Aufwand (Verkauf)
EB	=49500	=10000	=7000	=60000			=3000	=123500		
		126500						126500		

Ereignis 7: Zahlung von Miete, Gehalt und Sonstigem

Für den ersten Monat zahlt Gross am 7.4. einen Betrag von 4000 GE Miete für die Büroräume, 3000 GE Gehalt an einen Mitarbeiter und 2000 GE für Sonstiges in bar. Die Posten bringt er nicht in Verbindung mit verkaufbaren Vermögensgütern oder Dienstleistungen.

Sachverhalt

Betrachtet man – wie oben – die Zahlungsmittel als veräußerbar und nimmt die vier Prüfungen auf Nicht-Eigenkapitalveränderung vor, so zeigt sich, dass offensichtlich eine Eigenkapitalveränderung vorliegen muss, die nichts mit dem Verkauf zu tun hat. Da es nicht um Zahlungen zwischen dem Unternehmer und dem Unternehmen geht, handelt es sich um Einkommenskonsequenzen mit einem Aufwand in Höhe von 9000 GE. Seine Bilanzgleichungen sehen nun folgendermaßen aus:

Lösung des Sachverhalts

	Wert der Vermögensgüter					Fremd-kapital + Eigen-kapital		Typ der Eigenkapital-veränderung
	Zahlungs-mittel	+ Forderung +	Material, Bücher, Software	+ Grund-stück		Fremd-kapital +	Kapital Karl Gross	
AB	49 500	10 000	7 000	60 000	=	3 000	123 500	
(7a)	−4 000						−4 000	Aufwand (Miete)
(7b)	−3 000						−3 000	Aufwand (Gehalt)
(7c)	−2 000						−2 000	Aufwand (Sonst.)
EB	=40 500	10 000	7 000	60 000		3 000	=114 500	
	117 500					117 500		

Ereignis 8: Rückzahlung von Verbindlichkeiten

Sachverhalt   Am 8.4. zahlt Gross 1 000 GE seiner Zahlungsverpflichtung gegenüber dem Büromaterial-händler (Ereignis 3) in Höhe von anfänglich 3 000 GE zurück.

Lösung des Sachverhalts   Aus dem Sachverhalt ergibt sich eine Abnahme der Zahlungsmittel in Höhe von 1 000 GE (prinzipiell veräußerbar) und in gleicher Höhe des Fremdkapitals (prinzipiell veräußerbar). Eine Eigenkapitalveränderung liegt nicht vor.

	Wert der Vermögensgüter					Fremd-kapital + Eigen-kapital		Typ der Eigenkapital-veränderung
	Zahlungs-mittel	+ Forderung +	Material, Bücher, Software	+ Grund-stück		Fremd-kapital +	Kapital Karl Gross	
AB	40 500	10 000	7 000	60 000		3 000	114 500	
(8)	−1 000				=	−1 000		
EB	=39 500	10 000	7 000	60 000		=2 000	114 500	
	116 500					116 500		

Ereignis 9: Renovierung der Wohnung von Karl Gross

Sachverhalt   Gross lässt am 9.4. seine private Wohnung für 50 000 GE renovieren. Die Rechnung be-gleicht er aus seinen Ersparnissen.

Lösung des Sachverhalts   Die Transaktion betrifft die Wirtschaftseinheit „Karl Gross privat" und nicht die Wirt-schaftseinheit „Unternehmensberatung Karl Gross". Sie hat deswegen in den Aufzeich-nungen der „Unternehmensberatung Karl Gross" nichts zu suchen. Das Ereignis ist für das Unternehmen belanglos. Hätte er den Betrag vom Konto seines Unternehmens über-wiesen, hätte es sich um eine Entnahme gehandelt, die entsprechend zu verbuchen gewe-sen wäre.

Ereignis 10: Eingang von Geld für gestundete Rechnungen

Aus dem fünften Ereignis war eine Forderung über 10000 GE entstanden. Der Mandant zahlt nun am 10.4. einen Betrag in Höhe von 5000 GE als erste Rate an die „Unternehmensberatung Karl Gross".

Durch die Zahlung nimmt der Bestand an Zahlungsmitteln zu. Da diese veräußerbar sind, stellen sie ein Vermögensgut dar. Bewirkt die Zahlung auch eine Zunahme des Eigenkapitals? Nein, die Eigenkapitalzunahme war bereits bei der Erbringung der Leistung im Zusammenhang mit dem fünften Ereignis berücksichtigt worden. Es verringern sich jedoch die Forderungen.

	\multicolumn{4}{c}{Wert der Vermögensgüter}		\multicolumn{2}{c}{Fremd-kapital + Eigen-kapital}	
	Zahlungs-mittel	+ Forderung +	Material, Bücher, Software	+ Grund-stück	=	Fremdka-pital	+ Kapital Karl Gross	Typ der Eigenkapital-veränderung
AB	39500	10000	7000	60000		2000	114500	
(10)	+5000	−5000						
EB	=44500	=5000	7000	60000		2000	114500	
	\multicolumn{4}{c}{116500}		\multicolumn{2}{c}{116500}	

Ereignis 11: Verkauf eines Teils des Grundstücks

Gross wird darauf angesprochen, eine Parzelle seines Grundstücks zu verkaufen. Er einigt sich mit dem Interessenten und vereinbart einen Preis von 40000 GE, der nach Abschluss des Verkaufs am 11.4. sofort überwiesen wird. Für die Parzelle hatte Gross bei der Anschaffung 30000 GE bezahlt.

Der Zunahme des Vermögensguts „Zahlungsmittel" in Höhe von 40000 GE steht die Abnahme des Vermögensguts „Grundstück" mit 30000 GE gegenüber. Das Fremdkapital wird durch das Ereignis nicht berührt. Also handelt es sich um einen Vermögensgütertausch. Da der Wert des Erlangten den des Hingegebenen übersteigt, geht es um eine Eigenkapitalmehrung. Weil dabei kein Eigenkapitaltransfer stattfindet, handelt es sich um Einkommen. Die 40000 GE stellen Ertrag dar. Die Abnahme des Postens „Grundstück" findet kein Pendant bei einem anderen Vermögensgut oder Fremdkapitalposten in gleicher Höhe. Das Fremdkapital wird nicht berührt. Also handelt es sich um die Abnahme von Eigenkapital und, weil kein Eigenkapitaltransfer dahintersteckt, um Aufwand. Dieser Aufwand ist nach den Einkommensermittlungsregeln zum gleichen Zeitpunkt zu berücksichtigen wie der zugehörige Ertrag. Als Auswirkung auf die Bilanzgleichungen erhält Gross:

	Wert der Vermögensgüter				=	Fremdkapital + Eigenkapital		Typ der Eigenkapitalveränderung
	Zahlungsmittel	+ Forderung	+ Material, Bücher, Software	+ Grundstück		Fremdkapital	+ Kapital Karl Gross	
AB	44 500	5 000	7 000	60 000		2 000	114 500	
(11a)	+40 000						+40 000	Ertrag (Verkauf)
(11b)				−30 000			−30 000	Aufwand (Verkauf)
EB	=84 500	5 000	7 000	=30 000		2 000	=124 500	
	126 500					126 500		

Ereignis 12: Aufnahme eines Darlehens bei der Erbtante

Sachverhalt   Gross nimmt für sein Unternehmen am 12.4. bei seiner Erbtante ein Darlehen in Höhe von 50 000 GE auf.

Lösung des Sachverhalts   Durch die Darlehensaufnahme erhöhen sich die Zahlungsmittel und das Fremdkapital. Da beides veräußerbar ist, geht es um ein Vermögensgut und einen Fremdkapitalposten. Das Eigenkapital verändert sich nicht. Folgende Auswirkungen auf die Bilanzgleichungen zeigen sich:

	Wert der Vermögensgüter				=	Fremdkapital + Eigenkapital	
	Zahlungsmittel	+ Forderung	+ Material, Bücher, Software	+ Grundstück		Fremdkapital	+ Kapital Karl Gross
AB	84 500	5 000	7 000	30 000		2 000	124 500
(12)	+50 000					+50 000	
EB	=134 500	5 000	7 000	30 000		=52 000	124 500
	176 500					176 500	

Ereignis 13: Aufnahme der Erbtante als stille Teilhaberin und gleichzeitig Entnahme von Bargeld

Sachverhalt   Gross überzeugt seine Tante davon, dass es für sie und vor allem für ihn besser sei, wenn sie auf die Rückzahlung des Darlehens verzichtet und als stille Teilhaberin „einsteigt". Aus Freude darüber, dass seine Tante dies am 13. April akzeptiert, entnimmt er der Unternehmenskasse Bargeld für einen Urlaub in Höhe von 15 000 GE.

Andere Darstellung des gleichen Sachverhalts   Das Ereignis setzt sich aus mehreren Ereignissen zusammen. Man behandelt es am besten, indem man so tut, wie wenn jeder Teil einzeln stattgefunden hätte. Die Tante erhält zunächst fiktiv die 50 000 GE zurück. Anschließend zahlt sie den Betrag von 50 000 GE an Gross, der ihn wegen der „stillen Gesellschaft" unter seinem eigenen Namen in das Unternehmen einlegt. Schließlich entnimmt Gross die 15 000 GE für seinen Urlaub, also für eine private Angelegenheit.

Durch die Aufnahme seiner Erbtante als stille Teilhaberin ändert sich der Betrag, den Gross nach außen hin in seiner Bilanz als Eigenkapital ausweist um den gleichen Betrag, um den das Fremdkapital abnimmt. Es handelt sich somit um einen Eigenkapitaltransfer (Einlage) zu Lasten des Fremdkapitals. Durch die Entnahme von Bargeld für eine Urlaubsreise nimmt nicht nur der Kassenbestand ab, auch das auf Gross entfallende Eigenkapital wird reduziert. Es handelt sich nicht um einen Aufwand, weil das entnommene Geld nicht für das Unternehmen ausgegeben wird, sondern um eine Entnahme von Eigenkapital in Form von Bargeld.

Lösung des Sachverhalts

	Wert der Vermögensgüter					Fremd-kapital + Eigen-kapital			Typ der Eigenkapital-veränderung
	Zahlungs-mittel	+ Forderung +	Material, Bücher, Software	+	Grund-stück	Fremd-kapital	+	Kapital Karl Gross	
AB	134500	5000	7000		30000	=	52000	124500	
(13a)	−50000						−50000		
(13b)	+50000							+50000	Einlage
(13c)	−15000							−15000	Entnahme
EB	=119500	5000	7000		30000		=2000	=159500	
		161500						161500	

Eine Zusammenfassung der Ereignisse findet man in Abbildung 3.2, Seite 98. Mit Ausnahme des achten Ereignisses betreffen alle Ereignisse die „Unternehmensberatung Karl Gross" und stellen so Ereignisse des Unternehmens im April dar. Abbildung 3.3, Seite 99, enthält nochmals, jetzt jedoch in einer einzigen Übersicht, die jeweiligen Konsequenzen für die Bilanzgleichungen.

Zusammenfassung der Ergebnisse

Ereignisse zwischen 1. und 13. April X1

(1)	Gross investiert 100 000 GE in sein Unternehmen.	(7)	Er zahlt 4000 GE Miete, 3000 GE Lohn und 2000 GE für Sonstiges in bar und rechnet diese Beträge keinen Vermögensgütern oder Dienstleistungen zu.
(2)	Er zahlt 60 000 GE für ein Grundstück.		
(3)	Er kauft Büromaterial für 3000 GE auf Rechnung.		
(4a)	Er erhält 12 000 GE in bar von einem Mandanten für Dienstleistungen.		
(4b)	Zur Erbringung der Dienstleistung verbraucht er Büromaterial mit einem Anschaffungswert von 600 GE.	(8)	Er zahlt 1 000 GE an den Büromateriallieferanten zurück.
		(9)	Er zahlt 50 000 GE von seinem privaten Sparkonto für die Renovierung seiner privaten Wohnung.
(5a)	Er liefert eine weitere Dienstleistung mit einem Rechnungsbetrag in Höhe von 10 000 GE gegen Zahlungsversprechen an einen Mandanten.	(10)	Er erhält 5000 GE Bargeld vom Mandanten aus Transaktion 5.
(5b)	Zur Erbringung der Dienstleistung verbraucht er Büromaterial mit einem Anschaffungswert von 400 GE.	(11a)	Er verkauft einen Teil seines Grundstücks zu einem Preis von 40 000 GE.
		(11b)	Der Anschaffungswert des verkauften Teils beläuft sich auf 30 000 GE.
(6a)	Er kauft Bücher und Software für 10 000 GE ein.	(12)	Er nimmt von seiner Erbtante ein Darlehen in Höhe von 50 000 GE auf.
(6b)	Für 7500 GE verkauft er Bücher und Software.		
(6c)	Für die verkauften Bücher hat er beim Einkauf 5000 GE ausgegeben.	(13a)	Die Erbtante verzichtet auf die Rückzahlung des Darlehens und entschließt sich, stille Teilhaberin zu werden.
		(13b)	Gross entnimmt 15 000 GE Bargeld für private Zwecke.

Abbildung 3.2: Übersicht über die 13 Ereignisse der Unternehmensberatung Karl Gross

Beachten Sie, dass die Gleichheit beider Seiten der intratemporalen Bilanzgleichung bei jedem Ereignis erhalten bleibt. Zudem kann man die Ereignisse hinsichtlich ihrer Wirkungen auf die intratemporale Bilanzgleichung analysieren. Man unterscheidet üblicherweise vier wichtige Arten von Konsequenzen, und zwar

1. den Tausch von Vermögensgütern untereinander (Aktivtausch),

2. den Tausch von Kapitalposten untereinander (Passivtausch),

3. eine gleich hohe Zunahme der Vermögensgüter und des Kapitals (Bilanzverlängerung) sowie

4. eine gleich hohe Abnahme der Vermögensgüter und des Kapitals (Bilanzverkürzung).

Die drei letztgenannten Konsequenzen lassen sich jeweils weiterhin danach unterteilen, ob das Eigenkapital betroffen ist oder nicht.

3.3.2 Abbildung in Finanzberichten

Arten zu erstellender Finanzberichte

In Deutschland war es bis vor kurzem im Rahmen des externen Rechnungswesens üblich, die finanziellen Konsequenzen von Ereignissen in drei Übersichten zusammenzufassen, in einer Einkommensrechnung, einer Bilanz (mit Angaben zu Eigenkapitaltransfers) und in einem sogenannten Anlagespiegel. Börsennotierte deutsche Obergesellschaften haben seit Inkrafttreten des KonTraG im Jahre 1998 auch noch eine Kapitalflussrechnung zu publizieren und die wichtigen Daten für Geschäftssegmente getrennt zu zeigen. Kapitalmarktorientierte Unternehmen, die ihre Finanzberichte ent-

	Wert der Vermögensgüter					Fremd-kapital +	Eigen-kapital	Typ der
	Zahlungs-mittel	+ Forderung +	Material, Bücher, Software +	Grund-stück		Fremd-kapital +	Kapital Karl Gross	Eigenkapital-veränderung
AB	0	0	0	0		0	0	
(1)	+100000						+100000	Einlage
EB	=100000	0	0	0		0	=100000	
AB	100000	0	0	0		0	100000	
(2)	−60000			+60000				
EB	=40000	0	0	=60000		0	100000	
AB	40000	0	0	60000		0	100000	
(3)			+3000			+3000		
EB	40000	0	=3000	60000		=3000	100000	
AB	40000	0	3000	60000		3000	100000	
(4a)	+12000						+12000	Ertrag (Dienstl.)
(4b)			−600				−600	Aufwand (Dienstl.)
EB	=52000	0	2400	60000		3000	=111400	
AB	52000	0	24500	60000		3000	111400	
(5a)		+10000					+10000	Ertrag (Dienstl.)
(5b)			−400				−400	Aufwand (Dienstl.)
EB	52000	=10000	=2000	60000		3000	=121000	
AB	52000	10000	2000	60000		3000	121000	
(6a)	−10000		+10000					
(6b)	+7500						+7500	Ertrag (Verkauf)
(6c)			−5000		=		−5000	Aufwand (Verkauf)
EB	=49500	10000	=7000	60000		3000	=123500	
AB	49500	10000	7000	60000		3000	123500	
(7a)	−4000						−4000	Aufwand (Miete)
(7b)	−3000						−3000	Aufwand (Gehalt)
(7c)	−2000						−2000	Aufwand (Sonst.)
EB	=40500	10000	7000	60000		3000	=114500	
AB	40500	10000	7000	60000		3000	114500	
(8)	−1000					−1000		
EB	=39500	10000	7000	60000		=2000	114500	
(9)	Kein Ereignis, welches das Unternehmen betrifft							
AB	39500	10000	7000	60000		2000	114500	
(10)	+5000	−5000						
EB	=44500	=5000	7000	60000		2000	114500	
AB	44500	5000	7000	60000		2000	114500	
(11a)	+40000						+40000	Ertrag (Verkauf)
(11b)				−30000			−30000	Aufwand (Verkauf)
EB	=84500	5000	7000	=30000		2000	=124500	
AB	84500	5000	7000	30000		2000	124500	
(12)	+50000					+50000		
EB	=134500	5000	7000	30000		=52000	124500	
AB	134500	5000	7000	30000		52000	124500	
(13a)						−50000	+50000	Einlage
(13b)	−15000						−15000	Entnahme
EB	=119500	5000	7000	30000		2000	=159500	
		161500					161500	

Abbildung 3.3: Konsequenzen der Ereignisse, dargestellt als tabellarische Bilanzgleichung

sprechend den *IFRS* oder nach *US-GAAP* anfertigen, haben fünf Übersichten zu geben: eine Einkommensrechnung (*income statement*), eine Eigenkapitalveränderungsrechnung (*statement of owners' equity*), eine Bilanz (*balance sheet*), eine Kapitalflussrechnung (*statement of cash flows*) sowie eine Segmentberichterstattung (*segment reporting*). Alle Finanzberichte zusammen werden als *Financial Statements* bezeichnet. Da die Rechnungslegung in Deutschland sich hin zu derjenigen nach *IFRS* bewegt, werden diese Arten von Finanzberichten für das Beispiel angegeben. Wir verzichten allerdings auf die Segmentberichterstattung, weil diese unternehmensindividuell auszugestalten ist.

Einkommens-rechnung

Die Einkommensrechnung sollte alle Erträge und Aufwendungen des Unternehmens enthalten, die während eines bestimmten Abrechnungszeitraums angefallen sind. Mit ihr ermittelt man eine sehr wichtige Information über die finanzielle Vorteilhaftigkeit der Unternehmenstätigkeit, das Einkommen. Es ergibt sich, indem man die Aufwendungen von den Erträgen abzieht. Die Einkommensrechnung wird, wie bereits erwähnt, im dHGB als „Gewinn- und Verlustrechnung" bezeichnet. In den USA finden sich neben dem Begriff *income statement* auch die Namen *statement of operations* und *statement of earnings*, in England die Bezeichnung *profit and loss account*.

Eigenkapitalverände-rungsrechnung

Die Eigenkapitalveränderungsrechnung zeigt für den Abrechnungszeitraum auf, wie sich das Eigenkapital vom Anfang des Zeitraums an bis zu dessen Ende entwickelt hat. Dabei werden zunächst die Zunahmen des Eigenkapitals durch Einlagen oder Kapitalerhöhungen, dann die Veränderung durch Gewinn oder Verlust und schließlich die Abnahmen durch Entnahmen, Dividenden oder Kapitalherabsetzungen getrennt voneinander ausgewiesen. In anderen Regelungskreisen, z.B. nach den *US-GAAP* und nach den *IFRS*, ist es nötig, ein *statement of owners' equity* zu liefern.

Bilanz

Die Bilanz listet zu einem Zeitpunkt die Werte der Vermögensgüter, das Fremdkapital und – als Saldo – das Eigenkapital auf. Sie stellt die einzige Bestandsrechnung unter den Finanzberichten dar.

Kapitalflussrechnung

Die Zahlungsstrom- oder Kapitalflussrechnung berichtet über die Zahlungsmittel, die dem Unternehmen zugeflossen sind, und diejenigen, die aus ihm hinausgeflossen sind.

Allgemeine Angaben zu jedem Finanzbericht

Jeder Bericht beginnt mit dem Namen des Unternehmens und der Angabe der Art des Inhalts, um den es sich handelt. Er enthält ferner den Zeitraum beziehungsweise den Zeitpunkt, auf den sich die Daten beziehen. Die Bilanz ist eine Zeitpunktrechnung, die anderen Berichte stellen dagegen Zeitraumrechnungen dar. Die Rechnungen verlieren ihre Aussagekraft, wenn der zu Grunde liegende Zeitpunkt beziehungsweise Zeitraum nicht genannt wird.

Vernachlässigung von inhaltlichen Vorgaben der Regulierer

Die Finanzberichte stellen spezielle Auswertungen der finanziellen Konsequenzen von Ereignissen dar. Jeder Teil repräsentiert eine Teilmenge der Informationen aus den Ereignissen. Zudem bestehen zwischen den Berichtsinhalten Zusammenhänge über die abgebildeten Rechengrößen. In Finanzberichten der Realität wird man so viele Ereignisse vorfinden, dass eine Zusammenfassung der finanziellen Konsequenzen von Ereignissen erforderlich wird. Dafür gibt es Vorgaben von den Regulierern, welche Kategorien von Posten in den Finanzberichten mindestens aufzuführen sind. In unserem Beispiel setzen wir uns über solche Vorgaben hinweg, um besser aufzeigen zu können, wie die Berichte mit den finanziellen Konsequenzen von Ereignissen zusammenhängen. Der Sachverhalt ist sogar so übersichtlich, dass wir die Finanzberichte direkt aus den Daten der Abbildung 3.3 zusammenstellen können.

Die Eigenkapitaltransfers lassen sich in ihrer Summe leicht ermitteln, indem man die Einlagen und die Entnahmen aus der Übersicht gesondert zusammenstellt. Eine solche Darstellung ergibt sich aus Abbildung 3.4, Seite 101.

Eigenkapital-transferrechnung

Unternehmensberatung Karl Gross
Eigenkapitaltransferrechnung für 1. bis 13. April X1

Einlagen		
Einlage aus Ereignis 1	100 000 GE	
Einlage aus Ereignis 13a	50 000 GE	
Summe Einlagen		150 000 GE
Entnahmen		
Entnahme aus Ereignis 13b	−15 000 GE	
Summe Entnahmen		−15 000 GE
Eigenkapitaltransfers		135 000 GE

Abbildung 3.4: Eigenkapitaltransferrechnung der Unternehmensberatung Karl Gross

Eine Einkommensrechnung für unser Beispiel ergibt sich wie in Abbildung 3.5, Seite 101. Zur Ermittlung des Einkommens wurden lediglich die Erträge und Aufwendungen der Ereignisse aufgelistet und jeweils addiert. Das Einkommen erhält man, indem man die Aufwendungen von den Erträgen abzieht. Dies kann in einer zweispaltigen oder in einer einspaltigen Darstellung erfolgen. Die abgebildete Einkommensrechnung stellt eine einspaltige Darstellung dar. Eine andere, sicherlich auch aufschlussreiche Darstellung hätte sich ergeben, wenn man die jeweils zusammengehörigen Erträge und Aufwendungen gesondert gegenübergestellt hätte. Dann wäre offensichtlich gewesen, welches Einkommen die Dienstleistungen erbracht haben und welches der Grundstücksverkauf.

Einkommens-rechnung

Unternehmensberatung Karl Gross
Einkommensrechnung für 1. bis 13. April X1

Erträge		
Ertrag (Dienstleistungen)	22 000 GE	
Ertrag (Bücher- und Softwareverkauf)	7 500 GE	
Ertrag (Grundstücksverkauf)	40 000 GE	
Summe Erträge		69 500 GE
Aufwendungen		
Aufwand (Dienstleistungen: Büromaterial)	−1 000 GE	
Aufwand (Bücherverkauf)	−5 000 GE	
Aufwand (Grundstücksverkauf)	−30 000 GE	
Aufwand (Miete)	−4 000 GE	
Aufwand (Gehalt)	−3 000 GE	
Aufwand (Sonstiges)	−2 000 GE	
Summe Aufwendungen		−45 000 GE
Einkommen		24 500 GE

Abbildung 3.5: Einkommensrechnung der Unternehmensberatung Karl Gross

Die Eigenkapitalveränderungsrechnung der Unternehmensberatung Karl Gross bildet die Entwicklung des Eigenkapitals ab. Es handelt sich um eine Bilanzgleichung der intertemporalen Art für alle Ereignisse, die das Eigenkapital verändert haben. Wir finden sie

Eigenkapitalverände-rungsrechnung

3 Systeme zur Messung von Eigenkapital und dessen Veränderungen

in Abbildung 3.6, Seite 102. Bei der Aufstellung der Eigenkapitalveränderungsrechnung ist es hilfreich, zuvor die Eigenkapitaltransferrechnung und die Einkommensrechnung aufgestellt zu haben, weil man diese Informationen dann übernehmen kann. Auch eine Eigenkapitalveränderungsrechnung kann ein- oder mehrspaltig aufgebaut sein.

Unternehmensberatung Karl Gross
Eigenkapitalveränderungsrechnung für 1. bis 13. April X1

Kapital Karl Gross, 1. April X1	0 GE
Zugänge:	
Einlage Karl Gross (inklusive stille Teilhabe) am 2. April0X1	+150 000 GE
Einkommen im Monat April X1	+ 24 500 GE
Abgänge:	
Entnahme Karl Gross im April X1	–15 000 GE
Kapital Karl Gross, 30. April X1	=159 500 GE

Abbildung 3.6: Eigenkapitalveränderungsrechnung der Unternehmensberatung Karl Gross

Bilanz Die Bilanz zum Endes des Abrechnungszeitraums, hier zum 13. April, lässt sich einfach aus den Endbeständen der Vermögensgüter und Kapitalbeträge nach dem letzten Ereignis aufstellen. Abbildung 3.7, Seite 102, enthält die Bilanz der Unternehmensberatung Karl Gross in der traditionellen zweispaltigen Darstellungsart.

Kapitalflussrechnung Die Kapitalflussrechnung belegt, durch welche Ein- und Auszahlungen sich der Zahlungsmittelbestand während des Monats April von 0 GE auf 119 500 GE entwickelt hat. Die Gliederung orientiert sich an der allgemein üblichen Darstellung, Zahlungen aus dem operativen Bereich getrennt von den Zahlungen aus dem Investitionsbereich und von denen des Finanzierungsbereichs auszuweisen. Im vorliegenden Fall wurden der Kauf und Verkauf des Grundstücks dem Investitionsbereich zugeordnet. Abbildung 3.8, Seite 103, enthält die entsprechenden Angaben für unser Beispiel.

Unternehmensberatung Karl Gross
Bilanz zum 13. April X1

Aktiva		Passiva	
Zahlungsmittel	119 500 GE	Fremdkapital	
Forderungen	5 000 GE	Verbindlichkeiten	2 000 GE
Material, Bücher, Software	7 000 GE	Eigenkapital	
Grundstücke	30 000 GE	Kapital Karl Gross	159 500 GE
Bilanzsumme (Summe Vermögensgüter)	161 500 GE	Bilanzsumme (Summe Fremd- und Eigenkapital)	161 500 GE

Abbildung 3.7: Bilanz der Unternehmensberatung Karl Gross

Unternehmensberatung Karl Gross
Kapitalflussrechnung für 1. bis 13. April X1

Zahlungen aus operativen Maßnahmen		
Zuflüsse:		
von Kunden (12 000 GE + 7 500 GE + 5 000 GE)	24 500 GE	
Abflüsse:		
an Lieferanten −(10 000 GE + 4 000 GE + 2 000 GE + 1 000 GE)	−17 000 GE	
an Beschäftigte	−3 000 GE	
Zahlungsstrom aus operativen Maßnahmen		4 500 GE
Zahlungen aus Investitionsmaßnahmen		
Zuflüsse:		
Verkauf von Grundstücken	40 000 GE	
Abflüsse:		
Kauf von Grundstücken	−60 000 GE	
Zahlungsstrom aus Investitionsmaßnahmen		−20 000 GE
Zahlungen aus Finanzierungsmaßnahmen		
Zuflüsse:		
Einlagen Karl Gross (2. April X1)	100 000 GE	
Darlehen der Erbtante	50 000 GE	
Einlagen Karl Gross (30. April X1)	50 000 GE	
Abflüsse:		
Entnahmen Karl Gross	−15 000 GE	
Darlehen der Erbtante	−50 000 GE	
Zahlungsstrom aus Finanzierungsmaßnahmen		135 000 GE
Zunahme der Zahlungsmittel		119 500 GE
Anfangsbestand an Zahlungsmitteln am 1. April X1		0 GE
Endbestand an Zahlungsmitteln am 13. April X1		119 500 GE

Abbildung 3.8: Kapitalflussrechnung der Unternehmensberatung Karl Gross

Der Gewinn aus der Einkommensrechnung fließt in die Eigenkapitalveränderungsrechnung (Abbildung 3.6, Seite 102) ein. Der Endbestand des Eigenkapitals aus dieser Rechnung erscheint in der Bilanz (Abbildung 3.7, Seite 102). Der Kassenbestand aus der Bilanz wird für die Kapitalflussrechnung (Abbildung 3.8, Seite 103) benötigt.

3.4 Übungsmaterial

3.4.1 Fragen mit Antworten

Fragen	**Antworten**
Was soll im Rahmen der Buchführung und des betriebswirtschaftlichen Rechnungswesens abgebildet werden?	Finanzielle Konsequenzen von Ereignissen, die ein Unternehmen betreffen und objektiv gemessen werden können. Ein Unternehmen stellt eine ökonomisch selbstständige Wirtschaftseinheit dar, deren Finanzen getrennt von den privaten Finanzen der Eigenkapitalgeber zu sehen sind. Die Finanzberichte von Unternehmen, die in mehreren rechtlich selbstständigen Wirtschaftseinheiten agieren, können verzerrt sein. Ihre Erstellung wird in diesem Buch nicht behandelt.
Wie soll man Vermögensgüter und Fremdkapitalverpflichtungen ansetzen, um möglichst verlässliche Zahlen zu erhalten?	Ein Ansatz mit den tatsächlichen historischen Anschaffungsausgaben von Vermögensgütern beziehungsweise mit den Erfüllungsbeträgen von Verpflichtungen ist verlässlich, aber irrelevant, wenn sich die tatsächlichen Werte gegenüber den Anschaffungs- beziehungsweise Erfüllungswerten verändert haben.
Wie verdeutlicht man sich die verschiedenen Effekte eines für die Buchführung relevanten Ereignisses?	Mit der intratemporalen Bilanzgleichung: Vermögensgüter – Fremdkapital = Eigenkapital.
Wie kann man prüfen, ob eine Eigenkapitalveränderung vorliegt?	Indem man ausschließt, dass einer der nachprüfbaren Vorgänge vorliegt.
Wie ermittelt man das Einkommen?	Mit der Einkommensrechnung: Erträge – Aufwendungen = Einkommen.
Wie ermittelt man, ob das Eigenkapital zu- oder abgenommen hat?	Mit einer Eigenkapitalveränderungsrechnung: Anfangsbestand des Eigenkapitals + Einlagen – Entnahmen + positives Einkommen (Gewinn) – negatives Einkommen (Verlust) = Endbestand des Eigenkapitals.
Wie ermittelt man, wie das Unternehmen finanziell dasteht?	Mit dem Eigenkapital aus der Bilanz: Eigenkapital = Vermögensgüter – Fremdkapital.
Wie ermittelt man, wo die Zahlungsmittel des Unternehmens herkommen und wo sie hinfließen?	Mit einer ausführlichen Kapitalflussrechnung.

3.4.2 Verständniskontrolle

1. Wenn *Wert der Vermögensgüter = Fremdkapital + Eigenkapital* gilt, wie kann man dann Fremdkapital ausdrücken?

2. Worin besteht der Unterschied zwischen Forderungen und Fremdkapitalposten?

3. Welche Rolle spielen Ereignisse im Rechnungswesen?

4. Finden Sie eine aussagefähigere Bezeichnung für „Bilanz"!

5. Welche Eigenschaft einer Bilanz ist für die Bezeichnung dieses Finanzberichts maßgebend?

6. Finden Sie andere Bezeichnungen für „Einkommensrechnung"!

7. Welcher Finanzbericht ähnelt einem „Schnappschuss" des Unternehmens zu einem Zeitpunkt, welcher einer „Videoaufnahme" der Handlungen des Unternehmers während eines Zeitraums?

8. Welche Informationen enthält die Eigenkapitalveränderungsrechnung?

9. Welcher Bestandteil der Einkommensrechnung geht in die Eigenkapitalveränderungsrechnung ein?

10. Welcher Bestandteil der Eigenkapitalveränderungsrechnung findet sich in der Bilanz?

11. Welcher Bestandteil zweier zeitlich aufeinanderfolgender Bilanzen wird von einer Kapitalflussrechnung erklärt?

12. Skizzieren Sie die drei Konzepte, die zur Einkommensdefinition ausreichen!

13. Wie wird das Marktleistungsabgabekonzept nach dHGB und nach *IFRS* konkretisiert?

14. Was versteht man unter dem Periodisierungskonzept?

15. Inwieweit enthält das Einkommensvorwegnahmekonzept nach dHGB andere Details als nach *IFRS*?

3.4.3 Aufgaben zum Selbststudium

Analyse der Konsequenzen von Ereignissen auf die Bilanzgleichung, Erstellung von Einkommensrechnung, Eigenkapitalveränderungsrechnung und Bilanz   **Aufgabe 3.1**

Sachverhalt

Eva Schmitz eröffnet einen Zimmervermietungsservice nahe der Hochschule. Sie führt das Einzelunternehmen alleine unter der Firma „Immobilien Schmitz". Während des ersten Monats ihrer Unternehmenstätigkeit, im Juli X1, engagiert sie sich in ihrem Unternehmen. Folgendes ereignet sich:

a. Schmitz investiert 70 000 GE an privaten Barmittel als anfängliches Eigenkapital in ihr Unternehmen.

b. Sie kauft Büromaterial für 700 GE, das sie später bezahlen will (Kauf auf Rechnung).

c. Sie zahlt 60 000 GE in bar für den Kauf eines Grundstücks neben der Hochschule, auf dem sie dereinst ihr Büro errichten möchte.

d. Schmitz vermittelt Apartments für Studierende und erhält dafür Provisionen in bar in Höhe von 3 800 GE.

e. Sie leistet eine Teilzahlung in Höhe von 200 GE für das (unter Buchstabe b erwähnte) gekaufte Büromaterial.

f. Sie zahlt 4 000 GE für ihre Urlaubsreise aus der Kasse ihres Unternehmens.

g. Sie zahlt 800 GE für Büromiete und 200 GE für andere Dienstleistungen, die ihr Unternehmen in Anspruch genommen hat.

h. Sie verkauft Büromaterial gegen bar an ein befreundetes Unternehmen zum Preis von 300 GE: Ihr Einkaufspreis hatte 200 GE betragen.

i. Schmitz entnimmt der Unternehmenskasse 2 400 GE für private Zwecke.

Fragen und Teilaufgaben

1. Analysieren Sie die Ereignisse hinsichtlich ihrer Wirkung auf die Bilanzgleichungen von „Immobilien Schmitz"! Zeigen Sie die Salden erst nach dem letzten Ereignis!

2. Ordnen Sie diejenigen Ereignisse, die aus Sicht von „Immobilien Schmitz" Ertrag bzw. Aufwand darstellen, den unterschiedlichen Konzepten der Einkommensermittlung zu!

3. Erstellen Sie eine Einkommensrechnung, eine Eigenkapitaltransferrechnung, eine Eigenkapitalveränderungsrechnung sowie eine Bilanz und eine Kapitalflussrechnung nach Berücksichtigung der Ereignisse!

Lösungshinweise zu den Fragen und Teilaufgaben

1. Auswirkungen auf die intratemporale Bilanzgleichung ergeben sich aus der folgenden Übersicht:

	Zahlungs-mittel	+	Forde-rung	+	Büro-material	+	Grund-stück		Fremd-kapital	+	Kapital Schmitz	EK-Ver-änderung
(a)	+70 000										+70 000	Einlage
(b)					+700				+700			
(c)	−60 000						+60 000					
(d)	+3 800										+3 800	Ertrag
(e)	−200							=	−200			
(f)	−4 000										−4 000	Entnahme
(ga)	−800										−800	Aufwand
(gb)	−200										−200	Aufwand
(ha)	+300										+300	Ertrag
(hb)					−200						−200	Aufwand
(i)	−2 400										−2 400	Entnahme
EB	6 500				500		60 000		500		66 500	
			67 000								67 000	

Spaltenüberschriften: **Wert der Vermögensgüter** (Zahlungsmittel + Forderung + Büromaterial + Grundstück) = **Fremdkapital + Eigenkapital** (Fremdkapital + Kapital Schmitz)

2. Aus Sicht von „Immobilien Schmitz" resultiert Einkommen (Ertrag bzw. Aufwand) aus den Ereignissen *d*, *g* und *h*. Das Einkommen aus den Ereignissen *d* und *h* ent-

stammt jeweils einem Verkauf, also einer Marktleistungsabgabe. Somit sind dafür die Regeln für Marktleistungsabgaben anzuwenden. Das Einkommen aus dem Ereignis g hat nichts mit der Abgabe einer Leistung an den Markt zu tun. Es handelt sich vielmehr um eine Ausgabe, die infolge des Periodisierungskonzepts zu dem Zeitpunkt zu Aufwand wird, zu dem sie anfällt.

3. Die gewünschten Finanzberichte können leicht aus der Antwort auf Frage 1 hergeleitet werden. Die Einkommensrechnung führt zu einem Gewinn in Höhe von 2 900 GE. Die Eigenkapitaltransferrechnung ergibt, dass *per Saldo* ein Einlagenüberschuss in Höhe von 63 600 GE getätigt wurden. Die Eigenkapitalveränderungsrechnung zeigt, wie sich das Eigenkapital durch diesen Überschuss um 63 600 GE und den Gewinn um 2 900 GE, also insgesamt um 66 500 GE erhöht hat. Die Bilanz zeigt die Zusammensetzung der Vermögensgüter sowie des Fremdkapitals. Als Saldo erhält man ein Eigenkapital in Höhe von 66 500 GE. Aus der Kapitalflussrechnung ergeben sich drei Zahlungsmittelzuflüsse, deren Höhe insgesamt der Zahlungsmittelveränderung entspricht.

Konsequenzen von Ereignissen für die intratemporale Bilanzgleichung   Aufgabe 3.2

Sachverhalt

Hinsichtlich der Wirkungen auf die intratemporale Bilanzgleichung werden üblicherweise vier Arten von Ereignissen unterschieden, und zwar

a. der Tausch von Vermögensgütern innerhalb der Vermögensseite (Aktivtausch),

b. der Tausch von Kapitalposten innerhalb der Kapitalseite (Passivtausch),

c. die gleich hohe Zunahme der Vermögens- und der Kapitalseite (Bilanzverlängerung) und

d. die gleich hohe Abnahme der Vermögens- und Kapitalseite (Bilanzverkürzung).

Fragen und Teilaufgaben

1. Finden Sie beispielhaft Sachverhalte für jeden der vier Typen von Ereignissen!

2. Welche Erweiterungen sind bei der oben angegebenen Kategorisierung von Ereignissen vorzunehmen, wenn man die unterschiedlichen Arten von Eigenkapitalveränderungen explizit berücksichtigen möchte?

Lösungshinweise zu den Fragen und Teilaufgaben

Der Text des Kapitels enthält die Lösung.

Analyse der Konsequenzen von Ereignissen für die Zahlungsmittel und die Vermögensgüter eines Unternehmens   Aufgabe 3.3

Sachverhalt

In einem Unternehmen haben sich während eines Abrechnungszeitraums die in Abbildung 3.9, Seite 108 dargestellten Ereignisse ergeben.

Ereignisse		
Anfangsbestand an Barmitteln		3000
von Fremden geliehen	1500	
vom Unternehmer eingelegt	1500	
Aufnahme eines Darlehens		600
Barmitteleinlage vom Unternehmer		3000
Kauf eines Grundstücks gegen Barzahlung		2500
Kauf einer Aktie gegen Barzahlung		500
Verkauf der Aktie gegen Barzahlung		100
Wertsteigerung des Grundstücks auf		3000
Endbestand an Barmitteln		3700

Abbildung 3.9: Ereignisse während eines Zeitraums

Fragen und Teilaufgaben

1. Ermitteln Sie für den Zeitraum die Veränderung der Zahlungsmittel durch Gegenüberstellung der Zahlungsmittelbestände am Anfang und am Ende des Zeitraums!

2. Ermitteln Sie für den Zeitraum die Veränderung der Zahlungsmittel durch Gegenüberstellung der Einzahlungen und Auszahlungen!

3. Wie könnte für einen Zeitpunkt (Anfang oder Ende) eine Bestandsrechnung der Zahlungsmittel aussehen, in welcher nur die Sichtweise aller Kapitalgeber (Fremde und Unternehmer gemeinsam) zum Ausdruck kommt?

4. Wie könnte für einen Zeitpunkt (Anfang oder Ende) eine Bestandsrechnung der Zahlungsmittel aussehen, in welcher die Sichtweise des Unternehmers beziehungsweise der Eigenkapitalgeber gesondert zum Ausdruck kommt?

5. Ermitteln Sie für den Zeitraum die Wertveränderung der Vermögensgüter durch Gegenüberstellung der Werte der Vermögensgüterbestände am Anfang und am Ende des Zeitraums!

6. Wie könnte für das Ende des Zeitraums eine Bestandsrechnung der Vermögensgüter und für den Zeitraum die zugehörige Veränderungsrechnung der Vermögensgüter aussehen, in welcher die Sichtweise aller Kapitalgeber (Fremde und Eigenkapitalgeber gemeinsam) zum Ausdruck kommt?

7. Wie könnte für den Endzeitpunkt eine Bestandsrechnung der Vermögensgüter mit der zugehörigen Veränderungsrechnung der Vermögensgüter und Kapitalposten für den Zeitraum aussehen, in welcher die Sichtweise der Eigenkapitalgeber gesondert zum Ausdruck kommt?

Lösungshinweise zu den Fragen und Teilaufgaben

1. Als Beispiel kann man die Zahlungsmittelveränderung durch Vergleich von Zahlungsmittelbeständen ermitteln.

2. Die Zahlungsmittelveränderung lässt sich auch aus einem Vergleich von Einzahlungen und Auszahlungen ermitteln. Dabei kann man die Einzahlungen getrennt von den

Auszahlungen aufführen oder chronologisch sortiert mit drei Zahlenspalten arbeiten, einer für Zugänge, einer für Abgänge und einer für den jeweiligen Bestand.

3. Aus Sicht aller Kapitalgeber lässt sich die Veränderung des Zahlungsmittelbestands leicht ermitteln: durch Vergleich von Schluss- und Anfangsbestand.

4. Aus Sicht der Eigenkapitalgeber ist es erforderlich, jeweils anzugeben, wie viel von Eignern und wie viel von Fremden stammt.

5. Bei der Ermittlung der Vermögensgüterveränderung erweist sich die Bewertung der Vermögensgüter als Problem. Je nach Bewertung des Grundstücks erhält man eine Vermögensgüterveränderung von 3 200 GE oder 3 700 GE.

6. Aus Sicht aller Kapitalgeber entspricht eine Bestandsrechnung der Vermögens- und Kapitalgüter einer Bilanz, in der nicht zwischen Eigen- und Fremdkapital unterschieden wird.

7. Aus Sicht der Eigenkapitalgeber entspricht eine Bestandsrechnung der Vermögens- und Kapitalgüter, bei denen zwischen Eigenkapital und Fremdkapital unterschieden wird, einer traditionellen Bilanz.

Gegenüberstellung von zusammengehörigen Zahlungen, die zu verschiedenen Zeit- **Aufgabe 3.4**
punkten anfallen

Sachverhalt

Ein Unternehmen schafft zu Beginn des Jahres X1 eine Maschine an. Der Preis der Maschine beträgt 60 000 GE. Sie wird über die Dauer von vier Wirtschaftsjahren gleichmäßig benutzt. Der Betrieb der Maschine, deren Kaufpreis zur einen Hälfte im ersten Nutzungsjahr und zur anderen Hälfte im zweiten Nutzungsjahr zu entrichten ist, führt in den vier Jahren der Nutzung dazu, dass Erzeugnisse hergestellt werden, die für jährlich 100 000 GE jährlich veräußert werden. Für Material und Löhne, bei denen ein Bezug zu Erzeugnissen unterstellt wird, fallen Zahlungen von jährlich 70 000 GE an. Außer einer einmaligen Zahlung für Werbung im ersten Jahr in Höhe von 10 000 GE fallen keine weiteren Zahlungen an. Von der Werbung verspricht man sich eine vierjährige Wirkung. Es sei unterstellt, dass alle Zahlungen erst zu den jeweiligen Jahresenden stattfinden.

Fragen und Teilaufgaben

1. In welcher Höhe fallen in den Jahren der Nutzung Überschüsse oder Defizite der Einzahlungen über die Auszahlungen an?

2. Besagen die Zahlungssalden der einzelnen Jahre etwas über das Einkommen?

3. Welche Modifikationen wären an der Rechnung vorzunehmen, wenn man mit dem Saldo der Rechengrößen etwas über die finanzielle Vorteilhaftigkeit der Unternehmenstätigkeit erfahren möchte?

Lösungshinweise zu den Fragen und Teilaufgaben

1. Die jährlichen Zahlungssalden ergeben sich aus der folgenden Tabelle:

Ein- und Auszahlungen	Jahr X1	Jahr X2	Jahr X3	Jahr X4
Kaufpreis	−30 000 GE	−30 000 GE		
Umsatz	100 000 GE	100 000 GE	100 000 GE	100 000 GE
Lohn und Material	−70 000 GE	−70 000 GE	−70 000 GE	−70 000 GE
Werbung	−10 000 GE			
Summe	−10 000 GE	0 GE	30 000 GE	30 000 GE

2. Die Interpretation der Zahlungssalden hat zu berücksichtigen, dass die Zahlungen in anderen Abrechnungszeiträumen anfallen als der Nutzen und dass der Zahlungssaldo daher eine schlechte Messgröße für das Einkommen darstellt.

4 System der doppelten Buchführung

Lernziele

Nach dem Studium dieses Kapitels sollten Sie in der Lage sein,

– Kernbegriffe des Rechnungswesens zu definieren und zu erklären: „Konto", „Buch", „Soll" und „Haben",

– die Normen der doppelten Buchführung zu verstehen,

– Ereignisse hinsichtlich ihrer finanziellen Konsequenzen zu analysieren,

– Geschäftsvorfälle in einem „Journal" aufzuzeichnen,

– Journaleinträge auf Konten zu übernehmen sowie

– eine Saldenaufstellung zu erstellen und zu benutzen.

Überblick

Im vorigen Kapitel wurde die Analyse von Geschäftsvorfällen zusammen mit den finanziellen Berichten vorgestellt. Unklar blieb darin, wie die finanziellen Berichte aus den Geschäftsvorfällen hergeleitet wurden. Dieser Prozess wird im vorliegenden Kapitel mit dem System der Buchführung beschrieben.

Im Vordergrund dieses Kapitels steht die Verarbeitung der für das Rechnungswesen relevanten Informationen. Wir beschreiben zunächst die Elemente dieses Systems und anschließend die Zusammenhänge zwischen diesen Elementen.

Wenn Sie das System der doppelten Buchführung durchschaut haben, werden Sie verstehen, wie es aufgrund der relevanten Ereignisse zu den Zahlen kommt, die in Finanzberichten angegeben werden. Sie werden Vertrauen zu den Zahlen schöpfen und viele Ihrer Entscheidungen im Berufsleben darauf stützen.

4.1 Elemente des Systems

Die Buchführung verfolgt – wie bereits erwähnt – den Zweck, die finanziellen Konsequenzen relevanter Ereignisse zu den Posten einer Bilanz- und Eigenkapitalveränderungsrechnung (Eigenkapitaltransferrechnung und Einkommensrechnung) zusammen zufassen. Dazu bedient man sich einer chronologischen Aufzeichnung und der Darstellung auf sogenannten Konten. Diese Elemente beschreiben wir, bevor wir auf die Zusammenhänge eingehen.

4.1.1 Bilanz- und Einkommensrechnungsposten

Mindestunterscheidung: Posten der Bilanz, der Eigenkapitaltransferrechnung und der Einkommensrechnung

Die finanziellen Konsequenzen von Ereignissen sind in der Praxis meist so zahlreich, dass eine Zusammenfassung erforderlich wird. Da es letztlich um die Erstellung von Finanzberichten geht, sollten die finanziellen Konsequenzen so zusammengefasst werden, wie es diese Berichte erfordern. Es genügt dazu, die Posten der Bilanz, der Eigenkapitaltransferrechnung und der Einkommensrechnung zu unterscheiden. Denn die inhaltlichen Anforderungen einer Eigenkapitalrechnung sind darin enthalten. Auch eine Kapitalflussrechnung kann man aus diesen Informationen zusammenstellen.

Posten der Bilanz

Die Posten der Bilanz werden üblicherweise in drei große Gruppen eingeteilt, die den Kategorien der intratemporalen Bilanzgleichung entsprechen:

– Vermögensposten,
– Fremdkapitalposten und
– Eigenkapitalposten.

Posten der Eigenkapitaltransferrechnung

Die Posten der Eigenkapitaltransferrechnung stellen eine bestimmte Art von Eigenkapitalveränderungen dar: Sie bestehen aus:

– Einlagenposten und
– Entnahmeposten.

Posten der Einkommensrechnung

Die Posten der Einkommensrechnung kann man ebenfalls als Unterposten des Eigenkapitalpostens auffassen. Mindestens zu unterscheiden sind darin

– Ertragsposten und
– Aufwandsposten.

Posten der Eigenkapitalveränderungsrechnung

Eigenkapitalveränderungen des laufenden Abrechnungszeitraums anzugeben, erscheint besonders dann sinnvoll, wenn sich der Eigenkapitalposten der Bilanz auf das Eigenkapital zu Beginn des Abrechnungszeitraums bezieht. Für so eine Bilanz ist die intratemporale Bilanzgleichung nicht mehr erfüllt. Die Rechenwerke der Eigenkapitaltransferrechnung und der Einkommensrechnung lassen sich in einer Eigenkapitalveränderungsrechnung zusammen fassen. In der Praxis in Deutschland wird die Eigenkapitaltransferrechnung oft in die Bilanz unter dem dortigen Eigenkapitalposten integriert. Formell haben wir es dann nur noch mit einer (um Eigenkapitaltransferangaben ergänzten) Bilanz und einer Einkommensrechnung zu tun.

Untergliederung von Posten der Bilanz und Einkommensrechnung

Je größer ein Unternehmen ist, desto mehr Vermögensgüter unterschiedlicher Art und desto mehr Fremdkapitalposten wird es aufweisen. Je mehr unterschiedliche Arten von Geschäften ein Unternehmen abwickelt, desto mehr Arten von Erträgen und Aufwendungen werden sich ergeben. Die Untergliederung der Posten, nach der in der Praxis die finanziellen Konsequenzen von Ereignissen zusammengefasst werden, geht weit über das hinaus, was für die oben genannten finanziellen Berichte erforderlich ist. Dadurch eröffnet sich die Möglichkeit zur Erstellung zusätzlicher finanzieller Berichte im Zusammenhang mit Spezialfragen. Zudem wird im Falle von Fehlern deren Suche erleichtert. Wir beschränken uns in diesem Buch auf diejenigen Posten, die aus didaktischen Gründen mindestens zu unterscheiden sind, um alle Formen der Behandlung von Ereignissen im Rechnungswesen zeigen zu können. Über die in der Praxis gebräuchlichen Postenunterscheidungen – Kontenrahmen bzw. Kontenpläne genannt – geben wir nur einen groben Überblick.

4.1.1.1 Wichtige Postenarten

Zu den wichtigen Vermögensposten gehören diejenigen, die im geschäftlichen Alltag oft berührt werden. Geordnet nach abnehmender Liquiditätsnähe kann man unterscheiden:

Vermögensposten

– *Zahlungsmittel* Der Posten „Zahlungsmittel" bildet die Zahlungswirkungen von Geschäftsvorfällen ab. Die Zahlungsmittel umfassen üblicherweise Bargeld, jederzeit verfügbare Guthaben bei Banken, darüber hinaus Wechsel und Schecks. Einkommensstarke Unternehmen besitzen oft viele unterschiedliche Arten von Zahlungsmitteln. Ein Mangel an Zahlungsmitteln führt meist zu einem Unternehmenszusammenbruch.

– *Forderungen aus Verkauf* Der Posten enthält die Beträge all jener Erträge aus der Abgabe von Leistungen an den Markt, für die noch keine Zahlungsmittel zugeflossen sind. Der Posten umfasst damit auch die in Kapitel 3 beschriebenen Dienstleistungen von Karl Gross, die dieser im Rahmen von Beratungstätigkeiten erbracht hat, ohne dafür eine Zahlung erhalten zu haben. Die meisten Geschäfte zwischen Unternehmen werden nicht sofort bar bezahlt, so dass beim Verkäufer Forderungen aus dem Verkauf entstehen. Der Posten wird in der Bilanzgliederung des dHGB als „Forderungen aus Lieferungen und Leistungen" bezeichnet. Wir verwenden in diesem Buch die kürzere Bezeichnung, weil dies die Darstellung verkürzt und erleichtert.

– *Sonstige Forderungen* Der Posten enthält all diejenigen Forderungen, die nichts mit dem Verkauf von Gütern und Dienstleistungen zu tun haben.

– *Geleistete Vorauszahlungen* Unternehmen leisten im Rahmen der Beschaffung von Gütern und Dienstleistungen häufig Vorauszahlungen. Sie begründen damit eine bedingte Forderung. Falls das Geschäft aus irgendeinem Grunde nicht zu Ende geführt wird, entsteht ein Anspruch auf Rückzahlung der Vorauszahlung.

– *Aktive Rechnungsabgrenzungsposten* Wenn Unternehmen Vorauszahlungen für die künftige Inanspruchnahme von Dienstleistungen oder Gütern erbringen, dann ist es im Rahmen eines leistungsabgabeorientierten Rechnungswesens erforderlich, einen Posten für diejenigen Beträge einzurichten, die zwar schon bezahlt, aber noch nicht als Aufwand verrechnet wurden. Dieser Posten wird im deutschen Rechtskreis als „Aktive Rechnungsabgrenzungsposten" bezeichnet, wenn es um eine künftig zu empfangende Dienstleistung geht. Ein aktiver Rechnungsabgrenzungsposten ist beispielsweise für den Teil der Vorauszahlung einer Miete durch das Unternehmen zu bilden, der nicht den laufenden, sondern zukünftige Abrechnungszeiträume betrifft. Ein anderes Beispiel liegt bei der Vorauszahlung eines Versicherungsbeitrags vor, soweit sich die Vorauszahlung auf zukünftige Abrechnungszeiträume bezieht. Der Teil der Vorauszahlungen, der jeweils den laufenden Abrechnungszeitraum betrifft, wird als Aufwand verrechnet, der Teil, der den folgenden betrifft, verbleibt auf dem Konto „Aktive Rechnungsabgrenzungsposten". Im Folgejahr wird dann der Rechnungsabgrenzungsposten um den Teil gemindert, der im Folgejahr als Aufwand verrechnet wird. Die englische Bezeichnung *prepaid expense* kommt dem Inhalt des Postens deutlich näher als die deutsche Bezeichnung.

– *Betriebs- und Geschäftsausstattung* Der Posten „Betriebs- und Geschäftsausstattung" wird für Sachanlagen verwendet, die mit der Einrichtung eines Unternehmens zusammenhängen. In der Regel besteht für jede Art von Betriebs- und Geschäftsausstattung ein eigener Posten, etwa für Möbel und Inneneinrichtungen, für Computer und Schreibmaschinen etc.

– *Grundstücke* Der Posten „Grundstücke" nimmt alle Grundstücke eines Unternehmens auf. Üblicherweise fasst man die Grundstücke, die vom Unternehmen genutzt werden, getrennt von jenen zusammen, die zur Weiterveräußerung gehalten werden. Häufig unterscheidet man bebaute von unbebauten Grundstücken.

– *Gebäude* Der Posten „Gebäude" enthält die Gebäude, die vom Unternehmen genutzt werden, getrennt von jenen, die der Weiterveräußerung dienen. Gebäude werden in Deutschland zusammen mit dem Grundstück bilanziert, auf dem sie sich befinden.

Notwendigkeit zur Ergänzung des Postenkataloges Hat man es – anders als bei Karl Gross in Kapitel 3 – nicht nur mit einem Dienstleistungsunternehmen zu tun, so kommen noch andere Posten hinzu. Im Handelsunternehmen sind es mindestens die „Handelswaren". Im industriellen Produktionsunternehmen ist an Posten für Maschinen, für Roh-, Hilfs- und Betriebsstoffe sowie für unfertige und fertige Erzeugnisse zu denken. Darüber hinaus sind i.d.R. auch Posten für finanzielle Vermögensgüter, wie Aktien oder Anleihen, notwendig. Diese Postenarten werden eingeführt, wenn sie benötigt werden.

Fremdkapitalposten Fremdkapital umfasst Posten für die Ansprüche von Gläubigern des Unternehmens, vor allem Verbindlichkeiten und Rückstellungen. Für das Fremdkapital werden bei vielen Unternehmen weniger Posten benötigt als für Vermögensgüter, weil es in den meisten Unternehmen weniger Arten von Fremdkapitalposten als Arten von Vermögensgütern gibt. Wichtige Arten werden im Folgenden skizziert, gegliedert nach abnehmender Liquiditätsnähe:

– *Verbindlichkeiten aus Kauf von Gütern und Dienstleistungen* Verbindlichkeiten umfassen solche aus Lieferungen und Leistungen sowie andere Verbindlichkeiten. Diejenigen aus Lieferungen und Leistungen können beim Kauf von Gütern und Dienstleistungen entstehen. Dann wird das Versprechen des Unternehmens, aufgrund der Beschaffung von Gütern künftig Zahlungen an den Lieferanten zu leisten, unter dem Posten erfasst. Erfolgt ein Kauf von Gütern oder Dienstleistungen nicht gegen sofortige Zahlung von Barmitteln, so spricht man auch von einer Beschaffung „auf Ziel". Nahezu alle Unternehmen gehen solche Verpflichtungen ein.

– *Erhaltene Vorauszahlungen* Hinter erhaltenen Vorauszahlungen verbergen sich Geldeingänge, die im Zusammenhang mit Verkaufsgeschäften stehen und eintreffen, bevor das Unternehmen seine Leistungsverpflichtung erfüllt hat. Bis zur Leistungsabgabe sind die erhaltenen Anzahlungen mit einer Rückzahlungsverpflichtung für den Fall verbunden, dass die Lieferung doch nicht erfolgt. Erhaltene Vorauszahlungen stehen in engem Zusammenhang mit zukünftigen Erträgen aus dem Verkauf von Lieferungen oder Leistungen, weil das Unternehmen sie dafür erhält, dass es in Zukunft seine Verpflichtung aus einem Verkaufsgeschäft erfüllt.

– *Passive Rechnungsabgrenzungsposten* Wenn Unternehmen Vorauszahlungen für eine künftig von ihnen zu erbringende Lieferung oder Leistung erhalten, die anteilig in mehrere Einkommensrechnungen als Ertrag einfließen sollen, dann ist es sinnvoll, einen Posten für diejenigen Beträge einzurichten, die man zwar erhalten hat, die jedoch noch nicht als Ertrag verrechnet wurden. Dieses Konto wird im deutschen Rechtskreis als „Passive Rechnungsabgrenzungsposten" bezeichnet, wenn eine Dienstleistungsverpflichtung entsteht. Als Beispiel kann eine Mietzahlung herhalten, die das Unternehmen im laufenden Abrechnungszeitraum mit Einkommenswirkung für den nachfolgenden Zeitraum erhält. Der Anteil der Zahlungen, der jeweils den laufenden Zeitraum betrifft, wird als Ertrag verrechnet, der Teil, der nachfolgenden zuzuordnen ist, verbleibt im laufenden Zeitraum unter dem Posten „Passive Rechnungsabgrenzungsposten". Zu späteren Zeiten wird dieser Teil als Ertrag erfasst. Die englische Bezeichnung *unearned revenue* kommt dem Inhalt des Postens intuitiv näher als die deutsche Bezeichnung.

— *Verbindlichkeiten aus Darlehen* Unter diesem Posten sind alle Zahlungsverpflichtungen zu vermerken, die aus Darlehen herrühren.

— *Sonstige Verbindlichkeiten* Über die genannten Verbindlichkeiten hinaus sind noch weitere Verbindlichkeiten zu nennen, die im Rahmen der Unternehmenstätigkeit entstehen, beispielsweise für Steuern, Zinsen usw.

— *Rückstellungen* Bei den Rückstellungen handelt es sich traditionell um rechtliche oder wirtschaftliche Verpflichtungen des Unternehmens gegenüber Dritten. Gegenüber den Verbindlichkeiten ist bei Rückstellungen nicht sicher, ob eine Verpflichtung tatsächlich besteht oder welche betragsmäßige Höhe sie annimmt. Erstgenanntes gilt etwa für Gewährleistungszusagen, von denen man nicht weiß, ob sie in Anspruch genommen werden, Letztgenanntes für Pensionsverpflichtungen und drohende Verluste aus schwebenden Geschäften, weil – wegen der Ungewissheit – nicht klar ist, in welcher Höhe künftig Zahlungen zu entrichten sind. Die Problematik von Rückstellungen ergibt sich aus dem Ungewissheitsgrad der Verpflichtung. Um „Schummeln" des Managements bei der Einkommensermittlung zu vermeiden, sind an den Ansatz von Rückstellungen gewisse Objektivierungsanforderungen zu stellen. Dazu zählt, dass sich die entsprechende Verpflichtung mit einer gewissen, nicht zu niedrigen Eintrittwahrscheinlichkeit abzeichnet.

Mit dem Eigenkapital wird der Teil des Werts der Vermögensgüter gemessen, der nach Begleichung der Ansprüche Fremder für den Unternehmer bzw. für die Eigenkapitalgeber übrig bleibt. In Personen- und Kapitalgesellschaften entfällt das Eigenkapital auf mehrere Personen. In Personengesellschaften werden für jeden Gesellschafter gesonderte Eigenkapitalposten eingerichtet, und zwar sowohl für das jeweilige Eigenkapital als auch für die jeweiligen Einlagen und Entnahmen, Gewinne und Verluste.

Eigenkapitalposten

— *Eigenkapital* Unter den Eigenkapitalposten erscheint die Differenz, auch der Saldo genannt, aus Vermögensgütern und Fremdkapital zum Bilanzstichtag. Der Bestand des Eigenkapitals zum Ende eines Abrechnungszeitraumes ergibt sich aus dem Bestand dieses Postens zu Beginn des Abrechnungszeitraumes zuzüglich des positiven Einkommens und der Einlagen abzüglich des negativen Einkommens und der Entnahmen.

— *Einlagen* Einzahlungen der Eigenkapitalgeber in das Unternehmen, sogenannte Einlagen, werden oft direkt beim Eigenkapitalposten erfasst, sollten jedoch zur Erhöhung der Übersichtlichkeit unter einem gesonderten Posten der Eigenkapitaltransferrechnung erfasst werden. In vielen deutschen Literaturbeiträgen zur Buchführung werden die Einlagen auf einem Konto verbucht, das *Privat* heißt.

— *Entnahmen* Entnahmen stellen Minderungen des Eigenkapitals durch die Eigenkapitalgeber dar. Sie sollten unter einem gesonderten Posten der Eigenkapitaltransferrechnung gesammelt werden, um die Veränderung des Eigenkapitals durch die Zahlungen an die Eigenkapitalgeber herauszustellen. Auch die Entnahmen werden in vielen deutschen Literaturbeiträgen zur Buchführung auf einem Konto verbucht, das *Privat* heißt.

- *Erträge* Die Steigerung des Eigenkapitals durch einen Vorgang, der keine Einlage darstellt, wird Ertrag genannt. Erträge entstehen hauptsächlich aus dem Verkauf von Gütern und Dienstleistungen, aber auch aus Investitions- und unter Umständen auch aus Finanzierungsmaßnahmen. Unternehmen unterscheiden viele Ertragsposten, um leicht nachvollziehen zu können, welche Lieferungen oder Leistungen wie viel Ertrag gebracht haben. Ein wichtiger Ertragsposten besteht in den Erträgen aus dem Verkauf, wofür wir synonym den Ausdruck Umsatzertrag verwenden. Für Karl Gross bietet es sich beispielsweise im ersten Monat seiner Selbstständigkeit an, für jeden Mandanten einen eigenen Ertragsposten zu führen.

- *Aufwendungen* Minderungen des Eigenkapitals durch einen Vorgang, der keine Entnahme darstellt, werden Aufwand genannt. Aufwendungen entstehen, wenn Vermögensgüter abnehmen oder Fremdkapital zunimmt, ohne dass diese Abnahme bzw. Zunahme durch eine gegenläufige Zunahme bzw. Abnahme der Vermögensgüter oder des Fremdkapitals kompensiert wird. Aufwendungen kommen hauptsächlich im Zuge des Abschlusses von Geschäften zustande. Unternehmen führen oft für jede Aufwandsart einen gesonderten Posten. Der wichtige Posten Aufwand für verkaufte Vermögensgüter wird auch Umsatzaufwand genannt. Man bemüht sich, die Höhe der Aufwendungen bei sonst gleichen Bedingungen so gering wie möglich zu halten, um bei sonst gleichen Bedingungen ein hohes Einkommen zu erzielen.

4.1.1.2 Kontenplan und Kontenrahmen

Notwendigkeit von Übersichten über die verwendeten Posten

Wenn man die finanziellen Konsequenzen relevanter Ereignisse zusammenfasst, muss man entscheiden, für welche Vermögensgüter, Fremdkapital- und Eigenkapitalposten man separate Darstellungen unterscheiden will und wie man diese bezeichnet. Viele Vermögensgüter, Fremd- und Eigenkapitalposten sind sich so ähnlich, dass keine wichtige Information verloren geht, wenn man mehrere unterschiedliche Inhalte zu einer einzigen Darstellung zusammenfasst. Manche sind aber auch so verschieden voneinander, dass eine Zusammenfassung zu einem einzigen Posten den Einblick in den Inhalt dieses Postens erschwert. Karl Gross hatte beispielsweise Bargeld und sein jederzeit verfügbares Guthaben bei der Bank ohne nennenswerten Informationsverlust zum Vermögensgut „Zahlungsmittel" zusammengefasst. In großen Unternehmen kann die Vielfalt der Vermögensgüter und Fremdkapitalposten jedoch so groß sein, dass man leicht die Übersicht verliert. Es ist daher unumgänglich, zunächst viele einzelne (Unter-) Auflistungen vorzusehen, sich eine Aufstellung über die letztlich in den finanziellen Übersichten zu verwendenden (Ober-) Darstellung zu verschaffen, und schließlich die vielen einzelnen Unterposten zu ihrem jeweiligen Oberposten zusammenzufassen, bevor man mit der Analyse der Ereignisse beginnt.

Kontenvielfalt

In der Praxis werden die finanziellen Konsequenzen von Ereignissen, die den gleichen Inhalt betreffen, jeweils auf dem gleichen Datenträger erfasst, der als „Konto" für diese Ereignisse bezeichnet wird. So wird für jedes einzelne Vermögensgut und für jedes Fremdkapitalelement zunächst ein eigenes Konto eingerichtet. Wenn beispielsweise Forderungen entstehen, wird für jeden einzelnen Schuldner, manchmal sogar für jede einzelne Geschäftsart mit diesem Schuldner, ein eigenes Konto eingerichtet. Die Salden der Konten der einzelnen Schuldner werden zur Erstellung der finanziellen Berichte auf dem Oberkonto „Forderungen aus Verkauf" zusammengefasst. Bei anderen Konten sieht es ähnlich aus.

Um den Überblick über die große Zahl möglicher Konten zu behalten, legen Unternehmen sich ein Verzeichnis an, in dem alle zulässigen Konten mit ihren Beziehungen zu anderen Konten aufgeführt sind. Die Übersicht eines Unternehmens über die bei ihm verwendeten Konten und die jeweiligen Erweiterungsmöglichkeiten um zusätzliche Konten wird „Kontenplan" genannt. Kontenpläne stellen darauf ab, eine systematische Übersicht über die Konten und ihre Zusammenhänge zu geben, die für die Abbildung von Ereignissen in einem Unternehmen verwendet werden. Für die Aufstellung von Kontenplänen existieren umfangreiche Empfehlungen von Verbänden, die als „Kontenrahmen" bezeichnet werden.

Kontenpläne und Kontenrahmen

Kontenpläne enthalten neben den Namen der Konten häufig kontenspezifische Nummern. Durch die Verwendung von Nummern anstatt von Kontennamen verringert sich die mit Aufzeichnungen verbundene Schreibarbeit. Ein Kontenplan, der den Buchungen des Beispiels aus dem dritten Kapitel hätte zugrunde liegen können, mag wie derjenige in Abbildung 4.1, Seite 117, ausgesehen haben. Der Kontenplan des Beispiels wurde so aufgebaut, dass die inhaltliche Zusammengehörigkeit von Konten aus ihrer Position im Plan und aus ihrer Nummer deutlich werden. Anstatt der dargestellten Kontonummern, hätte man auch andere Nummern vergeben können. Die hier gewählte Art der Nummerierung lässt in Verbindung mit dem Plan an der Nummer eines Kontos erkennen, welche Rolle das Konto für die finanziellen Berichte spielt.

Kontenplan: in einem Unternehmen verwendete Konten

Bilanzkonten

Vermögenskonten		Fremdkapitalkonten		Eigenkapitalkonten	
101	Zahlungsmittel	201	Verbindlichkeiten	301	Kapital K. Gross zu
111	Forderungen		(Einkauf)		Beginn
	(Verkauf)				
141	Büromaterial				
151	Büromöbel				
191	Grundstücke				

Eigenkapitaltransferrechnungskonten

Entnahmen		Einlagen	
311	Entnahme K. Gross	316	Einlage K. Gross

Einkommensrechnungskonten

Aufwendungen		Erträge	
321	Aufwand (Miete)	331	Ertrag (Verkauf)
322	Aufwand (Gehalt)		
323	Aufwand (Sonstiges)		

Abbildung 4.1: Möglicher Kontenplan der „Unternehmensberatung Karl Gross"

Benötigt man eine detailliertere Untergliederung von Konten als im Kontenrahmen oder Kontenplan angegeben, so kann man zu jedem der angeführten Konten sogenannte

Ober- und Unterkonten

Unterkonten bilden. Im Beispiel könnte man das Nummernsystem dann so erweitern, dass sie sich nur in den letzten Stellen von der Nummer des jeweiligen Oberkontos unterscheiden. Hätte Karl Gross beispielsweise zwei Grundstücke gekauft, eines auf der Hauptstraße 31 zu 20000 GE und eines auf der Hauptstraße 33 zu 10000 GE, so hätte es sich angeboten, zum Oberkonto „191 Grundstücke" ein Unterkonto „1911 Grundstück Hauptstraße 31" und ein weiteres Unterkonto „1912 Grundstück Hauptstraße 33" anzulegen. Selbstverständlich könnte man den Unterkonten auch andere als die hier gewählten Nummern zuweisen. Soll in den Finanzberichten nur das Oberkonto „191 Grundstücke" erscheinen, dann sind vor Erstellung der Finanzberichte die Salden oder die Soll- und Haben-Seiten der Unterkonten auf das Oberkonto zu übertragen. Wir beschränken uns im Folgenden auf die Übertragung der Salden.

Übertragung des Saldos eines Unterkontos auf ein Oberkonto

Die Übertragung der Salden von Unterkonten auf Oberkonten erfordert es erstens, die Höhe des jeweiligen Saldos festzustellen, und zweitens die Bestände des Ober- und Unterkontos in Höhe dieses Saldos so zu verändern, dass sich danach auf dem Unterkonto ein Saldo von 0 GE ergibt. Im Beispiel hätte man dann auf dem Oberkonto „191 Grundstücke" Zugänge von 20000 GE und 10000 GE stehen und auf den Unterkonten die entsprechenden Abgänge. Erfasst man die finanziellen Konsequenzen von Ereignissen auf Unter- anstatt auf Oberkonten, so muss man zur Erstellung der Finanzberichte die Information von den Unterkonten auf die Oberkonten übertragen. Diese Übertragung ist einfach. Man überträgt den Endbestand eines Unterkontos so auf das zugehörige Oberkonto, wie wenn der Endbestand auf dem Oberkonto entstanden wäre. Dabei unterstellt man, die Vermögensgüter, das Fremdkapital oder das Eigenkapital nähmen auf dem Oberkonto im gleichen Maße zu wie die Beträge auf den jeweiligen Unterkonten abnähmen.

Bildung und Nummerierung von Unterkonten

Der Kontenplan von Karl Gross enthält nur Konten für Posten, die in seiner Bilanz Eigenkapitaltransfer- und Einkommensrechnung vorkommen. Aus dem Kontenplan von Karl Gross ist ersichtlich, dass die Konten der Einkommensrechnung als Unterkonten des Eigenkapitalkontos betrachtet werden. In der Praxis arbeitet man mit wesentlich umfangreicheren Kontenplänen als dem des Beispiels. In Unternehmen mit sehr vielen Vermögens- und Fremdkapitalarten genügt es normalerweise nicht, nur – wie bei Karl Gross – Konten für die Posten der Bilanz, Eigenkapitaltransfer- und Einkommensrechnung vorzusehen. Konteninhalte wären dann meist zu heterogen. Deswegen sehen Kontenpläne zu den Bilanz- und Einkommensrechnungskonten noch viele Unterkonten vor. Das hat zur Folge, dass in Unternehmen mit vielen Vermögens-, Fremdkapital-, Ertrags- und Aufwandsarten das vorgestellte System der dekadischen Kontonummern schnell zu Problemen führt. So ist es möglich, dass man mehr als zehn Unterkonten zu einem Oberkonto bilden möchte. Man kann auch aus systematischen Gründen eine neue dekadische Ebene eröffnen, obwohl deutlich weniger als zehn Unterkonten benötigt werden. Um das Nummernsystem nicht unnötig aufzublähen, haben sich große Unternehmen seit Langem von einem System inhaltlich aussagefähiger Kontonummern verabschiedet. Stattdessen werden bei ihnen Inhalt und Funktion von Konten in Listen ähnlich einem Telefonbuch dokumentiert.

Im deutschen Sprachraum häufig verwendete Kontenrahmen

In Deutschland gibt es einige Vorschläge für Kontenrahmen: den Gemeinschaftskontenrahmen der Industrie (GKR), den Industriekontenrahmen (IKR), die verschiedenen Kontenrahmen der „Datenverarbeitungsorganisation des steuerberatenden Berufs in der Bundesrepublik Deutschland eG" (DATEV) sowie Kontenrahmen für Handelsbetriebe, um nur einige zu nennen. Die Kontenrahmen unterscheiden sich durch die Art der Gruppierung von Konten zu sogenannten Kontenklassen. Abbildung 4.2, Seite 120, vermittelt eine Vorstellung von den Aufbauunterschieden der genannten Kontenrahmen.

Zum Verständnis der Buchführungstechnik ist es nicht erforderlich, Kontenrahmen oder Kontenpläne zu kennen, zur Abbildung der finanziellen Konsequenzen von Ereignissen in konkreten Situationen hingegen kann es sehr hilfreich sein. Für unsere Übungsaufgaben sollten wir uns daher zunächst einen eigenen Kontenplan erstellen. In die Bilanz und die weiteren Rechnungen übernehmen wir bei Bedarf die Kontenbezeichnungen dieses Planes. Erst in späteren Kapiteln werden wir uns mit Standardisierungen der in Finanzberichten aufgeführten Posten beschäftigen.

Kontenplan und Berichtsschemata für Übungsaufgaben

4.1.2 Relevante Ereignisse

Ein weiteres Element des Systems der doppelten Buchführung stellen die Ereignisse dar, deren finanzielle Konsequenzen zu erfassen sind. Man muss festlegen, welche Ereignisse in der Buchführung zu berücksichtigen sind und welche nicht. Es wurde oben bereits erwähnt, dass es Ereignisse gibt, deren finanzielle Konsequenzen im Rechnungswesen nicht abgebildet werden, weil sie nicht konkret genug zu erfassen sind. Wir haben uns aber bisher nicht näher damit befasst, wie sich die zu erfassenden und die nicht zu erfassenden Arten von Ereignissen voneinander unterscheiden. Grundsätzlich richtet sich die Erfassung nach den Bilanzierungs- und Bewertungsregeln des jeweils verwendeten Rechnungslegungskreises. Wir sehen hier von den Feinheiten ab, durch die sich die Definitionen und Bewertungen von Vermögensgütern und Fremdkapitalposten in den verschiedenen Rechtskreisen voneinander unterscheiden. Wir beschränken unsere Darstellung auf das, was allen Regelungskreisen gemeinsam sein dürfte.

Erfassung von Ereignissen im Rechnungswesen abhängig vom Rechnungslegungssystem

Man kann Ereignisse zunächst grob danach unterteilen, ob sie sich auf die Finanzberichte eines Unternehmens auswirken oder nicht. Diejenigen, die sich nicht auf Finanzberichte eines Unternehmens auswirken, z.B. weil sie eine ganze Volkswirtschaft betreffen oder sich ihre Auswirkungen nicht vernünftig quantifizieren lassen, werden hier nicht weiter betrachtet. Wir unterscheiden die für das betriebswirtschaftliche Rechnungswesen irrelevanten Ereignisse von den relevanten Ereignissen mit Auswirkungen auf Finanzberichte. Relevante Ereignisse lassen sich wiederum in solche untergliedern, die mit physischen oder rechtlichen Vorgängen im Unternehmen oder zwischen dem Unternehmen und seiner Umwelt in Verbindung stehen, und in solche, bei denen das nicht der Fall ist.

Beschränkung auf Ereignisse mit Wirkung auf die Finanzberichte

Relevante Ereignisse, die immer Auswirkungen auf Finanzberichte besitzen, können mit physischen oder rechtlichen Vorgängen im Unternehmen zusammenhängen. Wir bezeichnen sie dann als Geschäftsvorfälle. Sie lassen sich meistens zu dem Zeitpunkt im Rechnungswesen erfassen, zu dem die Ereignisse stattfinden. Beispielsweise stellt der Einkauf von Material gegen Barzahlung eine physische Veränderung des Materialbestandes und der Zahlungsmittel dar. Die dazugehörenden finanziellen Konsequenzen können in engem zeitlichen Zusammenhang zu den physischen Vorgängen im Rechnungswesen erfasst werden. Ähnlich verhält es sich beim Verkauf einer Ware auf Ziel. Der physische Abgang von Waren und der Zugang der Forderungsrechts können zum Anlass für die Erfassung des gesamten Vorganges im Rechnungswesen genommen werden.

Geschäftsvorfälle

Klasse	Gemeinschafts-kontenrahmen der Industrie (GKR)	Industrie-kontenrahmen (IKR)	DATEV-Spezial-kontenrahmen 03 (SKR 03)	DATEV-Spezial-kontenrahmen 04 (SKR 04)	Kontenrahmen für Handels-betriebe
0	Anlagevermögen und langfristiges Kapital	Vermögensbestand: Sach- und immateri-elle Anlagen	Anlage- und Kapital-konten, Rechnungs-abgrenzung	Vermögensbestände: Anlagevermögen	Anlage- und Kapitalkonten
1	Finanzumlaufvermögen und kurzfristiges Fremd-kapital	Vermögensbestand: Finanzanlagen	Finanz- und Privat-konten	Vermögensbestand: Umlaufvermögen, aktive Rechnungs-abgrenzung	Finanzkonten
2	Abgrenzungskonten (neutrale Erträge und Aufwendungen)	Vermögensbestand: Umlaufvermögen, aktive Rechnungs-abgrenzung	Abgrenzungskonten (neutrale, finanzielle und sonstiger Ertrag/Aufwand)	Kapitalbestand: Eigenkapital, Sonderposten mit Rücklageanteil	Abgrenzungs-konten (neutrale Erträge und Aufwendungen)
3	Roh-, Hilfs-, Betriebs-stoffe	Kapitalbestand: Eigenkapital und Rückstellungen	Wareneingangs- und Waren-bestandskonten	Kapitalbestand: Rück-stellungen, Verbind-lichkeiten, passive Rechnungsabgren-zung	Wareneinkaufs-konten
4	Kostenarten	Kapitalbestand: Fremdkapital und passive Rechnungs-abgrenzung	betriebliche Aufwen-dungen	Einkommensrech-nung: betriebliche Erträge	Großhandel: Boni und Skonti, Einzelhandel: Kos-tenarten
5	frei (für Kostenstellen-rechnung)	Einkommensrech-nung: Erträge	frei	Einkommensrech-nung: betriebliche Aufwendung (Material)	Großhandel: Kos-tenarten, Einzelhandel: frei
6	frei (für Kostenstellen-rechnung)	Einkommensrech-nung: betriebliche Aufwendungen	frei	Einkommensrech-nung: betriebliche Aufwendung (Personalaufwand, Abschreibungen, Sonstiges)	frei
7	fertige und unfertige Erzeugnisse	Einkommensrech-nung: weitere Aufwendungen	Erzeugnisbestände	weitere Aufwendun-gen und Erträge, Ein-stellungen und Entnahmen aus Rück-lagen	frei
8	betriebliche Erträge	Ergebnisrechnung	Erlöskonten	frei	Wareneinkaufs-konten
9	Abschlusskonten	frei (für Kosten- und Leistungsrechnung)	Vortragskonten, statistische Konten	Vortragskonten, statistische Konten	Abschlusskonten

Abbildung 4.2: Kontenklassifizierung in gebräuchlichen deutschen Kontenrahmen

Die Bilanzierungsregeln sehen regelmäßig auch vor, die finanziellen Konsequenzen einiger Ereignisse im Rechnungswesen zu erfassen, bei denen im Unternehmen keine physischen oder rechtlichen, sondern nur wertmäßige Veränderungen stattfinden. So ist beispielsweise der Wertansatz eines Vermögensguts regelmäßig zu verändern, wenn das Vermögensgut im Unternehmen genutzt wird oder wenn der Marktwert des Guts unter dessen Anschaffungsausgaben sinkt. Ob solche Ereignisse eingetreten und zu berücksichtigen sind, lässt sich nicht so einfach wie bei Geschäftsvorfällen feststellen. Es bedarf sorgfältiger Analysen und Beurteilungen des Bilanzierenden, nicht zuletzt auch, weil der Zeitpunkt, zu dem solche Ereignisse stattfinden, oft nur schwierig zu ermitteln ist. Wir bezeichnen derartige Ereignisse nicht als Geschäftsvorfälle, weil sie nicht an einen physischen Vorgang in Unternehmen anknüpfen. Sie werden nicht zu dem Zeitpunkt aufgezeichnet, zu dem sie stattfinden, sondern erst zu dem Zeitpunkt, zu dem die Finanzberichte aufgestellt werden. Bilanzierende erhalten dann zunächst vorläufige Finanzberichte, die sämtliche Geschäftsvorfälle enthalten. Auf dieser Basis müssen sie sich um die Berücksichtigung der anderen relevanten Ereignisse kümmern.

Andere zu berücksichtigende Ereignisse

4.1.3 Kontenformen

Eine häufig verwendete Art, die finanziellen Konsequenzen von Geschäftsvorfällen und anderen relevanten Ereignissen aufzuzeichnen, besteht in der Benutzung eines sogenannten T-Kontos. Der Name kommt von den für dieses Konto verwendeten Linien, welche die Form des Großbuchstabens „T" annehmen. Die horizontale Linie trennt den „Kopf" des Kontos vom Rest, die senkrechte Linie die linke Seite, die auch Soll (-Seite) oder Debit (-Seite) genannt wird, von der rechten Seite, für die sich die Bezeichnungen Haben (-Seite) oder Credit (-Seite) eingebürgert haben. Das Zahlungsmittelkonto eines Unternehmens besitzt beispielsweise die folgende T-Form:

T-Konto

Zahlungsmittel

Soll-Seite (Debit)	Haben-Seite (Credit)

Tatsächlich besitzen sogenannte T-Konten mehr als zwei Spalten. Sie enthalten nicht nur Wertangaben, sondern auch Verweise darüber, wann und warum ein Eintrag erfolgte, beispielsweise die Angabe des Datums und des der Eintragung zu Grunde liegenden Geschäftsvorfalls beziehungsweise relevanten Ereignisses mit Hinweis darauf, welches andere Konto noch betroffen wurde. Darüber hinaus erscheint es sinnvoll zu erwähnen, welche Seite als Soll-Seite und welche als Haben-Seite verstanden wird. Üblicherweise stellt die linke Seite jedes Kontos die Soll-Seite dar und die rechte die Haben-Seite. Ein Konto, beispielsweise das Zahlungsmittel-Konto, kann man sich dann ungefähr wie folgt vorstellen:

Soll		Zahlungsmittel	Haben
Verweistext (Ereignis X)	Betrag (X)	Verweistext (Ereignis Y)	Betrag (Y)
Verweistext (Ereignis Z)	Betrag (Z)		

Inhaltlich gleichwertig – länger, aber dafür transparenter – ist eine Form, bei der man alle Verweistexte in einer Spalte untereinander schreibt und nur die jeweiligen Beträge in unterschiedlichen Spalten aufnimmt. Das Zahlungsmittel-Konto hätte dann das folgende Aussehen:

Zahlungsmittel

Text	Soll	Haben
Verweistext (Ereignis X)	Betrag (X)	
Verweistext (Ereignis Y)		Betrag (Y)
Verweistext (Ereignis Z)	Betrag (Z)	

Laufende Angabe des Kontostands?

Meist interessiert man sich nicht nur für die Eintragung der finanziellen Konsequenzen von Ereignissen auf dem Konto, sondern auch für den Wert, der sich jeweils nach einer Eintragung als neuer Kontostand, als Saldo, ergibt. Dieser Wissenswunsch lässt sich im Sinne einer laufenden Bestandsangabe bei der erstgenannten Form des T-Kontos nicht erfüllen. Man kann nur denjenigen Kontostand zusätzlich zum Konto, gewissermaßen nachrichtlich, angeben, der sich unter Berücksichtigung aller auf dem Konto eingetragenen Buchungen ergibt. Das könnte z. B. dadurch geschehen, dass man ihn jeweils unter das Konto schreibt. Wenn die Soll-Seite die Haben-Seite übersteigt, könnte man ihn unter die Soll-Seite schreiben, für den umgekehrten Fall bietet sich die Haben-Seite an. Diesbezüglich gibt es keine Normen, weil es sich nur um eine freiwillige Zusatzangabe handelt.

Kontostandsangabe auf Zusatzspalten

Bei der zuletzt aufgeführten Kontoform bereitet der Ausweis des Kontostandes im Zeitablauf dagegen keine Probleme: Man ergänzt das Konto einfach um eine oder zwei weitere Spalten zur Aufnahme des jeweiligen Kontostandes. Bei nur einer Spalte gibt man, beispielsweise durch ein Vorzeichen, an, welche Kontoseite um wie viel höher ist als die andere; bei zwei Spalten kann man direkt ausdrücken, um welchen Wert die Soll-Spalte oder die Haben-Spalte höher ist als die jeweils andere.

Zahlungsmittel

Text	Veränderungen		Kontostand	
	Soll	Haben	Soll	Haben
Verweistext (Ereignis X)	Betrag (X)			
Verweistext (Ereignis Y)		Betrag (Y)		
Verweistext (Ereignis Z)	Betrag (Z)			

Warum haben wir bisher nur Konten beschrieben, die mindestens zwei Spalten aufweisen? Ein Grund ist darin zu sehen, dass die Rechenarbeit vereinfacht wird. Hat man weder Computer noch Taschenrechner oder Rechenmaschine zur Verfügung, können die auf einem Konto abzubildenden Veränderungen besonders leicht zusammengefasst werden, wenn man alle Zugänge in der einen und alle Abgänge in der anderen Spalte aufschreibt. Die Erleichterung besteht darin, dass man die Posten jeder Seite jeweils durch eine einzige Addition leicht zusammenfassen kann, um dann den Saldo beider Seiten, die gesamte Veränderung, in einer einzigen weiteren Subtraktion ermitteln kann.

Wenn man sich hingegen vorstellt, Tausende von Zahlen mit unterschiedlichen Vorzeichen stünden untereinander und sollten addiert werden, wird die Vereinfachung klar, die das T-Konto mit sich bringt. Mit dem Aufkommen von Rechenhilfen hat sich dieses Argument für die Verwendung von T-Konten allerdings überholt. Wir werden aber weiter unten noch sehen, dass auch ein anderer wichtiger Grund für die Verwendung von so genannten T-Konten zur Aufzeichnung von Ereignissen spricht.

Es sei ausdrücklich darauf hingewiesen, dass es sich bei der Angabe des Kontostandes nicht um einen Buchungsvorgang handelt. Die Kontostandsangabe hat nichts mit Buchungen zu tun. Allerdings lassen sich Konten durch Buchungen in Höhe des Kontostandes auf null bringen. Viele Konten – in den Übungsaufgaben mancher Lehrbücher fast alle – werden zum Ende des Abrechnungszeitraumes „abgeschlossen", indem man eine Buchung vornimmt, nach der sich ein Kontostand von null ergibt. Der Betrag der letzten Buchung entspricht dann der Höhe des Kontostandes nach der vorletzten Buchung.

Kontostandsangabe und Abschluss eines Kontos sind zwei unterschiedliche Sachverhalte

4.2 Zusammenhang zwischen den Elementen des Systems

4.2.1 Grundlagen

Im dritten Kapitel wurde anhand der intratemporalen Bilanzgleichung gezeigt, dass jedes abzubildende Ereignis mindestens zwei Konten berührt. Zum Beispiel bewirkte die Investition von Karl Gross in sein Unternehmen eine Zunahme der Zahlungsmittel sowie eine Zunahme des Eigenkapitals in Form einer Einlage, jeweils um den gleichen Betrag. Stellen Sie sich den Kauf von Büromaterial gegen Barzahlung vor: Der Wert des Büromaterials nimmt zu, der Wert der Barzahlung vermindert die Zahlungsmittel. Wäre nicht bar bezahlt worden, hätte der Wert des Büromaterials genauso zugenommen, jedoch hätte anstatt der Bargeldabnahme eine Zunahme anderer Zahlungsmittel oder eine Zunahme von Verbindlichkeiten stattgefunden.

Abbildung von Ereignissen auf mindestens zwei Konten

Sollen die finanziellen Konsequenzen eines Ereignisses auf Konten abgebildet werden, so ist zunächst festzulegen, welche Konten betroffen sind und wie der jeweilige Kontoninhalt zu verändern ist. Danach können die Eintragungen auf den Konten vorgenommen werden. Möchte man später einmal nachprüfen können, ob das Ereignis richtig abgebildet wurde, so sind nicht nur Eintragungen auf den Konten vorzunehmen, sondern man hat zusätzlich die Überlegungen zu dokumentieren, aus denen hervorgeht, welche Konten in welcher Höhe zu verändern waren. Verwendet man zweispaltige Konten, so ist für jedes Konto anzugeben, auf welcher Kontenseite der Betrag zu vermerken ist. Eine solche Dokumentation erfolgt in Form von sogenannten Buchungssätzen.

Dokumentation von Veränderungen auf Konten und in Buchungssätzen

Die Dokumentation in Form von Buchungssätzen gestaltet sich besonders kurz und damit effizient, wenn man einige der notwendigen Angaben nicht explizit macht, sondern implizit durch die Struktur des Buchungssatzes ausdrückt. Mit so einer impliziten Struktur haben wir es beispielsweise zu tun, wenn wir immer zuerst dasjenige Konto nennen, auf dem eine Zunahme zu verzeichnen ist, und erst anschließend dasjenige, auf

Vereinfachung von Buchungssätzen durch Standardisierung

dem eine Abnahme ansteht. Eine Vereinbarung, die genau das Umgekehrte vorsieht, ist der gerade genannten gleichwertig. Eine solche Vereinbarung würde allerdings diejenigen Fälle nicht abdecken, bei denen Zunahmen oder Abnahmen für jeweils beide Konten zu berücksichtigen wären. Das Problem lässt sich jedoch dadurch lösen, dass man nicht nur die Buchungssätze, sondern auch die Konteninhalte standardisiert. Im System der doppelten Buchführung findet die Standardisierung der Buchungssätze und Konteninhalte so geschickt statt, dass im Normalfall die Angabe einer ersten Art von Konten mit den jeweiligen Beträgen und die einer zweiten Art von Konten mit den jeweiligen Beträgen für alles Weitere ausreicht. Wir unterstellen zur Erklärung zunächst, wir hätten es bei jeder Art nur mit einem einzigen Konto zu tun.

Grundbuch, Haupt- und Nebenbücher

Zur Vereinfachung des Zugriffs auf die Informationen wurden die Konten früher zu Gruppen sortiert und in einem gebundenen Buch – bei Bedarf auch in mehreren Büchern – geführt. Diese Bücher nennt man Haupt- und Nebenbücher. Offensichtlich leitet sich der Ausdruck „Buchführung" hiervon ab. Obwohl sich die Technik sehr gewandelt hat – inzwischen dürfte der Computer das bevorzugte Dokumentationsinstrument sein – spricht man noch immer von Buchführung sowie von Haupt- und Nebenbüchern.

Buchführungs- organisation bei Computereinsatz

Heutzutage verarbeiten Unternehmen die Geschäftsvorfälle mit Hilfe der elektronischen Datenverarbeitung. Anwendungsprogramme zur Durchführung von Buchführungen sind zahlreich. Sie dürften überwiegend spezielle Anwendungen von Datenbanksystemen sein. Der Vorteil der Durchführung von Buchführungen mit Hilfe der elektronischen Datenverarbeitung besteht darin, dass die erforderlichen Additionen und Subtraktionen sehr schnell und zudem rechnerisch richtig durchgeführt werden. Der Benutzer hat einmalig nach Installation des Programms die in seiner Buchführung vorzusehenden Konten anzulegen und deren Beziehungen untereinander sowie zu den finanziellen Berichten festzulegen. Anschließend muss er nur noch für jeden Geschäftsvorfall den Buchungssatz angeben. Letztgenannte Tätigkeit vereinfacht sich erheblich, wenn man die abzubildenden Geschäftsvorfälle zunächst nach gleichartigen Buchungssätzen sortiert. Dann reicht es innerhalb der Vorgänge mit gleichartigen Buchungssätzen aus, mit jedem Geschäfts-vorfall nur noch diejenigen Informationen einzugeben, um die sich die gleichartigen Buchungssätze voneinander unterscheiden. In vielen Fällen geschieht auch das heute automatisch.

Traditionelle Organisation der Buchführung

Ohne Einsatz des Computers hat man all diese Schritte auf konventionelle Art zu erledigen. Je nach Zahl der verwendeten Konten kann man eine große Tabelle anlegen, in deren Zeilen chronologisch die Geschäftsvorfälle aufgeführt werden und in deren Spalten zunächst die Ereignisbeschreibung und danach die Konten mit jeweils einer Soll-Seite und einer Haben-Seite stehen. Diese Art, die Bücher zu führen ist nur für kleine Unternehmen oder für einfache Übungsaufgaben geeignet. Für Unternehmen, die viele Konten verwenden, hat sich die sogenannte Loseblatt-Buchführung bewährt, bei der man neben einer Ereignisbeschreibung, die als Journal bezeichnet wird, für jedes Konto ein loses Blatt anlegt. Die Arbeit lässt sich erleichtern, wenn man den Teil der Journalinformation, der das Konto betrifft, beim Eintrag in das Journal auf das Konto durchschreibt. Man spricht in diesem Falle von Durchschreibebuchführungen.

4.2.2 Standardisierung des Inhalts von Konten mit getrennten Spalten für „Zugang" und „Abgang"

Das System der doppelten Buchführung zeichnet sich dadurch aus, dass die Art und Weise genormt ist, in der die Aufzeichnungen auf den mindestens zweispaltigen Konten vorgenommen werden. Für jedes Konto werden alle Zugänge auf der einen und alle Abgänge auf der anderen Seite des Kontos aufgezeichnet. **Trennung von Zugängen und Abgängen auf T-Konten**

Die spezielle Normung der Konteninhalte im System der doppelten Buchführung besteht aus zwei Vorgaben: **Normung der Konteninhalte**

1. Die Zugänge von Vermögensgütern sind jeweils auf der linken Kontoseite, der Soll-Seite, zu vermerken und die Abgänge dementsprechend auf der rechten, der Haben-Seite.

2. Die Zugänge auf Kapitalkonten werden auf der rechten, der Haben-Seite und Abgänge auf der linken, der Soll-Seite vermerkt.

Dieses für Vermögens- und Kapitalkonten spiegelbildliche Vorgehen ist der intratemporalen Bilanzgleichung nachempfunden, bei der Vermögensgüter links des Gleichheitszeichens und Fremd- sowie Eigenkapitalposten rechts davon vermerkt sind.

Die Normierung sei kurz am Beispiel der ersten Geschäftsvorfälle des Karl Gross aus dem vorigen Kapitel erläutert. Bei Gründung des Unternehmens investiert Gross 100 000 GE. Das Unternehmen hat also Bargeld in Höhe von 100 000 GE erhalten und dieses Karl Gross als Eigenkapital gutgeschrieben. Welche Konten des Unternehmens werden berührt? Welche Beträge sind auf welcher Kontenseite einzutragen (Soll oder Haben)? Die Antwort ist einfach: Das Vermögenskonto *Zahlungsmittel* und das Eigenkapitalkonto *Kapital K. Gross* haben jeweils um 100 000 GE zugenommen. Die Zunahme wird auf dem Zahlungsmittelkonto entsprechend der Normung auf der Soll-Seite – man sagt auch „im Soll" – und auf dem Eigenkapitalkonto auf der Haben-Seite, „im Haben", erfasst. Hinsichtlich der Spalteninhalte halten wir uns in diesem Buch an die üblichen Vorgaben, verkürzen aber im Folgenden aus Platzgründen Soll zu „S" und Haben zu „H". Die folgende Darstellung zeigt die intratemporale Bilanzgleichung sowie die durch die Einlage berührten Konten. Aus Platzgründen wird hier auf den Konten sowohl auf die Angabe des Ereignisses als auch auf einen Verweistext verzichtet. Nachrichtlich wird zusätzlich zu den Buchungen unter den Konten jeweils der Kontostand angegeben. **Erläuterung der Normierung am Beispiel**

Vermögensgüter	**=**	**Fremdkapital**	**+**	**Eigenkapital**

S	Zahlungsmittel	H				S	Kapital K. Gross	H
Soll-Seite wegen Zunahme 100 000							Haben-Seite wegen Zunahme 100 000	
Kontostand 100 000							Kontostand 100 000	

Beim Kauf des Grundstücks für 60 000 GE entsteht für das Unternehmen das Vermögensgut „Grundstück" im Wert von 60 000 GE. Die Zunahme von Vermögensgütern wird auf der Soll-Seite berücksichtigt. Die Zahlungsmittel, deren Bestand sich ja vor dem Kauf auf 100 000 GE belief, nehmen um 60 000 ab. Die Abnahme von Vermögensgütern wird auf der Haben-Seite berücksichtigt. Man erhält das in Abbildung 4.3, Seite 126, wiedergegebene Ergebnis.

Vermögensgüter	**=**	**Fremdkapital**	**+**	**Eigenkapital**

S	Zahlungsmittel	H						S	Kapital K. Gross	H
Soll-Seite Bestand 100 000	Haben-Seite wegen Abnahme 60 000								Haben-Seite Bestand 100 000	
Kontostand 40 000									Kontostand 100 000	

S	Grundstück	H
Soll-Seite wegen Zunahme 60 000		
Kontostand 60 000		

Abbildung 4.3: Ergebnis des Grundstückskaufs

Bei der Beschaffung des Büromaterials für 3 000 GE wird ein Kredit beim Lieferanten aufgenommen; denn K. Gross hatte das Büromaterial ja auf Ziel gekauft. Ein Vermögensgut nimmt zu und wird daher auf der Soll-Seite vermerkt. Bis zur ganzen oder teilweisen Bezahlung der Rechnung bestehen *Verbindlichkeiten*, zunächst in Höhe von 3 000 GE. Ein Kapitalposten nimmt damit zu und wird deswegen auf der Haben-Seite modifiziert. Das Ergebnis sehen wir in Abbildung 4.4, Seite 127.

Für jeden Posten des Vermögens, des Fremdkapitals und des Eigenkapitals ein neues Konto! Bei Bedarf eröffnet man für jedes neue Vermögensgut und für jeden neuen Fremdkapitalposten ein neues Konto. Möchte man den Wert aller Vermögensgüter, den des gesamten Fremdkapitals oder den des gesamten Eigenkapitals, ermitteln, so genügt es, die Kontostände der jeweiligen Kontengruppen zu addieren.

4.2.3 Standardisierung der Dokumentation im Journal

Journal, Grundbuch: chronologische Aufzeichnung Die Gesamtheit der Konten befand sich – wie bereits erwähnt – früher in einem Buch oder in Büchern. Die gesamten Aufzeichnungen werden deswegen heute noch als „Buchführung" bezeichnet. Die Aufzeichnung der finanziellen Konsequenzen von Ereignissen auf

Vermögensgüter	=	**Fremdkapital**	+	**Eigenkapital**

S	Zahlungsmittel	H
Soll-Seite Bestand 40 000		
Kontostand 40 000		

S Verbindlichkeiten (Einkauf) H
Haben-Seite wegen Zunahme 3000
Kontostand 3000

S	Kapital K. Gross	H
		Haben-Seite Bestand 100 000
		Kontostand 100 000

S	Büromaterial	H
Soll-Seite wegen Zunahme 3000		
Kontostand 3000		

S	Grundstück	H
Soll-Seite Bestand 60 000		
Kontostand 60 000		

Abbildung 4.4: Ergebnis des Büromaterialkaufs

Konten muss nachvollziehbar sein, um eventuelle Aufzeichnungsfehler nachträglich identifizieren und korrigieren zu können. Um die Nachvollziehbarkeit zu gewährleisten, verwendet man zusätzlich zu Konten ein Journal, auch Grundbuch genannt, in dem zunächst alle Geschäftsvorfälle chronologisch mit Verweisen auf diejenigen Konten aufgezeichnet werden, auf denen die Geschäftsvorfälle abzubilden sind. Zusätzlich wird angegeben, ob die Soll- oder die Haben-Seite des jeweiligen Kontos berührt wird. Um auch einen Rückverweis von den Konten auf das Journal zu ermöglichen, wird auf den Konten zusätzlich zu den Beträgen ein Hinweis auf den zugehörigen Journaleintrag gegeben. Ein Verweis auf dem Konto auf das durch den Buchungssatz gleichzeitig veränderte andere Konto erhöht die Übersichtlichkeit nochmals.

Der Arbeitsablauf bei der Erstellung von Buchungssätzen im System der doppelten Buchführung besteht dann aus den folgenden vier Schritten: **Arbeitsablauf**

1. ANALYSE der Quellbelege: Untersuchung, ob es sich um ein relevantes Ereignis handelt. Als Quellbelege dienen beispielsweise Rechnungen, Zahlungsquittungen, Kontoauszüge, Warenausgangs- und Wareneingangsscheine.

2. KONTENBESTIMMUNG: Zur Vorbereitung des Journaleintrages sind die Konten zu bestimmen, die von dem relevanten Ereignis betroffen sind. Dabei kommt es nicht nur darauf an, die Namen der Konten auszumachen; die Konten müssen auch nach ihrer Art (Vermögensgüter, Fremdkapital, Eigenkapital) klassifiziert werden.

3. Ermittlung der Konsequenzen im Modell der intratemporalen BILANZGLEICHUNG: Bestimmung für jedes identifizierte Konto, ob der Geschäftsvorfall eine Zunahme oder eine Abnahme auf dem Konto auslöst und wie diese Veränderungen gemäß der oben beschriebenen Normierung der Kontenseiten zu behandeln sind (Modifikation der Soll- oder Habenseite des Kontos).

4. JOURNALEINTRAG: Eintragung der gewonnenen Erkenntnisse in das Journal nach dem Schema (für nur zwei Konten):

   – Datum

   – Kurzbeschreibung des Geschäftsvorfalls

   – Name des Kontos, dessen Soll-Seite betroffen ist, und Betrag, um den die Soll-Seite zu verändern ist

   – Name des Kontos, dessen Haben-Seite betroffen ist, und Betrag, um den die Haben-Seite zu verändern ist

   Bei mehr als einem Konto für eine der beiden Kontenarten sind entsprechende Erweiterungen vorzusehen.

Angewandt auf den ersten Geschäftsvorfall des Unternehmens von Karl Gross bedeuten die ersten vier Schritte:

1. ANALYSE: Laut Kontoauszug der Bank für das Girokonto des Unternehmens wurden 100 000 GE durch eine Einzahlung von Karl Gross auf dem Girokonto verbucht. Weil das Guthaben des Vermögensguts „Girokonto" sich verändert hat, handelt es sich um ein relevantes Ereignis.

2. KONTENBESTIMMUNG: Durch den Geschäftsvorfall nimmt das Vermögensgut „Zahlungsmittel" zu. Der Zunahme dieses Vermögensguts steht eine gleich hohe Abnahme anderer Vermögensgüter nicht gegenüber. Das Fremdkapital wird von dem Vorgang nicht berührt. Der Geschäftsvorfall betrifft das Eigenkapital. Folglich sind das Vermögenskonto *Zahlungsmittel* und das Eigenkapitalkonto *Kapital K. Gross* zu verändern.

3. BILANZGLEICHUNG: Beide Konten nehmen jeweils um 100 000 GE zu. Zunahmen eines Vermögenskontos sind auf dessen Soll-Seite zu berücksichtigen, Zunahmen eines Eigenkapitalkontos auf dessen Haben-Seite.

4. Der JOURNALEINTRAG müsste mindestens enthalten:

Beleg	Datum	Ereignis und Konten	Soll	Haben
1	2.4.X1	Einlage von K. Gross		
		Zahlungsmittel	100 000	
		Kapital K. Gross		100 000

Journalinhalt Journale können in ihrer Form unterschiedlich aufgebaut sein. Das Wesentliche ist, dass alle Informationen darin enthalten sind, die man für die Übernahme der Informationen auf Konten benötigt. Die Auswertung des Journaleintrags fällt umso leichter, je standardisierter die Aufschreibungen sind. Bei nur zwei Konten ist es üblich, zuerst dasjenige Konto zu nennen, dessen Soll-Seite zu verändern ist und dann dasjenige, dessen Haben-Seite modifiziert werden muss. Bei mehr als einem einzigen Konto in einer oder beiden Arten werden zuerst diejenigen Konten genannt, deren Soll-Seiten zu verändern sind, und dann diejenigen, deren Haben-Seiten berührt werden. Einen in diesem Sinne standardisierten und vollständigen Journaleintrag nennt man auch einen Buchungssatz im Sinne der doppelten Buchführung.

Zur Vermeidung von Missverständnissen werden die Kontennennungen (für ein einziges Konto in jeder der beiden Kontenarten) in die Satzstruktur „per Konto 1 an Konto 2" oder „Konto 1 an Konto 2" gepackt, wobei „Konto 1" immer dasjenige ist, dessen Soll-Seite modifiziert wird, und „Konto 2" immer dasjenige, dessen Haben-Seite betroffen ist. Man bucht also immer „(per) Soll an Haben". Wenn beide Konten um den gleichen Betrag verändert werden, vereinfacht man die Schreibweise durch einmalige Betragsnennung. Hieraus folgt z.B. „am 2. April (per) *Zahlungsmittel* an *Kapital K. Gross* 100000 GE". Obiger Buchungssatz würde im Journal dann lauten:

Formale Gestaltung

Beleg	Datum	Ereignis	Konto, dessen Soll-Seite verändert wird	Betrag		Konto, dessen Haben-Seite verändert wird	Betrag
1	2.4.X1	Einlage von K. Gross	*Zahlungsmittel*	100000	an	*Kapital K. Gross*	100000

Alle Buchungssätze haben im Prinzip die gleiche Struktur, wenn man sich an die Normung hält. Diejenigen relevanten Ereignisse, die sich nicht in Geschäftsvorfällen niederschlagen, sind ebenfalls in das Journal einzutragen. Dabei sind wiederum die vier geschilderten Schritte zu unternehmen. Dies geschieht allerdings erst zu dem Zeitpunkt, zu dem die Buchungen erfolgen. Wie bereits oben erwähnt, wird dieser Zeitpunkt regelmäßig zum Ende des Abrechnungszeitraums liegen, spätestens jedoch zu Beginn des Zeitraums der Aufstellung der Finanzberichte.

4.2.4 Ausführung des Buchungssatzes auf Konten

Steht der Buchungssatz fest, gibt es keine großen Probleme mehr. Auf den Konten sind die durch den Buchungssatz vorgegebenen Veränderungen der Soll- bzw. der Habenseite vorzunehmen. Der Arbeitsablauf besteht aus einem einzigen (fünften) Schritt:

Arbeitsablauf (Fortsetzung)

5. KONTENEINTRAG: Übertragung des Journaleintrages auf die Konten unter Angabe eines Verweises auf den Journaleintrag.

In einer guten EDV-Buchführung genügt bereits die Angabe des Buchungssatzes: der Eintrag auf die Konten erfolgt dann mit einem Programm, das die Buchungssätze auswertet. Bei manuellen Buchführungen in Büchern oder auf losen Blättern sind die entsprechenden Eintragungen mit der Hand oder mit einem „Buchungsautomaten" vorzunehmen. In einigen Unternehmen ist es heutzutage sogar erreicht, dass viele Geschäftsvorfälle automatisch erfasst und ins Journal sowie auf den Konten vermerkt werden. Die Scanner-Kasse, bei der mindestens der verkaufte Artikel und der Verkaufspreis gescannt werden, macht so etwas beispielsweise für die Verkaufsbuchungen des Einzelhandels möglich.

4.2.5 Stichtagsorientierte Übernahme der Daten für oder aus Finanzberichten

Inhalt von Konten nach Buchungen

Nach der Buchung der Geschäftsvorfälle lässt sich auf den Konten jeweils die Veränderung der einzelnen Werte der Vermögensgüter, des Fremdkapitals und des Eigenkapitals ermitteln. Subtrahiert man die Abnahmen von den Zunahmen, so erhält man als Saldo die Veränderung des Bestandes, von dem das Konto handelt. Ergänzt man den Kontoinhalt um den Bestand zu Beginn des Abrechnungszeitraumes, so entspricht der Saldo des Kontos zum Ende des Abrechnungszeitraumes dem Endbestand; denn es gilt ja entsprechend der intertemporalen Bilanzgleichung: Endbestand = Anfangsbestand + Zugänge – Abgänge.

Wir haben das Vorgehen bisher so dargestellt, dass wir nur die Veränderungen aufgezeichnet haben. Es wäre natürlich auch möglich gewesen, unter Einbezug der Anfangsbestände den aktuellen Bestand vieler Konten zu ermitteln. Dazu wäre eine zusätzliche Art von Buchungen notwendig geworden. Die Anfangsbestände der Vermögensgüter, des Fremdkapitals und des Eigenkapitals hätte man auf die Konten übertragen müssen. In der Literatur wird dieser Vorgang ebenfalls als Buchungssatz dargestellt. Man bildet ein so genanntes Eröffnungsbilanzkonto, das alle Bilanzposten mit ihren Wertangaben enthält, allerdings im Vergleich zur Bilanz seitenverkehrt. Der erste Buchungssatz auf die Konten lautet dann bei einem Vermögenskonto:

Konto Vermögensgut an *Eröffnungsbilanzkonto* mit dem Wert, der für das Vermögensgut in der Anfangsbilanz steht

und bei einem Kapitalposten

Eröffnungsbilanzkonto an *Konto des Kapitalpostens* mit dem Wert, der sich aus der Anfangsbilanz ergibt.

Hat man diese Buchungen für alle Bilanzposten vorgenommen, so ist das Eröffnungsbilanzkonto ausgeglichen. Man benötigt es nicht weiter.

Bucht man dann die Veränderungen jedes Postens auf den Konten, wie oben dargestellt, hinzu, erhalten wir als Salden auf den Konten zum Ende des Abrechnungszeitraums die Endbestände. Die Übertragung der Endbestände auf ein so genanntes Schlussbilanzkontos lässt sich ebenfalls mit Buchungen vornehmen. Für ein Aktivkonto lautet der entsprechende Buchungssatz:

Schlussbilanzkonto an *Aktivkonto* mit dem Wert, der sich aus dem Konto als Saldo ergibt.

Für ein Passivkonto lautet der Buchungssatz:

Passivkonto an *Schlussbilanzkonto* mit dem Wert, der aus dem Konto als Saldo ergibt.

Das Vorgehen am Ende des Abrechnungszeitraums führt zu Schlussbilanzkonto, das der Bilanz zum Ende des Abrechnungszeitraums entspricht.

Die dargestellte Technik besitzt insbesondere die Eigenschaft, dass alle Posten der Anfangsbilanz vorgesehen werden und dass später alle Konten auf dem Schlussbilanzkonto erscheinen. Die Kontrolle der Vollständigkeit lässt sich leicht erbringen. In unserem Buch wenden wir diese Technik aber nicht an. Wir belassen die Buchungen bei denjenigen, die vor Beschreibung des Anfangs- und Schlussbilanzkontos dargestellt wurden.

4.3 Veranschaulichung des Systems am Beispiel

Die Informationsverarbeitung im Rechnungswesen beruht auf den oben beschriebenen Schritten: der Analyse des Ereignisses, der Kontenbestimmung, der Verdeutlichung der intratemporalen Bilanzgleichung, dem Eintrag ins Journal und dem Eintrag auf den Konten. Zur Verdeutlichung werden die oben bereits erwähnten ersten sechs Ereignisse im Unternehmen des Karl Gross ausführlich behandelt. Dabei wird auf die Angabe eines konkreten Datums zu Gunsten der laufenden Nummer des Ereignisses verzichtet. Aus Platzgründen ist der Verweistext ebenfalls auf die Nummer des Buchungssatzes beschränkt. Kontostandsangaben unterbleiben genauso.

Beispiel mit sechs Ereignissen

4.3.1 Analyse, Journaleintrag und Konteneintrag von Geschäftsvorfällen

Ereignis 1 (Geschäftsvorfall)

ANALYSE: Das Unternehmen erhält am 2. April 100 000 GE Zahlungsmittel von seinem Gründer Karl Gross. Es handelt sich um eine Einlage, also um eine Eigenkapitalmehrung.

KONTENBESTIMMUNG: Das Ereignis berührt die Vermögensgüter und das Eigenkapital. Das Vermögensgüterkonto *Zahlungsmittel* und das Eigenkapitalkonto *Kapital K. Gross* sind zu verändern.

BILANZGLEICHUNG: Die Zahlungsmittel nehmen zu. Daher ist die Soll-Seite des Vermögensgüterkontos *Zahlungsmittel* zu verändern. Das Eigenkapital nimmt ebenfalls zu. Deswegen ist die Haben-Seite des Eigenkapitalkontos *Kapital K. Gross* zu verändern.

Vermögensgüter	=	Fremdkapital	+	Eigenkapital
Zahlungsmittel		Verbindlichkeiten		Kapital K. Gross
+ 100 000	=	0	+	+ 100 000

JOURNALEINTRAG: Aufzeichnung des Ereignisses „Kapitaleinlage von K. Gross" mit identifizierendem Verweis auf Kontoangaben (z. B. laufender Nummer und Datum), Art des Ereignisses, Name des Kontos, dessen Soll-Seite berührt wird, Betrag, um den das Konto zu verändern ist, Name des Kontos, dessen Haben-Seite berührt wird, und Betrag, um den das Konto zu verändern ist. Ihrer Art nach handelt es sich bei der Eigenkapitalehrung um eine Einlage des Kapitalgebers:

Beleg	Datum	Ereignis und Konten	Soll	Haben
1	2.4.X1	Einlage von K. Gross		
		Zahlungsmittel	100000	
		Kapital K. Gross		100000

KONTENEINTRAG:

S	Zahlungsmittel	H		S	Kapital K. Gross	H
(1)	100000				(1)	100000

Ereignis 2 (Geschäftsvorfall)

ANALYSE: Gross zahlt am 2. April 60000 GE für die Anschaffung eines Grundstücks, auf dem er ein Haus für sein Büro bauen möchte. Es handelt sich um einen Kauf, für den Zahlungsmittel ausgegeben werden.

KONTENBESTIMMUNG: Durch den mit Zahlungsmitteln getätigten Kauf ändert sich die Zusammensetzung der Vermögensgüter des Unternehmens. Das Vermögensgüterkonto *Grundstück* und das Vermögensgüterkonto *Zahlungsmittel* werden berührt.

BILANZGLEICHUNG: Auf dem Vermögensgüterkonto *Grundstück* ist eine Zunahme um 60000 GE zu berücksichtigen. Deswegen muss man die Soll-Seite verändern. Die Zahlungsmittel verringern sich. Folglich ist auf dem Vermögensgüterkonto *Zahlungsmittel* die Haben-Seite zu modifizieren:

Vermögensgüter		=	Fremdkapital	+	Eigenkapital
Zahlungsmittel	Grundstück		Verbindlichkeiten		Kapital K. Gross
– 60000	+ 60000	=	0	+	0

JOURNALEINTRAG: Aufzeichnung des Ereignisses „Grundstückskauf" mit identifizierendem Verweis auf Kontoangaben (z.B. laufender Nummer und Datum), Art des Ereignisses, Name des Kontos, dessen Soll-Seite berührt wird, Betrag, um den das Konto zu verändern ist, Name des Kontos, dessen Haben-Seite berührt wird und Betrag, um den das Konto zu verändern ist:

Beleg	Datum	Ereignis und Konten	Soll	Haben
2	2.4.X1	Grundstückskauf gegen Abnahme der Zahlungsmittel		
		Grundstück	60000	
		Zahlungsmittel		60000

KONTENEINTRAG:

S	Zahlungsmittel	H	S	Grundstück	H
(1) 100 000		(2) 60 000	(2) 60 000		

Ereignis 3 (Geschäftsvorfall)

ANALYSE: Kauf von Büromaterial am 3. April zum Preis von 3 000 GE „auf Rechnung" (synonym: „auf Ziel").

KONTENBESTIMMUNG: Durch den Kauf verändern sich die Vermögensgüter und das Fremdkapital. Das Vermögensgüterkonto *Büromaterial* und das Fremdkapitalkonto *Verbindlichkeiten (Einkauf)* werden berührt.

BILANZGLEICHUNG: Das Vermögensgüterkonto *Büromaterial* ist wegen der Zunahme auf seiner Soll-Seite, das Fremdkapitalkonto *Verbindlichkeiten (Einkauf)* wegen seiner Zunahme auf der Haben-Seite zu verändern:

Vermögensgüter	**=**	**Fremdkapital**	**+**	**Eigenkapital**
Büromaterial		Verbindlichkeiten (Einkauf)		Kapital K. Gross
+ 3 000	=	+ 3 000	+	0

JOURNALEINTRAG: Aufzeichnung des Ereignisses „Kauf von Büromaterial" mit identifizierendem Verweis auf Kontoangaben (z.B. laufender Nummer und Datum), Art des Ereignisses, Name des Kontos, dessen Soll-Seite berührt wird, Betrag, um den das Konto zu verändern ist, Name des Kontos, dessen Haben-Seite berührt wird, und Betrag, um den das Konto zu verändern ist:

Beleg	Datum	Ereignis und Konten	Soll	Haben
3	3.4.X1	Kauf von Büromaterial auf Ziel		
		Büromaterial	3 000	
		Verbindlichkeiten (Einkauf)		3 000

KONTENEINTRAG:

S	Büromaterial	H	S	Verbindlichkeiten (Einkauf)	H
(3) 3 000				(3) 3 000	

Ereignis 4 (Geschäftsvorfall)

ANALYSE: Es handelt sich um die Abgabe einer Dienstleistung gegen Barzahlung von 12 000 GE am 4. April. Bei der Erstellung der Dienstleistung war Büromaterial mit einem Anschaffungswert von 600 GE verbraucht worden.

KONTENBESTIMMUNG: Durch die Abgabe der Dienstleistung gegen Barzahlung nehmen die Vermögensgüter und das Eigenkapital um den gezahlten Preis der Dienstleistung zu. Zugleich nehmen die Vermögensgüter und das Eigenkapital wegen des Einsatzes des Büromaterials ab. Das Vermögensgüterkonto *Zahlungsmittel* und das Eigenkapitalkonto *Kapital K. Gross* nehmen zu. Gleichzeitig nehmen das Vermögensgüterkonto *Büromaterial* und das Eigenkapitalkonto *Kapital K. Gross* ab. Ihrer Art nach handelt es sich bei der Eigenkapitalmehrung um einen Ertrag, bei der Eigenkapitalminderung und einen Aufwand. Wir verbuchen den Sachverhalt hier sofort auf dem Eigenkapitalunterkonto des Kapitalgebers.

BILANZGLEICHUNG: Die Zunahme des Kontos *Zahlungsmittel* ist auf der Soll-Seite des Kontos, die Zunahme des Kontos *Kapital K. Gross* auf der Haben-Seite zu berücksichtigen:

Vermögensgüter	**=**	**Fremdkapital**	**+**	**Eigenkapital**
Zahlungsmittel		Verbindlichkeiten		Kapital K. Gross
+12000	=	0	+	+12000

Die Abnahme des Büromaterials ist auf der Haben-Seite des Kontos, die Abnahme des Eigenkapitals auf der Soll-Seite zu berücksichtigen:

Vermögensgüter	**=**	**Fremdkapital**	**+**	**Eigenkapital**
Büromaterial		Verbindlichkeiten		Kapital K. Gross
– 600	=	0	+	–600

JOURNALEINTRAG: Aufzeichnung des Ereignisses „Erbringung einer Dienstleistung" mit identifizierendem Verweis auf Kontoangaben (z.B. laufender Nummer und Datum), Art des Ereignisses, Name des Kontos, dessen Soll-Seite berührt wird, Betrag, um den das Konto zu verändern ist, Name des Kontos, dessen Haben-Seite berührt wird, und Betrag, um den das Konto zu verändern ist:

Beleg	Datum	Ereignis und Konten	Soll	Haben
4a	4.4.X1	Abgabe eines Gutachtens (Ertragsbuchung)		
		Zahlungsmittel	12000	
		Kapital K. Gross		12000
4b	4.4.X1	Abgabe eines Gutachtens (Aufwandsbuchung)		
		Kapital K. Gross	600	
		Büromaterial		600

KONTENEINTRAG:

S	Zahlungsmittel	H		S	Büromaterial	H		S	Kapital K. Gross	H
(1)	100 000	(2) 60 000		(3)	3 000	(4b) 600		(4b) 600		(1) 100 000
(4a)	12 000									(4a) 12 000

Ereignis 5 (Geschäftsvorfall)

ANALYSE: Es handelt sich um die Abgabe einer Dienstleistung am 5. April zu einem Preis von 10 000 GE mit späterer Bezahlung. Bei der Erstellung der Dienstleistung war Büromaterial mit einem Anschaffungswert von 400 GE verbraucht worden.

KONTENBESTIMMUNG: Durch die Abgabe der Dienstleistung gegen spätere Bezahlung werden die Vermögensgüter und das Eigenkapital um den Preis der Dienstleistung erhöht. Zugleich nehmen die Vermögensgüter und das Eigenkapital wegen des Einsatzes des Büromaterials ab. Das Vermögensgüterkonto *Forderungen (Verkauf)* und das Eigenkapitalkonto *Kapital K. Gross* nehmen zu. Gleichzeitig nehmen das Vermögensgüterkonto *Büromaterial* und das Eigenkapitalkonto *Kapital K. Gross* ab.

BILANZGLEICHUNG: Die Zunahme des Kontos *Forderungen (Verkauf)* ist auf der Soll-Seite des Kontos, die Zunahme des Kontos *Kapital K. Gross* auf der Haben-Seite zu berücksichtigen:

Vermögensgüter	**=**	**Fremdkapital**	**+**	**Eigenkapital**
Forderungen		Verbindlichkeiten		Kapital K. Gross
+ 10 000	=	0	+	+10 000

Die Abnahme des Büromaterials ist auf der Haben-Seite des Kontos, die Abnahme des Eigenkapitals auf der Soll-Seite zu berücksichtigen:

Vermögensgüter	**=**	**Fremdkapital**	**+**	**Eigenkapital**
Büromaterial		Verbindlichkeiten		Kapital K. Gross
– 400	=	0	+	–400

JOURNALEINTRAG: Aufzeichnung des Ereignisses „Erbringung einer weiteren Dienstleistung" mit identifizierendem Verweis auf Kontoangaben (z.B. laufender Nummer und Datum), Art des Ereignisses, Name des Kontos, dessen Soll-Seite berührt wird, Betrag, um den das Konto zu verändern ist, Name des Kontos, dessen Haben-Seite berührt wird, und Betrag, um den das Konto zu verändern ist:

Beleg	Datum	Ereignis und Konten	Soll	Haben
5a	5.4.X1	Abgabe eines Gutachtens (Ertragsbuchung)		
		Forderungen (Verkauf)	10000	
		Kapital K. Gross		10000
5b	5.4.X1	Abgabe eines Gutachtens (Aufwandsbuchung)		
		Kapital K. Gross	400	
		Büromaterial		400

KONTENEINTRAG:

S	Forderungen (Verkauf)	H
(5a)	10000	

S	Büromaterial		H
(3)	3000	(4b)	600
		(5b)	400

S	Kapital K. Gross		H
(4b)	600	(1)	100000
(5b)	400	(4a)	12000
		(5a)	10000

Ereignis 6 (Geschäftsvorfall)

ANALYSE: Karl Gross zahlt Miete (4000 GE), Gehalt (3000) und Sonstiges (2000) für den ersten Monat. Die Zahlungen wurden als sofort einkommenswirksam gekennzeichnet.

KONTENBESTIMMUNG: Durch die Zahlung nehmen die Vermögensgüter und das Eigenkapital des Unternehmens ab. Das Vermögensgüterkonto *Zahlungsmittel* und das Eigenkapitalkonto *Kapital K. Gross* werden berührt. Möchte man die Veränderungen des Eigenkapitals als Erträge und Aufwendungen getrennt erfassen, so kann man entsprechende Unterkonten zum Eigenkapitalkonto bilden. Dann wäre anstatt des Eigenkapitalkontos *Kapital K. Gross* das Aufwandskonto zu verändern. Hier wird die erstgenannte Variante dargestellt.

BILANZGLEICHUNG: Weil das Eigenkapital durch den Aufwand abnimmt, ist die Soll-Seite des Eigenkapitalkontos *Kapital K. Gross* zu verändern. Die Abnahme des Vermögensgüterkontos *Zahlungsmittel* ist auf der Haben-Seite zu erfassen.

Vermögensgüter	=	Fremdkapital	+	Eigenkapital
Zahlungsmittel		Verbindlichkeiten		Kapital K. Gross
− 4000	=	0	+	− 4000
− 3000				− 3000
− 2000				− 2000

JOURNALEINTRAG: Aufzeichnung des Ereignisses „Ausgaben für Miete, Gehalt und Sonstiges" mit identifizierendem Verweis auf Kontoangaben (z.B. laufender Nummer und Datum), Art des Ereignisses, Name des Kontos, dessen Soll-Seite berührt wird, Betrag, um den das Konto zu verändern ist, Name des Kontos, dessen Haben-Seite berührt wird, und Betrag, um den das Konto zu verändern ist:

Beleg	Datum	Ereignis und Konten	Soll	Haben
6	6.4.X1	Ausgaben für Miete, Gehalt und Sonstiges		
		Kapital K. Gross	9 000	
		Zahlungsmittel		9 000

KONTENEINTRAG:

S	Zahlungsmittel		H		S	Kapital K. Gross		H
(1)	100 000	(2)	60 000		(4b)	600	(1)	100 000
(4a)	12 000	(6)	9 000		(5b)	400	(4a)	12 000
					(6)	9 000	(5a)	10 000

4.3.2 Ermittlung der Kontensalden

Nach der Buchung der Geschäftsvorfälle lässt sich jeweils die Veränderung der einzelnen Werte der Vermögensgüter, des Fremdkapitals und des Eigenkapitals ermitteln. Im Beispiel zeigt das Zahlungsmittelkonto nach den sechs Geschäftsvorfällen die einlagenbedingte Zunahme um 100 000 GE, die Abnahme für den Grundstückskauf in Höhe von 60 000 GE, die Zunahme durch die Abgabe einer Leistung an den ersten Kunden in Höhe von 12 000 GE sowie Ausgaben für Miete, Gehalt und Sonstiges in Höhe von 9 000 GE. Subtrahiert man die Abnahmen von den Zunahmen, so erhält man als Saldo die Veränderung der Zahlungsmittel. Weil es zu Beginn der Betrachtung, d.h. vor dem ersten Geschäftsvorfall, keine Zahlungsmittel im Unternehmen gab, entspricht der Saldo von Einzahlungen und Auszahlungen im Beispiel dem Endbestand des Zahlungsmittelkontos. Normalerweise stellt der Saldo der Soll- und der Haben-Seite nur dann den Endbestand der jeweiligen Vermögensgüter-, Fremdkapital- oder Eigenkapitalwerte dar, wenn auch die jeweiligen Anfangsbestände in die Betrachtung einbezogen werden; denn es gilt ja – wie bereits mehrfach erwähnt – entsprechend der intertemporalen Bilanzgleichung:

Inhalt von Konten nach Buchungen

$$Endbestand = Anfangsbestand + Zugänge - Abgänge.$$

Im Folgenden wird der Kontostand, der sich nach Berücksichtigung der auf dem Konto angegebenen Werte ergibt, durch das Kürzel „Saldo" angedeutet und nachrichtlich unter das Konto geschrieben, wenn dieser Kontostand ungleich 0 GE ist. Übersteigt die Summe der Werte der Soll-Seite diejenige der Haben-Seite, so tragen wir den Kontostand auf der Soll-Seite unter dem T-Konto ein; im umgekehrten Fall benutzen wir die Haben-Seite. Bei einem Kontostand von 0 GE interessiert uns das Konto nicht mehr, und wir deuten dies durch doppeltes Unterstreichen an. Dies hat den Vorteil, dass wir den Kontostand jeweils auf derjenigen Kontenseite sehen, auf der wir normalerweise die Zugänge abbilden, solange noch ein positiver Bestand vorhanden ist, und dass Konten, die uns nicht mehr interessieren, gleich auffallen. Das Zahlungsmittelkonto sähe nach den Buchungen des obigen Beispiels folgendermaßen aus:

Darstellung des Kontostandes

S	Zahlungsmittel		H
(1)	100 000	(2)	60 000
(4)	12 000	(6)	9 000
Saldo	43 000		

Im Journal müssten sich für die ersten sechs Ereignisse entweder die oben dargestellten Buchungssätze oder bei Anwendung der Normung die Buchungssätze der Abbildung 4.5, Seite 138, befinden. Die von den ersten sechs Geschäftsvorfällen angesprochenen Konten sehen unter Berücksichtigung der Information über den Kontostand so wie in Abbildung 4.6, Seite 139, aus.

Ereignis	Konto das „im Soll" verändert wird		Konto das „im Haben" verändert wird	Betrag
1	*Zahlungsmittel*	an	*Kapital K. Gross*	100 000
2	*Grundstück*	an	*Zahlungsmittel*	60 000
3	*Büromaterial*	an	*Verbindlichkeiten (Einkauf)*	3 000
4a	*Zahlungsmittel*	an	*Kapital K. Gross*	12 000
4b	*Kapital K. Gross*	an	*Büromaterial*	600
5a	*Forderungen (Verkauf)*	an	*Kapital K. Gross*	10 000
5b	*Kapital K. Gross*	an	*Büromaterial*	400
6	*Kapital K. Gross*	an	*Zahlungsmittel*	9 000

Abbildung 4.5: Buchungssätze zu den ersten sechs Ereignissen im Unternehmen Karl Gross

4.4 Vorläufige Saldenaufstellung

4.4.1 Grundlagen

Vorläufige Saldenaufstellung: Liste der Kontostände aller Konten nach Buchung der Geschäftsvorfälle

Die vorläufige Saldenaufstellung repräsentiert eine Liste aller Konten mit den jeweiligen Kontoständen nach Berücksichtigung aller Geschäftsvorfälle, jedoch vor Erfassung derjenigen Ereignisse, die zwar berücksichtigt werden müssen, die aber nicht zu den Geschäftsvorfällen zählen. Weil noch nicht alle relevanten Ereignisse berücksichtigt sind, sondern nur die Geschäftsvorfälle, wird sie als vorläufig bezeichnet. Sie dient nicht nur der Übersicht über die Kontostände, sondern auch der Prüfung, bei welchen Konten weitere Ereignisse zu erfassen sind. Sie ist darüber hinaus beim Aufspüren von Buchungsfehlern hilfreich.

Eigenschaften der Saldenaufstellung

In einer vorläufigen Saldenaufstellung werden die Kontostände getrennt danach aufgeführt, ob sie auf der Soll- oder auf der Haben-Seite eines Kontos entstanden sind. Die Summe der

Vermögensgüter			=	**Fremdkapital**			+	**Eigenkapital**		

S	Zahlungsmittel		H			S	Verbindlichkeiten (Einkauf)	H			S	Kapital K. Gross		H
(1)	100 000	(2)	60 000				(3)	3 000			(4)	600	(1)	100 000
(4)	12 000	(6)	9 000				Saldo	3 000			(5)	400	(4)	12 000
Saldo	43 000										(6)	9 000	(5)	10 000
													Saldo	112 000

S	Forderungen (Verkauf)		H
(5)	10 000		
Saldo	10 000		

S	Büromaterial		H
(3)	3 000	(4)	600
		(5)	400
Saldo	2 000		

S	Grundstück		H
(2)	60 000		
Saldo	60 000		

Abbildung 4.6: Darstellung der Konten mit nachrichtlicher Angabe von Kontoständen nach den ersten sechs Geschäftsvorfällen des Beispiels

Kontostände der rechten Zahlenspalte der Saldenaufstellung muss der Summe der Kontostände der linken Zahlenspalte entsprechen. Ist dies nicht der Fall, so hat sich ein Fehler eingeschlichen. Trägt man Kontostände, die sich auf den Konten auf der Haben-Seite ergeben, auf der Haben-Seite der Saldenaufstellung ein (Haben-Salden) und entsprechende Soll-Salden der Konten auf der Soll-Seite der Saldenaufstellung, so erscheint diese besonders aussagefähig: Für das Unternehmen stehen Aktivsalden wie in einer Bilanz auf der linken und Passivsalden auf der rechten Seite. Im Englischen wird für die vorläufige Saldenaufstellung der Begriff *trial balance* verwendet. Vielleicht rührt es daher, dass das Instrument in der Literatur vereinzelt als Saldenbilanz bezeichnet wird. Eine vorläufige Saldenaufstellung kann man jederzeit erstellen, um die Richtigkeit der Journal- und Konteneinträge zu prüfen. Zur Analyse, bei welchen Konten weitere Ereignisse zu buchen sind, wird sie allerdings erst zum Ende eines jeden Abrechnungszeitraumes erstellt.

Beispiel Für die ersten sechs Geschäftsvorfälle der Unternehmensberatung Karl Gross hat die vorläufige Saldenaufstellung das Aussehen der Abbildung 4.7, Seite 140.

Unternehmensberatung Karl Gross
Vorläufige Saldenaufstellung nach den ersten sechs Ereignissen des April X1

	Kontostand	
	Soll	Haben
Zahlungsmittel	43 000	
Forderungen (Verkauf)	10 000	
Büromaterial	2 000	
Grundstück	60 000	
Verbindlichkeiten (Einkauf)		3 000
Kapital K. Gross		112 000
Summe	115 000	115 000

Abbildung 4.7: Saldenaufstellung des Unternehmens Karl Gross nach den ersten sechs Geschäftsvorfällen

4.4.2 Fehlersuche mit Hilfe der vorläufigen Saldenaufstellung

Rechenfehler bei Computereinsatz unwahrscheinlich

Durch die Verwendung elektronischer Rechenmaschinen werden im Rahmen der Buchführung viele Fehler von vornherein ausgeschlossen. Dennoch kann es durch menschliches Versagen vorkommen, dass die Soll- und die Haben-Seite der vorläufigen Saldenaufstellung nicht übereinstimmen. Eine Möglichkeit, Fehler zu finden, besteht darin, die Abbildung sämtlicher Geschäftsvorfälle nachzuvollziehen. Das wird umso mühsamer, je mehr Geschäftsvorfälle vorliegen.

Fehlerhinweise bei unausgeglichener Saldenaufstellung

Viele Fehler lassen sich bei nicht ausgeglichener Saldenaufstellung schnell finden, wenn man eine oder mehrere der folgenden vier Operationen durchführt:

Übertragung eines Kontos vergessen?

1. Suche danach, ob ein Konto in der Saldenaufstellung vergessen wurde: Wären im Beispiel die Ausgaben für Mieten, Gehälter und Sonstiges vergessen worden, so hätte man in der vorliegenden vorläufigen Saldenaufstellung weniger gefüllte Zeilen als Konten festgestellt. Ferner hätte sich eine Differenz zwischen der Summe der Soll- und der Summe der Haben-Seite der Saldenaufstellung in Höhe von 9 000 GE ergeben. Nochmalige Durchsicht aller Konten und Suche nach einem Konto mit einem Endbestand von 9 000 GE hätte sicherlich zu dem fehlenden Konto geführt.

Buchungssatz nur teilweise auf Konten übertragen?

2. Suche nach unvollständigen Buchungen: Es kann sein, dass eine Buchung, die im Journal steht, auf einem der Konten vergessen wurde. Dann weist die Saldenaufstellung eine Differenz auf, die dem Betrag eines Geschäftsvorfalls entspricht. Durch Suche nach dem Betrag im Journal identifiziert man den Eintrag und kann auf den Konten den vergessenen Buchungsteil nachholen.

Ein Betrag auf der falschen Seite eines Kontos eingetragen?

3. Suche nach einer Buchung, bei welcher der Betrag irrtümlich auf der falschen Seite eines Kontos verbucht wurde: Dividiere den Saldo der Saldenaufstellung durch zwei und suche im Journal nach dem Betrag! Folgende Begründung lässt sich dafür heranziehen. Hat man eine Buchung, die auf der Soll-Seite eines Kontos vorzunehmen wä-

re, versehentlich auf der Haben-Seite des Kontos vorgenommen, weist das Konto einen Endbestand auf, der doppelt so hoch ist wie die aus dem Geschäftsvorfall folgende Buchung. Hätte man 300 GE im Soll buchen sollen, hat man sie tatsächlich jedoch im Haben gebucht, dann beträgt die Differenz zwischen der Summe der Soll-Zahlen und der Summe der Haben-Zahlen 600 GE. Die Suche nach 600 GE/2 = 300 GE im Journal könnte den Fehler vielleicht aufdecken.

4. Suche nach Buchungen, bei denen auf den Konten Beträge mit unterschiedlichen Dezimalgrößenordnungen verbucht wurden: Dividiere die Differenz durch 9! Ist das Ergebnis eine ganze Zahl, so kann ein Größenordnungsfehler vorliegen (hat man beispielsweise 61 statt 610 geschrieben) oder ein Zahlendreher (man hat z. B. 16 anstatt 61 geschrieben). Im Falle eines Größenordnungsfehlers um eine Dezimalstelle beispielsweise liefert die Division der Differenz durch neun den Betrag, der falsch verbucht wurde. Hat man etwa 61 anstatt 610 gebucht, ergibt sich eine Differenz von 549. Durch Suche im Journal nach 549/9 = 61 lässt sich der fehlerhaft verarbeitete Geschäftsvorfall identifizieren.

Kommafehler oder bestimmte Zahlendreher bei Übertragung?

Natürlich lassen sich mit Hilfe der Saldenaufstellung nicht alle denkbaren Fehler finden. Selbst wenn die Saldenaufstellung ausgeglichen ist, kann es vorkommen, dass man einen Geschäftsvorfall falsch analysiert hat. Auch könnte die Kontenbestimmung fehlerhaft gewesen sein, wodurch die Zugänge und Abgänge eines Geschäftsvorfalls jeweils auf der falschen Kontenseite vermerkt wurden. Denkbar ist zudem ein Fehler, bei dem man beim Konteneintrag falsche, jedoch jeweils gleich große Beträge übernommen hat.

Nicht alle Fehler lassen sich finden

4.4.3 „Normale" Salden von Konten

Der Endbestand eines Kontos ergibt sich aus dem Anfangsbestand zuzüglich der Zugänge abzüglich der Abgänge. Für die meisten Vermögensgüter- und Fremdkapitalposten wird der Endbestand der Konten positiv sein. Dem Vorratslager oder der Kasse kann man nicht mehr Güter oder Geld entnehmen, als darin vorhanden sind. Auch Grundstücke und Gebäude lassen sich nur verkaufen, wenn man sie besitzt. Die Soll-Seite solcher Konten für Vermögensgüter wird tendenziell größer sein als die Haben-Seite. Fremdkapital erlischt, sobald es zurückgezahlt ist. Normalerweise wird die Haben-Seite von Kapitalkonten größer als die Soll-Seite sein. Ein negativer Bestand eines Vermögens- oder Fremdkapitalkontos kann sich zwar rechnerisch ergeben, ist aber faktisch unmöglich.

Endbestände von Bestandskonten sollten positiv sein

Der Endbestand des Eigenkapitalkontos (Wert der Haben-Seite minus Wert der Soll-Seite) wird ebenfalls meist positiv sein. Ergibt sich ein negativer Bestand, so übersteigt der Wert des Fremdkapitals den Wert der Vermögensgüter. Es liegt dann eine Situation vor, in der sich die Gläubiger verstärkt um die Rückführung ihrer Mittel bemühen werden. Viele Rechtsordnungen sehen in solchen Situationen vor, dass der Unternehmer keine Geschäfte mehr tätigen darf. Zu den Unterkonten des Eigenkapitals, die Eigenkapitalmehrungen aufnehmen, gehören die Ertrags- und Einlagekonten. Eine Mehrung solcher Konten zeigt sich in einem Überschuss des Wertes der Haben-Seite über den Wert der Soll-Seite. Bei den Eigenkapitalkonten, welche zur Abbildung von Eigenkapitalminderungen vorgesehen sind, zeigen sich die gesamten Minderungen in einem Überschuss des Werts der Soll-Seite über den Wert der Haben-Seite. Zu diesen Konten zählen die Entnahmekonten und die Aufwandskonten.

Endbestände von Eigenkapitalkonten

Abbildung 4.8, Seite 142, zeigt graphisch, auf welcher Kontenseite der Endbestand bei verschiedenen Kontentypen normalerweise erscheint.

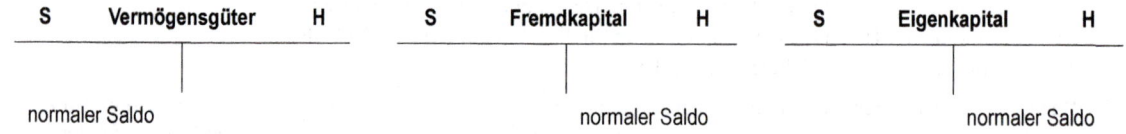

| S | Vermögensgüter | H | S | Fremdkapital | H | S | Eigenkapital | H |

normaler Saldo   normaler Saldo   normaler Saldo

Abbildung 4.8: Kontenseiten für den Ausweis „normaler" Endbestände

Konten mit Endbeständen, die positiv oder negativ sein können

In der Praxis werden auch Konten geführt, deren Endbestände rechts oder links stehen können. Dies gilt beispielsweise für Girokonten, wenn Banken den Unternehmen auf solchen Konten Anlage- und Kreditbeziehungen einräumen. Übersteigen die Einzahlungen auf ein solches Konto die Auszahlungen, liegt also aus Sicht des Unternehmens ein positiver Endbestand auf der Soll-Seite des Kontos vor, so handelt es sich bei dem Konto um ein Vermögenskonto. Ist der Kontostand dagegen negativ beziehungsweise bildet sich ein Endbestand auf der Haben-Seite des Kontos, so handelt es sich um eine Rückzahlungsverpflichtung, beispielsweise gegenüber der Bank und damit um ein Fremdkapitalkonto.

4.5 Korrigierte Saldenaufstellung: Berücksichtigung anderer relevanter Ereignisse

Vorläufige Saldenaufstellung als Zusammenfassung von Konteninhalten

Die vorläufige Saldenaufstellung ist weiterhin sehr hilfreich bei der Berücksichtigung von Ereignissen, die zwar im Rechnungswesen abzubilden sind, die aber nicht unter die Geschäftsvorfälle subsumiert werden können. Beispielsweise verlangt das dHGB unter bestimmten Umständen, Vermögensgegenstände abweichend von deren Anschaffungsausgaben anzusetzen, wenn am Bilanzstichtag der Börsen- oder Marktpreis oder der „beizulegende" Wert niedriger ist als die Anschaffungsausgaben. Für das Fremdkapital gilt aus Vorsichtsgründen Entsprechendes in umgekehrter Richtung. Das erfordert vom Bilanzaufsteller, dass er alle Vermögensgüter und alle Fremdkapitalposten zum Bilanzstichtag daraufhin überprüft, ob derartige Wertminderungen eingetreten sind. Gegebenenfalls ist eine Buchung vorzunehmen. Für eine solche Überprüfung genügt es meist nicht, nur auf die Konten zu schauen. Man benötigt auch andere Informationen, im Beispiel solche über die Börsen-, Marktpreise oder über beizulegende Zeitwerte. Wenn man auf die Zusammenfassung der Konteninhalte in Form einer vorläufigen Saldenaufstellung zurückgreifen kann, verfügt man über eine vollständige Checkliste für derartige Arbeiten.

Korrekturbuchungen

Mit der Berücksichtigung anderer Ereignisse als den Geschäftsvorfällen nimmt man Buchungen vor, die als Korrekturbuchungen bezeichnet werden. Denn mit ihnen korrigiert man die vorläufigen Endbestände von Konten (nach Berücksichtigung der Geschäftsvorfälle) so, wie es für eine leistungsabgabeorientierte Einkommensmessung unter Berücksichtigung von Periodisierungen und Einkommensvorwegnahmen erforderlich ist.

Oftmals lassen sich die finanziellen Konsequenzen solcher Ereignisse, die nicht zu den Geschäftsvorfällen zählen, nicht zweifelsfrei feststellen. Es ist dann unvermeidlich, dass der Bilanzierende ein gewisses Ermessen ausüben kann oder muss. Durch das Ermessen beeinflusst er das Eigenkapital und das Einkommen positiv oder negativ. Die vorläufige Saldenaufstellung, ergänzt um weitere Spalten für die Korrekturbuchungen, ist das ideale Instrument, sich die Auswirkungen des Ermessens auf Eigenkapital und Einkommen zu verdeutlichen, bevor man Buchungen vornimmt. Hat man sich für eine bestimmte Art der Ermessensausübung entschieden und die Konsequenzen mit Hilfe der Saldenaufstellung verdeutlicht, kann man die entsprechenden Buchungen und Journaleinträge vornehmen.

Planungsinstrument für ermessensabhängige Buchungen

4.6 Aufspaltung des Eigenkapitals in Unterkonten

4.6.1 Grundlagen

Wir haben gesehen, dass die für das Eigenkapital relevanten Ereignisse aus Sicht des Unternehmers unterschiedliche Eigenschaften aufweisen. Wir haben Eigenkapitaltransaktionen, die zwischen dem Unternehmen und den Kapitalgebern stattfinden, unterschieden von anderen relevanten Ereignissen, die zwischen dem Unternehmen und anderen Wirtschaftseinheiten als den Eigenkapitalgebern stattfinden. Für die Erstellung einer Einkommensrechnung ist es erforderlich, Erträge und Aufwendungen getrennt von den anderen Eigenkapitalveränderungen zu erfassen. Die Aufstellung einer Eigenkapitaltransferrechnung verlangt darüber hinaus die Kenntnis von Einlagen und Entnahmen. Insofern lässt sich die bisherige Darstellungsweise der intratemporalen Bilanzgleichung genauer gestalten. Unterstellt man, dass Eigenkapitalveränderungen während eines Zeitraumes nur als Einlagen, Entnahmen, Erträge und Aufwendungen berücksichtigt werden, so ergibt sich das gesamte Eigenkapital zum Ende des Zeitraumes aus dem Eigenkapital zu Beginn des Zeitraumes zuzüglich der Einlagen, abzüglich der Entnahmen, zuzüglich der Erträge und abzüglich der Aufwendungen.

Für Einkommens- und Eigenkapitaltransferrechnung ist es erforderlich, Unterkonten für das Eigenkapital einzuführen

			+	Eigenkapital zu Beginn
			+	Einlagen
Vermögensgüter	=	Fremdkapital	–	Entnahmen
			+	Erträge
			–	Aufwendungen

Bei Darstellung der Zusammenhänge auf Konten ergibt sich der aus Abbildung 4.9, Seite 144, ersichtliche Zusammenhang. Darin wird zugleich angegeben, auf welcher Seite der Konten jeweils Mehrungen und Minderungen abzubilden sind.

Formale Darstellung der Unterkonten

Vermögensgüter	=	Fremdkapital	+	Eigenkapital

S	Aktiva	H
Soll-Seite für Anfangsbestand des Vermögens plus Vermögensmehrungen		Haben-Seite für Vermögensminderungen

S	Verbindlichkeiten	H
Soll-Seite für Fremdkapitalminderungen		Haben-Seite für Anfangsbestand des Fremdkapitals plus Fremdkapitalmehrungen

S	Eigenkapital zu Beginn	H
		Haben-Seite für Anfangsbestand des Eigenkapitals

+

S	Einlage	H
		Haben-Seite für Mehrung von Einlagen

–

S	Entnahme	H
Soll-Seite für Mehrung von Entnahmen		

+

S	Ertrag	H
		Haben-Seite für Mehrung von Erträgen

–

S	Aufwand	H
Soll-Seite für Mehrung von Aufwendungen		

Abbildung 4.9: In Konten ausgedrückte intratemporale Bilanzgleichung bei detaillierter Darstellung des Eigenkapitals, jeweils mit Angabe der für Mehrungen und für Minderungen zu benutzenden Kontenseiten

4.6.2 Verdeutlichung am Beispiel

Beispiel mit neun Ereignissen   Im Folgenden werden wir die Erträge und Aufwendungen der Rechtsanwältin Eva Meier für den Monat Juli X1 näher betrachten. Wir führen dazu die Analyseschritte durch, die weiter oben in diesem Kapitel bereits illustriert wurden, und erstellen anschließend eine vorläufige Saldenaufstellung. Hierbei wird auf eine konkrete Datumsangabe zu Gunsten der laufenden Belegnummer verzichtet.

4.6.2.1 Buchung von Geschäftsvorfällen

Ereignis 1 (Geschäftsvorfall)

ANALYSE: Eva Meier investiert am 1. Juli 100 000 GE Bargeld in ihr Unternehmen, um eine Rechtsanwaltskanzlei zu eröffnen. Es handelt sich um eine Einlage.

KONTENBESTIMMUNG: Durch eine Einlage von Bargeld werden das Vermögensgüterkonto *Zahlungsmittel* und das Eigenkapitalkonto *Einlage E. Meier* angesprochen.

BILANZGLEICHUNG: Ein Zugang auf dem Vermögensgüterkonto *Zahlungsmittel* wird auf dessen Soll-Seite, ein Zugang auf dem Eigenkapitalkonto *Einlage E. Meier* auf der Haben-Seite berücksichtigt:

Vermögensgüter	**=**	**Fremdkapital**	**+**	**Eigenkapital**
Zahlungsmittel		Verbindlichkeiten		Einlage E. Meier
+ 100 000	=	0	+	+ 100 000

JOURNALEINTRAG: Aufzeichnung des Ereignisses „Einlage von E. Meier" mit identifizierendem Verweis auf Kontoangaben (z.B. laufender Nummer und Datum), Art des Ereignisses, Name des Kontos, dessen Soll-Seite berührt wird, Betrag, um den das Konto zu verändern ist, Name des Kontos, dessen Haben-Seite berührt wird, und Betrag, um den das Konto zu verändern ist:

Beleg	Datum	Ereignis und Konten	Soll	Haben
1	1.7.X1	Einlage von E. Meier		
		Zahlungsmittel	100 000	
		Einlage E. Meier		100 000

KONTENEINTRAG:

S	Zahlungsmittel	H		S	Einlage E. Meier	H
(1)	100 000				(1)	100 000

Ereignis 2 (Geschäftsvorfall)

ANALYSE: Meier erbringt am 2. Juli eine Beratung für einen Mandaten und erhält dafür 2000 GE Beratungshonorar in bar. Es handelt sich um die Erbringung einer Dienstleistung, für die sie nur ihr Wissen eingesetzt hat.

KONTENBESTIMMUNG: Bei Erbringung einer Dienstleistung gegen Barzahlung werden die Vermögensgüter des Kontos *Zahlungsmittel* und das Eigenkapital berührt. Da es sich nicht um einen Eigenkapitaltransfer handelt, liegt eine Erhöhung des Kontos *Ertrag (Verkauf)* vor. Bestünde die Dienstleistung nicht nur aus immateriellen, sondern aus Sachgütern, so wären mit dem Verkauf auch noch andere Vermögensgüterkonten berührt, und zwar die für Waren und Erzeugnisse, die verkauft wurden.

BILANZGLEICHUNG: Auf dem Vermögensgüterkonto *Zahlungsmittel* ist wegen des Zugangs die Soll-Seite zu verändern, auf dem Eigenkapitalkonto *Ertrag (Verkauf)* wegen eines Zugangs die Haben-Seite:

Vermögensgüter	**=**	**Fremdkapital**	**+**	**Eigenkapital**
Zahlungsmittel		Verbindlichkeiten		Ertrag (Verkauf)
+2000	=	0	+	+2000

JOURNALEINTRAG: Aufzeichnung des Ereignisses „Barverkauf von Dienstleistungen" mit identifizierendem Verweis auf Kontoangaben (z.B. laufender Nummer und Datum), Art des Ereignisses, Name des Kontos, dessen Soll-Seite berührt wird, Betrag, um den das Konto zu verändern ist, Name des Kontos, dessen Haben-Seite berührt wird, und Betrag, um den das Konto zu verändern ist:

Beleg	Datum	Ereignis und Konten	Soll	Haben
2	2.7.X1	Barzahlung des Honoraren		
		Zahlungsmittel	2000	
		Ertrag (Verkauf)		2000

KONTENEINTRAG:

S	Zahlungsmittel	H	S	Ertrag (Verkauf)	H
(1)	100000			(2)	2000
(2)	2000				

Ereignis 3 (Geschäftsvorfall)

ANALYSE: Meier erbringt am 3. Juli eine weitere Beratung für einen Mandanten und sendet diesem eine Rechnung über 3000 GE. Es handelt sich um die Erbringung einer Dienstleistung, die nicht sofort bar bezahlt wird.

KONTENBESTIMMUNG: Bei einem Verkauf ohne Barzahlung werden die Vermögensgüter auf dem Konto *Forderungen (Verkauf)* und das Eigenkapital auf dem Konto *Ertrag (Verkauf)* berührt.

BILANZGLEICHUNG: Das Vermögensgüterkonto *Forderungen (Verkauf)* nimmt zu und ist deswegen auf seiner Soll-Seite zu modifizieren. Das Eigenkapitalkonto *Ertrag (Verkauf)* nimmt ebenfalls zu und ist daher auf seiner Haben-Seite zu verändern.

Vermögensgüter	=	Fremdkapital	+	Eigenkapital
Forderungen (Verkauf)		Verbindlichkeiten		Ertrag (Verkauf)
+3000	=	0	+	+3000

JOURNALEINTRAG: Aufzeichnung des Ereignisses „Verkauf einer Dienstleistung auf Ziel" mit identifizierendem Verweis auf Kontoangaben (z.B. laufender Nummer und Datum), Art des Ereignisses, Name des Kontos, dessen Soll-Seite berührt wird, Betrag, um den das Konto zu verändern ist, Name des Kontos, dessen Haben-Seite berührt wird, und Betrag, um den das Konto zu verändern ist:

Beleg	Datum	Ereignis und Konten	Soll	Haben
3	3.7.X1	Versand einer Rechnung über Beratungshonorare		
		Forderungen (Verkauf)	3000	
		Ertrag (Verkauf)		3000

KONTENEINTRAG:

S	Forderungen (Verkauf)	H	S	Ertrag (Verkauf)	H
(3)	3000			(2)	2000
				(3)	3000

Ereignis 4 (Geschäftsvorfall)

ANALYSE: Meier berechnet am 4. Juli 4000 GE für die Vertretung eines Mandanten vor Gericht. Der Mandant zahlt sofort 2000 GE in bar. Die restlichen 2000 GE fordert sie per Rechnung ein. Es handelt sich um die Erbringung einer Dienstleistung, teilweise gegen Barzahlung, teilweise „auf Ziel".

KONTENBESTIMMUNG: Es werden die Vermögensgüter *Zahlungsmittel* und *Forderungen (Verkauf)* sowie das Eigenkapital *Ertrag (Verkauf)* berührt.

JOURNALEINTRAG: Aufzeichnung des Ereignisses „Verkauf einer Dienstleistung, teils in bar, teils „auf Ziel" mit identifizierendem Verweis auf Kontoangaben (z.B. laufender Nummer und Datum), Art des Ereignisses, Name des Kontos, dessen Soll-Seite berührt wird, Betrag, um den das Konto zu verändern ist, Name des Kontos, dessen Haben-Seite berührt wird, und Betrag, um den das Konto zu verändern ist:

Beleg	Datum	Ereignis und Konten	Soll	Haben
4	4.7.X1	Dienstleistungsertrag 4000 GE, von denen 2000 GE bar bezahlt wurden		
		Zahlungsmittel	2000	
		Forderungen (Verkauf)	2000	
		Ertrag (Verkauf)		4000

BILANZGLEICHUNG: Zwei Arten von Vermögensgütern nehmen zu, die *Zahlungsmittel* und die *Forderungen (Verkauf)*. Die Erträge nehmen in gleicher Höhe zu.

Vermögensgüter		=	Fremdkapital	+	Eigenkapital
Zahlungsmittel	Forderungen (Verkauf)		Verbindlichkeiten		Ertrag (Verkauf)
+ 2000	+ 2000	=	0	+	+ 4000

KONTENEINTRAG:

S	Zahlungsmittel	H
(1)	100 000	
(2)	2 000	
(4)	2 000	

S	Forderungen (Verkauf)	H
(3)	3 000	
(4)	2 000	

S	Ertrag (Verkauf)	H
		(2) 2 000
		(3) 3 000
		(4) 4 000

Ereignis 5 (Geschäftsvorfall)

ANALYSE: Meier tätigt am 5. Juli die folgenden Barauszahlungen: Büromiete 5 100 GE, Angestelltengehalt 5 200 GE, Sonstiges 5 300 GE. Den Auszahlungen stehen weder Aktivzunahmen in gleicher Höhe noch Passivabnahmen in gleicher Höhe gegenüber. Die Veränderungen berühren das Eigenkapital. Sie sind weder Einlagen noch Entnahmen und stellen auch keinen Ertrag dar. Sie bedeuten einen Aufwand.

KONTENBESTIMMUNG: Durch den Geschäftsvorfall nimmt das Vermögensgut *Zahlungsmittel* ab. Zugleich wird das Eigenkapital auf den Konten *Aufwand (Miete)*, *Aufwand (Gehalt)* und *Aufwand (Sonstiges)* berührt.

BILANZGLEICHUNG: Das Eigenkapital nimmt durch das Ereignis ab. Die Aufwandskonten *Aufwand (Miete)*, *Aufwand (Gehalt)* und *Aufwand (Sonstiges)* sind daher jeweils auf ihrer Soll-Seite zu verändern. Weil das Vermögensgut *Zahlungsmittel* abnimmt, ist dessen Haben-Seite zu modifizieren:

Vermögensgüter	=	Fremdkapital	+	Eigenkapital		
Zahlungsmittel		Verbindlichkeiten		Aufwand (Miete)	Aufwand (Gehalt)	Aufwand (Sonst.)
– 15 600	=	0	+	– 5 100	–5 200	– 5 300

JOURNALEINTRAG: Aufzeichnung des Ereignisses „Auszahlung wegen Aufwendungen" mit identifizierendem Verweis auf Kontoangaben (z.B. laufender Nummer und Datum), Art des Ereignisses, Name des Kontos, dessen Soll-Seite berührt wird, Betrag, um den das Konto zu verändern ist, Name des Kontos, dessen Haben-Seite berührt wird, und Betrag, um den das Konto zu verändern ist:

Beleg	Datum	Ereignis und Konten	Soll	Haben
5	5.7.X1	Auszahlungen wegen Aufwendungen		
		Aufwand (Miete)	5100	
		Aufwand (Gehalt)	5200	
		Aufwand (Sonstiges)	5300	
		Zahlungsmittel		15600

KONTENEINTRAG:

S	Zahlungsmittel	H		S	Aufwand (Miete)	H
(1)	100000	(5) 15600		(5)	5100	
(2)	2000					
(4)	2000					

S	Aufwand (Gehalt)	H
(5)	5200	

S	Aufwand (Sonstiges)	H
(5)	5300	

Ereignis 6 (Geschäftsvorfall)

ANALYSE: Meier lässt am 6. Juli ein Gutachten erstellen. Der Rechnungsbetrag beläuft sich auf 6000 GE. Frau Meier beschließt, diese Verpflichtung in der nächsten Woche durch Barzahlung zu begleichen. Es handelt sich um den Kauf einer Dienstleistung ohne Barzahlung.

KONTENBESTIMMUNG: Das Ereignis berührt das Fremdkapital auf dem Konto *Verbindlichkeiten (Einkauf)* und das Eigenkapital auf dem Konto *Aufwand (Sonstiges)*.

BILANZGLEICHUNG: Durch das Ereignis nimmt das Fremdkapital auf dem Konto *Verbindlichkeiten (Einkauf)* zu. Die Zunahme ist auf der Haben-Seite zu berücksichtigen. In gleicher Höhe nimmt das Eigenkapital in der Form von *Aufwand (Sonstiges)* ab. Der Eintrag hat auf der Soll-Seite zu erfolgen.

Vermögensgüter	=	Fremdkapital	+	Eigenkapital
Aktiva		Verbindlichkeiten (Einkauf)		Aufwand (Sonstiges)
0	=	+6000	+	−6000

JOURNALEINTRAG: Aufzeichnung des Geschäftsvorfalles „Eingang einer Rechnung für ein Gutachten" mit identifizierendem Verweis auf Kontoangaben (z. B. laufender Nummer und Datum), Art des Geschäftsvorfalls, Name des Kontos, dessen Soll-Seite berührt wird, Betrag, um den das Konto zu verändern ist, Name des Kontos, dessen Haben-Seite berührt wird, und Betrag, um den das Konto zu verändern ist:

Beleg	Datum	Ereignis und Konten	Soll	Haben
6	6.7.X1	Gutachterbestellung		
		Aufwand (Sonstiges)	6000	
		Verbindlichkeiten (Einkauf)		6000

KONTENEINTRAG:

S	Verbindlichkeiten (Einkauf)	H		S	Aufwand (Sonstiges)	H
	(6)	6000		(5)	5300	
				(6)	6000	

Ereignis 7 (Geschäftsvorfall)

ANALYSE: Meier erhält am 7. Juli 2000 GE Bargeld von dem Mandanten aus Geschäftsvorfall 3. Es handelt sich um die teilweise Begleichung der ausstehenden Forderung.

KONTENBESTIMMUNG: Das Ereignis betrifft die Vermögensgüter *Zahlungsmittel* und *Forderungen (Verkauf)*.

BILANZGLEICHUNG: Durch das Ereignis nimmt der Bestand an Zahlungsmitteln zu (Konto *Zahlungsmittel*, Soll-Seite) und der Bestand an Forderungen ab (Konto *Forderungen (Verkauf)*, Haben-Seite):

Vermögensgüter		=	Fremdkapital	+	Eigenkapital
Zahlungsmittel	Forderungen (Verkauf)		Verbindlichkeiten		Kapital E. Meier
+2000	−2000	=	0	+	0

JOURNALEINTRAG: Aufzeichnung des Ereignisses „Bargeldeingang zum Teilausgleich einer Forderung" mit identifizierendem Verweis auf Kontoangaben (z.B. laufender Nummer und Datum), Art des Ereignisses, Name des Kontos, dessen Soll-Seite berührt wird, Betrag, um den das Konto zu verändern ist, Name des Kontos, dessen Haben-Seite berührt wird, und Betrag, um den das Konto zu verändern ist:

Beleg	Datum	Ereignis und Konten	Soll	Haben
7	7.7.X1	Bargeldeingang zum teilweisen Ausgleich der Forderung aus Geschäftsvorfall 3		
		Zahlungsmittel	2000	
		Forderungen (Verkauf)		2000

KONTENEINTRAG:

S	Zahlungsmittel	H		S	Forderungen (Verkauf)	H
(1) 100000	(5) 15600			(3) 3000	(7) 2000	
(2) 2000				(4) 2000		
(4) 2000						
(7) 2000						

Ereignis 8 (Geschäftsvorfall)

ANALYSE: Meier bezahlt das Gutachten aus Geschäftsvorfall 6 am 8. Juli.

KONTENBESTIMMUNG: Das Ereignis beeinflusst die Vermögensgüter und das Fremdkapital, und zwar die *Verbindlichkeiten (Einkauf)* und die *Zahlungsmittel*.

BILANZGLEICHUNG: Weil das Fremdkapital abnimmt, sind die *Verbindlichkeiten (Einkauf)* auf der Soll-Seite zu verändern. Da das Vermögensgut *Zahlungsmittel* abnimmt, ist die Haben-Seite dieses Kontos zu modifizieren.

Vermögensgüter	**=**	**Fremdkapital**	**+**	**Eigenkapital**
Zahlungsmittel		Verbindlichkeiten (Einkauf)		Kapital E. Meier
– 6000	=	– 6000	+	0

JOURNALEINTRAG: Aufzeichnung des Ereignisses „Bezahlung eines Gutachtens" mit identifizierendem Verweis auf Kontoangaben (z. B. laufender Nummer und Datum), Art des Ereignisses, Name des Kontos, dessen Soll-Seite berührt wird, Betrag, um den das Konto zu verändern ist, Name des Kontos, dessen Haben-Seite berührt wird und Betrag, um den das Konto zu verändern ist:

Beleg	Datum	Ereignis und Konten	Soll	Haben
8	8.7.X1	Bezahlung des Gutachtens		
		Verbindlichkeiten (Einkauf)	6000	
		Zahlungsmittel		6000

KONTENEINTRAG:

S	Zahlungsmittel	H		S	Verbindlichkeiten (Einkauf)	H
(1) 100000	(5) 15600			(8) 6000	(6) 6000	
(2) 2000	(8) 6000					
(4) 2000						
(7) 2000						

Ereignis 9 (Geschäftsvorfall)

ANALYSE: Meier entnimmt der Kasse ihres Unternehmens am 9. Juli 9000 GE für private Zwecke. Es handelt sich um eine Entnahme.

KONTENBESTIMMUNG: Durch das Ereignis reduzieren sich das Vermögensgut *Zahlungsmittel* sowie das Eigenkapital in der Form von *Entnahme E. Meier.*

BILANZGLEICHUNG: Die Abnahme von Eigenkapital wird auf der Soll-Seite des Eigenkapitalkontos, hier der *Entnahme E. Meier* berücksichtigt, die Abnahme des Vermögensguts *Zahlungsmittel* auf der Haben-Seite:

Vermögensgüter	=	Fremdkapital	+	Eigenkapital
Zahlungsmittel		Verbindlichkeiten		Entnahme E. Meier
– 9000	=	0	+	– 9000

JOURNALEINTRAG: Aufzeichnung des Ereignisses „Privatentnahme von Bargeld durch E. Meier" mit identifizierendem Verweis auf Kontoangaben (z.B. laufender Nummer und Datum), Art des Ereignisses, Name des Kontos, dessen Soll-Seite berührt wird, Betrag, um das Konto zu verändern ist, Name des Kontos, dessen Haben-Seite berührt wird, und Betrag, um den das Konto zu verändern ist:

Beleg	Datum	Ereignis und Konten	Soll	Haben
9	9.7.X1	Bargeldentnahme von E. Meier für private Zwecke		
		Entnahme E. Meier	9000	
		Zahlungsmittel		9000

KONTENEINTRAG:

S	Zahlungsmittel		H		S	Entnahme E. Meier		H
(1)	100000	(5)	15600		(9)	9000		
(2)	2000	(8)	6000					
(4)	2000	(9)	9000					
(7)	2000							

4.6.2.2 Konteninhalte und Kontenstände nach den Buchungen

Zusammenfassende Übersicht

Nach den neun Geschäftsvorfällen sehen die angesprochenen Konten so wie in Abbildung 4.10, Seite 153, aus. Zusätzlich zu den Buchungen sind die Kontostände nachrichtlich unter den Konten angegeben. Für den Fall, dass sich ein Kontostand von 0 GE ergibt, interessiert uns das Konto für weitere Rechnungen nicht mehr. Wir vermerken so einen Kontostand, indem wir das Konto doppelt unterstreichen.

Vermögensgüter = Fremdkapital + Eigenkapital

S	Zahlungsmittel	H			S	Verbindlichkeiten (Einkauf)	H			S	Einlage E. Meier	H
(1)	100000	(5)	15600		(8)	6000	(6)	6000				(1) 100000
(2)	2000	(8)	6000									Saldo 100000
(4)	2000	(9)	9000									
(7)	2000											
Saldo	75400											

S	Forderungen (Verkauf)	H
(3)	3000	(7) 2000
(4)	2000	
Saldo	3000	

S	Entnahme E. Meier	H
(9)	9000	
Saldo	9000	

S	Ertrag (Verkauf)	H
		(2) 2000
		(3) 3000
		(4) 4000
		Saldo 9000

S	Aufwand (Miete)	H
(5)	5100	
Saldo	5100	

S	Aufwand (Gehalt)	H
(5)	5200	
Saldo	5200	

S	Aufwand (Sonstiges)	H
(5)	5300	
(6)	6000	
Saldo	11300	

Abbildung 4.10: Darstellung der Konten nach den neun Ereignissen

4.6.2.3 Vorläufige Saldenaufstellung

Die vorläufige Saldenaufstellung für das Unternehmen Eva Meier sieht wie in Abbildung 4.11, Seite 154, aus. Da die Summen der Salden von Soll- und Haben-Seite der vorläufigen Saldenaufstellung übereinstimmen, ergibt sich kein Hinweis auf einen Fehler im Rahmen der Verbuchung der Geschäftsvorfälle. Der Sachverhalt ist so einfach „gestrickt", dass nur Geschäftsvorfälle vorliegen. Die vorläufige Saldenaufstellung wird daher hier nicht für weitere Zwecke benötigt.

Kanzlei Eva Meier
Vorläufige Saldenaufstellung der Ereignisse des Juli X1

	Endbestand	
	Soll	Haben
Zahlungsmittel	75400	
Forderungen (Verkauf)	3000	
Verbindlichkeiten (Einkauf)		0
Einlage E. Meier		100000
Entnahme E. Meier	9000	
Ertrag (Verkauf)		9000
Aufwand (Miete)	5100	
Aufwand (Gehalt)	5200	
Aufwand (Sonstiges)	11300	
Summe	109000	109000

Abbildung 4.11: Vorläufige Saldenaufstellung der Kanzlei E. Meier

4.7 Übungsmaterial

4.7.1 Fragen mit Antworten

Fragen	Antworten
Was versteht man unter relevanten Ereignissen?	Relevante Ereignisse stellen Ereignisse dar, deren finanzielle Konsequenzen in der Buchführung abgebildet werden.
Wie unterscheiden sich Geschäftsvorfälle von anderen relevanten Ereignissen?	Wenn ein relevantes Ereignis physische Vorgänge im Unternehmen auslöst, an welche man Buchungen anknüpft, spricht man von einem Geschäftsvorfall.
Wo werden relevante Ereignisse aufgezeichnet?	Im Journal, der chronologischen Übersicht über die Ereignisse, und auf den Konten.
Was wird bei jedem relevanten Ereignis aufgezeichnet?	Eine Möglichkeit zur Identifikation des Ereignisses und seiner Konsequenzen für die Konten: Zugänge oder Abgänge auf allen Konten, die von dem Ereignis berührt werden.

Fragen	Antworten	
Auf welcher Kontenseite bildet man einen Zugang/Abgang ab auf einem	Zugang	Abgang
Vermögenskonto?	Soll	Haben
Fremdkapitalkonto?	Haben	Soll
Eigenkapitalkonto?	Haben	Soll
Ertragskonto?	Haben	Soll
Aufwandskonto?	Soll	Haben
Entnahmekonto?	Soll	Haben
Einlagenkonto?	Haben	Soll
Wo befindet sich formal die Information über die Konten?	In den Haupt- und Nebenbüchern.	
Wo werden alle Konten mit ihren Endbeständen aufgelistet?	In der Saldenaufstellung.	
Welchem Zweck dient die Saldenaufstellung?	Übersicht über Kontenstände und Plausibilitätsprüfung.	
Wo wird über die Ergebnisse der Geschäftstätigkeit berichtet?	In der Einkommensrechnung.	
Wo wird über die finanzielle Lage des Unternehmens berichtet?	In der Bilanz.	

4.7.2 Verständniskontrolle

1. Welche Posten sind in Bilanzen und Einkommensrechnungen üblich?
2. Wodurch unterscheiden sich Geschäftsvorfälle von anderen relevanten Ereignissen?
3. Wie kann man den klassischen Aufbau von Konten skizzieren?
4. Skizzieren Sie die Bedeutung und Funktion des für das Rechnungswesen grundlegenden T-Kontos!
5. Wie lautet die intratemporale Bilanzgleichung unter Berücksichtigung der Unterkonten des Eigenkapitals?
6. Ist die folgende Aussage richtig oder falsch: „Buchung auf Soll-Seite bedeutet Zunahme, Buchung auf Haben-Seite bedeutet Abnahme"?
7. Unterstellen Sie, dass Sie der Buchhalter des Kurierunternehmens „Rainers Radkurier" sind. Skizzieren Sie den dualen Effekt einer Investition von Rainer Müller in sein Unternehmen im Sinne der doppelten Buchführung!
8. Skizzieren Sie die Schritte der Informationsverarbeitung im Rechnungswesen!
9. Auf was bezieht sich der „normale Endbestand" eines Kontos?

10. Geben Sie für die folgenden Konten an, auf welcher Seite sich normalerweise der Endbestand ergibt:

	Seite des „normalen" Endbestandes
Vermögenskonto	
Fremdkapitalkonto	
Eigenkapitalkonto	
Ertragskonto	
Aufwandskonto	
Einlagenkonto	
Entnahmenkonto	

11. Was beendet man mit dem Eintrag auf einem Konto? Wozu ist der Eintrag wichtig? Erfolgt er vor oder nach dem Eintrag ins Journal?

12. Kennzeichnen Sie die Wirkung jeder der folgenden Geschäftsvorfälle auf das Eigenkapital mit (+) für eine Zunahme, (−) für eine Abnahme und (0), falls das Eigenkapital nicht berührt wird:

Geschäftsvorfall	Kennzeichnung
Investition des Unternehmers	
Ertragswirksamer Geschäftsvorfall	
Kauf von Vorräten auf Ziel	
Aufwandswirksamer Geschäftsvorfall	
Begleichung von Schulden	
Entnahme des Unternehmers	
Aufnahme eines Darlehens	
Verkauf einer Dienstleistung auf Ziel	

13. Was bedeutet die Feststellung „Die Verbindlichkeiten weisen auf der Soll-Seite einen Saldo von 1 700 GE auf" für die finanzielle Lage eines Unternehmens?

14. Warum erstellt man eine Saldenaufstellung?

15. Der Buchhalter von „Rainers Radkurier" verbuchte den Kauf von Verpackungsmaterial im Wert von 500 GE auf Ziel irrtümlich mit einem (zu großen) Betrag von 5 000 GE. Er buchte auf der Soll-Seite des Kontos *Verpackungsmaterial* und auf der Haben-Seite des Kontos *Verbindlichkeiten (Einkauf)* jeweils 5 000 GE. Wird dieser Fehler durch die Saldenaufstellung aufgedeckt? Begründen Sie Ihre Antwort!

16. Welcher Effekt resultiert für die Summe der Vermögensgüter und für das Eigenkapital daraus, dass Kunden ihre Verbindlichkeiten bezahlen?

17. Skizzieren Sie Ähnlichkeiten von und Unterschiede zwischen traditionellen und computerbasierten Buchführungssystemen im Hinblick auf Journaleinträge, Buchung auf Konten und Erstellung der Saldenaufstellung!

4.7.3 Aufgaben zum Selbststudium

Analyse der Konsequenzen von Geschäftsvorfällen für Journal, intratemporale Bilanzgleichung, Konten und Saldenaufstellung ohne explizite Berücksichtigung der Einkommensrechnung   **Aufgabe 4.1**

Vorbemerkung zu Aufgabe 4.1

Die Aufgabe dient hauptsächlich didaktischen Zwecken. Es werden nur Ereignisse analysiert, die sich durch physische Konsequenzen im Unternehmen zeigen. Solche Ereignisse werden nur bezüglich des Eigenkapitals und nicht hinsichtlich der Einkommensrechnung dargestellt.

Sachverhalt

Am 1. Mai des Jahres X1 eröffnet Karla Braun ihren „Forschungsdienst". Während der ersten zehn Tage ereignen sich die folgenden Geschäftsvorfälle:

a.   Braun zahlt am 1. Mai 100000 GE Bargeld auf ein Konto bei einer Bank. Sie bezeichnet das Konto bei der Bank mit „Brauns Forschungsdienst".

b.   Sie kauft am 2. Mai für 50000 GE ein kleines Grundstück, auf dem ein Gebäude steht, in dem sie ihr Büro einrichten möchte. Sie überweist den Betrag sofort vom Konto des Unternehmens bei der Bank.

c.   Braun kauft am 3. Mai Büromaterial für 10000 GE auf Ziel.

d.   Sie zahlt am 4. Mai für den Kauf von Büromöbeln 9000 GE.

e.   Sie überweist am 5. Mai 8000 GE an den Verkäufer des Büromaterials aus Geschäftsvorfall c.

f.   Sie entnimmt am 6. Mai der Kasse 7000 GE für private Zwecke.

Fragen und Teilaufgaben

1.   Erstellen Sie das Journal für die genannten Geschäftsvorfälle!

2.   Übertragen Sie die Journaleinträge auf die Konten!

3.   Erstellen Sie eine vorläufige Saldenaufstellung für „Brauns Forschungsdienst" am 10. Mai X1!

Lösungshinweise zu den Fragen und Teilaufgaben

1.   Das Journal enthält für jeden Geschäftsvorfall die Buchungssätze. Es könnte so wie die folgende Tabelle aussehen.

Beleg	Datum	Geschäftsvorfall und Konten	Soll	Haben
a	1. Mai	Einlage Zahlungsmittel		
		Zahlungsmittel	100 000	
		Einlage (EK)		100 000
b	2. Mai	Kauf Gebäude		
		Grundstück und Gebäude	50 000	
		Zahlungsmittel		50 000
c	3. Mai	Kauf Büromaterial auf Ziel		
		Büromaterial	10 000	
		Verbindlichkeiten (Einkauf)		10 000
d	4. Mai	Kauf Büromöbel		
		Büromöbel	9 000	
		Zahlungsmittel		9 000
e	5. Mai	Teilrückzahlung Verbindlichkeiten		
		Verbindlichkeiten (Einkauf)	8 000	
		Zahlungsmittel		8 000
f	6. Mai	Entnahme		
		Entnahme (EK)	7 000	
		Zahlungsmittel		7 000

2. Die Übertragung der Journaleinträge auf die Konten bereitet keine Schwierigkeiten.

3. Die vorläufige Saldenaufstellung hat das folgende Aussehen:

Brauns Forschungsdienst
Vorläufige Saldenaufstellung der ersten sechs Ereignisse (10. Mai X1)

	Summe Soll	Summe Haben	Salden Soll	Salden Haben
Zahlungsmittel	100 000	74 000	26 000	
Grundstück u. Gebäude	50 000		50 000	
Büromaterial	10 000		10 000	
Büromöbel	9 000		9 000	
Verbindlichkeiten (Einkauf)	8 000	10 000		2 000
Kapital K. Braun	0	0		
Einlage K Braun		100 000		100 000
Entnahme K. Braun	7 000		7 000	
Summe	184 000	184 000	102 000	102 000

Aufgabe 4.2 **Analyse der Konsequenzen von Geschäftsvorfällen hinsichtlich der Art der Bilanzwirkung**

Sachverhalt

In einem Unternehmen gibt es die folgenden Ereignisse:

a. Für den Erwerb eines neuen Firmenwagens werden zwei alte Firmenwagen im Wert von insgesamt 25 000 GE in Zahlung gegeben.

b. Kauf eines bebauten Grundstücks für das Unternehmen, Bezahlung durch Hingabe einer Finanzanlage in Höhe von 300 000 GE.

c. Ein Kunde begleicht seine Verbindlichkeiten über 400 GE in bar.

d. Ware im Verkaufswert von 1 500 GE mit einem Einkaufswert von 1 000 GE wird verkauft. Der Kunde zahlt bar.

e. Für das Büro wird ein Computer gekauft. Der Kaufpreis in Höhe von 3 000 GE wird überwiesen.

f. Ein Unternehmensgrundstück, das mit 58 000 GE zu Buche stand, wird für 60 000 GE auf Ziel verkauft.

g. Der Unternehmer und Hauptanteilseigner einer Gesellschaft nimmt seinen Sohn in das Unternehmen auf, indem er ihm einen Teil der Unternehmeranteile im Bilanzwert von 20 000 GE überträgt.

h. Ein Mitunternehmer scheidet unter Verzicht auf seinen Eigenkapitalanteil in Höhe von 50 000 GE aus dem Unternehmen aus.

i. Zur Bezahlung einer Verbindlichkeit aus Lieferungen wird der Überziehungskredit bei der Bank in Höhe von 10 000 GE in Anspruch genommen.

j. Um die Zinslast zu vermindern, wird eine in Höhe von 50 000 GE in Anspruch genommene Überziehung des Kontos bei der Bank in ein Darlehen umgewandelt.

k. Eine Verbindlichkeit gegenüber einem Lieferanten in Höhe von 18 000 GE wird durch Überweisung vom Konto des Unternehmens bei der Bank (Girokonto) beglichen.

l. Der Hauptanteilseigner und Geschäftsführer zahlt ein von dem Unternehmen bei einer Bank aufgenommenes Darlehen in Höhe von 40 000 GE aus seinem privaten Vermögen zurück.

m. Ein anderer Anteilseigner kommt mit den übrigen Anteilseignern überein, seinen Eigenkapitalanteil in Höhe von 65 000 GE in Fremdkapital umzuwandeln.

n. Das Unternehmen erwirbt ein unbebautes Grundstück. Zur Bezahlung des Kaufpreises in Höhe von 150 000 GE wird bei der Bank ein Darlehen aufgenommen, das mit einer Hypothek besichert wird.

o. Es werden Rohstoffe im Wert von 800 GE auf Ziel gekauft.

p. Ein Kunde leistet eine Baranzahlung auf noch nicht gelieferte Ware in Höhe von 250 GE.

q. Der Hauptanteilseigner bringt Bargeld in Höhe von 8 000 GE in das Unternehmen ein.

r. Der Hauptanteilseigner bringt ein bisher privat gehaltenes Aktienpaket im Wert von 12 000 GE in das Unternehmen ein.

s. Mangelhafte Ware im Wert von 7000 GE, deren Zugang noch nicht verbucht wurde, wird an den Lieferanten zurückgegeben.

t. Mangelhafte Ware im Wert von 11 000 GE, welche das Unternehmen noch nicht bezahlt hat, wird an den Lieferanten zurückgegeben.

u. Ein Darlehen, welches das Unternehmen aufgenommen hatte, wird in Höhe von 9000 GE durch Abbuchung vom privaten Bankkonto des Unternehmers teilweise getilgt.

v. Der Hauptanteilseigner entnimmt der Unternehmenskasse zu Lasten seines Kapitalanteils Bargeld in Höhe von 500 GE für private Zwecke.

w. Durch einen Brand wird ein Gebäude des Unternehmens im Wert von 100 000 GE zerstört.

x. Das Unternehmen beabsichtigt, im folgenden Wirtschaftsjahr ein weiteres Darlehen in Höhe von 50 000 GE bei der Bank aufzunehmen.

Fragen und Teilaufgaben

1. Ermitteln Sie die Buchungssätze zu sämtlichen Ereignissen!
2. Bestimmen Sie die Konsequenzen der Ereignisse für das Eigenkapital!

Lösungshinweise zu den Fragen und Teilaufgaben

1. Das Journal enthält die Buchungssätze der Ereignisse. Bezogen auf die ersten vier Geschäftsvorfälle sieht es folgendermaßen aus:

Beleg	Datum	Geschäftsvorfall und Konten	Soll	Haben
a		Erwerb Firmenwagen (Problem Bewertung) *Fuhrpark* *Fuhrpark*	25000	25000
b		Gebäudekauf mit Wertpapieren *Gebäude* *Finanzanlage*	300000	300000
c		Begleichung von Verbindlichkeiten *Zahlungsmittel* *Forderungen*	400	400
d1		Verkauf von Waren (Zugangs- und Ertragsbuchung) *Zahlungsmittel* *Ertrag (Verkauf)*	1500	1500
d2		Verkauf von Waren (Aufwands- und Abgangsbuchung) *Aufwand (Verkauf)* *Handelswaren*	1000	1000

2. Die Konsequenzen der Ereignisse für das Eigenkapital lassen sich leicht ermitteln.

Buchung von Ereignissen unter Berücksichtigung eines Zuordnungsprinzips   **Aufgabe 4.3**

Sachverhalt

In einem Unternehmen werden Fußbälle hergestellt. Der Herstellungsprozess läuft wie folgt ab: Lederstücke werden mit Garn derart maschinell aneinander genäht, dass sich eine Lederkugel ergibt. Damit man in diese Kugel Luft hineinpumpen kann und die Luft auch in der Lederkugel verbleibt, wird in die Lederkugel eine Gummiblase eingebracht, welche die Luft aufnimmt und speichert. Im Laufe des Geschäftsjahrs X1, in dem das Unternehmen 10 000 Fußbälle hergestellt hat, fanden folgende Ereignisse statt:

a. Es wurde Leder eingekauft und für die Herstellung verbraucht. Die Rechnung belief sich auf 35 000 GE und wurde bar bezahlt.

b. Es wurde Garn eingekauft und für die Herstellung verbraucht. Die Rechnung belief sich auf 10 000 GE. Der Betrag wurde mit bestehenden Forderungen des Unternehmens gegenüber dem Lieferanten verrechnet.

c. Es wurden Gummiblasen eingekauft und für die Herstellung verbraucht. Die Rechnung belief sich auf 15 000 GE, und es wurde ein Zahlungsziel im Geschäftsjahr X2 vereinbart, das von dem Unternehmen auch eingehalten werden wird.

d. Es fielen Arbeitslöhne in Höhe von 20 000 GE an, die bereits ausgezahlt wurden. Die Arbeitslöhne stehen indirekt mit der Fußballfertigung in Verbindung.

e. Die Stromrechnung für die Beheizung der Fertigungshallen über 22 000 GE ist eingegangen und wird im Geschäftsjahr X2 bezahlt werden.

f. Es wurde ein Kredit zur Überbrückung eines finanziellen Engpasses aufgenommen. Dem Unternehmen wurden 280 000 GE ausgezahlt. Der Rückzahlungsbetrag wurde auf 300 000 GE festgelegt. Während der zweijährigen Kreditlaufzeit entrichtet das Unternehmen zusätzlich jeweils 5% Zinsen auf den Rückzahlungsbetrag an die Bank in bar.

g. Das Gehalt des Leiters der Vertriebsabteilung für X1 in Höhe von insgesamt 35 000 GE wurde auf dessen privates Bankkonto überwiesen.

Fragen und Teilaufgaben

1. Skizzieren Sie kurz, was einerseits unter einem Marginalprinzip und andererseits unter einem Finalprinzip im Rahmen der Zuordnung von Ausgaben zu Erzeugnissen zu verstehen ist!

2. Bilden Sie die oben angegebenen Ereignisse des Geschäftsjahres X1 durch Buchungssätze ab! Nehmen Sie an, das Unternehmen verwende ein Finalprinzip zur Ermittlung der Herstellungsausgaben der Fußbälle!

3. Bilden Sie die oben angegebenen Ereignisse des Geschäftsjahres X1 durch Buchungssätze ab! Nehmen Sie an, das Unternehmen verwende ein Marginalprinzip zur Ermittlung der Herstellungsausgaben der Fußbälle!

Lösungshinweise zu den Fragen und Teilaufgaben

1. Man unterscheidet zwei Gruppen von Zuordnungsprinzipien. Zum einen eine Gruppe, die auf Grenzüberlegungen beruht, und zum anderen eine Gruppe, die dem Zweck dient, eine Zurechnung nach einer bestimmten, in sich einheitlichen Art zu bewirken. Die erste Gruppe steht unter dem Begriff „Marginalprinzip", die zweite trägt den Oberbegriff „Finalprinzip". Bei Verwendung des Marginalprinzips zur Zurechnung von Ausgaben zu Leistungseinheiten werden einem Erzeugnis nur die Ausgaben zugeordnet, die mit diesem direkt in Verbindung stehen. Diese Ausgaben sind für jede einzelne Erzeugniseinheit messbar. Dagegen werden dem Erzeugnis bei Anwendung eines Finalprinzips über diese direkt zuzuordnenden Ausgaben hinaus auch diejenigen Ausgaben zugeordnet, die nur *indirekt* mit dem Erzeugnis in Verbindung stehen. Diese Ausgaben können, müssen aber nicht für jede einzelne Erzeugniseinheit messbar sein.

2. Bei Anwendung des Finalprinzips werden sämtliche Ausgaben als Bestandteil der Herstellungsausgaben der Fußbälle angesehen, die direkt und indirekt mit diesen in Verbindung gebracht werden. Deswegen werden diese Ausgaben bis zum Verkauf der Fußbälle als Bestandteil der Herstellungsausgaben in der Bilanzposition „Ware" gespeichert (Marktleistungsabgabekonzept). Die Aufwendungen aus dem Darlehen werden *per definitionem* nicht den Herstellungsausgaben der Fußbälle zugerechnet, da es sich um Finanzierungsausgaben handelt und Finanzierung nichts mit der Herstellung und nichts mit der Verwendung des Geldes zu tun hat.

3. Da die Ausgaben der Ereignisse *d* und *e* mit den Erzeugnissen nur indirekt in Verbindung stehen, ändert sich deren Verbuchung. Im Kontext eines Marginalprinzips haben diese *per definitionem* nichts mit der Herstellung der Fußbälle zu tun. Deswegen werden die Ausgaben auch nicht – wie in der vorherigen Teilaufgabe – aufgrund des Marktleistungsabgabekonzepts solange in der Bilanz gespeichert, bis die Fußbälle verkauft werden. Vielmehr handelt es sich nun um Ausgaben, die gemäß dem Periodisierungskonzept im aktuellen Geschäftsjahr unmittelbar als Aufwand zu erfassen sind. Dabei wird unterstellt, sie hätten nichts mit der Herstellung zu tun. Bezüglich der Buchung, die im Zusammenhang mit dem Darlehen und der Gehaltszahlung des Vertriebsleiters entsteht, ändert sich durch den Wechsel des Zuordnungsprinzips nichts, weil diese Ausgaben nicht der Herstellung zugerechnet werden.

Aufgabe 4.4 **Analyse der Konsequenzen von Ereignissen für Journal, intratemporale Bilanzgleichung, Konten und Saldenaufstellung ohne explizite Berücksichtigung der Einkommensrechnung**

Sachverhalt

Die Bilanz zum 1.1.X1 eines Unternehmens hat folgendes Aussehen:

Aktiva		Eröffnungsbilanz zum 1.1.X1	Passiva
Nicht abnutzbare Sachanlagen	200000	Eigenkapital	180000
Abnutzbare Sachanlagen	50000	Verbindlichkeiten (Einkauf)	70000
Waren	50000	davon gegen X: 20000	
Forderungen (Verkauf)	40000	davon gegen Y: 20000	
davon gegen A: 25000		davon gegen Z: 30000	
davon gegen B: 15000		Verbindlichkeiten (Sonstiges)	100000
Zahlungsmittel	10000		
Bilanzsumme	350000	Bilanzsumme	350000

Während des sich anschließenden Wirtschaftsjahres haben die folgenden Ereignisse stattgefunden:

a. Verkauf eines unbebauten Grundstücks, das mit 35000 GE „zu Buche steht", für 50000 GE gegen sofortige Barzahlung.

b. Verkauf von Ware, die für 10000 GE eingekauft worden war, für 20000 GE auf Ziel an den Kunden B.

c. Tilgung der Verbindlichkeiten gegenüber dem Lieferanten Y durch Barmittel.

d. Erhalt einer Lieferung von Ware im Wert von 20000 GE vom Lieferanten X; die Hälfte des Rechnungsbetrages wird bar bezahlt.

e. Kauf eines Computers für 5000 GE gegen Barzahlung. Man schätzt, der Computer könne fünf Jahre lang genutzt werden.

f. Kunde B begleicht seine Verbindlichkeit in Höhe von 15000 GE in bar.

g. Verkauf von Ware, die für 12000 GE eingekauft worden war, an Kunden A für 10000 GE gegen Barzahlung.

h. Zahlung von 500 GE Zinsen an die Bank Z und Tilgung der Verbindlichkeiten gegenüber Z.

i. Zahlung von 18000 GE Dividende an die Anteilseigner.

Fragen und Teilaufgaben

1. Erstellen Sie das Journal für die Ereignisse des Wirtschaftsjahres X1!

2. Legen Sie T-Konten für die Ereignisse des Wirtschaftsjahres X1 an!

3. Buchen Sie die Ereignisse des Wirtschaftsjahres X1 auf den Konten!

4. Erstellen Sie eine vorläufige Saldenaufstellung zum Ende des Wirtschaftsjahres!

Lösungshinweise zu den Fragen und Teilaufgaben

1. Die Darstellung im Journal umfasst alle Buchungssätze.

2. Die anzulegenden T-Konten ergeben sich aus den Buchungssätzen. Neben denen für die Bilanz sind diejenigen einer Einkommensrechnung anzulegen.

3. Die Buchung der Ereignisse auf Konten folgt den Buchungssätzen.

4. Die vorläufige Saldenaufstellung hat das folgende Aussehen:

Vorläufige Saldenaufstellung

	Salden	
	Soll	Haben
Nicht abnutzbare Sachanlagen	165 000	
Abnutzbare Sachanlagen	55 000	
Ware	48 000	
Forderungen (Verkauf) gegenüber Kunde A	25 000	
Forderungen (Verkauf) gegenüber Kunde B	20 000	
Zahlungsmittel	1 500	
Verbindlichkeiten (Einkauf) gegenüber Lieferant X		30 000
Verbindlichkeiten (Einkauf) gegenüber Lieferant Y		0
Verbindlichkeiten (Einkauf) gegenüber Lieferant Z		0
Verbindlichkeiten (Sonstiges)		100 000
Eigenkapital		180 000
Ertrag		80 000
Aufwand	57 500	
Entnahme	18 000	
Summe	390 000	390 000

5 Relevante Ereignisse während des Abrechnungszeitraums

Lernziele

Nach dem Studium dieses Kapitels sollten Sie in der Lage sein,

- Vorgänge, die während des Abrechnungszeitraums stattfinden, nach ihren unterschiedlichen Wirkungen auf die Finanzberichte zu klassifizieren,
- die unterschiedliche Behandlung von solchen Einnahmen und Ausgaben zu beschreiben, die mit verkauften Vermögensgütern und verkauften lagerfähigen Dienstleistungen in Zusammenhang gebracht werden, und von solchen, die nicht damit in Verbindung gebracht werden,
- die Besonderheiten zu erklären, die mit der Beschäftigung von Personal in Deutschland zusammenhängen,
- die Konsequenzen der Umsatzsteuer für die Buchführung zu durchschauen.

Überblick

Das Kapitel dient der detaillierten Beschreibung derjenigen relevanten Ereignisse, die während des Abrechnungszeitraums stattfinden. Dies werden hauptsächlich Geschäftsvorfälle sein, die mit physischen oder rechtlichen Vorgängen zusammenhängen. Sie werden erfahren, welche Konzepte und Prinzipien bei den Buchungen während des Abrechnungszeitraums angewendet werden. Dazu stellen wir die Ereignisse in Unternehmen, die lagerfähige Vermögensgüter veräußern, besonders deutlich dar. Die Umsatzsteuer wird in ihren Grundzügen beschrieben. Ereignisse, die nur teilweise den laufenden Abrechnungszeitraum betreffen, oder die erst am Ende eines Abrechnungszeitraums berücksichtigt werden, zählen zum Stoff des nachfolgenden Kapitels.

Nach der Lektüre des fünften Kapitels werden Sie in der Lage sein, die Wirkung von Geschäftsvorfällen auf das Einkommen vor Berücksichtigung anderer relevanter Ereignisse (vorläufiges Einkommen) von Unternehmen sinnvoll zu interpretieren. Zugleich wird Ihnen klar werden, welche Bedeutung das Einkommen eines Unternehmens für die Motivation der Eigenkapitalgeber und der Unternehmensleitung besitzt.

5.1 Vorgänge während des Abrechnungszeitraums

5.1.1 Grundlagen

Ein- und Auszahlungen eines Unternehmens

Die Grundlagen der Bilanzierung nach den in Deutschland gültigen Regeln wurden bereits im dritten Kapitel dargelegt. Wir können uns daher hier auf die Konsequenzen für die Buchführung konzentrieren, die in der Behandlung von Ein- und Auszahlungen besteht. Wir beschränken uns im vorliegenden Kapitel auf diejenigen für die Buchführung relevanten Ereignisse, die als Geschäftsvorfälle bezeichnet werden. Geschäftsvorfälle sind relevante Ereignisse, die mit physischen oder rechtlichen Vorgängen zusammenhängen, an die man die Verpflichtung zur Aufstellung eines Buchungssatzes und zur Durchführung der Buchung auf Konten knüpft. Es gibt einige Arten von Ereignissen, die wie Geschäftsvorfälle beginnen, aber weitere Konsequenzen in anderen Abrechnungszeiträumen nach sich ziehen. Derartige Ereignisse betrachten wir nicht im vorliegenden, sondern im nachfolgenden Kapitel.

Behandlung abhängig von Bilanzierungsregeln

Im Zusammenhang mit den Arten von Ereignissen haben wir gelernt, dass wir eine Zahlung zunächst auf einige Eigenschaften hin prüfen müssen, bevor wir die Buchungssätze angeben können. Mit solchen Ereignissen kann ein Aktivtausch, eine Bilanzverlängerung oder -verkürzung oder ein Passivtausch verbunden sein. Ferner ist zu fragen, ob dabei das Eigenkapital berührt wird oder nicht. Den auf einen Abrechnungszeitraum entfallenden Teil von Einnahmen und Ausgaben, der mit dem Verkauf von Vermögensgütern und Dienstleistungen zusammengebracht wird, behandelt man weltweit – und damit auch nach dHGB – anders als denjenigen Teil, der nichts damit zu tun hat.

Ausgaben für die Beschaffung von Vermögensgütern und die Erstellung von Dienstleistungen

Der Einkauf eines Vermögensguts, beispielsweise der eines unbebauten Grundstücks, löst im Unternehmen den physischen Vorfall des Zugangs eines Grundstücks aus. Diesen Vorfall kann man zum Anlass nehmen, einen Buchungssatz aufzustellen und auszuführen. Daher sprechen wir bei dem Ereignis von einem Geschäftsvorfall. Er wirkt sich nicht auf die Einkommensrechnung aus. Der Bestand an Vermögensgütern nimmt durch den Einkauf zu; gleichzeitig nehmen die Zahlungsmittel ab oder die Verbindlichkeiten zu. Bei unterstellter Barzahlung von 10000 GE lautet die Struktur des Buchungssatzes

Beleg	Datum	Geschäftsvorfall und Konten	Soll	Haben
	Einkaufs- zeitpunkt	Zugang zu unbebauten Grundstücken und Abgang von Zahlungsmitteln *Unbebaute Grundstücke* *Zahlungsmittel*	10000	10000

Besonderheiten bei Dienstleistungen

Wird an einer Dienstleistung gearbeitet, die erst später fertiggestellt und geliefert wird, dann sind die dafür angefallenen oder anfallenden Ausgaben bis zur Lieferung ebenfalls in Bestandsposten zu sammeln, soweit dies möglich ist. Für eine Dienstleistung, die beispielsweise in der Reparatur eines Wasserrohrbruchs besteht, kann man vor der Reparatur nichts sammeln. Es kann höchstens vorkommen, dass man bereits in einem Abrechnungszeitraum Geld erhalten hat, die Leistung aber erst in einem Folgezeitraum erbracht wird.

Dann weisen wir diesen Betrag unter den Rechnungsabgrenzungsposten aus. Bei einer Dienstleistung wie der Erbringung von Gutachten ist es dagegen durchaus denkbar, dass man ein bereits erstelltes, aber noch nicht geliefertes Gutachten mit den dafür angefallenen Ausgaben auf der Aktivseite ansetzt.

Ähnlich verhält es sich bei der Aufnahme von Fremdkapital. Das Fremdkapital nimmt zu und normalerweise nehmen auch die Vermögensgüter zu. Hat man beispielsweise ein Darlehen in Höhe von 20000 GE aufgenommen und wurde zu Beginn der Laufzeit ein Betrag von 20000 GE ausgezahlt, so ergibt sich zum Aufnahmezeitpunkt ein Buchungssatz der folgenden Struktur:

Aufnahme von Fremdkapital

Beleg	Datum	Geschäftsvorfall und Konten	Soll	Haben
	Aufnahme-zeitpunkt	Aufnahme eines Darlehens *Zahlungsmittel* *Fremdkapital*	20000	20000

Einnahmen (Ausgaben) aus dem Verkauf (Kauf) von Vermögensgütern und Dienstleistungen gelten in demjenigen Augenblick als Ertrag (Aufwand), in dem das Verkaufsgeschäft als realisiert gilt. Die entsprechenden Buchungssätze lauten unter der Annahme eines Verkaufs von Erzeugnissen oder Handelsware, die man für 15000 GE eingekauft hat, gegen Barzahlung von 30000 GE beispielsweise

Behandlung von Einnahmen und Ausgaben, die keine Eigenkapitaltransfers darstellen und sich auf zu verkaufende Vermögensgüter beziehen

Beleg	Datum	Geschäftsvorfall und Konten	Soll	Haben
	Verkaufs-zeitpunkt	Zugang von Zahlungsmitteln, die zu Ertrag aus dem Verkauf von Vermögensgütern (Dienstleistungen, Handelsware, Erzeugnisse) führen *Zahlungsmittel* *Ertrag (Verkauf), Umsatzertrag*	30000	30000
	Verkaufs-zeitpunkt	Abgang von Vermögensgütern (Dienstleistungen, Handelsware, Erzeugnisse), der zu Aufwand aus dem Verkauf führt *Aufwand (Verkauf), Umsatzaufwand* *Erzeugnisse, Handelsware*	15000	15000

Auf die Abgangs- und Aufwandsbuchung kann man niemals verzichten. Man kann sie allerdings bis zum Ende des Abrechnungszeitraums hinausschieben, wenn man den Betrag erst dann ermittelt und bis dahin auf die Aussagefähigkeit der Buchführung verzichtet.

Ausgaben fallen hauptsächlich für die Anschaffung von Vermögensgütern, für die Beschäftigung von Personal sowie für die Zahlung des Zinses für Fremdkapital und dessen Rückzahlung an. Soweit solche Ausgaben mit der Anschaffung von Vermögensgütern von Fremden zusammen hängen, hat im Unternehmen (noch) kein Aufwand stattgefunden. Soweit bei solchen Ausgaben jedoch eine Beziehung zu verkauften Vermögensgütern oder zu für Fremde erbrachten Dienstleistungen besteht, gehen sie nicht bei ihrer Entstehung in die Einkommensrechnung ein, sondern zu dem Zeitpunkt, zu dem der Verkauf der Vermögensgüter und Dienstleistungen stattfindet. Bis zu diesem Zeitpunkt werden sie dem Konto *Erzeugnisse, Handelsware* als Herstellungsausgaben zugerechnet.

Arten von Ausgaben

Einnahmen und Ausgaben, die keine Eigenkapitaltransfers darstellen und sich nicht auf zu verkaufende Vermögensgüter beziehen

Zeitpunktbezogene Einnahmen oder Ausgaben, die nichts mit Eigenkapitaltransfers zu tun haben und die sich nicht auf zu verkaufende Vermögensgüter beziehen, gehen in demjenigen Abrechnungszeitraum als Ertrag oder Aufwand in die Einkommensrechnung ein, in dem sie entstanden sind. Für den Beispielfall, dass eine solche zeitpunktbezogene Einzahlung in Höhe von 40 000 GE entsteht, die nichts mit zu verkaufenden Vermögensgütern oder Dienstleistungen zu tun hat, behandeln wir sie als Ertrag. Wir bauen einen Buchungssatz der folgenden Art auf:

Beleg	Datum	Geschäftsvorfall und Konten	Soll	Haben
	Zugangszeit-punkt	Zugang von Zahlungsmitteln, die zu Ertrag führen, der nichts mit zu verkaufenden Vermögensgütern zu tun hat		
		Zahlungsmittel	40 000	
		Ertrag (Nicht-Verkauf)		40 000

Im Fall einer zeitpunktbezogenen Barauszahlung in Höhe von 50 000 GE, die nichts mit zu verkaufenden Vermögensgütern oder Dienstleistungen zu tun hat, berücksichtigen wir diese als Aufwand. Als zeitpunktbezogen bezeichnen wir alle Einnahmen oder Ausgaben, die sich nicht *pro rata temporis* berechnen, die somit zu einem Zeitpunkt entstehen und nicht für einen Zeitraum gelten. Der Buchungssatz lautet folgendermaßen:

Beleg	Datum	Geschäftsvorfall und Konten	Soll	Haben
	Abgangszeit-punkt	Abgang von Zahlungsmitteln, die zu Aufwand führen, der nichts mit zu verkaufenden Vermögensgütern zu tun hat		
		Aufwand (Nicht-Verkauf)	50 000	
		Zahlungsmittel		50 000

Gültigkeit der Aussagen

Die Aussagen gelten gleichermaßen für alle Arten von zeitpunktbezogenen Einnahmen und Ausgaben. Solche Ausgaben für die Beschaffung von Vermögensgütern werden beispielsweise genauso behandelt wie solche Ausgaben für die Beschäftigung von Personal oder Zinsen für die Nutzung von Fremdkapital. Lediglich die Entscheidung, ob man eine Ausgabenart zunächst den Erzeugnissen zurechnet oder ob man sie direkt in demjenigen Abrechnungszeitraum als Aufwand behandelt, in dem sie entstanden ist, kann unterschiedlich ausfallen.

5.1.1.1 Handhabung bei Unternehmen, die nur nicht-lagerfähige Dienstleistungen herstellen und verkaufen

Verzicht auf Darstellung

Den Sachverhalt bei Unternehmen, die nur nicht-lagerfähige Dienstleistungen erbringen, haben wir bereits im vorangehenden Kapitel kennengelernt. Wir verzichten hier auf eine nochmalige Darstellung.

5.1.1.2 Handhabung bei Unternehmen, die lagerfähige Vermögensgüter herstellen und verkaufen

Für die Buchführung relevante Ereignisse mit lagerfähigen Vermögensgütern kommen in nahezu allen Unternehmen vor. Auch Karl Gross hält und verbraucht in seinem Dienstleistungsunternehmen lagerfähige Vermögensgüter, z.B. in Form des Büromaterials. Transaktionen mit solchen Vermögensgütern entstehen bei ihm zum Zeitpunkt des Einkaufs sowie zu den Zeitpunkten, zu denen er diese Vermögensgüter verbraucht oder verkauft. In Unternehmen, die mit lagerfähigen Vermögensgütern handeln – in sogenannten Handelsunternehmen – und in Unternehmen, die solche Vermögensgüter im Rahmen eines Produktionsprozesses zu Erzeugnissen umwandeln – in sogenannten Produktionsunternehmen – kommen sehr viele Ereignisse mit lagerfähigen Vermögensgütern vor. Sie betreffen bei einem Handelsunternehmen hauptsächlich den Einkauf und den Verkauf, bei einem Produktionsunternehmen zusätzlich den Fertigungsprozess. Wir befassen uns im Folgenden zunächst mit der Abbildung von Einkaufs- und Verkaufsvorgängen, die ja für Handels- wie für Produktionsunternehmen gleichermaßen relevant sind. Erst anschließend betrachten wir den Produktionsprozess mit anschließendem Verkauf.

Relevanz lagerfähiger Vermögensgüter hauptsächlich bei Handels- und Produktionsunternehmen

Unternehmen, die mit lagerfähigen Vermögensgütern handeln, zeichnen sich gegenüber Dienstleistungsunternehmen unter anderem dadurch aus, dass ihre Einkommensrechnungen andere Posten enthalten als diejenigen von Dienstleistungsunternehmen. Abbildung 5.1, Seite 170, enthält die Einkommensrechnungen der *Metro AG* für das Geschäftsjahr 2016 und das Vorjahr. Dabei handelt es sich um ein Handelsunternehmen, zu dem beispielsweise die Läden von *Real*, *Extra*, *Media Markt* und *Saturn* gehören. Für die im vorliegenden Abschnitt zu erläuternden Sachverhalte des Einkaufs und Verkaufs von lagerfähigen Vermögensgütern spielt es keine Rolle, ob das Unternehmen die Vermögensgüter von anderen Unternehmen eingekauft hat oder ob es diese selbst gefertigt hat. Lediglich im Schwierigkeitsgrad des Verständnisses gibt es Unterschiede.

Ein Handelsunternehmen als Beispiel

Für Unternehmen, die lagerfähige Vermögensgüter verkaufen, haben sich unterschiedliche Bezeichnungen für die jeweiligen Warenvorräte und Aufwendungen aus dem Verkauf von Waren herausgebildet. Bei einem Handelsunternehmen bezeichnet man den Warenvorrat in der Praxis als „Handelsware" und den Aufwand aus dem Verkauf von Waren als „Einstandsausgaben" oder als „Anschaffungsausgaben" der verkauften Waren. Bei einem produzierenden Unternehmen unterscheidet man „Handelsware" von solcher, die zur Fertigung verwendet wird, von den „Roh-, Hilfs- und Betriebsstoffen", und von solcher, die im Unternehmen gefertigt wird, kurz „unfertige und fertige Erzeugnisse" genannt. Die Aufwendungen aus dem Verkauf von Ware werden bei produzierenden Unternehmen im dHGB als „Herstellungskosten der verkauften Erzeugnisse" bezeichnet.

Unterschiedliche Bezeichnungen für den Umsatzaufwand

Der Wirtschaftskreislauf von Unternehmen, die nur Ware verkaufen, besteht (1) im Einkauf von Ware, (2) im Lagern der Ware, (3) im Verkauf der Ware an Kunden und (4) in der Verwendung der Verkaufserlöse zum wiederholten Einkauf von Ware und so weiter. Die im Rechnungswesen berührten Posten hängen davon ab, ob die Geschäfte in bar oder unter Inanspruchnahme oder Gewährung einer Zahlungsfrist getätigt werden.

Wirtschaftskreislauf von Unternehmen, die Waren verkaufen

Bei Geschäften in bar findet ein Kreislauf zwischen Warenvorräten und Bargeld statt: Mit Bargeld werden Warenvorräte beschafft, durch deren Verkauf fließt Bargeld zu. Wird bei Geschäften die Entstehung von Forderungen und Verbindlichkeiten zugelassen, so findet der Kreislauf unter Einbezug der Forderungen und Verbindlichkeiten statt. Warenvorräte

Wirtschaftskreislauf ohne und mit Forderungen und Verbindlichkeiten

Metro-Konzern
Gewinn- und Verlustrechnung für das Geschäftsjahr vom 1. Oktober 2015 bis
30. September 2016 (Vorjahreswerte angepasst)

in Mio. Euro	2014/2015	2015/2016
Umsatzerlöse	**59219**	**58417**
Umsatzkosten	−47577	**−46967**
Bruttoergebnis vom Umsatz	**11642**	**11450**
Sonstige betriebliche Erträge	1275	**1537**
Vertriebskosten	−10221	**−9960**
Allgemeine Verwaltungskosten	−1467	**−1562**
Sonstige betriebliche Aufwendungen	−518	**−54**
Ergebnisanteil aus operativen nach der Equity-Methode einbezogenen Unternehmen	0	**102**
Betriebliches Ergebnis EBIT	**711**	**1513**
Ergebnis aus nicht operativen nach der Equity-Methode einbezogenen Unternehmen	2	**3**
Sonstiges Beteiligungsergebnis	0	**−4**
Zinsertrag	62	**93**
Zinsaufwand	−344	**−314**
Übriges Finanzergebnis	−172	**−124**
Finanzergebnis	**−452**	**−346**
Ergebnis vor Steuern EBT	**259**	**1167**
Steuern vom Einkommen und vom Ertrag	−480	**−559**
Periodenergebnis aus fortgeführten Aktivitäten	**−221**	**608**
Periodenergebnis aus nicht fortgeführten Aktivitäten	935	**49**
Periodenergebnis	**714**	**657**
Den Anteilen nicht beherrschender Gesellschafter zuzurechnendes Periodenergebnis	42	**58**
davon aus fortgeführten Aktivitäten	(42)	**(58)**
davon aus nicht fortgeführten Aktivitäten	(0)	**(0)**
Den Anteilseignern der Metro AG zuzurechnendes Periodenergebnis	672	**599**
davon aus fortgeführten Aktivitäten	(−263)	**(550)**
davon aus nicht fortgeführten Aktivitäten	(935)	**(49)**
Ergebnis je Aktie in Euro (unverwässert = verwässert)	**2,06**	**1,83**
davon aus fortgeführten Aktivitäten	(−0,80)	**(1,68)**
davon aus nicht fortgeführten Aktivitäten	(2,86)	**(0,15)**

Abbildung 5.1: Konzern-Einkommensrechnung der Metro AG für das Geschäftsjahr 2016 sowie für das Vorjahr (Quelle Geschäftsbericht Metro-Group, Geschäftsbericht 2015/16, Konzernabschluss der Metro AG, S. 166)

werden auf Ziel beschafft und es entstehen zunächst Verbindlichkeiten aus diesem Einkauf. Später werden die Verbindlichkeiten mit Bargeld beglichen, schließlich werden die Warenvorräte auf Ziel verkauft und es entstehen Forderungen aus dem Verkauf. Danach gehen die Forderungen als Bargeld ein, und es können neue Warenvorräte beschafft werden. In der englischsprachigen Literatur werden einheitlich die Begriffe *inventory* für

„Vorrat an Handelsware" und *costs of goods sold* für „Aufwendungen aus dem Verkauf von Waren" verwendet.

Der Ertrag, den ein Unternehmen aus dem Verkauf von Ware erzielt, wird Umsatzerlös, Umsatzertrag oder kurz Umsatz genannt. Er stellt den wesentlichen Teil des Ertrags von Handels- und Produktionsunternehmen dar. Der Umsatzertrag wird üblicherweise als Netto-Umsatzertrag definiert und umfasst die Verkaufserlöse nach Abzug von Preisnachlässen, Warenrücknahmen und ähnlichen Korrekturen. Die beim Verkauf von Ware erhobene Umsatzsteuer zählt normalerweise nicht zum Umsatz, sondern ist an den Fiskus abzuführen. Die beim Einkauf entrichtete Umsatzsteuer gehört im Normalfall auch nicht zu den Anschaffungsausgaben der eingekauften Ware, sondern wird vom Fiskus erstattet. Umsatzertrag entsteht, wenn Ware oder Erzeugnisse an den Kunden übergehen. Zur Einkommensermittlung wird dem Umsatzertrag der Aufwand für verkaufte Waren gegenübergestellt. Dieser Aufwand wird auch als „Umsatzaufwand" bezeichnet. Das kann entweder bei jeder einzelnen Buchung geschehen oder – wenn man bis zum Ende des Abrechnungszeitraums auf den Aussagegehalt der Buchführung verzichtet – einmalig zum Ende des Abrechnungszeitraums.

Umsatzertrag und Umsatzaufwand als wesentliche Posten der Einkommensrechnung

Umsatzaufwand stellt einen bedeutenden Aufwandsposten eines Unternehmens dar, das mit Waren handelt. In der Einkommensrechnung der *Metro AG* wird er als „Einstandskosten der verkauften Waren" bezeichnet. Bei einem Dienstleistungsunternehmen gibt es einen solchen Posten nicht oder er spielt eine untergeordnete Rolle. Die Einkommensrechnung der *Metro AG* enthält neben dem Umsatzertrag und dem Umsatzaufwand weitere Posten, die bisher noch nicht näher erläutert wurden. Weil diese Posten für die Lernziele des vorliegenden Kapitels unbedeutend sind, wird nicht näher darauf eingegangen. Die Einkommensrechnung der *Deutsche Telekom AG*, die wir aus dem ersten Kapitel kennen, war genauso aufgebaut, verwendet aber andere Begriffe.

Umsatzaufwand

Die Einkommensrechnung der *Metro AG* ist mit „Konzern-Gewinn- und Verlustrechnung" überschrieben. Wir kennen diese Bezeichnung bereits aus dem ersten Kapitel. Damit die folgenden Ausführungen klarer werden, sei an dieser Stelle nochmals darauf hingewiesen, dass es inhaltliche Unterschiede zwischen den Einkommensrechnungen von Konzernen und anderen Unternehmen gibt. Darauf gehen wir hier aber nicht näher ein. Das deutsche Handelsgesetzbuch verlangt die obige Bezeichnung „Konzern-Gewinn- und Verlustrechnung" für die Einkommensrechnung von Konzernen. Finanzberichte, denen diese ökonomische Sichtweise einer Unternehmenseinheit zu Grunde liegt, werden als Konzernfinanzberichte bezeichnet. Die Einkommensrechnung der *Metro AG*, als Konzern verstanden, umfasst also neben der Einkommensrechnung der Konzernobergesellschaft die Einkommensrechnungen der einzelnen Tochtergesellschaften *Real*, *Extra* und so weiter, korrigiert um sogenannte Konsolidierungen.

Konzernsicht und Sicht der rechtlich selbstständigen Einheit

Vorräte an Ware werden in der Bilanz ausgewiesen. Ein Verkauf von Ware mindert den Vorrat. Diese Warenvorratsminderung stellt Aufwand dar, weil die Hingabe der Ware in sachlichem Zusammenhang mit dem Umsatzertrag aus dem Verkauf steht. Wenn Sie z.B. bei *Saturn* eine Compact Disk (CD) kaufen, mindert dies nicht nur den tatsächlichen Bestand an CDs bei *Saturn*, sondern auch die Angaben darüber „in den Büchern" von *Saturn* und letztlich auch in den Berichten der *Metro AG*. Die wertmäßige Bestandsabnahme erscheint letztlich in der konsolidierten Einkommensrechnung der *Metro AG* als „Einstandskosten der verkauften Waren".

Minderung des Warenvorrats beim Verkauf stellt Aufwand dar

Rohertrag

Die Differenz zwischen dem Umsatzertrag und dem Umsatzaufwand bildet den „Rohertrag".

$$Umsatzertrag - Umsatzaufwand = Rohertrag$$

In der Einkommensrechnung der *Metro AG* heißt der Rohertrag „Bruttoergebnis vom Umsatz". Die Kennzahl misst das Einkommen aus der Handelstätigkeit. Eine ausreichende Höhe des Rohertrags ist überlebenswichtig für ein Handelsunternehmen.

Beispiel

Das Beispiel einer Compact Disc (CD), die *Saturn* für 10 GE ein- und für 20 GE verkauft habe, veranschauliche den Rohertrag:

	Netto-Umsatzertrag: Einnahme aus Verkauf einer CD	20 GE
–	Umsatzaufwand: Ausgabe für Beschaffung der CD	10 GE
=	Rohertrag aus dem Verkauf der CD	10 GE

Das in der Einkommensrechnung der *Metro AG* für das Geschäftsjahr 2016 angegebene Bruttoergebnis vom Umsatz enthält die Summe der Roherträge aller im Geschäftsjahr 2016 zu Gunsten der *Metro AG* verkauften Waren.

Einkauf von Waren nicht nur zum Handel, sondern auch für Produktion

Produzierende Unternehmen tätigen den Einkauf von Ware nicht nur, um diese Ware anschließend zu verkaufen, sondern auch, um sich für die Fertigung von Erzeugnissen mit Rohstoffen und allem Übrigen zu versorgen, das für die Fertigung benötigt wird. Man denke etwa an Schmiermittel für Maschinen oder Mittel zur Reinigung von Erzeugnissen nach deren Fertigstellung. Dementsprechend gibt es in produzierenden Unternehmen neben der Ware, die zum Verkauf gedacht ist, auch Ware, die nicht zum Verkauf, sondern zur Fertigung vorgesehen ist. Häufig wird solche Ware in Rohstoffe, Hilfsstoffe und Betriebsstoffe unterteilt.

Zum Verkauf anstehende Handelsware und Erzeugnisse

Bei der Ware, die zum Verkauf ansteht, unterscheidet man (eingekaufte) Handelsware von (im Unternehmen selbst gefertigten) Erzeugnissen. Wurden bei der Fertigung während des Abrechnungszeitraums nicht alle Schritte beendet, so kommt es vor, dass man neben fertigen auch unfertige Erzeugnisse vorfindet.

Herstellungsausgaben von Erzeugnissen entsprechen anteiligen Anschaffungsausgaben aller an der Herstellung beteiligten Produktionsfaktoren

Für die Einkommensrechnung produzierender Unternehmen werden – wie bei Handelsunternehmen – die Aufwendungen für verkaufte Waren beziehungsweise Erzeugnisse benötigt. Die Erstellung einer Bilanz erfordert es, neben dem Anschaffungswert der Handelsware den Anschaffungs- oder Herstellungswert der Vermögensgüter „unfertige Erzeugnisse" und „fertige Erzeugnisse" zu bestimmen. Unter dem Anschaffungswertprinzip ergeben sich die Aufwendungen für verkaufte Handelsware aus den Anschaffungs- und Anschaffungsnebenausgaben der Vermögensgüter, die dem Lager entnommen und verkauft wurden. Man findet die Anschaffungswerte auf den Einkaufsrechnungen sowie auf dem Warenvorratskonto für Handelsware. Sie bilden die Grundlage für die Bewertung der Vorräte an Handelsware. Dagegen ist die Bestimmung der „Anschaffungsausgaben verkaufter Erzeugnisse" kompliziert: Die Anwendung des Anschaffungswertprinzips erfordert es, in einem ersten Schritt die anteiligen Anschaffungsausgaben all derjenigen Waren, Dienstleistungen und anderen Vermögensgüter zu ermitteln, die bei der Herstellung von Erzeugnissen eingesetzt wurden. Anschließend sind die Ausgaben für diejenigen Arbeitsleistungen festzustellen, die bei der Herstellung von Erzeugnissen eingesetzt wurden. Die Summe dieser anteiligen Ausgaben der Herstellung von Erzeugnissen wird als „Herstellungsausgaben" oder im dHGB als „Herstellungskosten" der Erzeugnisse bezeichnet. Die Herstellungsausgaben von Erzeugnissen bilden die Grundlage für die

Bewertung des Vorrats an Erzeugnissen sowie für die Herstellungsausgaben der verkauften Erzeugnisse in der Einkommensrechnung.

Die Ermittlung der Herstellungsausgaben von Erzeugnissen steckt voller Probleme und ist in hohem Maße abhängig vom Ermessen des Unternehmers. So gibt es in Unternehmen viele Ausgaben, die nicht eindeutig nur einem einzigen Bereich, beispielsweise dem der Fertigung, zugeordnet werden können. In Literatur und Praxis haben sich daher einige Leitgedanken herausgebildet, mit deren Hilfe die Zuordnung einer Ausgabe zu einem Unternehmensbereich vorgenommen werden kann. Einer dieser Leitgedanken besteht hinsichtlich des Bereichs der Fertigung darin, diejenigen Ausgaben zu den Herstellungsausgaben von Erzeugnissen zu zählen, ohne die das Erzeugnis nicht hätte hergestellt werden können. Nach einer anderen Überlegung werden der Herstellung nur diejenigen Ausgaben zugerechnet, die zunehmen würden, wenn man eine Erzeugniseinheit mehr fertigen würde und die abnähmen, wenn man eine Erzeugniseinheit weniger herstellte.

Ermittlung der Herstellungsausgaben von Erzeugnissen: Leitgedanken

Die Herstellung von Erzeugnissen wirkt sich normalerweise nur auf die Vermögensseite der intratemporalen Bilanzgleichung aus. Die entsprechenden Vermögensgüter Roh-, Hilfs-, und Betriebsstoffe sowie Bargeld für Lohnzahlungen nehmen ebenso ab wie die Werte von Gebäuden und Maschinen; der Vorrat an Erzeugnissen nimmt hingegen zu. Durch den Herstellungsvorgang werden weder das Fremd- noch das Eigenkapital angesprochen. Das Fremdkapital wird nicht berührt, weil unterstellt wird, die Vorräte, das Bargeld, die Gebäude und Maschinen seien vorhanden. Waren sie allerdings vor der Herstellung nicht vorhanden und wurden sie auf Ziel beschafft, so wurde zwar das Fremdkapital berührt, dies geschah aber in Verbindung mit der Beschaffung oder der Einstellung von Personal und nicht in Verbindung mit der Herstellung. Das Eigenkapital wurde nicht berührt, weil die Herstellung keine Leistungsabgabe an den Markt bedeutet. Die Konsequenz dieses Sachverhalts besteht darin, dass die bei der Herstellung entstandenen Erzeugnisse mit dem Wert der zu ihrer Herstellung eingesetzten Vermögensgüter und Dienstleistungen bewertet werden. Wird etwa bei der Herstellung eines Vermögensguts eine Maschine eingesetzt und die Wertminderung der Maschine dem hergestellten Vermögensgut angelastet („was nicht zwingend geschehen muss), so wird die Wertminderung der Maschine in genau demjenigen Abrechnungszeitraum einkommensmindernd angesetzt, in dem das Vermögensgut verkauft wird. Insofern ist die Herstellung ein einkommensneutraler Vorgang. Einkommenswirkungen ergeben sich erst beim Verkauf der Erzeugnisse.

Herstellung als einkommensneutraler Vorgang

Aus der Einkommensneutralität der Herstellung folgt, dass man genau die für die Herstellung angefallenen Ausgaben den hergestellten Erzeugnissen zurechnet. In der Einkommensrechnung erscheinen sie erst, wenn die Erzeugnisse verkauft werden. Dies kann im Abrechnungszeitraum der Herstellung, aber auch in einem späteren Zeitraum geschehen.

Ausgaben für die Herstellung von Erzeugnissen, „inventarisierbare" Ausgaben

So wie man Veränderungen des Vorrats an Handelsware, insbesondere beim Verkauf, kontinuierlich erfassen kann, ist es auch möglich, Veränderungen des Warenvorrats, des Bargelds und anderer Anlagegüter, die der Herstellung von Erzeugnissen zugerechnet werden, kontinuierlich zu erfassen und diese den hergestellten Erzeugnissen zuzurechnen. Dafür ist lediglich festzustellen, welche Veränderungen von Erzeugnissen stattgefunden haben. Während bei der kontinuierlichen Erfassung der Veränderungen des Vorrats an Handelsware im Falle von verkaufsbedingten Abnahmen quasi automatisch die Aufwandsbuchung *Aufwand (Verkauf)* an *Erzeugnisse, Handelsware* vorgenommen wird,

Behandlung der Herstellung bei kontinuierlicher Erfassung von Bestandsänderungen

kann im Falle von Bestandsabnahmen für Herstellungszwecke quasi automatisch die Buchung erfolgen, die zum Ausweis von Erzeugnissen führt.

5.1.2 Umsatzaufwendungen laufend erfassen oder einmalig je Abrechnungszeitraum?

Warenvorrats-veränderungen lassen sich kontinuierlich oder für einen Zeitraum gebündelt (nicht-kontinuierlich) erfassen

Für die Ermittlung des Einkommens ist es erforderlich, neben dem Verkaufsertrag (Umsatzertrag) den Aufwand für die verkauften Waren (Umsatzaufwand) zu erfassen. Dies geschieht durch die Erfassung der aus dem Verkauf resultierenden Abnahme des Warenvorrats. Die Erfassung des Umsatzaufwands sollte kontinuierlich für jeden einzelnen Umsatz erfolgen. Geschieht die Erfassung dagegen nicht-kontinuierlich, sondern damit in regelmäßigen, z.B. täglichen, wöchentlichen oder jährlichen Zeitabständen, so lässt sich für die Zeiträume zwischen den Zeitpunkten keine Aussage über das Einkommen machen. In der Vergangenheit haben viele Unternehmen ihren Umsatzaufwand nur summarisch für bestimmte Zeiträume erfasst, z.B. einmal monatlich oder einmal jährlich.

Nicht-kontinuierliche Erfassung umsatzbezogener Veränderungen des Warenvorrats

Die nicht-kontinuierliche Erfassung des Umsatzaufwands dürfte hauptsächlich von kleinen Unternehmen angewendet werden, die niedrigpreisige Vermögensgüter verkaufen. So wird der Lebensmittel- und Gemüsehändler, der nicht über eine „Scanner-Kasse" mit elektronischer Buchführungsunterstützung verfügt, wohl kaum den Umsatzaufwand für jeden einzelnen Verkauf ermitteln. Er wird auch nicht zu jedem Zeitpunkt genau wissen, wie groß sein Warenvorrat ist. Stattdessen wird er in regelmäßigen Abständen den Bestand an Ware zählen und unter Berücksichtigung der neu eingekauften Ware sowie der intertemporalen Bilanzgleichung den Wert der verkauften Ware feststellen:

$$Abgang\ Ware = Anfangsbestand\ Ware - Endbestand\ Ware + Zugang\ Ware$$

Mit der zunehmenden Verbreitung von „Scanner-Kassen" und elektronisch unterstützter Buchführung wird eine solche nicht-kontinuierliche Erfassung umsatzbezogener Veränderungen des Warenvorrats allerdings zurückgedrängt.

Kontinuierliche Erfassung umsatzbezogener Veränderungen des Warenvorrats

Bei kontinuierlicher Erfassung von Veränderungen des Warenvorrats wird jede Entnahme von Ware aus dem Lager unmittelbar erfasst, insbesondere diejenige, welche im Zusammenhang mit dem Verkauf steht. Der Umsatzaufwand wird so einzeln und zeitgleich mit dem Umsatzertrag ermittelt. Der Warenvorrat ist jederzeit aus den Büchern ersichtlich, wenn es keinen Diebstahl, Schwund oder anderen Verlust gegeben hat. Ohne Zweifel ist ein solches System der kontinuierlichen Vorratsbuchführung und Erfassung des Umsatzaufwands viel arbeitsintensiver als ein System, in dem die Vorratsveränderungen und Umsatzaufwendungen nicht-kontinuierlich erfasst werden. Die höheren Kosten erscheinen aber gerechtfertigt, wenn es sich um wertvolle Waren handelt, deren Bestand man jederzeit zu überprüfen imstande sein möchte; man denke etwa an Schmuckstücke, große Elektrogeräte, Autos oder Motorräder. Die für die Lagerbuchführung und Umsatzaufwandsermittlung benötigte Zeit kann durch Computerunterstützung verringert werden. Darüber hinaus eröffnet die Computerbuchführung vielfache Möglichkeiten für eine bessere Vorratsteuerung. Mindestens einmal jährlich ist allerdings auch bei Computereinsatz eine physische Bestandsaufnahme (Inventur) vorzunehmen, um den exakten Endbestand des Warenvorrats zu ermitteln und die kontinuierlichen Aufzeichnungen über Veränderungen des Warenvorrats auf ihre Richtigkeit hin zu prüfen; denn selbst Scannerkassen erfassen weder Diebstahl noch Schwund.

Abbildung 5.2, Seite 175, stellt die Eigenschaften beider Systeme gegenüber. In der Abbildung wird von Synergien mit Bilanzierungsvorschriften abgesehen. Tatsächlich werden die Unterschiede geringer, wenn man bedenkt, dass Unternehmen durch die rechtlichen Vorschriften zur Buchführung und zur Berichterstellung gezwungen sind, jährlich eine Inventur vorzunehmen.

Gegenüberstellung

Kontinuierliche Erfassung von Veränderungen des Warenvorrats	Nicht-kontinuierliche Erfassung von Veränderungen des Warenvorrats
Liefert eine laufende Aufzeichnung über Einkauf, Bestand und Abgang von Ware.	Liefert keine laufende Aufzeichnung über Einkauf, Bestand oder Abgang von Ware.
Erlaubt laufende Ermittlung des Umsatzaufwands und des Warenvorrats. Das Einkommen und Eigenkapital vor Berücksichtigung der anderen relevanten Ereignisse kann jederzeit ermittelt werden.	Erfordert mindestens eine Inventur zum Ende des Abrechnungszeitraums zur Ermittlung des Umsatzaufwands. Das Einkommen und Eigenkapital vor Berücksichtigung der anderen relevanten Ereignisse kann nur am Ende und nicht während des Abrechnungszeitraums ermittelt werden.

Abbildung 5.2: Gegenüberstellung kontinuierlicher und nicht-kontinuierlicher Erfassung von Veränderungen des Vorrats an Handelsware

Eine computerbasierte kontinuierliche Erfassung von Veränderungen des Warenvorrats stellt aktuelle Informationen über Menge und Wert eingekaufter, verkaufter und vorrätiger Ware zur Verfügung. Diese Informationen werden häufig mit dem Forderungs- sowie dem Umsatzkonto verknüpft. Wenn Sie beispielsweise formell über *Saturn,* informell bei der *Metro AG,* eine nicht vorrätige CD bestellen, wendet sich *Saturn* eventuell an den Hersteller *Erato Disques S.A.* Dieses Unternehmen ermittelt per Computer aus seiner Vorratsbuchführung, ob die gewünschte CD vorhanden ist. Ist dies der Fall, wird *Erato Disques S.A.* per Computer eine an *Saturn* gerichtete Rechnung erstellen, den Versand veranlassen und ebenfalls per Computer den Warenabgang auf dem Warenvorratskonto und auf dem Umsatzaufwandskonto berücksichtigen sowie die Buchung auf dem Umsatzertragskonto und dem Forderungskonto vornehmen. *Saturn* bucht dann bei Erhalt der CD einen Warenzugang. Bei Abgabe der CD an den Besteller wird – ebenfalls per Computer – neben dem Zahlungsmittelzugang und Ertrag der Umsatzaufwand und CD-Abgang verbucht und letztlich an die *Metro AG* weitergeleitet. Weil sehr viele Unternehmen ein Computersystem zur kontinuierlichen Erfassung der Veränderungen von Warenvorräten verwenden, wird der Schwerpunkt der Betrachtungen auf eine kontinuierliche Ermittlung der Umsatzaufwendungen gelegt.

Nutzen computerbasierter Systeme zur Erfassung von Veränderungen des Warenvorrats

In der Einkommensrechnung der *Metro AG* nach Abbildung 5.1, Seite 170, wird – wie bei den meisten Unternehmen – nur über den Netto-Umsatzertrag berichtet. Über eingeräumte Barzahlungsrabatte, Warenrücknahmen oder Preisnachlässe er-fährt der außenstehende Leser nichts.

Informationsmangel publizierter Finanzberichte

Ermittlung des Umsatzaufwands: kontinuierliche versus nicht-kontinuierliche Erfassung

Wie bereits erwähnt, unterscheidet man die kontinuierliche Erfassung des Umsatzaufwandes von der nicht-kontinuierlichen Erfassung. Die bisherigen Ausführungen zur Behandlung von Einkauf und Verkauf beruhen auf der kontinuierlichen Erfassung von Veränderungen der Warenvorräte. In der Praxis wird der Umsatzaufwand zur Einkommensermittlung häufig nicht für jeden Umsatz einzeln, sondern zum Ende des Abrechnungszeitraums summarisch für alle Umsätze des Abrechnungszeitraums festgestellt.

Besonderheiten bei nicht-kontinuierlicher Erfassung des Umsatzaufwands

Bei nicht-kontinuierlicher Bestimmung der Umsatzaufwendungen eines Unternehmens, das Handelswaren verkauft, unterstellt man, dass aus dem Verkauf noch keine Aufwands- und Abgangsbuchung erfolgt ist. Es wurden weder die Verringerung des Warenvorrats durch Verkäufe noch die entsprechenden Aufwendungen während des Abrechnungszeitraums verbucht. Ermittelt man den Endbestand des Warenvorrats durch Inventur, den Anfangsbestand aus dem Endbestand des vorangegangenen Abrechnungszeitraums und zeichnet man die Zugänge beim Einkauf auf, so lässt sich die Abnahme des Warenvorrats durch Auflösen der intertemporalen Bilanzgleichung:

$$Endbestand = Anfangsbestand + Zugang - Abgang$$

nach „Abgang" ermitteln. Wenn man Diebstahl, Verlust und ähnliche Vorkommnisse während eines Abrechnungszeitraums dem Umsatzaufwand zurechnen will, gibt die so ermittelte Abnahme des Warenvorrats den Umsatzaufwand wieder.

Die nicht-kontinuierliche Ermittlung des Umsatzaufwands eines Unternehmens kann wie in Abbildung 5.3, Seite 176, aussehen. Für die Abbildung wurde unterstellt, dass alle Größen außer dem Umsatzaufwand aus der Buchführung ersichtlich sind.

Ermittlung des Umsatzaufwandes

	Anfangsbestand Handelsware	38 600 GE
+	Einkauf (netto)	158 200 GE
+	Fracht	5 200 GE
=	Ausgaben für verkaufsfähige Handelsware	202 000 GE
−	Endbestand Handelsware	−54 100 GE
=	Umsatzaufwand	147 900 GE
	Errechnung des Einkaufs (netto)	
	Einkauf (brutto)	164 800 GE
−	Barzahlungsrabatte	−5 400 GE
−	Warenrücksendungen und Preisnachlässe	−1 200 GE
=	Einkauf (netto)	158 200 GE

Abbildung 5.3: Mögliches Aussehen einer Rechnung zur nicht-kontinuierlichen Ermittlung des Umsatzaufwandes

5.2 Exkurs: Institutionelle Besonderheit in Deutschland bei Ausgaben für Personal

Im Zusammenhang mit der Beschäftigung von Personal wird in Deutschland nicht vom Unternehmer und den Beschäftigten, sondern vom „Arbeitgeber" und vom „Arbeitnehmer" gesprochen. Als Arbeitgeber gilt jede rechtlich selbstständige Wirtschaftseinheit, als Arbeitnehmer jede Person, die vom Arbeitgeber für nicht-selbstständige Tätigkeiten eingestellt wird. Wir schließen uns im vorliegenden Kapitel dieser Terminologie an.

Begriffliches: Arbeitnehmer und Arbeitgeber

Wer Personal beschäftigt, wird es bezahlen müssen. In Deutschland werden durch den Arbeitgeber vom Lohn oder Gehalt eines Arbeitnehmers für den Fiskus die Einkommensteuer auf den Arbeitslohn (Lohnsteuer und Solidaritätszuschlag) sowie für die Sozialversicherungen die Sozialversicherungsbeiträge einbehalten, die der Arbeitnehmer zu zahlen hat. Zu diesen Sozialversicherungen gehören Kranken-, Pflege-, Renten- und Arbeitslosenversicherung. Zusätzlich kann ein Arbeitnehmer mit nicht zu hohem Einkommen vom Arbeitgeber zu Lasten des Fiskus eine sogenannte Arbeitnehmer-Sparzulage erhalten, eine steuerliche Vergünstigung, wenn er Teile des Lohns oder Gehalts „vermögenswirksam" anlegt.

Belastung des Arbeitnehmers: Abzüge vom Arbeitslohn

Der Arbeitgeber hat darüber hinaus bei Beschäftigung von Personal zusätzlich ebenfalls Sozialversicherungsbeiträge (für den Arbeitnehmer) sowie Beiträge für die Unfallversicherung an die Berufsgenossenschaft zu entrichten. Die Beitragsstruktur der deutschen Sozialversicherungen erfordert es, dass der Arbeitgeber für den Arbeitnehmer einen Beitrag zu den Sozialversicherungen entrichtet. Es heißt, der (gesamte) Sozialversicherungsbeitrag wird jeweils zur Hälfte vom Arbeitnehmer und zur anderen Hälfte vom Arbeitgeber getragen.[1] Da der Arbeitgeber die Sozialversicherungsbeiträge nicht für sich, sondern für seinen Arbeitnehmer zahlt, stellt der Arbeitgeberanteil zur Sozialversicherung des Arbeitnehmers Personalausgaben dar.

Zusätzliche Belastung des Arbeitgebers: Arbeitgeberanteile zur Sozialversicherung und Unfallversicherung

Die Beträge, die der Arbeitgeber für den Arbeitnehmer einbehält, sind zusammen mit den von ihm selbst direkt für den Arbeitnehmer zu entrichtenden Beträgen an den Fiskus und an die diversen Versicherungsträger abzuführen. Hieraus ist ersichtlich, dass die Beschäftigung von Personal etliche Buchungsvorgänge auslöst. Eine verwalterische Zusatzbelastung des Arbeitgebers, die jedoch keine Buchungen auslöst, bedeutet es, Teile des Arbeitslohns oder Arbeitsgehalts einbehalten und an Fiskus sowie an Versicherungsträger weiterleiten zu müssen.

Pflicht des Arbeitgebers zur Abführung von Arbeitnehmer- und von Arbeitgeberanteilen

Der Arbeitslohn oder das Gehalt eines Arbeitnehmers umfasst in Deutschland alle Vermögensgüter, die dem Arbeitnehmer in Geld oder Geldwert aus seinem gegenwärtigen oder aus früheren Arbeits- oder Dienstverhältnissen zufließen. Ob dies laufend oder einmalig geschieht, ist unerheblich. Aus Vereinfachungsgründen werde im Folgenden nur vom Lohn als Arbeitsentgelt gesprochen. Wegen bereits oben erwähnter gesetzlicher Vorschriften entspricht der vereinbarte Arbeitslohn (Bruttolohn) nicht dem Betrag, den der Arbeitgeber an

Umfang des Arbeitslohns oder Arbeitsgehalts

---

[1] Ausnahme hierzu bildet seit 1. Juli 2005 der Beitrag zur Krankenversicherung. Von Arbeitnehmern wird seitdem – über den Beitrag, den die Arbeitgeber entrichten – ein zusätzlicher Beitragssatz auf den Bruttolohn erhoben.

den Arbeitnehmer auszahlt (Nettolohn). Er entspricht auch nicht dem Betrag, den der Arbeitgeber insgesamt infolge der Beschäftigung eines Arbeitnehmers aufzubringen hat. Dies sei im Folgenden kurz an einem Beispiel erläutert.

Bruttolohn – Abzüge = Nettolohn

Der an den Arbeitnehmer auszuzahlende Betrag ergibt sich aus dem tarifvertraglichen Grundlohn oder Grundgehalt und den darüber hinausgehenden Zuschüssen. Man spricht auch vom Bruttoarbeitsentgelt. Hiervon werden die Zahlungen abgezogen, die der Arbeitgeber zu Lasten des Arbeitnehmers an den Fiskus (Lohnsteuer, Solidaritätszuschlag und eventuell Kirchensteuer) und an Sozialversicherungträger (Kranken-, Pflege-, Renten- und Arbeitslosenversicherung) vorzunehmen hat. Abzuziehen sind ebenfalls Zahlungen, die der Arbeitgeber für den Arbeitnehmer an dessen Anlageinstitut überweist. Eine Lohn- und Gehaltsabrechnung könnte das Aussehen der Abbildung 5.4, Seite 178, annehmen.

Bestandteile einer Lohn- oder Gehaltsabrechnung		Betrag in Euro	
=	Bruttolohn, Bruttogehalt		3 587,71
–	Zahlungen für den Arbeitnehmer an den Fiskus		
	Lohnsteuer (Klasse I)	–596,08	
	Solidaritätszuschlag	–32,78	
	Kirchensteuer (römisch-katholisch, für NRW 9%)	–53,65	–682,51
–	Zahlungen für den Arbeitnehmer an den Sozialversicherungsträger		
	Krankenversicherung (Teil der Sozialversicherung), Annahme 15,5%	–307,06	
	Pflegeversicherung (Teil der Sozialversicherung)	–57,10	
	Rentenversicherung (Teil der Sozialversicherung)	–350,12	
	Arbeitslosenversicherung (Teil der Sozialversicherung)	–56,17	–770,45
=	Nettolohn, Nettogehalt		2134,75
–	Vermögensanlage für den Arbeitnehmer, Annahme: Zusatzversorgung VBL (1,81% vom Arbeitnehmer und 6,45 vom Arbeitgeber)		–64,94
=	Vom Arbeitgeber an den Arbeitnehmer auszuzahlender Betrag		2069,81

Abbildung 5.4: Beispiel einer monatlichen Lohnabrechnung aus Sicht des Arbeitnehmers

Höhe der Abzüge vom Bruttolohn

Die Höhe der Abzüge, die der Arbeitgeber vornimmt, richtet sich nach der Höhe des Bruttoarbeitsentgelts. Darüber hinaus spielt bei der Lohnsteuer sowie bei der Kranken- und Pflegeversicherung der Familienstand eine Rolle. Der prozentuale Anteil der Abzüge vom Bruttolohn ändert sich ab und zu, meist infolge politischer Entscheidungen. Auf die genaue Berechnung wird deswegen hier nicht eingegangen. Die im Schema enthaltenen Zahlen beziehen sich auf einen alleinstehenden katholischen Arbeitnehmer, der im öffentlichen Dienst arbeitet und nach dem Tarifvertrag für die Beschäftigten der bundesdeutschen Länder (TV-L) nach Entgeltgruppe 13, Stufe 1 (Stand: 8.9.2017) vergütet wird.

Die Beschäftigung von Personal belastet Unternehmen nicht nur mit dem Bruttolohn oder Bruttogehalt, sondern noch mit weiteren Beträgen, aus denen sich zusammen die Personalausgaben ergeben. Der Arbeitgeber hat Beträge gemäß dem Schema der Abbildung 5.5, Seite 179, aufzubringen. Für die Arbeitnehmer-Sparzulage sei unterstellt, sie fließe vom Fiskus an den Arbeitgeber. Die Zahlen wurden in Fortführung des vorgenannten Beispiels gewählt.

Personalausgaben = Bruttolohn + Arbeitgeberanteile zur Sozialversicherung + Unfallversicherung

Bestandteile	Betrag in Euro
Bruttolohn, Bruttogehalt	3587,71
+ Arbeitgeberanteil zur Sozialversicherung, inklusive Zusatzversorgung VBL	1052,41
+ tarifvertragliche Sozialleistungen	0,00
+ freiwillige Sozialleistungen	0,00
+ Beiträge zur Berufsgenossenschaft (Unfallversicherung)	59,91
= Personalausgaben	4712,41

Abbildung 5.5: Beispiel der aus Sicht des Arbeitgebers zusätzlich zum Bruttolohn anfallenden Arbeitsentgeltbestandteile

Aus dem Schema wird ersichtlich, dass die Sozialversicherungsbeiträge des Arbeitgebers für den Arbeitnehmer den Personalausgaben zugerechnet werden. Ökonomisch ist allerdings nicht einzusehen, warum man den Arbeitgeberanteil zur Sozialversicherung nicht dem Bruttolohn oder Bruttogehalt hinzurechnet und in der Lohnabrechnung diesen Bruttolohn beziehungsweise das Bruttogehalt und den gesamten Beitrag zur Sozialversicherung ausweist.

Ökonomisch zweifelhafte Behandlung der Sozialversicherungsbeiträge des Arbeitgebers

Für geringfügig Beschäftigte, Aushilfen und Vielverdiener sieht das deutsche Recht andere Regelungen vor, die hier jedoch nicht erläutert werden.

Sonderregelungen

Wie man Personalausgaben verbucht, hängt damit zusammen, ob ein Zusammenhang mit zu verkaufenden Vermögensgütern oder Dienstleistungen unterstellt wird oder nicht. Gegebenenfalls muss der Bilanzierer festlegen, nach welchem Prinzip er die Personalausgaben den Erzeugnissen zurechnen möchte oder nicht. Es gibt in Unternehmen viele Beschäftigte, für die Ausgaben sowohl nach dem Marginalprinzip als auch nach irgendeinem Finalprinzip den gleichen Erzeugnissen zugerechnet werden. Unterschiedlich kann allerdings die Verteilung auf die einzelnen Erzeugnisarten sein. Es gibt aber auch Ausgaben für viele Beschäftigte, die sich je nach angewendeter Argumentationskette den Erzeugnissen zurechnen lassen oder nicht. Wir verzichten hier auf die Angabe von Buchungssätzen, weil sich bis auf die Bezeichnung nichts anderes ergibt als bei den Ausgaben für Vermögensgüter.

Behandlung in Buchführung abhängig von Zurechnung zu Erzeugnissen

5.3 Konsequenzen der Umsatzsteuer für die Buchführung

Die folgenden Ausführungen folgen bis auf den Steuersatz den Regeln, die in Deutschland gelten.

Anwendungsbereich und Steuersätze

Bei allen Lieferungen und sonstigen Leistungen, die ein Unternehmen im Inland gegen Entgelt ausführt, bei Eigenverbrauch und bei der Einfuhr von Gegenständen in das Zollgebiet der Bundesrepublik Deutschland unterliegen die Umsätze bis auf wenige Ausnahmen der Umsatzsteuer (§1 UStG). Der Regelsatz der Umsatzsteuer beträgt derzeit in Deutschland 19% auf den Nettowert der Transaktion. Neben dem Regelsatz gibt es einen reduzierten Satz in Höhe von 7%, der auf Geschäfte mit bestimmten Arten von Waren, z.B. Lebensmittel, angewendet wird. Einige wenige Arten von Umsätzen sind von der Umsatzsteuer befreit. Auf Probleme, die mit der Einfuhr zusammenhängen, gehen wir hier nicht weiter ein. In den folgenden Beispielen wird zur Vereinfachung immer von einem Umsatzsteuersatz von 10 % ausgegangen.

Funktionsweise der Umsatzsteuer in Form der Mehrwertsteuer

Die Umsatzsteuer soll nur vom Endverbraucher getragen werden und sich nur auf bestimmte Umsätze beziehen. Das erreicht der Gesetzgeber dadurch, dass er zunächst jeden steuerpflichtigen Umsatz der Besteuerung unterwirft, die Steuer jedoch erstattet, soweit der Umsatz nicht mit Endverbrauchern getätigt wurde. Wegen der generellen Abgabepflicht der Umsatzsteuer und des Erstattungsanspruchs hinsichtlich eines Umsatzes, der nicht an Endverbraucher geht, kommt es in einem Unternehmen jeweils nur zu einer Steuererhebung auf den im Unternehmen erzielten „Mehrwert". Man spricht deswegen bei dieser Erhebungsform der Umsatzsteuer von einer Mehrwertsteuer.

Einkauf mit Mehrwertsteuer

Die Funktionsweise der Mehrwertsteuer wird klar, wenn man sich die Vorgänge an einem Beispiel verdeutlicht, bei dem ein Unternehmen Ware einkauft, um diese anschließend weiterzuverkaufen. Beim Einkauf der Ware hat das kaufende Unternehmen nicht nur den Nettoverkaufspreis der Ware zu entrichten, sondern auch die darauf vom Verkäufer erhobene Mehrwertsteuer. Wenn das Unternehmen nicht Endverbraucher der Ware ist, entsteht ein Erstattungsanspruch in Höhe der gezahlten Mehrwertsteuer gegenüber dem Fiskus. Die vom Unternehmen beim Einkauf gezahlte Mehrwertsteuer wird als „Vorsteuer" bezeichnet. Ein Unternehmen mit einem entsprechenden Erstattungsanspruch heißt „vorsteuerabzugsberechtigt". Die von einem vorsteuerabzugsberechtigten Unternehmen gezahlte Vorsteuer stellt eine Forderung des Unternehmens gegenüber dem Fiskus dar.

Verkauf mit Mehrwertsteuer

Wird die Ware verkauft, so hat das Unternehmen dem Käufer neben dem Nettoverkaufspreis die Mehrwertsteuer auf den Nettoverkaufspreis zu berechnen. Dieser aufgeschlagene Mehrwertsteuerbetrag ist an den Fiskus abzuführen. Er wird fälschlicherweise als „Mehrwertsteuer" bezeichnet und stellt zunächst eine Verbindlichkeit gegenüber dem Fiskus dar. In der Regel bestehen in einem Unternehmen gleichzeitig Erstattungsansprüche aus *Vorsteuer* und Zahlungsverpflichtungen aus *Mehrwertsteuer*, die faktisch miteinander verrechnet werden. Übersteigen die Zahlungsverpflichtungen die Erstattungsansprüche, so entsteht eine sogenannte „Zahllast".

Export und Import

Bei Lieferung oder Erbringung einer Dienstleistung ins Ausland wird der Mehrwertsteuerbetrag erstattet, mit dem die Lieferung oder Leistung belastet ist. Bei Import aus dem Ausland wird vom inländischen Empfänger eine sogenannte Umsatzausgleichsabgabe erhoben, die im Weiteren wie Mehrwertsteuer behandelt wird.

Die Konsequenzen für die Mehrwertsteuer, die durch Einkauf, Verkauf, Eigenverbrauch und Import beziehungsweise Export von Waren ausgelöst werden, sind im Rechnungswesen zu berücksichtigen. Dabei ist es unerheblich, ob es sich letztlich um eine Dienstleistung oder um eine Warenlieferung handelt. Die Mehrwertsteuerverbindlichkeiten gegenüber dem Fiskus werden auf einem Fremdkapitalkonto, die Erstattungsansprüche auf einem Vermögensgüterkonto gebucht. Das Fremdkapitalkonto wird in den folgenden Beispielen als „Verbindlichkeiten (Mehrwertsteuer)" bezeichnet. Das Vermögenskonto nennen wir im Folgenden „Forderungen (Vorsteuer)". Beide Konten werden schließlich zusammengefasst, um zu ermitteln, ob *per Saldo* ein Erstattungsanspruch oder eine Zahlungsverpflichtung gegenüber dem Fiskus besteht. Es wurde schon darauf hingewiesen, dass das Umsatzsteuerrecht neben den mit dem Regelsteuersatz belasteten Umsätzen geringer belastete und befreite Umsätze kennt. Weil der Fiskus anstrebt, die Höhe von Forderungen oder Verbindlichkeiten leicht nachprüfen zu können, werden für jeden Steuersatz gesonderte Umsatz-, Vorsteuer- und Mehrwertsteuerunterkonten verlangt.

Den Umsatzsteuervorschriften entsprechend hat ein Verkäufer vom Käufer Mehrwertsteuer für den Fiskus zu erheben. Zu buchen ist für den Zeitpunkt der Leistungsabgabe, bei Vorauszahlungen zum Zeitpunkt der Vorauszahlung. Zum Umsatzertrag zählt beim Verkäufer alles das, was er dem Käufer berechnet, mit Ausnahme der Mehrwertsteuer. Ein Verkäufer, der beispielsweise einem Käufer am 1. März *Digital Versatile Discs* (DVDs) zu 90 GE zuzüglich Verpackung zu 2 GE und Fracht zu 8 GE, jeweils vor Mehrwertsteuer, in Rechnung stellt, hat bei einem unterstellten Mehrwertsteuersatz von 10 % und Abwicklung über Forderungen zu buchen:

Beleg	Datum	Geschäftsvorfall und Konten	Soll	Haben
	1.3.	Verkauf auf Ziel (Zugangs- und Ertragsbuchung)		
		Forderungen (Verkauf)	110	
		Umsatzertrag		100
		Verbindlichkeiten (Mehrwertsteuer)		10

Zeitgleich hat er – wie oben bereits dargestellt – die Minderung des Warenvorrats, die Verpackung und die Fracht als Aufwand zu berücksichtigen. Hatte die dem Lager entnommene Ware beispielsweise vor Mehrwertsteuer einen Buchwert von 50 GE, die Verpackung einen von 1 GE und wurden für die Fracht bei einem unterstellten Mehrwertsteuersatz von 10 % am 2. März 5,50 GE in bar entrichtet, so wäre zusätzlich zu buchen:

Beleg	Datum	Geschäftsvorfall und Konten	Soll	Haben
	1.3.	Umsatzaufwand (Material)		
		Umsatzaufwand	50,0	
		Erzeugnisse, Handelsware		50,0
	1.3.	Umsatzaufwand (Verpackung)		
		Umsatzaufwand (Verpackung)	1,0	
		Roh-, Hilfs- und Betriebsstoffe		1,0
	1.3.	Umsatzaufwand (Fracht)		
		Umsatzaufwand (Fracht)	5,0	
		Forderungen (Vorsteuer)	0,5	
		Verbindlichkeiten (Spediteur)		5,5
	2.3.	Begleichung der Verbindlichkeit aus der Fracht		
		Verbindlichkeiten (Spediteur)	5,5	
		Zahlungsmittel		5,5

Die beim Einkauf der DVDs und des Verpackungsmaterials entrichtete Mehrwertsteuer wurde bereits zum Zeitpunkt des Einkaufs als *Forderungen (Vorsteuer)* verbucht.

Nachträgliche Änderungen an den Geschäftsgrundlagen

Kommen Käufer und Verkäufer nach Abschluss ihres Geschäfts und dessen Buchung überein, am Geschäft Änderungen vorzunehmen, welche die Bemessungsgrundlage der Vorsteuer oder der Mehrwertsteuer berühren, so sind neben diesen Änderungen die Vorsteuer- oder Mehrwertsteuerkonten zu ändern. Typische Fälle solcher Änderungen sind nachträglich vereinbarte Preisnachlässe, Boni, Skonti, andere Rabatte und Warenrücksendungen.

Vorläufige Saldenaufstellung und Finanzberichte

Im vorliegenden Kapitel haben wir uns bisher nur mit Ereignissen befasst, deren Abbildung im Laufe des Abrechnungszeitraums stattfindet. Insofern verweisen wir auf die Ausführungen des vorangegangenen Kapitels über die Aufstellung einer vorläufigen Saldenaufstellung und über die Erstellung vorläufiger Finanzberichte.

5.4 Behandlung von Einnahmen und Ausgaben während des Abrechnungszeitraums im Beispiel

5.4.1 Beispiel für den Einkauf und Verkauf von Handelsware (ohne Umsatzsteuer)

5.4.1.1 Einkauf mit Rabatt und teilweiser Warenrücksendung

Der Wirtschaftskreislauf beginne mit der Beschaffung von Warenvorräten und der Verbuchung dieser Beschaffung. Von der Umsatzsteuer sehen wir zunächst ab. Wenn beispielsweise das *Music Equipment Center Aachen (MECA)* am 14. Juni zwei CD-Abspielgeräte im Wert von je 200 GE zum Weiterverkauf bei seinem Großhändler einkauft, mehren sich bei *MECA* die Warenvorräte und die Verbindlichkeiten nehmen zu oder die Zahlungsmittel nehmen ab. Für den Fall der Zunahme von Verbindlichkeiten lautet der Buchungssatz:

Sachverhalt

Beleg	Datum	Geschäftsvorfall und Konten	Soll	Haben
	14.6.	Kauf von Handelsware		
		Erzeugnisse, Handelsware	400	
		Verbindlichkeiten (Einkauf)		400

Der Erhalt der Geräte und die Rechnung des Lieferanten bestimmen diese Buchung. Für das *Music Equipment Center Aachen (MECA)* eignet sich die Rechnung als Beleg für den Geschäftsvorfall.

Geschäftsdokumente eignen sich sehr oft als Belege im Rechnungswesen. Das wird deutlich, wenn wir die Schritte verfolgen, welche von *MECA* bei der Bestellung, Lieferung und Bezahlung der CD-Abspielgeräte unternommen werden.

Geschäftsdokumente als Belege

1. *MECA* setzt ein *Schreiben zur Bestellung* auf und sendet dieses an den Großhändler.
2. Beim Empfang der *Bestellung* schaut der Großhändler nach, ob die gewünschte Ware vorrätig ist. Ist dies der Fall, wird die gewünschte Ware ausgeliefert und zugleich eine *Rechnung* an *MECA* versandt. Mit der Rechnung macht der Verkäufer seine Forderung auf Bezahlung der Lieferung geltend.
3. Oftmals trifft die Rechnung beim Käufer vor der Ware ein, so auch in unserem Beispiel. *MECA* zahlt nicht sofort, sondern wartet bis zur Ankunft der Ware, um prüfen zu können, ob die richtigen Artikel in der gewünschten Menge und Qualität angekommen sind. Nach Durchsicht und Annahme der Warenlieferung zahlt *MECA* die Ware.

Eine Rechnung enthält (1) den Namen des Verkäufers, (2) das Rechnungsdatum (zur Ermittlung der Zahlungsfrist), (3) den Namen des Rechnungsempfängers und die Lieferanschrift, (4) das Datum der Bestellung, (5) die Zahlungsbedingungen, (6) die bestellten

Rechnungsbestandteile

Artikel, (7) die gelieferten Artikel, (8) den Rechnungsbetrag. Darüber hinaus kann die Rechnung die Angabe enthalten, welcher Betrag bis zu welchem Datum zu zahlen ist. Der deutsche Fiskus verlangt zudem aus Kontrollgründen, dass die Rechnungen nummeriert sind und eine Steuernummer enthalten. Eventuell wird der Verkäufer auf seiner Kopie der Rechnung vermerken, wann der Käufer welchen Betrag gezahlt hat. Für *MECA* stellt die Rechnung einen Einkaufsbeleg dar, für den Großhändler deren Kopie einen Verkaufsbeleg. In beiden Fällen dient die Rechnung für den Buchhalter als Beleg dafür, dass tatsächlich ein Geschäftsvorfall stattgefunden hat, an den Buchungen geknüpft sind.

Rabatte

Wir unterstellen weiterhin in unserem Beispiel, es gäbe einen Rabatt. Man unterscheidet zwei Arten von Rabatten: Mengenrabatte und Barzahlungsrabatte.

Mengenrabatt

Ein Mengenrabatt wird in Abhängigkeit von der Menge der gekauften Waren gewährt. Je größer die gekaufte Menge ist, desto niedriger wird in der Regel der Preis je Stück sein. Mengenrabatte dienen der Verkaufsförderung. Sie bestehen oftmals darin, auf den Listenpreis je nach gekaufter Menge unterschiedlich hohe Rabattsätze zu gewähren. Der Großhändler unseres Beispiels könnte für CD-Abspielgeräte mit einem Listenpreis von 200 GE die folgende Rabattstaffel vorgesehen haben:

Menge	Mengenrabatt	Nettopreis je Stück
ab 2 CD-Abspielgeräte	5 %	190 GE (200 GE – 0,05 x 200 GE)
5–9 CD-Abspielgeräte	10 %	180 GE (200 GE – 0,10 x 200 GE)
mehr als neun CD-Abspielgeräte	20 %	160 GE (200 GE – 0,20 x 200 GE)

Beispiel

Angenommen, *MECA* kaufe am 27. Mai fünf CD-Abspielgeräte, dann läge der Preis für jedes Abspielgerät bei 180 GE. Der Kauf der fünf Geräte erhöhte den Warenvorrat und die Verbindlichkeiten aus dem Einkauf um (5*180 =) 900 GE. Sinnvollerweise gibt es kein Mengenrabattkonto und keinen speziellen Buchungssatz zur Berücksichtigung des Mengenrabatts. Alle Buchungen, beim Verkäufer wie beim Käufer, beziehen sich auf den Nettopreis, der sich nach Abzug des Mengenrabatts vom Listenpreis ergibt. Bei Gültigkeit der Rabattstaffel hätte ein Kauf von fünf Einheiten in Höhe von 900 GE stattgefunden.

Barzahlungsrabatt

Viele Unternehmen räumen ihren Kunden einen Barzahlungsrabatt (Skonto) ein. Barzahlungsrabatte stellen eine Belohnung für prompte Zahlung dar. Wird ein Mengenrabatt und ein Barzahlungsrabatt eingeräumt, so berechnet sich der Barzahlungsrabatt von dem Betrag, der nach Abzug des Mengenrabatts verbleibt. Wenn der Großhändler beispielsweise bei einer Lieferung an *MECA* am 27. Mai die Zahlung innerhalb von 30 Tagen erwartet, bei Zahlung innerhalb von 15 Tagen jedoch 3 % Skonto einräumt, kann *MECA* bei einem Rechnungsbetrag in Höhe von 900 GE entscheiden, bis zum 11. Juni einen Betrag von (900 GE ´ 0,97 =) 873 GE oder bis zum 26. Juni 900 GE zu überweisen. MECA bucht bei Erhalt der Ware am 27. Mai:

Beleg	Datum	Geschäftsvorfall und Konten	Soll	Haben
	27.5.	Kauf von Handelsware		
		Erzeugnisse, Handelsware	900	
		Verbindlichkeiten (Einkauf)		900

MECA zahlt innerhalb der Skontofrist am 10. Juni und korrigiert gleichzeitig den Warenbestand wegen des in Anspruch genommenen Skontos. Es bucht:

Beleg	Datum	Geschäftsvorfall und Konten	Soll	Haben
	10.6.	Zahlung Rechnung v. 27. Mai mit Skonto		
		Verbindlichkeiten (Einkauf)	900	
		Zahlungsmittel		873
		Erzeugnisse, Handelsware		27

Vermögensgüter im Rechnungswesen sind zum Zeitpunkt ihrer Anschaffung mit ihren Anschaffungsausgaben anzusetzen. Daher bedeutet die Inanspruchnahme von Skonto, dass weniger als der ausgewiesene Rechnungsbetrag zu überweisen ist. Darüber hinaus ist der Wert des Warenvorrats niedriger anzusetzen als auf der Rechnung ausgewiesen. Das Warenvorratskonto sieht – unter Beachtung der Normierungen und Abkürzungen, die wir im vorangehenden Kapitel beschrieben haben – nach den Buchungen folgendermaßen aus:

Orientierung an Anschaffungsausgaben

Erzeugnisse, Handelsware

S	(CD-Abspielgeräte)		H
27.5.	900	10.6.	27
Saldo	873		

Hätte *MECA* den Rechnungsbetrag erst nach der Skontofrist am 29. Juni überwiesen, so wären 900 GE fällig geworden. Die Buchung hätte gelautet:

Beleg	Datum	Geschäftsvorfall und Konten	Soll	Haben
	29.6.	Zahlung Rechnung v. 27. Mai		
		Verbindlichkeiten (Einkauf)	900	
		Zahlungsmittel		900

und das Warenvorratskonto hätte nur den Zugang vom 27. Mai ausgewiesen:

Erzeugnisse, Handelsware

S	(CD-Abspielgeräte)	H
27.5.	900	

Die meisten Unternehmen erlauben ihren Kunden, gekaufte Ware zurückzusenden, die defekt, beschädigt oder unpassend ist (*purchase returns*). Es kommt auch vor, dass der Verkäufer dem Käufer einen Preisnachlass (*allowance*) gewährt, damit er in einem solchen Fall trotzdem die Ware behält.

Warenrücksendung und nachträglicher Preisnachlass

Wir nehmen an, die Lieferung an *MECA* habe ein anderes als das bestellte CD-Abspielgerät zum Preis von 80 GE enthalten. *MECA* habe das Gerät daher nach Buchung des Ware-

Beispiel

neingangs am 3. Juni an den Großhändler zurückgesendet. Der entsprechende Buchungssatz lautet:

Beleg	Datum	Geschäftsvorfall und Konten	Soll	Haben
	3.6.	Warenrücksendung an den Großhändler		
		Verbindlichkeiten (Einkauf)	80	
		Erzeugnisse, Handelsware		80

Unterstellen wir nun, eines der übrigen CD-Abspielgeräte sei leicht verkratzt gewesen und *MECA* habe sich am 4. Juni gegen einen Preisnachlass von 5 GE bereit erklärt, das Teil dennoch abzunehmen. Als Buchungssatz hätte sich ergeben:

Beleg	Datum	Geschäftsvorfall und Konten	Soll	Haben
	4.6	vom Großhändler eingeräumter Preisnachlass		
		Verbindlichkeiten (Einkauf)	5	
		Erzeugnisse, Handelsware		5

Die Warenrücksendung und der Preisnachlass bewirken, dass die Verbindlichkeit von *MECA* gegenüber dem Großhändler sowie der Wert des Warenvorrats abnehmen. Auf den Konten von *MECA* ergeben sich die folgenden Endbestände:

S	Erzeugnisse, Handelsware (CD-Abspielgeräte)		H	S	Verbindlichkeiten (Einkauf)		H
27. 5.	900	3.6.	80	3.6.	80	27.5.	900
		4.6.	5	4.6.	5		
Saldo	815					Saldo	815

Transportkostenverbuchung in Abhängigkeit von Vereinbarungen beim Kauf

Die Ausgaben für den Transport von Ware vom Verkäufer zum Käufer können erheblich sein. Es hängt von den Kaufvertragsvereinbarungen ab, ob der Verkäufer oder der Käufer die Transportkosten trägt und verbucht. Übliche Vereinbarungen, auch *terms of trade* genannt, sind beispielsweise *frei Haus*, *ab Werk*, *free on board*. Die Vereinbarungen regeln, wann der Verkäufer seine vertragliche Verpflichtung erfüllt hat und damit, wann eine Leistungsabgabe stattfindet. Daraus resultiert, ob oder bis wohin der Verkäufer die Transportkosten und eventuell eine Transportversicherung übernimmt. Für den Teil des Transports, für den der Verkäufer nicht zuständig ist, hat der Käufer die Kosten zu übernehmen. Wie bereits erwähnt, sind nach üblichen Bilanzierungsregeln Vermögensgüter im Rechnungswesen mit ihren Anschaffungsausgaben anzusetzen. Dazu gehören alle Anschaffungsnebenausgaben, die bis zur endgültigen Bestimmung des Vermögensguts anfallen. Dementsprechend hat beispielsweise der Käufer von Handelsware bei Kauf *ab Werk* neben dem Anschaffungspreis zusätzlich die von ihm zu tragenden Transport- und Versicherungskosten als Beschaffungspreis anzusetzen, um den Buchwert in Form der Anschaffungsausgaben zu erhalten.

Wenn wir unterstellen, dass *MECA* mit dem Großhändler übereingekommen wäre, die Frachtkosten in Höhe von 50 GE selbst zu übernehmen, dann hätte der Buchungssatz bei Erhalt und Barzahlung der Frachtrechnung am 1. Juni bei *MECA* gelautet:

Transportkosten als Beispiel

Beleg	Datum	Geschäftsvorfall und Konten	Soll	Haben
	1.6.	Ausgaben für Fracht		
		Erzeugnisse, Handelsware	50	
		Zahlungsmittel		50

Das Warenvorratskonto hätte das folgende Aussehen:

S	Erzeugnisse, Handelsware (CD-Abspielgeräte)		H
27.5.	900	3.6.	80
1.6.	50	4.6.	5
Saldo	865		

Manchmal sehen die Vereinbarungen vor, dass die Transportkosten vom Käufer getragen werden, der Verkäufer diese jedoch vorstreckt. In so einem Fall werden die Transportkosten vom Verkäufer mit der Ware auf die Rechnung gesetzt. Der Käufer kann dann den Rechnungsbetrag sofort dem Vorratskonto gutschreiben.

5.4.1.2 Verkauf mit Preisnachlass und teilweiser Rücknahme

Der Verkauf von Ware kann grundsätzlich gegen Barzahlung oder auf Ziel erfolgen. Einzelhandelsunternehmen verkaufen ihre Ware meistens gegen Barzahlung. Beim Verkauf wird der Zugang an Zahlungsmitteln auf dem Zahlungsmittelkonto und der Umsatzertrag in der Einkommensrechnung gebucht. Beispielsweise würde der Verkauf einer Ware am 9. März zum Preis von 7000 GE gegen Barzahlung folgenden Buchungssatz nach sich ziehen:

Verkauf gegen Barzahlung

Beleg	Datum	Geschäftsvorfall und Konten	Soll	Haben
	9.3.	Barumsatz		
		Zahlungsmittel	7000	
		Umsatzertrag		7000

Gleichzeitig wäre der Abgang des Warenvorrats und der damit verbundene Umsatzaufwand zu erfassen. Unter der Annahme, die verkauften Waren hätten mit 2500 GE zu Buche gestanden, würde der entsprechende Buchungssatz folgendermaßen lauten:

Beleg	Datum	Geschäftsvorfall und Konten	Soll	Haben
	9.3.	Umsatzaufwendungen		
		Umsatzaufwand	2500	
		Erzeugnisse, Handelsware		2500

Unterstellt man, dass ursprünglich Waren zum Wert von 50 000 GE eingekauft worden waren, so „wandern" durch den Verkauf Waren im Wert von 2500 GE vom Konto *Erzeugnisse, Handelsware* auf das Konto *Aufwand* aus dem Verkauf:

	Erzeugnisse, Handelsware					
S	**(CD-Abspielgeräte)**	**H**		**S**	**Aufwand (Verkauf)**	**H**
Einkauf	50 000	9.3.	2 500	9.3.	2 500	

Vereinfachung bei Unterstützung durch Computer

In computerunterstützten Buchführungen werden die beiden Buchungen oft automatisch vollzogen, sobald der Kassierer die Artikelnummer und Anzahl der verkauften Waren angibt oder der Scanner dies erkennt. Die Information über den zugehörigen Aufwand kann einer Datenbank entnommen werden, die jeweils beim Einkauf und beim Verkauf aktualisiert wird.

Verkauf auf Ziel

In Volkswirtschaften mit einem entwickelten Zahlungsverkehrssystem wird der Verkauf oft auf Ziel getätigt. Dann fallen beim Verkäufer drei Buchungssätze an: (1) der Forderungszugang mit dem Verkaufsumsatz, (2) der Vorratsabgang mit dem Umsatzaufwand und (3) der Zahlungsmitteleingang mit dem Forderungsausgleich. Bei einem Verkauf von Ware, die man beispielsweise zu 2500 GE eingekauft und am 11. März zu einem Preis von 7000 GE verkauft hat, und bei dem am 19. März die erwünschte Zahlung vom Käufer eingeht, bucht man beispielsweise:

Beleg	Datum	Geschäftsvorfall und Konten	Soll	Haben
	11.3.	Umsatz auf Ziel		
		Forderungen (Verkauf)	7000	
		Umsatzertrag		7000
	11.3.	Aufwendungen aus Verkauf		
		Umsatzaufwand	2500	
		Erzeugnisse, Handelsware		2500
	19.3.	Zahlungseingang		
		Zahlungsmittel	7000	
		Forderungen (Verkauf)		7000

Ermittlung von Umsatzertrag und Umsatzaufwand

Durch das gleichzeitige Buchen der mit dem Verkauf zusammenhängenden Erträge und Aufwendungen kann man bei jedem Verkauf den zugehörigen Rohertrag ermitteln. Der Umsatzertrag ist meist einfach zu bestimmen. Komplikationen ergeben sich lediglich bei Rabatten, Preisnachlässen und Warenrücknahmen. Wie in solchen Fällen zu verfahren ist, sehen wir im folgenden Abschnitt. Die Ermittlung des Umsatzaufwands ist dagegen weit mühsamer, weil man die Anschaffungsausgaben (und im Falle der Herstellung die Herstellungsausgaben) des verkauften Vermögensguts ermitteln muss. Das ist zwar leicht, wenn man die Vermögensgüter beim Einkauf mit ihren Einkaufsausgaben oder mit einem klaren Verweis auf die Einkaufsdaten auszeichnet; eine physische Auszeichnung jedes eingekauften Guts mit dem Einkaufspreis möchte man aber aus Wirtschaftlichkeitsgründen verhindern. Im Zeitalter des Computers und der Scannerkasse mit Datenbanken der Einkaufspreise bereitet so eine kontinuierliche Erfassung des Umsatzaufwands keine großen Probleme mehr. Ohne diese Hilfsmittel kann man sich die Arbeit dadurch erleichtern, dass man zum Verkaufszeitpunkt jeweils nur die Zugangs- und Ertragsbuchung vornimmt und zum Ende des Abrechnungszeitraums eine einzige Aufwandsbuchung für alle Verkäufe des Abrechnungszeitraums durchführt. Dieser Aufwand lässt sich zum Ende des Abrechnungszeitraums leicht ermitteln aus

$$\textit{Abgang = Anfangsbestand + Zugänge – Endbestand}$$

Im Zusammenhang mit dem Einkauf von Ware wurde gezeigt, dass in Anspruch genommene Rabatte, Warenrücksendungen und nachträgliche Preisnachlässe die Anschaffungsausgaben des Warenvorrats senken. Beim Verkauf verhält es sich ähnlich. Gewährte Rabatte und Preisnachlässe sowie zurückgenommene Ware mindern den Umsatzertrag und die Forderungen beziehungsweise Zahlungsmittel. Weil die Bilanzierungsregeln üblicherweise den Ansatz des Netto-Umsatzertrags in der Einkommensrechnung verlangen, stellen die Konten, auf denen die Preisnachlässe, Rabatte und Warenrücknahmen erfasst werden, Gegenkonten zum Brutto-Umsatzertrag dar. Es gilt:

Barzahlungsrabatte, Warenrücknahmen und Preisnachlässe beim Verkauf mindern Umsatz

$$\textit{Umsatzertrag = Brutto-Rechnungsbetrag – Rabatt – Warenrücknahme}$$
$$\textit{– nachträglicher Preisnachlass}$$

Unternehmen interessieren sich für die Zahlungsgewohnheiten ihrer Kunden ebenso wie für eigene fehlerhafte oder unpassende Lieferungen. Daher erscheint es sinnvoll, getrennte Unterkonten für Rabatte sowie Warenrücknahmen und Preisnachlässe zu führen.

Erfassung auf getrennten Konten

Die mit dem Verkauf von Ware verbundenen Buchungen seien am Beispiel eines Verkaufs von DVD-Abspielgeräten durch einen Großhändler erläutert. Dieser verkaufte am 7. Juli DVD-Abspielgeräte zum Preis von 14 400 GE, zahlbar mit 2 % Skonto innerhalb von 10 Tagen oder ungekürzt innerhalb von 30 Tagen. Die Geräte waren für 9 400 GE angeschafft worden. Wir unterstellen, dass eine Forderung entsteht, die zunächst nur den Nettobetrag unter Abzug von Skonto umfasst. Die Buchungssätze für den Verkauf lauten:

Beispiel: Einkauf mit Skonto

Beleg	Datum	Geschäftsvorfall und Konten	Soll	Haben
	7.7.	Umsatz auf Ziel		
		Forderungen (Verkauf)	14 112	
		Umsatzertrag		14 112
	7.7.	Aufwendungen aus Verkauf		
		Umsatzaufwand	9 400	
		Erzeugnisse, Handelsware		9 400

Erfolgt die Zahlung nach dem 17. Juli, so sind der Forderungsbetrag und dazu der Umsatzertrag um 14 400 GE – (14 400 GE : 0,98) = 288 GE zu erhöhen. Unklar ist bei diesem Vorgehen zum Verbuchungszeitpunkt noch, ob die 2 % Skonto in Anspruch genommen werden oder nicht. Man muss sicherstellen, dass die Forderung und der Ertrag nicht zu hoch ausgewiesen werden. Daher wäre bis zum 17. Juli ein Betrag von 14 112 GE anzusetzen, danach einer von 14400 GE. Alternativ dazu könnte man auch einen Betrag in Höhe von 14400GE ansetzen und diesen korrigieren, falls die Zahlung vor dem 17. Juli eingeht.

Rücksendung Es sei weiter angenommen, dass der Käufer am 12. Juli Ware zurücksendet, die zu einem Brutto-Verkaufspreis von 1200 GE geliefert worden war. Der Einkaufspreis der entsprechenden Ware beim Großhändler hatte 800 GE betragen. Dadurch wird beim Verkäufer eine Minderung des Umsatzes und der Forderungen sowie eine Erhöhung des Warenvorrats zu Lasten des Aufwands für verkaufte Waren ausgelöst. Da wir oben eine Verbuchung der Forderung zum Nettobetrag unterstellt hatten, wird auch bei diesem Sachverhalt nur der Nettobetrag verbucht, und zwar in Höhe von (0,98*1200GE =) 1176GE:

Beleg	Datum	Geschäftsvorfall und Konten	Soll	Haben
	12.7.	Rücknahme von Waren		
		Umsatzertrag	1176	
		Forderungen (Verkauf)		1176
	12.7.	Rücknahme von Waren		
		Erzeugnisse, Handelsware	800	
		Umsatzaufwand		800

Hätte die Warenrücksendung nach Verstreichen der Skontofrist ab dem 17. Juli stattgefunden, so hätte die Korrektur 1200 GE betragen, weil die Werte des *Ertrags (Verkauf)* und der *Forderungen (Verkauf)* zu erhöhen gewesen wären.

Angebot eines Preisnachlasses Es sei weiter angenommen, dass der Großhändler seinem Kunden am 15. Juli einen Preisnachlass von brutto 200 GE auf den Rechnungsbetrag wegen beschädigter Ware anbietet, wenn der Käufer die Ware behält. Wird die Rechnung unter Wahrung der Skontofrist beglichen, reduziert sich der Preisnachlass um den darauf entfallenden Skontobetrag. Der Käufer geht darauf ein. Bei seiner Betrachtung unter Abzug von Skonto bucht er dann:

Beleg	Datum	Geschäftsvorfall und Konten	Soll	Haben
	15.7.	Preisnachlass auf fehlerhafte Ware		
		Umsatzertrag	196	
		Forderungen (Verkauf)		196

Bei der Buchung eines Preisnachlasses kommt es darauf an, was genau zwischen dem Verkäufer und dem Käufer besprochen wurde. Typische Vereinbarungen können darin bestehen, einen Betrag festzulegen, um den sich der zu zahlende Rechnungsbetrag verringert. Die Möglichkeit, Skontobeträge abzuziehen, besteht dann nur noch für den restlichen Rechnungsbetrag ohne den Preisnachlass. Eine andere Art der Absprache kann darin bestehen, den Preisnachlass als Abschlag vom Rechnungsbetrag zu verstehen. In diesem Fall wird dann die Höhe des Preisnachlasses davon abhängig gemacht, ob mit oder ohne Skontoabzug gezahlt wird. Es sei weiter angenommen, dass der Großhändler seinem Kunden am 15. Juli einen Preisnachlass von brutto 200 GE auf den Rechnungsbetrag wegen beschädigter Ware anbietet, wenn der Käufer die Ware behält. Für das Ausgangsbeispiel würde dies bedeuten:

Rechnungsbetrag	14400
Preisnachlass	−200
Rechnungsbetrag nach Abzug des Priesnachlasses	14200
2% Skonto auf verbliebenen Rechnunsgbetrag	−284
Zu zahlender Betrag nach Abzug sämtlicher Nachlässe	13916

Eine Vereinbarung, bei der sich der Preisnachlass auf den Skontobetrag auswirkt, sofern innerhalb der Skontofrist gezahlt würde, führte zu der folgenden Aufstellung:

Rechnungsbetrag	14400
2% Skonto auf den Rechnungsbetrag	−288
Rechnungsbetrag nach Abzug des Skontos	14112
Preisnachlass	−196
Zu zahlender Betrag nach Abzug sämtlicher Nachlässe	13916

Sofern die Skontofrist nicht eingehalten werden kann, ergibt sich die folgende Darstellung:

Rechnungsbetrag	14400
Preisnachlass	−200
Zu zahlender Betrag nach Abzug sämtlicher Nachlässe	14200

Im vorliegenden Beispiel wurde vereinbart, dass sich der Preisnachlass um den darauf entfallenden Skontobetrag reduziert, sofern die Rechnung unter Wahrung der Skontofrist beglichen wird. Daher resultiert der oben genannte Buchungssatz.

Konsequenzen eines Preisnachlasses

Der Preisnachlass wirkt sich in unserem Beispiel im Gegensatz zur Warenrücksendung nicht auf das Warenvorratskonto aus. Zur Erinnerung sei angemerkt, dass ein solcher Preisnachlass im Rechnungswesen des Käufers dazu führt, dass sich dessen Warenvorrat und dessen Verbindlichkeiten gegenüber dem Verkäufer ebenfalls um brutto 200 GE, bei Buchung von Netto-Beträgen um 196 GE verringern. Nach Buchung der Vorgänge sind alle Konten aktualisiert. Das Forderungskonto des Großhändlers sieht folgendermaßen aus:

S	Forderungen (Verkauf)	H		
7.7.	14112	12.7.	1176	
		15.7.	196	
Saldo	12740			

Teilzahlung

Am 17. Juli, dem letzten Tag der Skontofrist, erhält der Großhändler Bargeld für einen Anteil seiner Rechnung vom 7. Juli in Höhe von 8000 GE. Der Käufer überweist

7840 GE (= 8000 GE x 0,98). Nimmt man an, der Verkauf sei bereits gebucht, so wirkt sich die Teilzahlung folgendermaßen aus:

Beleg	Datum	Geschäftsvorfall und Konten	Soll	Haben
	17.7.	Zahlungseingang mit Barzahlungsrabatt		
		Zahlungsmittel	7840	
		Forderungen (Verkauf)		7840

Das Einhalten der Skontofrist seitens des Käufers führt dazu, dass auch der ursprünglich verbuchte Ertrag aus dem Verkauf der Ware um (8000 GE – 160 GE =) 7840 GE nicht korrigiert werden muss. Der noch ausstehende Betrag in Höhe von 5000 GE (= 14400 GE – 1200 GE – 200 GE – 8000 GE) der Rechnung gehen am 28. Juli ein. Die restliche Forderung beläuft sich auf 5000 GE, die überwiesen werden. Von den 5000 GE wurden 4900 GE bereits früher als Umsatzertrag gebucht. 100 GE sind jetzt wegen der Nicht-Ausnutzung der Skontomöglichkeit noch zu buchen.

Beleg	Datum	Geschäftsvorfall und Konten	Soll	Haben
	28.7.	Zahlungseingang ohne Barzahlungsrabatt		
		Zahlungsmittel	5000	
		Forderungen (Verkauf)		5000

5.4.2 Beispiel für die Behandlung von Ausgaben für Personal

Personalausgaben als Ausgabe für Erzeugnisse

Wir unterstellen für unser Beispiel die Zahlenübersicht der Darstellungen in Abschnitt 5.2. Zunächst sei weiterhin unterstellt, die Personalausgaben seien für die Herstellung von Erzeugnissen angefallen, die sämtlich erst in einem nachfolgenden Abrechnungszeitraum verkauft werden, dann wäre der folgende Buchungssatz aufzustellen:

Beleg	Datum	Geschäftsvorfall und Konten	Soll	Haben
	31.8.	Gehaltszahlung		
		Erzeugnisse, Handelsware (Personalausgaben)	3398,91	
		Zahlungsmittel (Auszahlung an Arbeitneh-mer)		1627,55
		Verbindlichkeit (Fiskus)		568,86
		Verbindlichkeit (Sozialversicherungen)		1149,17
		Verbindlichkeit (Anlageinstitut)		33,33
		Verbindlichkeiten (Berufsgenossenschaft)		20,00

Personalausgaben als Aufwand des Abrechnungs-zeitraums

Für den Fall, dass Personalausgaben lagerfähigen Waren nicht zugeordnet werden, sind sie zeitraumbezogen als Aufwand zu behandeln. In der Regel stellen sie Personalaufwand des Abrechnungszeitraums dar. Der Abgang von Eigenkapital geht mit einer Minderung an Zahlungsmitteln einher oder mit einer Mehrung der Verbindlichkeiten. Für das in den oben aufgeführten Schemata dargestellte Beispiel sei angenommen, dass die Zahlung an den Arbeitnehmer am 31. August in Form von Bargeld erfolgt. Sieht man für die Verpflichtungen – gegenüber dem Fiskus, den Sozialversicherungsträgern und dem Institut, bei dem die vermögenswirksamen Leistungen angelegt werden – entsprechende Unterkonten zum Konto „sonstige Verbindlichkeiten" vor, so bewirkt die Beschäftigung von Personal die folgende Buchung:

Beleg	Datum	Geschäftsvorfall und Konten	Soll	Haben
	31.8.	Gehaltszahlung		
		Aufwand (Personal)	3398,91	
		Zahlungsmittel		1627,55
		Verbindlichkeit (Fiskus)		568,86
		Verbindlichkeit (Sozialversicherungen)		1149,17
		Verbindlichkeit (Anlageinstitut)		33,33
		Verbindlichkeiten (Berufsgenossenschaft)		20,00

Werden die Verbindlichkeiten (und Forderungen) beglichen, so ist zu buchen:

Beleg	Datum	Geschäftsvorfall und Konten	Soll	Haben
	31.8.	Zahlung Lohnsteuer, Sozialversicherung, Anlagen und Beitrag zur Berufsgenossenschaft		
		Verbindlichkeit (Fiskus)	568,86	
		Verbindlichkeit (Sozialversicherungen)	1149,17	
		Verbindlichkeit (Anlageinstitut)	33,33	
		Verbindlichkeiten (Berufsgenossenschaft)	20,00	
		Zahlungsmittel		1771,36

Betrifft der Gehaltszahlungszeitraum zwei Abrechnungszeiträume des Unternehmens, so werden die Personalausgaben zunächst zeitanteilig auf die beiden Abrechnungszeiträume aufgeteilt. Findet die Zahlung am Ende des späteren Beschäftigungszeitraums statt, entstehen dem Unternehmen am Ende des ersten Abrechnungszeitraums Verbindlichkeiten; findet die Zahlung zu Beginn des ersten Beschäftigungszeitraums statt, so entsteht zunächst ein aktiver Rechnungsabgrenzungsposten, gegen den der Personalaufwand später gebucht wird.

5.4.3 Beispiel eines Unternehmens, das nur nicht-lagerfähige Dienstleistungen verkauft (ohne Umsatzsteuer)

Im vorangehenden Kapitel haben wir bereits das Beispiel eines Dienstleisters kennengelernt, der nicht der Umsatzsteuer unterliegt. Karl Gross hatte unter anderem Einkäufe getätigt und Dienstleistungen erbracht. Die Einkäufe hatten Umschichtungen der in der Bilanz ausgedrückten Vermögensgüter bewirkt. Man besaß beispielsweise nach dem Einkauf mehr Büromaterial und weniger Zahlungsmittel oder mehr Verbindlichkeiten. Den Dienstleistungen waren die Ausgaben für bestimmtes Büromaterial zugerechnet worden. Deswegen war bei Ablieferung der Dienstleistung, also als Karl Gross seine Verpflichtungen erfüllt hatte, der Zugang an Vermögensgütern mit dem Ertrag aus der Erbringung der

Umsatzertrag und Umsatzaufwand eines Dienstleisters

Dienstleistung zeitgleich mit dem Aufwand durch den Verkauf und dem Abgang des zugehörigen Büromaterials erfolgt.

Aufwand, der nichts mit dem Umsatz zu tun hat

Sicherlich hat Karl Gross darüber hinaus auch anderes Büromaterial verbraucht, beispielsweise Bleistifte beim Entwurf eines Werbeplakats. Der damit verbundene Abgang von Büromaterial hat nichts mit zu verkaufenden Dienstleistungen zu tun und wäre daher zu dem Zeitpunkt in der Einkommensrechnung anzusetzen gewesen, als Karl Gross sich diesen Planungen widmete.

Beispiel dient hauptsächlich didaktischen Zwecken

Das Besondere am Beispiel des Karl Gross ist darin zu sehen, dass es keine lagerfähigen Erzeugnisse oder Handelsware gibt. Das erleichtert die Darstellung, weil man Probleme nicht anzusprechen braucht, die mit der Lagerung von Handelsware oder Erzeugnissen zusammenhängen. Auch das Problem der Zurechnung von Vermögensgütern zu Leistungen scheint einfacher zu lösen zu sein, weil es im Zweifel weniger Arten von Posten gibt als bei einem Unternehmen, das mit Ware handelt, der man etwas zurechnen kann. Wir verweisen daher diesbezüglich auf die Darstellung im vorangegangenen Kapitel.

5.4.4 Beispiel eines Unternehmens, das lagerfähige Vermögensgüter verkauft (ohne Umsatzsteuer)

Ein Beispiel

Nehmen Sie an, ein Computerhändler habe im Monat Juli einen Mitarbeiter für 3 000 GE, zahlbar am 31. Juli, für den Zusammenbau von 60 Computern aus vorrätigen Teilen im Wert von 1 500 GE je Computer beschäftigt. So wie am 1. Juli wird er täglich einen Herstellungsvorgang von drei Computern durchführen, wenn sich die Herstellung gleichmäßig über 20 Arbeitstage erstreckt und er der Herstellung der Computer keine anderen als die oben genannten Ausgaben zurechnet:

Beleg	Datum	Geschäftsvorfall und Konten	Soll	Haben
	1.7.	Herstellung von 3 Computern		
		Erzeugnisse, Handelsware	4650	
		Roh-, Hilfs- und Betriebsstoffe		4500
		Verbindlichkeiten (Gehalt)		150

Im Falle eines Verkaufs bilden die Anschaffungsausgaben für die hergestellten Computer, hier 4650 GE für drei Computer, die Grundlage für die Ermittlung des Umsatzaufwands. Für die Herstellung eines Computers wurden im Durchschnitt 1550 GE ausgegeben. Wird nun beispielsweise am 2. Juli einer der am 1. Juli hergestellten Computer zu einem Preis von 2200 GE gegen Barzahlung verkauft, so sind die bereits mit dem Verkauf von Handelsware vorgestellten Buchungen analog vorzunehmen. Die Buchungssätze lauten:

Beleg	Datum	Geschäftsvorfall und Konten	Soll	Haben
	2.7.	Verkauf eines der Computer vom 1. Juli (Zugangs- und Ertragsbuchung)		
		Zahlungsmittel	2200	
		Umsatzertrag		2200
	2.7.	Verkauf eines der Computer vom 1. Juli (Aufwands und Abgangsbuchung)		
		Umsatzaufwand	1550	
		Erzeugnisse		1550

In einem automatisierten System kann entweder die Buchung des Erzeugnisvorrats bei der Entnahme der Computerteile aus dem Lager in Verbindung mit dem Wissen um das Gehalt ausgelöst werden; alternativ kann die Buchung der Rohstoffminderung und Verbindlichkeitszunahme bei Fertigstellung des Computers mit dem Wissen um seine Bestandteile und das angefallene Gehalt erfolgen. In jedem Fall benötigt man genaue Angaben darüber, wie das Unternehmen die Herstellungsausgaben einer Erzeugniseinheit bestimmt.

„Automatische" Buchungen bei kontinuierlicher computerbasierter Erfassung der Herstellung

Neben der kontinuierlichen Erfassung der Bestandsminderungen und Herstellungsausgaben, die wir im Beispiel bisher unterstellt haben, ist die nicht-kontinuierliche Erfassung gebräuchlich. Dabei wird man alle Ausgaben, die während eines Abrechnungszeitraums für die Herstellung von Erzeugnissen getätigt werden, errechnen und buchen, indem man zum Ende des Abrechnungszeitraums eine Inventur der Vorräte an Erzeugnissen durchführt und deren Ergebnis mit Anfangsbestand und Zugängen in Verbindung bringt:

Behandlung der Herstellung bei nicht-kontinuierlicher Erfassung von Bestandsänderungen

Abgang = Anfangsbestand + Zugänge − Endbestand (aus Inventur)

Kennt man die Ausgaben für die Herstellung des Vorrats an Erzeugnissen zu Beginn des Abrechnungszeitraums sowie diejenigen aller während eines Abrechnungszeitraums gefertigten und diejenigen der am Ende noch auf Lager befindlichen, so lassen sich die Herstellungsausgaben für die im Abrechnungszeitraum verkauften Erzeugnisse leicht ermitteln. Die Erfassung der während eines Abrechnungszeitraums angefallenen Ausgaben für die Herstellung von Erzeugnissen ist besonders einfach, wenn feststeht, welche Ausgabentypen man der Herstellung zurechnet und wenn es zunächst nicht erforderlich ist, diese den einzelnen Erzeugnissen zuzurechnen. Werden alle in einem Abrechnungszeitraum hergestellten Erzeugnisse (und nur die) verkauft, so entsprechen die Ausgaben für die Herstellung aller in diesem Abrechnungszeitraum hergestellten Erzeugnisse den Ausgaben für die verkauften Erzeugnisse.

Nimmt man im Beispiel eine Sammlung der Herstellungsausgaben auf einem temporären Herstellungsausgabenkonto und ein nicht-kontinuierliche Herstellungsausgabenerfassung in monatlichen Abständen vor, so könnten sich die folgenden Buchungen ergeben, wenn man unterstellt, die Teile seien dem Lager am 1. Juli zur Produktion entnommen und die 60 Computer am 31. Juli gegen Barzahlung zum Preis von je 2200 GE verkauft worden:

Beispiel: Verkauf aller im Abrechnungszeitraum hergestellten Erzeugnisse

Beleg	Datum	Geschäftsvorfall und Konten	Soll	Haben
	1.7.	Herstellung: Computerteile		
		Herstellungsausgabenkonto (Teile)	90 000	
		Roh-, Hilfs- und Betriebsstoffe		90 000
	31.7.	Herstellung: Gehalt		
		Herstellungsausgabenkonto (Gehalt)	3 000	
		Zahlungsmittel		3 000
	31.7.	Verkauf von Computern		
		(Zugangs- und Ertragsbuchung)		
		Zahlungsmittel	132 000	
		Umsatzertrag		132 000
	31.7.	Verkauf von Computern		
		(Aufwands- und Abgangsbuchung)		
		Umsatzaufwand	93 000	
		Herstellungsausgabenkonto (Teile)		90 000
		Herstellungsausgabenkonto (Gehalt)		3 000

Selbstverständlich hätte man die Aufwandsbuchung auch ausführlicher darstellen können:

Beleg	Datum	Geschäftsvorfall und Konten	Soll	Haben
	31.7.	Verkauf von Computern		
		(Aufwands- und Abgangsbuchung)		
		Umsatzaufwand (Teile)	90 000	
		Umsatzaufwand (Gehalt)	3 000	
		Herstellungsausgabenkonto (Teile)		90 000
		Herstellungsausgabenkonto (Gehalt)		3 000

Verkauf nur einer einzigen Einheit der im Abrechnungszeitraum hergestellten Erzeugnisse

Wurden nicht alle in einem Abrechnungszeitraum hergestellten Erzeugnisse auch in diesem verkauft, so wird es erforderlich, die Herstellungsausgaben aller im Abrechnungszeitraum hergestellten Erzeugnisse auf die noch im Lager befindlichen und die bereits verkauften Erzeugnisse aufzuteilen. Soll eine solche Aufteilung nicht willkürlich sein, so hat man die Herstellungsausgaben für jedes einzelne hergestellte Erzeugnis zu ermitteln und festzustellen, ob das Erzeugnis verkauft wurde oder ob es sich noch auf Lager befindet. Die Aufteilung der auf dem temporären Herstellungsausgabenkonto befindlichen Beträge in einen Teil, der die Zunahme des Erzeugnisvorrats betrifft, und in einen Teil, der die Aufwendungen für die verkauften Erzeugnisse darstellt, bereitet dann keine Schwierigkeit mehr. Für das Beispiel sei unterstellt, nur die Hälfte der hergestellten 60 Computer werde am 31. Juli verkauft, die andere Hälfte befinde sich noch auf Lager. Ferner entsprächen die Herstellungsausgaben eines Computers den durchschnittlichen Herstellungsausgaben in Höhe von 1 550 GE. Die erforderlichen Buchungssätze lauten:

Beleg	Datum	Geschäftsvorfall und Konten	Soll	Haben
	1.7.	Herstellung: Computerteile		
		Herstellungsausgabenkonto (Teile)	90 000	
		Roh-, Hilfs- und Betriebsstoffe		90 000
	31.7.	Herstellung: Gehalt		
		Herstellungsausgabenkonto (Gehalt)	3 000	
		Zahlungsmittel		3 000
	31.7.	Verkauf von Computern		
		(Zugangs- und Ertragsbuchung)		
		Zahlungsmittel	66 000	
		Umsatzertrag		66 000
	31.7.	Verkauf von Computern		
		(Aufwands- und Abgangsbuchung)		
		Umsatzaufwand (Teile)	45 000	
		Umsatzaufwand (Gehalt)	1 500	
		Herstellungsausgabenkonto (Teile)		45 000
		Herstellungsausgabenkonto (Gehalt)		1 500
	31.7.	Lagerzugang		
		Erzeugnisse, Handelsware	46 500	
		Herstellungsausgabenkonto (Teile)		45 000
		Herstellungsausgabenkonto (Gehalt)		1 500

Einkommensrechnungen nach dem „Gesamtkosten-" und dem „Umsatzkostenverfahren"

Die Vorgehensweise der Einkommensermittlung bei nicht-kontinuierlicher Erfassung der Herstellungsausgaben von Erzeugnissen hat das Format der in Deutschland lange Zeit üblichen Einkommensrechnungen geprägt. In Einkommensrechnungen nach dem sogenannten Gesamtkostenverfahren werden unter anderem sämtliche in einem Abrechnungszeitraum mit der Herstellung von Erzeugnissen verbundenen Ausgaben angegeben, unabhängig davon, ob sie für verkaufte Erzeugnisse oder für Vorratsveränderungen von Erzeugnissen angefallen sind. Der durch dieses Vorgehen bei der Einkommensrechnung entstandene „Fehler" wird dadurch wieder ausgeglichen, dass man pauschal den Wert der Zugänge oder der Abgänge von Erzeugnisvorräten mit angibt. Der Aufbau einer Einkommensrechnung nach dem „Gesamtkostenverfahren" in Kontoform wird aus Abbildung 5.6, Seite 198, ersichtlich. Der Deutlichkeit halber wurde sowohl für eine Bestandsmehrung als auch für eine Bestandsminderung ein Posten vorgesehen. In der Regel wird man bei einer einzigen Erzeugnisart entweder eine Mehrung oder eine Minderung vorfinden. Die Posten Materialaufwand und Personalaufwand wurden teilweise in Anführungszeichen gesetzt, um zu verdeutlichen, dass die Posten nur dann Aufwand im Sinne der Definitionen dieses Buchs darstellen, wenn sich der Erzeugnisbestand während des Abrechnungszeitraums nicht geändert hat, wenn also die Herstellungsausgaben der im Abrechnungszeitraum hergestellten Menge an Erzeugnissen denjenigen der abgesetzten Menge entsprechen. Abbildung 5.7, Seite 198, enthält das entsprechende Schema bei Verwendung des sogenannten Umsatzkostenverfahrens. Darin werden, wie üblich, die Aufwendungen für die verkauften Waren nicht weiter unterteilt angegeben.

Einkommensrechnung für ...

Aufwendungen	Erträge
Material„aufwand"	Umsatzerträge
Personal„aufwand"	Zinserträge
Abschreibungen auf Sachanlagen	Zuschreibungen
Zinsaufwand	Sonstige Erträge
Steueraufwand	
Sonstige Aufwendungen	Mehrung des Erzeugnisbestandes
	Andere aktivierte Eigenleistungen
Minderung des Erzeugnisbestandes	
	(Verlust)
(Gewinn)	
Summe	Summe

Abbildung 5.6: Ausgabenorientiertes Einkommensrechnungsschema in Kontoform (Gesamtkostenverfahren)

Einkommensrechnung für ...

Aufwendungen	Erträge
Aufwendungen für verkaufte Waren und Erzeugnisse	Umsatzerträge
Vertriebsaufwendungen	Zinserträge
Verwaltungsaufwendungen	Zuschreibungen
Zinsaufwendungen	Sonstige Erträge
Steueraufwendungen	
Sonstige Aufwendungen	(Verlust)
(Gewinn)	
Summe	Summe

Abbildung 5.7: Aufwandsorientiertes Einkommensrechnungsschema in Kontoform (Umsatzkostenverfahren)

Keine Einkommens-unterschiede, aber Berechnungs-unterschiede

Beide Rechenschemata müssen zum gleichen Einkommen führen, weil der Umsatzaufwand den um die Bestandsveränderungen korrigierten Herstellungsausgaben entspricht. Die beiden Rechenverfahren unterscheiden sich materiell durch nichts anderes als durch die unterschiedliche Berechnung des Herstellungsaufwands der verkauften Vermögensgüter. Man errechnet bei beiden Verfahren den Rohertrag, indem man den Umsatzertrag, den Ertrag aus dem Verkauf von Vermögensgütern und Dienstleistungen, dem Umsatzaufwand, dem Aufwand aus dem Verkauf von Vermögensgütern und Dienstleistungen, gegenüberstellt. Beim Umsatzkostenverfahren ergibt sich dieser Aufwand und der Abgang von Erzeugnissen bei jedem einzelnen Verkauf aus den Büchern. Beim Gesamtkostenverfahren verzichtet man während des Abrechnungszeitraums auf die Verbuchung des Aufwands und des Abgangs von Erzeugnissen. Insofern kann man beim

Gesamtkostenverfahren die Zahlen der Buchführung nicht sinnvoll interpretieren, solange der Umsatzaufwand noch nicht festgestellt wurde. Man sammelt aber während des Abrechnungszeitraums alle mit den produzierten Vermögensgütern zusammenhängenden Ausgaben. Erst wenn man am Ende des Abrechnungszeitraums den Bestand an Erzeugnissen im Rahmen der Inventur ermittelt hat, kann man die Ausgaben für die produzierte Menge in den Teil aufspalten, der auf die verkaufte Menge entfällt und insofern Umsatzaufwand darstellt sowie in den Teil, der die Ausgaben oder Einnahmen aus Lagerbestandsveränderungen repräsentiert.

5.4.5 Exkurs: Einkommensermittlung und Zurechnungsprinzipien

Wir können eine Einkommensermittlung bei kontinuierlicher Aufwandserfassung von einer Einkommensermittlung bei nachträglicher, pauschaler Aufwandserfassung unterscheiden. In Deutschland stellen börsennotierte Aktiengesellschaften sehr oft ihre Finanzberichte in einer Form dar, die dem Verfahren der Einkommensermittlung bei nachträglicher, pauschaler Aufwandserfassung entspricht. In den veröffentlichten Finanzberichten dieser Unternehmen werden dann regelmäßig so genannte Aufwendungen angegeben, deren Inhalt dem von uns verwendeten Begriff von Aufwand fast nie entspricht.[2] So wird beispielsweise eine einkommensneutrale Bilanzverlängerung als „Aufwand für die Erhöhung des Lagerbestandes von Erzeugnissen" bezeichnet. Vom „Aufwand für die gesamte Produktion eines Abrechnungszeitraums" wird selbst dann geredet, wenn mit der Produktion große Veränderungen des Lagerbestandes, also ebenfalls einkommensneutrale Bilanzverlängerungen, aufgetreten sind. Eine solche Begriffsverwendung ist problematisch und gibt Anlass zu Missverständnissen.

Varianten: kontinuierliche Erfassung des Aufwands versus Erfassung nach Ablauf des Abrechnungszeitraums

Bei konsistenter Anwendung der Regeln zur Zuordnung von Aufwand zu Erzeugnissen erhält man bei beiden Verfahren zur Einkommensermittlung das gleiche Einkommen. Die Höhe des ermittelten Einkommens wird bei beiden Ermittlungsverfahren zusätzlich davon bestimmt, nach welcher Zuordnungsregel bestimmt wird, welche Ausgaben den Erzeugnissen zugerechnet werden und welche dem Zeitraum, in dem sie angefallen sind. Ausgaben für Erzeugnisse werden in demjenigen Zeitraum zu Aufwand, in dem die Erzeugnisse verkauft werden. Ausgaben, die nur dem Zeitraum zugerechnet werden, in dem sie angefallen sind, werden genau in diesem Zeitraum zu Aufwand.

Zusätzliche Varianten: zwei Typen von Zurechnungsregeln

In der Literatur werden mindestens zwei Überlegungen für die Zuordnung der insgesamt angefallenen Ausgaben zu den Erzeugnissen diskutiert. Deswegen kann es dazu kommen, dass bei einer der Zuordnungsregeln eine Ausgabe den Erzeugnissen zugerechnet wird, während sie bei der anderen Zuordnungsregel dem Zeitraum zugerechnet wird. Wir unterscheiden hier grundsätzlich zwischen einer Zurechnung nach irgendeiner Form eines Finalprinzips und einer Zuordnung nach dem Marginalprinzip. Beide Arten der Einkommensermittlung und beide Typen von Zurechnungen verlangen jeweils unterschiedliche Buchungen.

Typen von Zuordnungsregeln

---

[2] Eine Entsprechung gibt es nur, wenn keine Bestandsveränderungen stattgefunden haben.

kontinuierliche, einheitsbezogene Aufwandserfassung (Umsatzkostenverfahren)

Wir verdeutlichen das Umsatzkostenverfahren, das sich leicht verstehen lässt, an einem einfachen Beispiel. Bei kontinuierlicher, einheitsbezogener Aufwandserfassung lässt sich jederzeit das erzielte Einkommen ermitteln, weil unterstellt wird, man kenne den Aufwand je Erzeugniseinheit sowie die nicht den Erzeugnissen zugerechneten restlichen Aufwendungen des Zeitraums. Das Verfahren beruht auf Erkenntnissen der Kostenrechnung. Es wird üblicherweise als Umsatzkostenverfahren bezeichnet, weil den Umsatzerträgen diejenigen Umsatzaufwendungen direkt gegenübergestellt werden, die für die verkaufte Menge angefallen sind. Bei unserer beispielhaften Darstellung beschränken wir uns auf ein Unternehmen, das nur eine einzige Produktart fertigt und zu einem einheitlichen Preis p verkauft. Wenn man die Verkaufsmenge x kennt und zusätzlich die Aufwendungen je Erzeugniseinheit a sowie die restlichen Aufwendungen des Zeitraums A_r bekannt sind, kann man das Einkommen ermitteln. Die letztgenannten Aufwendungen werden nicht den Erzeugnissen zugerechnet. Man kann das Einkommen E errechnen nach der Formel:

$$E_u = px - ax - A_r$$

Für die Ermittlung des a benötigt man Informationen aus der Kostenrechnung des Unternehmens.

Das Ergebnis der Rechnung hängt davon ab, nach welchen Überlegungen man den gesamten Aufwand aufgeteilt hat in den Teil, den man den Erzeugnissen zurechnet und aus dem a ermittelt wird, sowie in denjenigen Teil, der den Rest enthält.

Anwendung eines Marginalprinzips

Bezieht man in das a nur den Aufwand ein, der sich einer zusätzlich hergestellten oder verkauften Produkteinheit zuordnen lässt und der entfiele, wenn eine Erzeugniseinheit weniger produziert oder verkauft würde, dann reden wir von der Anwendung des Marginalprinzips. Unsere unternehmensbezogenen Bestimmungsgrößen a und A_r des Einkommens nehmen dann den Inhalt a_m und A_{rm} an, sodass die Einkommensformel folgendermaßen aussieht:

$$E_{um} = px - a_m x - A_{rm}$$

Üblicherweise versteht man unter A_{rm} die beschäftigungsfixen Kosten eines Zeitraums und unter a_m die beschäftigungsvariablen Stückkosten dieses Zeitraums.

Anwendung eines Finalprinzips

Bestimmen wir dagegen den Stückaufwand a aus einem größeren oder kleineren Teil des Aufwands als beim Marginalprinzip, beispielsweise aus demjenigen Teil, ohne den die Produktion oder der Verkauf nicht möglich wären, dann wenden wir eine Form des Finalprinzips an. Selbstverständlich nehmen unsere unternehmensbezogenen Bestimmungsgrößen a und A_r nun andere Werte an als beim vorher gewählten Zuordnungsprinzip. Wir erhalten nun a_f und A_{rf}. Die Formel lautet nun:

$$E_{uf} = px - a_f x - A_{rf}$$

Es wäre Zufall oder Absicht, wenn a_m und a_f sowie A_{rm} und A_{rf} sich jeweils entsprächen. Es kann also, insbesondere wenn die Verkaufsmenge x von der Produktionsmenge abweicht, zu Differenzen zwischen dem Einkommen führen, das auf Basis des Marginalprinzips ermittelt wurde, und dem Einkommen, das auf Basis eines Finalprinzips bestimmt wird.

Bei nicht-kontinuierlicher, zeitraumbezogener, also nicht auf eine einzelne Produkteinheit bezogener, Aufwandserfassung kennt und ermittelt man das a nicht. Man bestimmt, jeweils nach einer Inventur am Ende des Abrechnungszeitraums die Aufwendungen der verkauften Erzeugnisse aus der intertemporalen Bilanzgleichung der Ausgaben für Erzeugnisse. Wenn man die Gleichung:

Wert Anfangsbestand Erzeugnisse + *Wert Zugang Erzeugnisse im Zeitraum* − *Wert Abgang Erzeugnisse* = *Wert Endbestand Erzeugnisse*

nach „Wert Abgang Erzeugnisse" löst und unterstellt, es gebe keine weiteren Gründe für Wertveränderungen, erhält man den Wert desjenigen Teils der Erzeugnisse, der (durch Verkauf) abgegangen ist. Das ist genau die Größe, die für die Einkommensermittlung benötigt wird.

nicht-kontinuierliche, zeitraumbezogene Aufwandserfassung (Gesamtkosten-verfahren)

Auch dieses Verfahren entstammt der Kostenrechnung. Es wird üblicherweise als Gesamtkostenverfahren bezeichnet. Das Vorgehen führt dazu, dass man statt der Größe ax beim Umsatzkostenverfahren hier die durch Inventur ermittelte Zeitraumgröße AE_g (Aufwand der verkauften Erzeugnisse) verwendet. Alles andere bleibt gleich. Damit erhalten wir die Einkommensformel:

$$E_g = px - AE_g - A_r$$

Üblicherweise enthalten Einkommensrechnungen nach dem Gesamtkostenverfahren jedoch nicht das AE_g, die erzeugnisbezogenen Aufwendungen der verkauften Menge. Diese muss man aus der umgestellten intertemporalen Bilanzgleichung der Herstellungs-ausgaben ermitteln. Sie ergibt sich erst nach positiver Korrektur um den Anfangsbestand und die Zugänge an Erzeugnissen sowie negativer Korrektur um den Endbestand der Erzeugnisse.

Der genannte Umsatzaufwand wird üblicherweise nicht in einer Nebenrechnung ermittelt, sondern aus der Buchführung hergeleitet und aus dieser in das Rechenschema übernom-men. Deswegen findet man in Einkommensrechnungen nach dem so genannten Gesamt-kostenverfahren neben dem „Wert Zugang Erzeugnisse − Wert Abgang Erzeugnisse" neben den üblicher- und fälschlicherweise als Aufwendungen bezeichneten Größen auch den Anfangsbestand und Endbestand an Erzeugnissen. Erst durch Korrektur der gesamten Herstellungsausgaben um diese Größen erhält man die Aufwendungen für die verkauften Erzeugnisse. Das Einkommen, das wir ermitteln, hängt auch bei dem so genannten Gesamtkostenverfahren davon ab, wie wir die Aufwendungen für die Erzeugnisse und wie wir die restlichen Aufwendungen voneinander abgrenzen.

Darstellungen in der Praxis

Beziehen wir in das AE_g und in die Bestandswerte nur diejenigen Ausgaben ein, die mehr entstehen, wenn wir eine Erzeugniseinheit mehr herstellen oder die entfallen, wenn wir eine Erzeugniseinheit weniger produzieren, dann handeln wir nach dem Marginalprinzip. Wir verwenden dann in unserer Einkommensformel AE_{gm} und A_{rm}:

Anwendung des Marginalprinzips

$$E_{gm} = px - AE_{gm} - A_{rm}$$

Rechnen wir dagegen dem A nur die Ausgaben zu, ohne die ein Verkauf nicht möglich gewesen wäre, dann handeln wir nach einem Finalprinzip. Es ergeben sich andere Werte für AE_g und für A_r, so dass unsere Einkommensformel zu

Anwendung eines Finalprinzips

$$E_{gf} = px - AE_{gf} - A_{rf}$$

wird. Die beiden Einkommensgrößen E_{gm} und E_{gf} entsprechen sich im Normalfall nicht, weil den beiden Rechnungen jeweils unterschiedliche Aufteilungen der gesamten Aufwendungen zugrunde liegen.

Bei konsistenter zahlenmäßiger Ausgestaltung müssen die Einkommensgrößen bei Verwendung des Marginalprinzips der beiden Rechnungen sich entsprechen. Gleiches gilt für die beiden Einkommensgrößen nach Finalprinzip.

Das nachfolgende Beispiel des Unternehmens *Schreinerei Sabine Sänger* soll einerseits zur Verdeutlichung der Unterschiede zwischen Umsatzkostenverfahren und Gesamtkostenverfahren beitragen; andererseits geht es darum, das Zusammenwirken des „Marginalprinzips" und des „Finalprinzips" und jener beiden Verfahren der Einkommensrechnung zu veranschaulichen.

Beispiel

Während des Geschäftsjahres X1 der *Schreinerei Sabine Sänger* werden folgende Ereignisse aufgezeichnet:

– Sabine Sänger beschäftigt den Tischler Max Meier, welcher im Betrieb Stühle herstellt. Max Meier arbeitet auf Basis eines Akkords. Ihm wird ein Lohn von 1 TGE ausbezahlt; die Lohnsteuer belaufe sich auf 100 GE. Die gesamten Sozialversicherungsbeiträge (Kranken-, Renten- und Arbeitslosenversicherung des Arbeitnehmers und Arbeitgebers) betragen 200 GE.

– Darüber hinaus arbeitet Karin Kaufmann in der Buchhaltung der Schreinerei. Sie erhält ein Gehalt von 2 TGE. Ferner sind die Lohnsteuer mit 300 GE und die gesamten Sozialversicherungsbeiträge (Kranken-, Renten- und Arbeitslosenversicherung des Arbeitnehmers und Arbeitgebers) in Höhe von 400 GE zu entrichten.

– Der Wert der Fräsmaschinennutzung beträgt 500 GE.

– Für Material seien keine Ausgaben entstanden.

– Im Zeitraum werden 100 Stühle hergestellt.

– Die Verkaufsmenge beläuft sich auf 67 Stühle. Für jeden Stuhl werden 74,63 GE, in der Summe somit 5 TGE im gleichen Abrechnungszeitraum erlöst.

Die Lohnausgaben von Max Meier stehen direkt in Verbindung mit den hergestellten Fertigerzeugnissen, die Gehaltszahlung von Karin Kaufmann und die anteilige Maschinennutzung nur indirekt.

a. Geben Sie für die Ereignisse im Geschäftsjahr X1 die Einkommensrechnung an. Unterstellen Sie dazu, das Unternehmen verwende ein Finalprinzip und erstelle seine Einkommensrechnung nach dem so genannten Umsatzkostenverfahren!

Die Anwendung des Finalprinzips bedeutet, dass all diejenigen Ausgaben den Erzeugnissen (als Herstellungsausgaben) zugerechnet werden, ohne welche der Verkauf nicht möglich geworden wäre. Danach gehören alle Ausgaben zu den Ausgaben für die Erzeugnisse, die direkt oder indirekt damit zusammen hängen, also der Lohn für den Tischler, für die Bürokraft und die Abschreibungen. Da im Zeitraum X1 nur 67% der Produktion verkauft werden, gehören nur 67% dieser Ausgaben als Aufwand in die Einkommensrechnung für X1. Beim Umsatzkostenverfahren werden die Umsatzerträge mit den Umsatzaufwendungen verglichen. Man erhält eine

Einkommensrechnung der folgenden Form:

Einkommensrechnung für Schreinerei Sabine Sänger in X1
(Umsatzkostenverfahren mit Finalprinzip)

Aufwendungen			Erträge
Umsatzaufwendungen			Umsatzerträge 5000
Lohn (Tischler)	1300 * 67 / 100 =	871	
Lohn (Büro)	2700 * 67 / 100 =	1809	
Abschreibungen	500 * 67 / 100 =	335	
Gewinn	5000 − 3015 =	1985	
Summe		5000	Summe 5000

Die Menge an Erzeugnissen, welche beide Seiten der Einkommensrechnung kennzeichnen, das so genannte Mengengerüst, entspricht der Verkaufsmenge.

b. Wie würden sich die Buchungen aus Teilaufgabe 1 ändern, wenn das Unternehmen das Gesamtkostenverfahren verwendete? Unterstellen Sie, zum Ende von X1 werde eine Lagerbestandszunahme von 4 500 * 33 / 100 = 1 485 GE festgestellt. Welches Aussehen sieht die Einkommensrechnung vor?

Die Anwendung des Finalprinzips bedeutet, dass all diejenigen Ausgaben den Erzeugnissen (als Herstellungsausgaben) zugerechnet werden, ohne welche der Verkauf nicht möglich geworden wäre. Danach gehören alle Ausgaben zu den Ausgaben für die Erzeugnisse, die direkt oder indirekt damit zusammen hängen, also der Lohn für den Tischler, für die Bürokraft und die Abschreibungen. Während des Abrechnungszeitraums X1 werden keine Aufwands- und Abgangsbuchungen durchgeführt. Das geschieht erst zum Ende des Abrechnungszeitraums. Bis dahin unterstellt man, alle Ausgaben zur Herstellung von Erzeugnissen würden sich später als Aufwendungen erweisen, obwohl dies bei Entstehung von Lagerbestandsveränderungen nicht der Fall ist. Zum Ende des Abrechnungszeitraums korrigiert man den Fehler, indem man eine Bestandserhöhung von den Ausgaben abzieht und eine Bestandsverringerung hinzufügt. Buchungstechnisch geschieht der Abzug durch eine Buchung auf der Haben-Seite und die Addition durch eine Buchung auf der Soll-Seite. Man erhält eine Einkommensrechnung der folgenden Form:

Einkommensrechnung für Schreinerei Sabine Sänger in X1
(Gesamtkostenverfahren mit Finalprinzip)

Ausgaben („Aufwendungen")			Einnahmen („Erträge")		
Lohnausgaben (Tischler)		1 300	Umsatz		5 000
Lohnausgaben (Büro)		2 700	Bestandszunahme	4 500 * 33 / 1000 =	1 485
Abschreibungen		500			
Gewinn	6 485 – 4 500 =	1 985			
Summe		6 485	Summe		6 485

Beim Gesamtkostenverfahren vergleicht man somit Größen, die sich auf der linken und rechten Seite einer Einkommensrechnung auf jeweils gleiche Erzeugnismengen beziehen, nämlich auf die hergestellte Menge. In manchen Lehrbüchern und in der Praxis nimmt man die Begrifflichkeiten nicht so ernst wie wir. Die Posten auf der linken Seite werden sehr oft fälschlicherweise als Aufwendungen bezeichnet.

c. Unterstellen Sie, das Unternehmen bewerte die hergestellten Fertigerzeugnisse nach dem Marginalprinzip und erstelle seine Einkommensrechnung nach dem Umsatzkostenverfahren. Erstellen Sie die Einkommensrechnung für das Geschäftsjahr X1!

Die Anwendung des Marginalprinzips bedeutet, dass all diejenigen Ausgaben den Erzeugnissen (als Herstellungsausgaben) zugerechnet werden, die mehr entstehen, wenn man eine Erzeugniseinheit mehr verkauft und die entfallen, wenn man eine Erzeugniseinheit weniger verkauft. Danach gehören alle Ausgaben zu den Ausgaben für die Erzeugnisse, die direkt damit zusammen hängen, also der Lohn für den Tischler, nicht dagegen der Lohn für die Bürokraft und die Abschreibungen. Da im Zeitraum X1 nur 67% der Produktion verkauft werden, gehören nur 67% dieser Ausgaben als Aufwand in die Einkommensrechnung für X1. Beim Umsatzkostenverfahren werden die Umsatzerträge mit den Umsatzaufwendungen verglichen. Man erhält eine Einkommensrechnung der folgenden Form:

Einkommensrechnung für Schreinerei Sabine Sänger in X1
(Umsatzkostenverfahren mit Marginalprinzip)

Aufwendungen			Erträge	
Umsatzaufwendungen			Umsatzerträge	5 000
Lohn (Tischler)	1 300 * 67 / 100 =	871		
zeitraumbezogene Aufwendungen				
Lohn (Büro)		2 700		
Abschreibungen		500		
Gewinn	5 000 – 4 071 =	929		
Summe		5 000	Summe	5 000

Die Menge an Erzeugnissen, welche beide Seiten der Einkommensrechnung kennzeichnen, das so genannte Mengengerüst, entspricht der Verkaufsmenge.

d. Unterstellen Sie, das Unternehmen bewerte die hergestellten Erzeugnisse nach dem Marginalprinzip und erstelle seine Einkommensrechnung nach dem Gesamtkostenverfahren. Erstellen Sie die zugehörige Einkommensrechnung für das Geschäftsjahr X1! Zum Ende des Abrechnungszeitraums wurde eine Bestandserhöhung von 1 300 * 33 / 100 = 429 GE ermittelt.

Die Anwendung des Marginalprinzips bedeutet, dass all diejenigen Ausgaben den Erzeugnissen (als Herstellungsausgaben) zugerechnet werden, die mehr entstehen, wenn man eine Erzeugniseinheit mehr verkauft und die entfallen, wenn man eine Erzeugniseinheit weniger verkauft. Danach gehören alle Ausgaben zu den Ausgaben für die Erzeugnisse, die direkt damit zusammen hängen, also der Lohn für den Tischler, nicht dagegen der Lohn für die Bürokraft und die Abschreibungen. Beim Gesamtkostenverfahren werden die Ausgaben des gesamten Unternehmens mit den insgesamt erstellten Leistungen verglichen. Man erhält eine Einkommensrechnung der folgenden Form:

Einkommensrechnung für Schreinerei Sabine Sänger in X1
(Gesamtkostenverfahren mit Marginalprinzip)

Ausgaben („Aufwendungen")			Einnahmen („Erträge")
Lohnausgaben (Tischler)		1300	Umsatz		5000
Lohnausgaben (Büro)		2700	Bestandszunahme	1 300 * 33 / 100 =	429
Abschreibungen		500			
Gewinn	5 429 – 4 500 =	929			
Summe		5429	Summe		5 429

Die Menge an Erzeugnissen, welche beide Seiten der Einkommensrechnung kennzeichnen, das so genannte Mengengerüst, entspricht der Produktionsmenge. In manchen Lehrbüchern und in der Praxis nimmt man die Begrifflichkeiten nicht so ernst wie wir. Die Posten auf der linken Seite werden sehr oft fälschlicherweise als Aufwendungen bezeichnet.

5.4.6 Beispiele für die Berücksichtigung der Umsatzsteuer

Bei sogenannten vorsteuerabzugsberechtigten Unternehmen wird die Umsatzsteuer in Form der Mehrwertsteuer niemals zu Ertrag oder Aufwand. Daher beschränken wir uns im Folgenden auf die Darstellung der Konsequenzen im Zusammenhang mit Veränderungen des Kontos für *Erzeugnisse, Handelsware*.

5.4.6.1 Mehrwertsteuer beim Einkauf von Vermögensgütern oder Dienstleistungen

Betroffene Vorgänge
Das Vermögensgüterkonto, das den Zugang und Abgang an Handelsware aufnimmt und dessen Bestand angibt, ändert sich beim Einkauf und allen damit zusammenhängenden Ereignissen. Beispiele für hier zu behandelnde Ereignisse sind der Einkauf selbst, die Inanspruchnahme von Skonti und Boni, die dem Unternehmen gewährt wurden, nachträglich erhaltene Preisnachlässe, Rücksendungen eingekaufter Ware (Retouren) sowie Wertanpassungen und nachträgliche Korrekturbuchungen anlässlich der Bilanzerstellung. In allen genannten Fällen ergeben sich Konsequenzen für die Umsatzsteuer. Auf die Einkommensrechnung wirken sich die Vorgänge gar nicht oder nur insofern aus, als bereits angesetzte Erträge oder Aufwendungen wegen nachträglicher Änderung des Beschaffungsgeschäfts zu modifizieren sind. Die Umsatzsteuer eines vorsteuerabzugsberechtigten Unternehmens wirkt sich nicht auf das Einkommen aus.

Einkauf von Ware
Beim Einkauf von Ware ändert sich der Bestand des Kontos *Erzeugnisse, Handelsware*. In der Regel nimmt der Erstattungsanspruch des Unternehmens gegenüber dem Fiskus aus Mehrwertsteuer zu. Je nach Zahlungsart nimmt der Kassenbestand ab oder die Verbindlichkeiten erhöhen sich. Die Buchungen haben für den Zeitpunkt zu erfolgen, zu dem das Unternehmen die Leistung von einem Marktpartner erhält. Beispielsweise würde der Einkauf von Autoreifen am 1. Mai durch einen Reifenhändler zu einem Preis von netto 100 GE vor Mehrwertsteuer und einem (unterstellten) Mehrwertsteuersatz von 10% auf Ziel zum Lieferzeitpunkt folgendermaßen verbucht:

Beleg	Datum	Geschäftsvorfall und Konten	Soll	Haben
	1.5.	Beschaffung von Autoreifen		
		Erzeugnisse, Handelsware	100	
		Forderungen (Vorsteuer)	10	
		Verbindlichkeiten (Einkauf)		110

Umrechnung von Bruttopreis in Nettopreis plus Mehrwertsteuer
Wäre ein Bruttopreis von 110 GE (inklusive Mehrwertsteuer) angegeben worden, so hätte man vor der Buchung den Netto-Warenwert und die Mehrwertsteuer errechnen müssen: Der Netto-Warenwert ergibt sich aus dem Brutto-Warenwert, indem man diesen durch (100 + Mehrwertsteuersatz)/100 dividiert. Die sich anschließende Buchung unterscheidet sich nicht von der oben angegebenen.

Anschaffungsnebenausgaben
Zur Verdeutlichung der nachstehenden Ausführungen sei kurz auf die Vorschriften über den Ansatz von Vermögensgütern in einer Bilanz (§253 dHGB) eingegangen. Sie verlangen – wie bisher unterstellt – eine Bewertung der eingekauften Ware zu Anschaffungsausgaben zuzüglich der Anschaffungsnebenausgaben abzüglich der Anschaffungspreisminderungen. Vom Verkäufer dem Käufer gesondert berechnete Fracht, Verpackung und Versicherung zählen beispielsweise als Anschaffungsnebenausgaben zu den Anschaffungsausgaben des Käufers und demnach bei ihm zum Wert der Ware. Sie sind auf dem Warenkonto zu berücksichtigen. Vom Käufer in Anspruch genommene Skonti, Boni, Rabatte und Preisnachlässe stellen für ihn Anschaffungspreisminderungen dar und reduzieren folglich seine Anschaffungsausgaben. Steht zum Zeitpunkt der Beschaffung noch nicht fest, ob der Käufer das Skonto in Anspruch nimmt, so könnten bei ihm zunächst die Anschaffungsausgaben und die Verbindlichkeit unter der Annahme verbucht werden, er

nähme das Skonto nicht in Anspruch. Erst bei Zahlung unter Abzug von Skonto wären die Anschaffungsausgaben dann zu korrigieren. Alternativ dazu können wiederum die Nettobeträge mit anschließender Korrektur unterstellt werden, falls die Zahlung später erfolgt. Derartige Anschaffungspreisminderungen lösen ebenfalls Konsequenzen für die Mehrwertsteuer aus.

Nach dem Einkauf und seiner Buchung gewährte Preisnachlässe erfordern eine Anpassung des Werts der eingekauften Ware und der zu entrichtenden Vorsteuer. Wurde der Einkauf bereits bezahlt, entsteht in Höhe des Preisnachlasses eine Forderung gegenüber dem Verkäufer. Wurde er noch nicht bezahlt, mindern sich die *Verbindlichkeiten (Einkauf)*. Die gerade dargestellte Beschaffung wäre im Falle eines noch nicht bezahlten Einkaufs und eines am 2. Mai gewährten Preisnachlasses von 55 GE inklusive 10% Mehrwertsteuer zu ergänzen durch die Buchung:

Wirkung nachträglicher Preisveränderungen auf Vermögensgut und Mehrwertsteuer

Beleg	Datum	Geschäftsvorfall und Konten	Soll	Haben
	2.5.	Preisnachlass nach Einkauf		
		Verbindlichkeiten (Einkauf)	55	
		Erzeugnisse, Handelsware		50
		Forderungen (Vorsteuer)		5

Wurde die Ware zum Zeitpunkt des Preisnachlasses bereits einkommenswirksam verwertet (verkauft) und wurden die im Rahmen der Verwertung notwendige Abgangs- und Aufwandsbuchung *Umsatzaufwand* an *Erzeugnisse, Handelsware* mit 100 GE vorgenommen, so ist nur die Vorsteuer in Höhe von 10 GE wegen des geänderten Warenwerts am 2. Mai zu korrigieren. Insgesamt löst die neue Situation die beiden folgenden Buchungen aus:

Wirkung nachträglicher Preisveränderungen bei bereits verarbeitetem Vermögensgut

Beleg	Datum	Geschäftsvorfall und Konten	Soll	Haben
	2.5.	Nachträglicher Preisnachlass bei Einkauf		
		Verbindlichkeiten (Einkauf)	55	
		Erzeugnisse, Handelsware		50
		Forderungen (Vorsteuer)		5
	2.5.	Korrektur der Buchung mit falschem Aufwand (Verkauf)		
		Erzeugnisse, Handelsware	50	
		Umsatzaufwand		50

Bei anderer Verwertung der Waren sind die jeweils betroffenen anderen Konten durch entsprechende Buchungen zu berichtigen.

Nach dem Einkauf und seiner Buchung vorgenommene Warenrücksendungen verlangen eine Korrektur des Warenvorrats, der Vorsteuer und der Zahlungskonsequenzen. Vom Rücksender getragene Frachten wirken sich dabei auf Aufwand und Vorsteuer des Rücksenders aus; vom Rücknehmer getragene Frachten haben Folgen für dessen Aufwand und die Vorsteuer.

Warenrücksendung

5.4.6.2 Mehrwertsteuer beim Verkauf von Vermögensgütern oder Dienstleistungen

Verkauf von Ware Beim Verkauf verlässt die Ware das Unternehmen. Der Lagerabgang stellt die Wertminderung dar, die der Wertsteigerung aus den Verkaufserlösen gegenüber zu stellen ist. Das Ertragskonto bezeichnet man als Umsatzertragskonto, das Aufwandskonto als Umsatzaufwandskonto. Beispielsweise wären Erzeugnisse, die mit 20 GE zu Buche standen und bei einem Verkauf am 10. Mai einen Netto-Verkaufspreis von 40 GE erbringen, bei einem Mehrwertsteuersatz von 10% zu verbuchen als:

Beleg	Datum	Geschäftsvorfall und Konten	Soll	Haben
	10.5.	Verkauf auf Ziel (Zugangs- und Ertragsbuchung)		
		Forderungen (Verkauf)	44	
		Umsatzertrag		40
		Verbindlichkeiten (Mehrwertsteuer)		4
	10.5.	Verkauf auf Ziel (Aufwands- und Abgangsbuchung)		
		Umsatzaufwand	20	
		Erzeugnisse, Handelsware		20

Nachträgliche Änderung an den Geschäftsgrundlagen Auch beim Verkauf von Ware kann es zu den oben beschriebenen Änderungen des Geschäfts kommen. Eingeräumte Skonti und Boni, nachträglich vom Unternehmen gewährte Preisnachlässe, Rücknahme bereits verkaufter Ware (Retouren) durch das Unternehmen sowie Wertanpassungen und nachträgliche Korrekturbuchungen anlässlich der Bilanzerstellung führen dazu, dass ursprünglich vorgenommene Buchungen nachträglich zu verändern sind. Vom Kunden in Anspruch genommene Skonti, Boni, Rabatte und Preisnachlässe stellen dabei Ertragsminderungen (und nicht Aufwendungen) dar. Steht zum Zeitpunkt der Beschaffung noch nicht fest, ob der Kunde das Skonto in Anspruch nehmen wird, so sind – dem Gläubigerschutzgedanken des deutschen Handelsrechts folgend – zunächst die Umsatzerträge unter Abzug von Skonto zu verbuchen; erst bei Zahlung des vollen Rechnungsbetrags ist der Umsatzertrag anzupassen. Die alternative Buchung besteht darin, jeweils den vollen Betrag anzusetzen und eine Korrektur vorzunehmen, falls innerhalb der Skontofrist gezahlt wird.

Nachträglich gewährte Preisnachlässe als Beispiel Nachträglich gewährte Preisnachlässe und Warenrücknahmen erfordern eine nachträgliche Korrektur der ursprünglichen Beträge. Wird im Beispiel am 11. Mai nachträglich ein Preisnachlass von 50% gewährt, so ist zu buchen:

Beleg	Datum	Geschäftsvorfall und Konten	Soll	Haben
	11.5.	Nachträglicher Preisnachlass auf Verkauf		
		Umsatzertrag	20	
		Verbindlichkeiten (Mehrwertsteuer)	2	
		Forderungen (Verkauf)		22

Rücknahme von Waren als Beispiel Wird darüber hinaus im Beispiel die Hälfte der Ware am 12. Mai zur Hälfte des ursprünglich berechneten Preises zurückgenommen und trägt der Rücksender die Fracht, so ist beim Rücknehmer wie bei einem Preisnachlass vorzugehen und im Falle von Erzeugnissen zusätzlich zu buchen:

Beleg	Datum	Geschäftsvorfall und Konten	Soll	Haben
	12.5.	Rücknahme verkaufter Ware (Korrektur der Zugangs- und Ertragsbuchung)		
		Umsatzertrag	10	
		Verbindlichkeiten (Mehrwertsteuer)	1	
		Forderungen (Verkauf)		11
	12.5.	Rücknahme verkaufter Ware (Korrektur der Aufwands- und Abgangsbuchung)		
		Erzeugnisse, Handelsware	10	
		Umsatzaufwand		10

Trägt der Rücknehmer die bar zu bezahlende Fracht in Höhe von 10 GE zuzüglich 10% Mehrwertsteuer, so ist bei ihm zusätzlich zu buchen:

Beleg	Datum	Geschäftsvorfall und Konten	Soll	Haben
	12.5.	Rückfracht		
		Aufwand (Fracht)	10	
		Forderungen (Vorsteuer)	1	
		Zahlungsmittel		11

5.4.6.3 Mehrwertsteuer beim „Eigenverbrauch"

Der Eigenverbrauch von Ware durch die Eigenkapitalgeber bedeutet eine Entnahme von Eigenkapital. Da Eigenkapitalgeber in Bezug auf die entnommene Ware Endverbraucher sind, muss Mehrwertsteuer entrichtet werden. Beim Eigenverbrauch von Erzeugnissen am 13. Mai zum Netto-Wert von 100 GE ist bei einem (unterstellten) Mehrwertsteuersatz von 10% zu buchen:

Eigenverbrauch von Ware

Beleg	Datum	Geschäftsvorfall und Konten	Soll	Haben
	13.5.	Eigenverbrauch von Erzeugnissen		
		Entnahmen	110	
		Erzeugnisse, Handelsware		100
		Verbindlichkeiten (Mehrwertsteuer)		10

5.5 Kennzahlen zur Entscheidungsunterstützung

Für Unternehmen, die Handelsware verkaufen, stellen Warenvorräte oft das zentrale Vermögensgut dar. Die Aktivitäten der Unternehmensleitung zielen darauf ab, die Warenvorräte auf die beste Art zu verkaufen. Zur Beurteilung von Tätigkeiten werden oftmals zwei

Kennzahlen zur Beurteilung des Verkaufs

Kennzahlen gebildet, der Rohertragsprozentsatz *(gross margin percentage)* und der Vorratsumschlag *(rate of inventory turnover)*.

Rohertrags-prozentsatz

Der Rohertragsprozentsatz ergibt sich aus der Division des Rohertrags durch den Netto-Umsatz:

$$Rohertragsprozentsatz = Rohertrag\ /\ Netto\text{-}Umsatz\ x\ 100$$

Unternehmen sind meistens bemüht, einen möglichst hohen Rohertragsprozentsatz zu erwirtschaften. Er beträgt im Jahre 2015/2016 bei der *Metro AG* (11450/58417)*100 =) 19,60 % und besagt, dass im Durchschnitt 1 GE Umsatz 0,196 GE Rohertrag mit sich bringt. Aus dem Rohertrag und den oft unbedeutenden anderen Erträgen sind die anderen Aufwendungen zu decken. Es entsteht nur dann ein positives Einkommen, wenn der Rohertrag und die anderen Erträge die anderen Aufwendungen übersteigen. Kleine Veränderungen des Rohertragsprozentsatzes bringen oft große Veränderungen des Einkommens mit sich.

Warenvorratsumschlag

Unternehmensleitungen, die das Einkommen ihres Unternehmens maximieren wollen, sind häufig bestrebt, ihren Vorrat an Handelsware so klein wie möglich zu halten; denn Ware trägt nur zum Einkommen bei, wenn sie verkauft wird. Je schneller sie verkauft wird, desto eher liefert sie einen Beitrag zur Einkommenserzielung. Zudem vermeidet man die Ansammlung von „Ladenhütern". Die Konsequenz dieser Überlegungen führt dazu, dass Vorräte erst zu dem Zeitpunkt beschafft oder hergestellt werden, zu dem man sie benötigt.

Mit dem Warenvorratsumschlag wird gemessen, wie häufig der Warenvorrat verkauft wird. Dazu rechnet man:

$$Warenvorratsumschlag = Umsatzaufwand\ /\ durchschnittlicher\\ Warenvorrat$$

Der durchschnittliche Warenvorrat wird oftmals aus dem Durchschnitt des Anfangs- und Endbestands geschätzt. Ein hoher Warenumschlag ist unter gleichen Bedingungen einem niedrigen vorzuziehen. Eine Steigerung des Warenumschlags bedeutet meistens eine Einkommenssteigerung.

5.6 Übungsmaterial

5.6.1 Fragen mit Antworten

Fragen	Antworten
Auf welcher Basis misst man das Einkommen eines Unternehmens (Erträge – Aufwendungen) am besten?	Auf Basis der Leistungsabgabeorientierung, weil man ein vollständigeres Bild der Unternehmensaktivität zeichnet als bei einer Messung auf Zahlungsbasis.
Wie bestimmt man Erträge?	Mit Hilfe des Realisationsprinzips.

Fragen	**Antworten**
Wie bestimmt man Aufwendungen?	Aus Ausgaben: Bei Ausgaben für zu Verkaufendes in Höhe des bei einem Verkauf Bezahlten, bei anderen Ausgaben, die nicht von Aktiva oder Passiva kompensiert werden und keine Eigenkapitaltransfers darstellen, in Höhe des angefallenen Betrags.
Wie unterscheiden sich Unternehmen, die Ware verkaufen, von Dienstleistungsunternehmen?	Unternehmen, die Ware verkaufen, können diese eingekauft oder selbst erzeugt haben. Dienstleistungsunternehmen erbringen nur Dienstleistungen, die oftmals nicht lagerfähig sind.
Wie unterscheiden sich die Finanzberichte eines Unternehmens, das Ware verkauft, von denen eines Dienstleistungsunternehmens?	Bilanz: Warenverkäufer weisen meist einen Warenvorrat als Vermögensgut aus. Dienstleistungsunternehmen haben keinen Warenvorrat.

Einkommensrechnung (vereinfacht):

Warenverkäufer:	Dienstleistungsunternehmen:
Umsatzertrag	Dienstleistungsertrag
– Umsatzaufwand	– Umsatzaufwand
= Rohertrag	= Rohertrag
– betrieblicher Aufwand	– betrieblicher Aufwand
.	.
.	.
.	.
= Einkommen	= Einkommen

Eigenkapitaltransferrechnung:
kein Unterschied

Eigenkapitalveränderungsrechnung:
kein Unterschied.

Kapitalflussrechnung:
kein Unterschied

Fragen	**Antworten**
Welche beiden Möglichkeiten gibt es, Veränderungen des Warenvorrats zu erfassen?	Kontinuierlich arbeitende Systeme zeigen jederzeit den aktuellen Warenvorrat und geben bei jedem Verkauf den Umsatzaufwand an. Nicht-kontinuierlich arbeitende Systeme erlauben die Angabe des Warenvorrats und des Umsatzaufwandes erst nach einer physischen Bestandsaufnahme.
Wie kann man den Warenvorrat beurteilen?	Mit Hilfe des Rohertragsprozentsatzes und des Warenumschlags. Meistens gilt: je höher der Wert der Kennzahlen, desto besser steht das Unternehmen da!
Wie kann man den Aufwand für verkaufte Waren ermitteln?	Mit Hilfe eines Systems der kontinuierlichen Erfassung von Veränderungen des Warenvorrats oder indem man dem Anfangsbestand an Warenvorräten den Einkauf hinzurechnet und den durch Inventur ermittelten Endbestand abzieht.
Welche Belastungen des Lohnes hat der Arbeitnehmer in Deutschland zu tragen?	Deutsche Arbeitnehmer haben Lohnsteuer, Solidaritätszuschlag, gegebenenfalls Kirchensteuer sowie ihren (Arbeitnehmer-) Anteil zur Sozialversicherung zu tragen.
Welche Versicherungen umfasst die deutsche Sozialversicherung?	Krankenversicherung, Pflegeversicherung, Rentenversicherung, Arbeitslosenversicherung.

Fragen	Antworten
Unter welcher Bedingung stellen Personalausgaben eines Abrechnungszeitraums Aufwand dar?	Wenn sie nach den Abgrenzungsprinzipien einkommenswirksam zu verrechnen sind: Wenn sie einen Verkaufsbezug in dem Abrechnungszeitraum aufweisen, in dem der zugehörige Umsatzertrag verbucht wird; andernfalls in dem Zeitraum, in dem sie entstanden sind.
Wie sind Personalausgaben eines Abrechnungszeitraums zu behandeln, die zur Herstellung von Erzeugnissen angefallen sind, die erst in nachfolgenden Abrechnungszeiträumen verkauft werden?	Einkommensunwirksam.
Welche Möglichkeiten zur Buchung von Personalausgaben hat man, wenn unbekannt ist, ob alle vom Personal hergestellten Erzeugnisse im Herstellungszeitraum verkauft werden?	Einkommenswirksame oder einkommensunwirksame Verbuchung jeweils mit gegenläufiger Korrektur zum Ende des Abrechnungszeitraums.
Wie funktioniert die deutsche Mehrwertsteuer?	Die Umsatzsteuer wird dem Käufer beim Kauf belastet, gewährt ihm aber auch einen Erstattungsanspruch gegenüber dem Fiskus, soweit er nicht Endverbraucher ist. Der Verkäufer hat die erhobene Mehrwertsteuer unter Abzug der von ihm beim Einkauf gezahlten Mehrwertsteuer (= Vorsteuer) an den Fiskus abzuführen.
Welche Ereignisse sind im weiteren Sinn mit der Beschaffung verbunden?	Einkauf (Zugänge Waren, Abgänge Zahlungsmittel oder Zugänge Verbindlichkeiten), Rabatte, Skonti, Boni, nachträgliche Preisnachlässe, Rücksendungen.
Stellen Rabatte, Skonti, Boni sowie Preisnachlässe auf eingekaufte Ware Erträge dar?	Nein, sie führen zu einer einkommensneutralen Korrektur der Anschaffungsausgaben oder zu einer Aufwandsminderung, falls die eingekaufte Ware bereits verkauft wurde.
Welche Ereignisse sind mit der Produktion von Erzeugnissen verbunden?	Abgänge von Roh-, Hilfs- und Betriebsstoffen sowie Zahlungsmitteln, Zugänge unfertiger und fertiger Erzeugnisse.

5.6.2 Verständniskontrolle

1. Der Rohertrag wird in der Wirtschaftspresse oft als ein wichtiges Einkommensmaß dargestellt. Was wird mit dem Begriff gemessen und warum ist das wichtig?

2. Beschreiben Sie den Wirtschaftskreislauf eines Unternehmens ohne und mit Forderungen und Verbindlichkeiten!

3. Zeigen Sie auf, welche Konten auf welchen Seiten zu verändern sind (a) beim Kauf einer Ware auf Ziel mit anschließender Bezahlung und (b) beim Verkauf einer Ware auf Ziel mit anschließendem Zahlungsmittelerhalt! Vernachlässigen Sie dabei Rabatte, Rücksendungen, Preisnachlässe und Frachtkosten!

4. Am 28. Juli wird Ware zum Preis von 1 000 GE gekauft. Bei Zahlung innerhalb von 10 Tagen kann 3 % Barzahlungsrabatt abgezogen werden. Welcher Betrag ergibt sich bei Zahlung am 6. August, welcher bei Zahlung am 9. August? Wie ist das Ereignis beim Käufer zu buchen, wie beim Verkäufer?

5. Beim Verkauf von Ware mit einem Listenpreis von 35 000 GE wird vorab ein Mengenrabatt in Höhe von 3 000 GE und ein Barzahlungsrabatt von 2% auf den Rechnungsbetrag bei Zahlung innerhalb von 15 Tagen gewährt. Wie hoch ist der Verkaufsertrag, wenn der Käufer innerhalb von 15 Tagen zahlt? Wie ist zu buchen?

6. Beschreiben Sie kurz die Ähnlichkeit der Ermittlung des Büromaterialaufwands in der Unternehmensberatung Karl Gross (Kapitel 3) mit der Ermittlung des Aufwands für verkaufte Ware bei nicht-kontinuierlicher Erfassung der Abnahme von Warenvorräten!

7. Warum ist die Kontobezeichnung „Einstandskosten der verkauften Ware" besonders aussagefähig? Um welchen Typ von Konto handelt es sich?

8. Der Anfangsbestand an Ware betrage 5 000 GE, der Einkaufsbetrag ohne Umsatzsteuer 30 000 GE und die übernommenen Frachtkosten 1 000 GE. Wie hoch ist der Umsatzaufwand, wenn sich der Endbestand auf 8 000 GE beläuft?

9. Sie beurteilen zwei Unternehmen für eine mögliche Investition anhand ihrer Bilanzen und Einkommensrechnungen. Woran können Sie jeweils erkennen, ob es sich um ein Dienstleistungsunternehmen oder um ein Unternehmen handelt, das Ware verkauft?

10. Sie beginnen, für Ihr Unternehmen die Korrektur- und Abschlussbuchungen zum Ende des Geschäftsjahres vorzubereiten. Enthält die vorläufige Saldenaufstellung den endgültigen Endbestand des Warenvorrats?

11. Wodurch lassen sich sogenannte „andere Erträge" und „andere Aufwendungen" einer Einkommensrechnung kennzeichnen?

12. Nennen und beschreiben Sie zwei Formate von Einkommensrechnungen mit ihren Eigenschaften!

13. Nennen Sie acht verschiedene Arten betrieblicher Aufwendungen!

14. In welchem Finanzbericht könnte man Barzahlungsrabatte, Warenrücknahmen und Preisnachlässe angeben? Illustrieren Sie, wie eine solche Angabe erfolgen könnte!

15. Zieht ein an Gewinnmaximierung interessiertes Unternehmen, das Ware verkauft, bei sonst gleichen Bedingungen einen hohen oder einen niedrigen Umschlag des Warenvorrats vor?

16. Was kann man aus einem im Zeitablauf abnehmenden Rohertragsprozentsatz verbunden mit einem zunehmenden Umschlag des Warenvorrats über die Preispolitik des Unternehmens vermuten?

17. Welche Geschäftsvorfälle und anderen relevanten Ereignisse berühren Warenkonten?

18. Welche Buchungen kann die Inanspruchnahme von Skonto durch einen Kunden bei einem Verkäufer auslösen?

19. Welche Konten werden bei nachträglichen Preisnachlässen auf eingekaufte Ware berührt?

20. Entsteht bei der Produktion von Erzeugnissen Aufwand?

21. Welche buchmäßigen Konsequenzen löst die Rücknahme verkaufter Ware durch den Verkäufer beim Käufer aus?

22. Wie funktioniert die Umsatzsteuer in Deutschland?

23. Stellt die „Vorsteuer" Ertrag dar?

24. Wird die „Mehrwertsteuer" als Aufwand behandelt?

25. Was versteht man unter Eigenverbrauch und wie wird er umsatzsteuerlich behandelt?

5.6.3 Aufgaben zum Selbststudium

Aufgabe 5.1   **Bestandteile des Arbeitslohns und der Personalausgaben**

Sachverhalt

Eine halbtags beschäftigte Angestellte (evangelisch, unverheiratet, kinderlos) erhalte im April 2016 ein Monatsgehalt von 1 590 GE. Ihre Lohnsteuer (Klasse I) belaufe sich auf 265 GE. Ein Solidaritätszuschlag falle nicht an. Der Beitragssatz zur Krankenversicherung betrage insgesamt 13,5%, der zur Rentenversicherung 19,1%, der zur Pflegeversicherung 1,7% und jener zur Arbeitslosenversicherung 6,5% des oben aufgeführten Bruttogehalts. Die Sozialversicherungsbeiträge (Kranken-, Renten-, Pflege- und Arbeitslosenversicherung) seien jeweils zur Hälfte von der Angestellten und zur Hälfte vom Arbeitgeber zu zahlen. Die evangelische Kirchensteuer betrage 9% des Betrages der Lohnsteuer. Der Arbeitgeber führe die Gehaltsabzüge erst später ab.

Zusätzlich nimmt die Beschäftigte einen Gehaltsvorschuss in Höhe von 800 GE auf, der in den Monaten Mai und Juni zu gleichen Anteilen durch Kürzung der Gehaltszahlung zurückgezahlt wird.

Fragen und Teilaufgaben

1. Stellen Sie die Gehaltsabrechnung für die Monate April, Mai und Juni auf!
2. Ist die Gehaltszahlung ein einkommenswirksamer Vorgang oder ein einkommensunwirksamer?
3. Geben Sie die im Zusammenhang mit der Gehaltszahlung möglichen Buchungssätze für die Monate April, Mai und Juni an!

Lösungshinweise zu den Fragen und Teilaufgaben

1. Gehaltsabrechnung

   Das Brutto-Monatsgehalt bildet die Grundlage für die Abzüge der Steuern und der Versicherungsbeiträge. Die Prozentangaben der Sozialversicherungsbeiträge beziehen sich auf das Brutto-Monatsgehalt und enthalten den Arbeitnehmer- sowie den Arbeitgeberanteil. Da die Arbeitnehmerin nur ihren Anteil zu tragen hat, werden ihr 6,75% für die Krankenversicherung, 9,55% für die Rentenversicherung, 0,85% für die Pflegeversicherung und 3,25% für die Arbeitslosenversicherung vom Brutto-Monatsgehalt abgezogen. Zusätzlich erhält sie im April 800 GE Vorschuss. Beiträge an die Berufsgenossenschaft fallen für die Betroffene nicht als Zahlungsverpflichtung an. In den Monaten Mai und Juni verringert sich die Auszahlung wegen Rückzahlung des Vorschusses auf jeweils 976,78 GE – 400 GE = 576,78 GE.

2. Bei der Beschäftigung von Personal steht nicht fest, ob die Personalausgaben einkommenswirksam oder -unwirksam zu verbuchen sind. Die Antwort hängt vom Sachverhalt ab.

Erstens kann man annehmen, mit dem Personaleinsatz finde zunächst nur eine Umwandlung der Vermögensgüter von einer Form in eine andere (einkommensunwirksames Ereignis) statt und erst in späteren Abrechnungszeiträumen werde ein eigenkapitalwirksamer Vorgang ausgelöst, beispielsweise ein Verkauf.

Alternativ ist denkbar, dass der Personaleinsatz sofort für Zwecke erfolgt, durch welche das Unternehmen noch im laufenden Abrechnungszeitraum sein Eigenkapital verändert. Bei sofortiger Einkommenswirkung werden die Personalausgaben zu dem Zeitpunkt als Aufwand verbucht, zu dem sie anfallen (Periodisierung). Bei einer Einkommenswirkung in einem späteren Abrechnungszeitraum erfolgt zunächst eine einkommensneutrale Berücksichtigung als Rechnungsabgrenzungsposten.

Man muss also mehr über die Verwendung des Personals und über die Argumentationskette des Unternehmers wissen, bevor man die Buchung angeben kann.

3. Bei der Berechnung der Personalausgaben im April sind dem Bruttolohn der Arbeitgeberanteil zur Sozialversicherung hinzuzurechnen. Dieser setzt sich aus obigen vier Komponenten in Höhe von 324,37 GE zusammen. Das Doppelte dieses Betrages hat der Arbeitgeber abzuführen. Die Verbindlichkeiten gegenüber dem Fiskus setzen sich aus der Lohnsteuer in Höhe von 265 GE und der Kirchensteuer in Höhe von 23,85 GE zusammen.

Bei Behandlung der Personalausgaben als Aufwand des Zeitraums, in dem die mit dem Personal hergestellten Erzeugnisse verkauft werden (Marktleistungsabgabekonzept), ist zum Fälligkeitszeitpunkt des Gehalts über *Erzeugnisse* zu buchen. Der Vorschuss wird einkommensunwirksam behandelt. In den Monaten Mai und Juni fällt jeweils die Rückzahlung des Vorschusses an.

Bei alternativer Behandlung der Personalausgaben als Aufwand des Zeitraums (Periodisierungskonzept) ist zum Fälligkeitszeitpunkt der Personalaufwand zu buchen. Auch hier ist der Vorschuss einkommensunwirksam zu behandeln und in den Monaten Mai und Juni seine Rückzahlung zu berücksichtigen.

Zuordnungsprinzipien und Verfahren zur Erstellung der Einkommensrechnung bei lagerfähiger Handelsware **Aufgabe 5.2**

Sachverhalt

Die Anfangsbilanz eines Unternehmens zu Beginn des Geschäftsjahres X1, das dem Kalenderjahr entspricht, lautet:

Bilanz zum 1.1.X1

Aktiva		Passiva	
Abnutzbare Sachanlagen	1 000	Eigenkapital	2500
Roh-, Hilfs- und Betriebsstoffe	2 000	Verbindlichkeiten	2500
Unfertige und fertige Erzeugnisse	500		
Zahlungsmittel	1 500		
Bilanzsumme	5 000	Bilanzsumme	5 000

Während des Geschäftsjahres X1 werden 1200 Stück eines Produkts A hergestellt. Dazu werden ein Mitarbeiter eingestellt, Maschinen genutzt und Roh-, Hilfs- und Betriebsstoffe verwendet. Die Lohnausgaben und die Roh-, Hilfs- und Betriebsstoffausgaben werden direkt in Verbindung mit den hergestellten Produkten in Verbindung gebracht; die anteilige Maschinenabnutzung lässt sich dagegen nur indirekt mit den hergestellten Produkten in Verbindung bringen.

Dem Mitarbeiter wird im Jahr X1 Lohn in Höhe von 1000 GE ausgezahlt; die Lohnsteuer dafür belaufe sich auf 150 GE; die Kranken-, Renten-, Pflege- und Arbeitslosenversicherung dafür betrage insgesamt 200 GE und werde zu gleichen Teilen vom Arbeitnehmer und vom Arbeitgeber getragen. Lohnsteuer- und Sozialversicherungsverbindlichkeiten werden erst im Jahr X2 getilgt. Der Buchwert der verwendeten Rohstoffe betrage 1050 GE ohne Umsatzsteuer. Der Wert der Maschinenabnutzung betrage 600 GE. Für Werbung geht beim Unternehmen am Endes des Wirtschaftsjahres X1 eine Rechnung in Höhe von 880 GE inklusive Umsatzsteuer ein, die sofort durch Überweisung vom Bankkonto beglichen wird.

Zwei Drittel der hergestellten Fertigerzeugnisse werden noch in X1 für 5000 GE zuzüglich Umsatzsteuer gegen Barzahlung verkauft.

Unterstellen Sie, die Umsatzsteuer werde in Form der Mehrwertsteuer mit einem Satz von 10 % für den Abrechnungszeitraum erhoben und das Unternehmen sei vorsteuerabzugsberechtigt.

Fragen und Teilaufgaben

1. Geben Sie für die Ereignisse im Geschäftsjahr X1 die Buchungssätze an! Unterstellen Sie dazu, das Unternehmen bewerte die hergestellten Erzeugnisse entsprechend einem Finalprinzip und erstelle seine Einkommensrechnung mit Hilfe des sogenannten Umsatzkostenverfahrens.

2. Wie würden sich die Buchungen aus Teilaufgabe 1 ändern, wenn das Unternehmen (i) anstelle des Umsatzkostenverfahrens das Gesamtkostenverfahren und (ii) unter Beibehaltung des Umsatzkostenverfahrens anstelle eines Finalprinzips ein Marginalprinzip verwenden würde?

3. Erstellen Sie für die beschriebenen Ereignisse eine Einkommensrechnung nach dem sogenannten Umsatzkostenverfahren in Staffelform! Nehmen Sie dazu an, das Unternehmen verwende ein Finalprinzip!

4. Erstellen Sie für die beschriebenen Ereignisse eine Einkommensrechnung nach dem sogenannten Gesamtkostenverfahren in Staffelform! Nehmen Sie dazu an, das Unternehmen verwende ein Finalprinzip!

5. Nehmen Sie an, das Unternehmen verkaufe das restliche Drittel der in X1 hergestellten Produkte A am 15.1.X2 gegen Barzahlung in Höhe von 2750 GE inklusive Umsatzsteuer! Nehmen Sie ferner an, dass sich außer diesem Verkauf im Januar X2 keinerlei relevante Ereignisse im Unternehmen ereignen! Erstellen Sie bei Verwendung eines Finalprinzips für den Januar X2 eine Einkommensrechnung des Unternehmens (i) gemäß dem Umsatzkostenverfahren und (ii) gemäß dem Gesamtkostenverfahren! Geben Sie zudem die jeweils eventuell notwendigen Buchungen an!

Lösungshinweise zu den Fragen und Teilaufgaben

1. Die Bestimmung der Buchungssätze bereitet nach Lektüre des Lehrtexts keine Schwierigkeiten. Wegen des Finalprinzips werden den Herstellungsausgaben der Erzeugnisse alle Ausgaben außer den Ausgaben für die Werbung zugerechnet (Werbung hat nichts mit der Herstellung zu tun). Das sogenannte Umsatzkostenverfahren verlangt bei jedem Verkauf, zwei Buchungssätze auszuführen.

2. (i) Bei Verwendung des sogenannten Gesamtkostenverfahrens bleibt der Aussagegehalt der Einkommensrechnung so lange beeinträchtigt, bis die Umsatzaufwendungen richtig ermittelt sind (normalerweise erst nach der Inventur zum Ende des Wirtschaftsjahres). Das Einkommen des Abrechnungszeitraums ergibt sich bei Verwendung des gleichen Zuordnungsprinzips wie in Teilaufgabe 1 (Finalprinzip) in gleicher Höhe wie bei Anwendung des sogenannten Umsatzkostenverfahrens.

   (ii) Bei Anwendung eines Marginalprinzips wird die Maschinenabnutzung nicht den Erzeugnissen zugerechnet. Sie stellt dann Aufwand des Zeitraums dar, in dem sie angefallen ist. Dementsprechend besitzen die hergestellten Erzeugnisse einen anderen Wert als bei Verwendung eines Finalprinzips.

3. Es ergibt sich bei Anwendung eines Finalprinzips ein Einkommen in Höhe von 2 200 GE.

4. Die Ermittlung des Umsatzaufwandes geschieht anders als bei Teilaufgabe 3.

5. Im Januar X2 ergibt sich bei Finalprinzip ein Einkommen in Höhe von 1 500 GE, unabhängig vom der verwendeten Ermittlungsmethode.

Zuordnungsprinzipien und Verfahren zur Erstellung der Einkommensrechnung bei lagerfähigen Dienstleistungen   **Aufgabe 5.3**

Sachverhalt

Die Anfangsbilanz einer Unternehmensberatungsgesellschaft zu Beginn des Geschäftsjahres X1, das dem Kalenderjahr entspricht, lautet:

Bilanz zum 1.1.X1

Aktiva		Passiva	
Nicht abnutzbare Sachanlagen	3000	Elgenkapltal	5000
Abnutzbare Sachanlagen	2000	Verbindlichkeiten	3000
Büromaterial	1000		
Forderungen	1500		
Zahlungsmittel	500		
Bilanzsumme	8000	Bilanzsumme	8000

Während des Geschäftsjahres X1 werden folgende Ereignisse aufgezeichnet:

a. Erwerb eines Grundstücks im Wert von 1 500 GE,

b. Verbrauch von Büromaterial im Wert von 800 GE, das direkt der Vorbereitung auf eine Beratungsleistung bei der X-AG zugeordnet wird,

c. Anschaffung neuer Laptops im Wert von 2 000 GE,

d. Eingang einer Forderung im Wert von 500 GE,

e. Zahlung von Gehalt, das direkt der Vorbereitung auf eine Beratungsleistung bei der X-AG zugeordnet wird, in Höhe von 4000 GE an angestellte Berater,

f. Erbringung der Beratungsleistung bei der X-AG sowie Ausstellen der diesbezüglichen Rechnung in Höhe von 10000 GE; sofortige (Bar-) Zahlung der Rechnungssumme durch die X-AG.

Nehmen Sie an, dass Umsatzsteuerüberlegungen vernachlässigt werden können!

Fragen und Teilaufgaben

1. Geben Sie für die Ereignisse im Geschäftsjahr X1 die Buchungssätze an! Nehmen Sie dazu an, das Unternehmen verwende ein Finalprinzip und erstelle seine Einkommensrechnung mit Hilfe des Umsatzkostenverfahrens!

2. Wie würden sich die Buchungen aus Teilaufgabe 1 ändern, wenn das Unternehmen (i) anstelle eines Finalprinzips das Marginalprinzip und (ii) unter Beibehaltung eines Finalprinzips anstelle des Umsatzkosten- das Gesamtkostenverfahren verwenden würde?

3. Erstellen Sie für die beschriebenen Ereignisse eine Einkommensrechnung (i) nach dem Umsatzkostenverfahren in Staffelform und (ii) nach dem Gesamtkostenverfahren in Staffelform! Nehmen Sie dazu an, das Unternehmen verwende ein Finalprinzip!

Lösungshinweise zu den Fragen und Teilaufgaben

1. Die Buchungssätze aufzustellen bereitet keine Schwierigkeit, wenn es sich um eine Dienstleistung mit bereits erstellten lagerfähigen Komponenten handelt. Sind bereits Ausgaben für nicht-lagerfähige Komponenten der Dienstleistung angefallen, so werden diese einkommensunwirksam bis zum Zeitpunkt der Marktleistungsabgabe auf der Aktivseite der Bilanz gesammelt.

2. (i) Es gibt keine Änderungen, weil beide infrage kommenden Ausgaben unabhängig vom angewendeten Zuordnungskonzept der Dienstleistung zugerechnet werden.
   (ii) Durch einen Wechsel vom sogenannten Umsatzkostenverfahren auf das sogenannte Gesamtkostenverfahren gehen keine Wirkungen auf das Einkommen aus.

3. Bei Anwendung eines Finalprinzips ergibt sich gemäß einem Umsatzkostenverfahren in Staffelform die folgende Einkommensrechnung:

	Ertrag (Umsatz)	10000
−	Aufwand (Umsatz)	4800
=	Einkommen	5200

Bei Anwendung eines Finalprinzips ergibt sich gemäß einem Gesamtkostenverfahren in Staffelform die folgende Einkommensrechnung:

	Ertrag (Umsatz)	10000
−	Aufwand (Material)	800
−	Aufwand (Gehalt)	4000
=	Einkommen	5200

Einkauf und Verkauf, jeweils mit Rabatten und Rücksendungen, ohne Umsatz- **Aufgabe 5.4**
steuer

Sachverhalt

Das Handelsunternehmen Braun & Co. existiere in einer Welt ohne Umsatzsteuer. Es verzeichne im Monat Juni die folgenden relevanten Ereignisse:

a. 3. Juni   Einkauf von Ware auf Ziel (zahlbar mit Abzug von 1% Skonto in 10 Tagen oder ohne Abzug bis zum Monatsende), Rechnungsbetrag 1640 GE.

b. 9. Juni   Rücksendung von 40% der am 3. Juni gekauften Ware wegen Defekten.

c. 12. Juni Verkauf von Ware gegen Barzahlung zu 920 GE (Einkaufspreis 550 GE).

d. 15. Juni Einkauf von Ware zu 5100 GE abzüglich 100 GE Mengenrabatt (zahlbar unter Abzug von 3% Skonto in 15 Tagen oder ohne Abzug in 30 Tagen).

e. 16. Juni Bezahlung einer Frachtrechnung über 260 GE für eingekaufte Ware, die dieser noch nicht zugeordnet wurde. Die ware wurde zudem noch nicht weiter veräußert.

f. 18. Juni Verkauf von Ware, die zu 1180 GE eingekauft worden war, zum Preis von 2000 GE (zahlbar unter Abzug von 2% Skonto in 10 Tagen, ohne Abzug in 30 Tagen).

g. 22. Juni Rücknahme beschädigter Ware mit Rechnungsbetrag von 800 GE aus dem bereits verbuchten Verkauf vom 18. Juni (Einkaufspreis 480 GE).

h. 24. Juni Aufnahme eines Darlehens bei einer Bank über 4850 GE und Nutzung des Barzahlungsrabatts bei der Bezahlung des Einkaufs vom 15. Juni.

i. 28. Juni Eingang des vereinbarten Betrags aus dem Verkauf vom 18. Juni.

j. 29. Juni Bezahlung des aus dem Einkauf vom 3. Juni und der Rücksendung vom 9. Juni geschuldeten Betrags.

k. 30. Juni Einkauf von Ware zum Listenpreis von 900 GE mit einem Mengenrabatt von 35 GE gegen Barzahlung.

Fragen und Teilaufgaben

1. Bilden Sie die Buchungssätze für die Ereignisse! Unterstellen Sie dabei, die Abgänge von Ware würden kontinuierlich erfasst!

2. Erstellen Sie T-Konten, nehmen Sie auf diesen Konten die relevanten Buchungen vor und bestimmen Sie den Endbestand der einzelnen Konten zum 30.6.! Unterstellen Sie dabei, es hätte keine Anfangsbestände gegeben!

3. Nehmen Sie an, für das am 24. Juni aufgenommene Darlehen seien 95 GE Zinsen zu entrichten. Wie lautet die zugehörige Buchung? War die Entscheidung sinnvoll, ein Darlehen aufzunehmen, um den Einkauf innerhalb der Skontofrist bezahlen zu können?

Lösungshinweise zu den Fragen und Teilaufgaben

1. Die Erstellung der Buchungssätze wird im Lehrbuchtext ausführlich behandelt.

2. T-Konten bei Unterstellung einer der in Teilaufgabe 1 angegebenen Buchungsmöglichkeit:

S	Erzeugnisse, Handelsware H		
a	1640	b	656
d	5000	c2	550
e	260	f2	1180
g2	480	h2	150
k	865		
Saldo	5709		

S	Umandsatzaufw		H
c2	550	g2	480
f2	1180		
Saldo	1250		

S	Verbindlichkeit		H
b	656	a	1640
h2	5000	d	5000
j	984	h1	4850
		Saldo	4850

S	Ertrag (Verkauf)		H
g1	784	c1	920
		f1	1960
		Saldo	2096

S	Forderungen		H
f1	1960	g1	784
		i	1176

S	Zahlungsmittel		H
c1	920	e	260
h1	4850	h2	4850
i	1176	j	984
		k	865
		Saldo	13

3. Den 95 GE Zinsen für das Darlehen stehen (5000*0,03 =) 150 GE geringere Anschaffungsausgaben gegenüber.

Aufgabe 5.5   Warenverkehr mit Umsatzsteuer

Sachverhalt

Zu Beginn des Geschäftsjahres X1 laute die Bilanz eines Unternehmens:

Bilanz zum 1.1.X1

Aktiva		Passiva	
Handelsware	200	Eigenkapital	250
Zahlungsmittel	300	Verbindlichkeiten (Einkauf)	250
Bilanzsumme	500	Bilanzsumme	500

Während des Geschäftsjahres X1 ereigne sich Folgendes:

a. Einkauf von Handelware zum Preis von 206 GE abzüglich 6 GE Skonto zuzüglich Umsatzsteuer. Man zahlt in bar.

b. Rücksendung von eingekaufter mangelhafter Handelsware, die mit 50 GE zuzüglich Umsatzsteuer gekauft worden war. Man erhält eine Einkaufsgutschrift über den Wert der Ware zuzüglich der Umsatzsteuer.

c. Erhalt eines Preisnachlasses auf den Nettopreis eingekaufter Handelsware, die mit 60 GE zu Buche stand, in Form einer Einkaufsgutschrift in Höhe von 10 GE zuzüglich Umsatzsteuer.

d. Verkauf von Handelsware auf Ziel an den Kunden B. Die Ware stand mit 200 GE zu Buche. Der Verkaufspreis belief sich auf 440 GE inklusive Umsatzsteuer. Bei Barzahlung wird ein Abzug von 3% Skonto eingeräumt.

e. Inanspruchnahme von 3% Skonto durch den Kunden B und Zahlung des sich ergebenden Betrages in Höhe von 426,8 GE.

f. Rücknahme von Handelsware, die zuvor zu 100 GE zuzüglich Umsatzsteuer gegen bar verkauft worden war und einen Einkaufspreis von 100 GE inklusive Umsatzsteuer besessen hatte. Der Verkaufsvorgang war bereits gebucht worden.

g. Gewährung eines Preisnachlasses von netto (ohne Umsatzsteuer) 100 GE auf Handelsware, die auf Ziel veräußert worden war.

Unterstellen Sie, die Umsatzsteuer werde in Form der Mehrwertsteuer mit einem Steuersatz von 10 % für das Geschäftsjahr erhoben, und das Unternehmen sei vorsteuerabzugsberechtigt. Benutzen Sie für die Buchungen der Umsatzsteuer die Konten *Verbindlichkeiten (Mehrwertsteuer)* und *Forderungen (Vorsteuer)* und stellen Sie die finanziellen Konsequenzen der Umsatzsteuer am Ende des Geschäftsjahres in nur einem einzigen Bilanzposten dar!

Fragen und Teilaufgaben

1. Welche Konten schlagen Sie für die Erfassung der Ereignisse des Wirtschaftsjahres X1 im Rahmen einer doppelten Buchführung nach deutschem Handelsrecht vor, wenn die Werte von eingekaufter und verkaufter Handelsware auf getrennten Konten ermittelbar sein sollen? Geben Sie jeweils an, zu welchen Vermögens-, Fremdkapital- und Eigenkapitalkonten Ihre Konten Unterkonten darstellen! Berücksichtigen Sie dabei die Umsatzsteuer-Konsequenzen!

2. Wie lauten die Buchungssätze zu den Ereignissen, wenn Wareneinkauf und Warenverkauf auf getrennten Konten erfasst werden? Nehmen Sie an, das Unternehmen verwende das Umsatzkostenverfahren zur Erstellung seiner Einkommensrechnung! (Verwenden Sie ausschließlich die Konten: *Handelsware, Handelswarenzugang, Handelswarenabgang, Zahlungsmittel, Forderungen (Verkauf), Forderungen (Vorsteuer), Forderungen (Gutschrift), Verbindlichkeiten (Einkauf), Verbindlichkeiten (Mehrwertsteuer), Ertrag (Verkauf)* und *Aufwand (Verkauf)*!

3. Eröffnen Sie T-Konten, buchen Sie alle Ereignisse auf den Konten und berechnen Sie die Endbestände. Schließen Sie dabei sämtliche Unterkonten auf das jeweils zugehörige Oberkonto ab!

Lösungshinweise zu den Fragen und Teilaufgaben

1. Vorschlag für Konten: getrennte Erfassung der Zugänge und der Abgänge von Handelsware. Die Zugänge des Bestands an Handelsware können auf dem Unterkonto

Handelswarenzugang erfasst werden, die Abgänge ebenfalls auf einem Unterkonto *Handelswarenabgang*. Ähnliche Möglichkeiten bestehen in unserem Beispiel für die Umsatzsteuer.

2. Die Buchungssätze lassen sich mit Hilfe des Lehrbuchtexts ermitteln.

3. Die Verbuchung auf Konten (inklusive der Abschlussbuchungen) ergibt:

S	Handelswarenzugang	H		S	Zahlungsmittel	H
(a)	200,00	(8) 290,91		AB	300,0	(a) 220,0
(f2)	90,91			(e)	426,8	(f1) 110,0
				Saldo	396,8	

S	Handelswarenabgang	H		S	Handelsware	H
(9)	260	(b) 50		AB	200,00	(9) 260,00
		(c) 10		(8)	290,91	
		(d2) 200		Saldo	230,19	

S	Forderungen (Verkauf)	H		S	Forderungen (Gutschrift)	H
(d1)	440	(e) 440		(b)	55	
		(g) 110		(c)	11	
		Saldo 110		Saldo	66	

S	Forderungen (Vorsteuer)	H		S	Verbindlichkeiten (MwSt)	H
(a)	20	(b) 5		(e)	1,2	(d1) 40,0
		(c) 1		(f1)	10,0	
		(10) 14		(g)	10,0	
				(11)	18,8	

S	Umsatzsteuer-Zahllast	H		S	Verbindlichkeiten (Eink.)	H
(10)	14,0	(11) 18,8				AB 250
		Saldo 4,8				Saldo 250

S	Ertrag (Verkauf)	H		S	Aufwand (Verkauf)	H
(e)	12	(d1) 400		(d2)	200,00	(f2) 90,91
(f1)	100					(12) 109,09
(g)	100					
(13)	188					

S	Einkommenskonto	H		S	Eigenkapital	H
(12)	109,09	(13) 188,00				AB 250,00
(14)	78,91					(14) 78,91
						Saldo 328,91

Daraus lässt sich eine Bilanz mit einem Eigenkapital in Höhe von 328,91 GE ermitteln.

Entnahme von Handelsware aus dem Lager: Eigenverbrauch, Rückgabe, Verkauf, Weiterverarbeitung **Aufgabe 5.6**

Sachverhalt

Im Lager einer Möbelhandlung befinden sich vier Schränke, die jeweils mit 10 000 GE zu Buche stehen. Es finden die folgenden vier Lagerveränderungen statt:

a. Ein Schrank wird dem Lager für das Wohnzimmer des Unternehmers entnommen.

b. Ein Schrank wird dem Lager entnommen und an den Hersteller zurückgeschickt, weil sich Mängel gezeigt haben. Der Hersteller hat sich zur Rücknahme bereit erklärt und schreibt den Kaufpreis (10 000 GE zuzüglich Umsatzsteuer) gut.

c. Ein Schrank wird dem Lager entnommen, weil er für 20 000 GE (inklusive Umsatzsteuer) verkauft wurde.

d. Ein Schrank wird dem Lager entnommen und in der hauseigenen Schreinerei zur Vitrine umgebaut. Dabei fallen Personalausgaben in Höhe von 3 000 GE an, und es werden Roh-, Hilfs- und Betriebsstoffe im Wert von 1 000 GE verbraucht. Die Vorsteuer auf diese Roh-, Hilfs- und Betriebsstoffe wurde in zurückliegenden Abrechnungszeiträumen berücksichtigt.

Unterstellen Sie, die Umsatzsteuer werde in Form der Mehrwertsteuer mit einem Steuersatz von 10 % für das Wirtschaftsjahr erhoben, und das Unternehmen sei vorsteuerabzugsberechtigt. Unterstellen Sie ferner, das Unternehmen verwende das Umsatzkostenverfahren!

Fragen und Teilaufgaben

1. Welche Buchungen fallen anlässlich der Lagerentnahmen an, falls das Unternehmen ein Finalprinzip für die Zurechnung von Ausgaben zu Erzeugnissen verwendet?

2. Wie würden sich die Buchungen von d verändern, wenn das Unternehmen anstelle des Finalprinzips das Marginalprinzip verwendet?

Lösungshinweise zu den Fragen und Teilaufgaben

1. Die Buchungssätze lassen sich mit Hilfe des Lehrbuchtexts leicht ermitteln.

2. Die Buchung zu d hätte bei Unterstellung des Marginalprinzips folgendes Aussehen:

Beleg	Datum	Geschäftsvorfall und Konten	Soll	Haben
d		Umbau zur Vitrine		
		Erzeugnisse (Vitrine)	10 000	
		Handelsware (Schränke)		10 000
		Aufwand (Personal)	3 000	
		Zahlungsmittel (Löhne)		3 000
		Erzeugnisse (Vitrine)	1 000	
		Roh-, Hilfs- und Betriebsstoffe		1 000

6 Relevante Ereignisse zum Ende des Abrechnungszeitraums

Lernziele

Nach dem Studium dieses Kapitels sollten Sie in der Lage sein, andere relevante Ereignisse als Geschäftsvorfälle buchungsmäßig zu behandeln, also den Teil der relevanten Ereignisse, der am Ende des Abrechnungszeitraums zu berücksichtigen ist. Sie werden dabei

- Ereignisse behandeln, die mit der Abgabe von Leistungen an Marktpartner zusammenhängen,
- Ereignisse berücksichtigen, die aus der Periodisierung von Zahlungen erwachsen und

Ereignisse kennenlernen, die erst in zukünftigen Abrechnungszeiträumen stattfinden, sich aber schon im gegenwärtigen Abrechnungszeitraum auf das Einkommen auswirken können.

Überblick

Das Kapitel dient zunächst der Beschreibung von Ereignissen, die mit der Abgabe von Leistungen an Marktpartner zusammenhängen. Es geht dabei vor allem um Vorauszahlungen für zukünftige Abrechnungszeiträume sowie um Zahlungen, die ihre Wirkung auf mehrere Abrechnungszeiträume entfalten. Es schließt sich die Darstellung von Sachverhalten an, die wegen der Periodisierung von Zahlungen anfallen. Schließlich werden Vorgänge beschrieben, die erst in zukünftigen Abrechnungszeiträumen eintreten, aber bereits im gegenwärtigen Abrechnungszeitraum eine Einkommenswirkung besitzen. Wir erläutern solche Ereignisse anhand von Beispielen, bei denen wir aus Platzgründen wieder die Abkürzungen verwenden, die wir bereits in vorangegangen Kapiteln verwendet haben. Nach der Lektüre des Kapitels werden Sie in der Lage sein, Angaben über das Einkommen von Unternehmen zu verstehen und sinnvoll zu interpretieren.

6.1 Grundlagen

Bei zahlungsorientierter Einkommensmessung genügt es, die Zahlungskonsequenzen der Ereignisse abzubilden. Es ergibt sich keine Notwendigkeit, weitere Sachverhalte zu berücksichtigen. Im Zusammenhang mit einem vermögensorientierten Rechnungswesen wurde jedoch bereits darauf hingewiesen, dass über die Geschäftsvorfälle hinaus vor Erstellung der Finanzberichte „andere relevante Ereignisse" zu berücksichtigen sind. Damit sollen Sachverhalte berücksichtigt werden, die bereits ganz oder teilweise bekannt sind, bisher noch keine Auswir-

Notwendigkeit von Korrekturen

kungen auf das Unternehmen hatten. Es geht hier also um diejenigen Ereignisse, die keine physischen oder rechtlichen Veränderungen im Unternehmen auslösen. Insofern ist die Saldenaufstellung ohne die finanziellen Konsequenzen solcher Sachverhalte nur vorläufig.

6.2 Realisierte Ereignisse im Zusammenhang mit einer Marktleistungsabgabe

Ereignisse, die zum Ende des Abrechnungszeitraums zu berücksichtigen sind

Im Zusammenhang mit realisierten Marktleistungen kann man drei grundlegend unterschiedliche Arten von Ereignissen unterscheiden. Eine wird erforderlich, weil Vorgänge denkbar sind, die erst bei einer Inventur bekannt werden, beispielsweise Schwund oder Diebstahl. Die beiden anderen werden erforderlich, weil die Zahlung in einem anderen Abrechnungszeitraum erfolgt als die Einkommenswirkung.

6.2.1 Anpassung der Kontostände an die Ergebnisse einer Inventur

Inventur und Inventar als Grundlage

Als typischen Fall von „anderen relevanten Ereignissen" kann man Ereignisse betrachten, die sich nicht beobachten lassen. Ob solche Ereignisse stattgefunden haben oder nicht, ergibt sich erst, wenn man die Zahlen aus einer richtigen und vollständigen Buchführung soweit wie möglich mit der Realität vergleicht. Dies geschieht beispielsweise dadurch, dass man für das Ende des Abrechnungszeitraums eine Inventur vornimmt. Dazu erstellt man eine Aufzeichnung der Mengen sämtlicher Vermögensgüter und Fremdkapitalposten, ein sogenanntes Inventar. Der Vergleich des Inventars mit den Mengen von Vermögensgütern und Fremdkapitalposten, die sich aus der Buchführung ergeben, stellt dann die Grundlage für die Anpassung der Zahlen der Buchführung an die Realität dar.

Mengenorientierung

Bei einem Inventar bedarf es keiner Bewertung der Vermögensgüter und Fremdkapitalposten. Diese richtet sich nach den jeweils verwendeten Bilanzierungsregeln. Da sich alle Bilanzposten aus einer Mengen- und einer Wertkomponente zusammensetzen, kann man durch Vergleich der Mengen im Inventar und der Mengen, die sich aus der Buchführung ergeben, feststellen, inwieweit die Buchführungszahlen alle Mengen richtig wiedergeben.

Buchung

Bei denjenigen Bilanzposten, bei denen sich Abweichungen zwischen den Mengen einer richtigen und vollständigen Buchführung und denen des Inventars ergeben, sind die Buchführungszahlen anzupassen. Typische Beispiele für solche Korrekturen der Buchführungswerte sind Sachverhalte, bei denen die Menge der Vermögensgüter abgenommen hat, zum Beispiel durch Schwund oder Diebstahl oder durch den Ausfall eines Schuldners. Die Buchung solcher relevanten Ereignisse findet über diejenigen Konten statt, über die der entsprechende Abgang oder Zugang von Vermögens- oder Fremdkapitalposten normalerweise verbucht wird. Bei Bezug zu verkauften Erzeugnissen und

Handelsware wird das Konto *Erzeugnisse, Handelsware* berührt und gleichzeitig ein Aufwandsposten in der Einkommensrechnung des laufenden Abrechnungszeitraums verändert. Bei anderem Bezug werden andere Posten berührt.

Hat man sich während des Abrechnungszeitraums dazu entschieden, statt des sogenannten Umsatzkostenverfahrens das sogenannte Gesamtkostenverfahren zu verwenden, so muss man am Ende des Abrechnungszeitraums zwei weitere Buchungen vornehmen, wenn die produzierte Menge und die abgesetzte Menge sich unterscheiden. Ohne diese weiteren Buchungen sind die Bestände an Erzeugnissen und Handelsware in den Büchern falsch und der Aufwand wurde nicht vollständig oder mehr als vollständig berücksichtigt. Beides wird richtig, wenn man von den im Laufe des Abrechnungszeitraums gesammelten Ausgaben für die Herstellung, die man ja wie Aufwand verbucht hat, den Teil hinzurechnet oder abzieht, der den nicht oder zusätzlich verkauften Mengeneinheiten entspricht.

Vorgehen bei Verwendung des „Gesamtkostenverfahrens"

6.2.2 Auseinanderfallen von Zahlung und Einkommenswirkung

Bei einigen Ereignissen hat die Zahlung schon stattgefunden, ohne dass sich das Einkommen verändert hätte, bei anderen ist schon eine Einkommenswirkung zu berücksichtigen, obwohl noch keine Zahlung stattgefunden hat. Solche Ereignisse lassen sie sich erst zum Ende des Abrechnungszeitraums abschließend bearbeiten.

Ereignisse mit Zahlung und Einkommenswirkung in unterschiedlichen Abrechnungszeiträumen

Beide Gruppen von Ereignissen werden in betriebswirtschaftlichen Lehrbüchern des deutschen Sprachraums seit über hundert Jahren als Rechnungsabgrenzungsposten bezeichnet, die erste Gruppe als transitorische Rechnungsabgrenzungsposten und die zweite Gruppe als antizipative Rechnungsabgrenzungsposten. Die Begriffe bringen zum Ausdruck, dass gegenüber einer Zahlungsrechnung die Einkommenswirkung bei der erstgenannten Gruppe in zukünftige Zeiträume hineinreicht, bei der letztgenannten Gruppe dagegen vorweggenommen wird. Im deutschen Handelsrecht taucht der Begriff Rechnungsabgrenzungsposten ebenfalls auf (§ 250 dHGB). Der Gesetzgeber versteht darunter allerdings nur solche Posten, bei denen die Zahlung bereits stattgefunden hat, also die transitorischen Rechnungsabgrenzungsposten. Zudem unterscheidet der Gesetzgeber (1) Forderungen und Verbindlichkeiten im Zusammenhang mit Dienstleistungen von (2) solchen im Zusammenhang mit Erzeugnissen oder Handelsware. Nur für die erstgenannten Ereignisse lässt er in einer Bilanz die Bezeichnung „Rechnungsabgrenzungsposten" zu. Die anderen Ereignisse werden nach dem deutschem Handelsgesetzbuch als geleistete oder erhaltene Vorauszahlungen behandelt, also ähnlich wie Forderungen und Verbindlichkeiten.

Rechnungsabgrenzungsposten wegen „anderer relevanter Ereignisse"

Inhaltlich lassen sich vier Fälle unterscheiden, in denen sich Zahlungs- und Einkommenswirkung voneinander unterscheiden. Diese seien nachfolgend überblicksartig dargestellt, bevor sie in den nächsten Abschnitten ausführlich und mit Beispielen dargestellt werden.

Fallunterscheidung

1. Aktive (transitorische) Rechnungsabgrenzungsposten: Dies sind geleistete Vorauszahlungen für die künftige Inanspruchnahme von Dienstleistungen Fremder, die anteilig in mindestens eine künftige Einkommensrechnung als Aufwand einfließen sollen. Wir behandeln diesen Posten im Folgenden unter der Rubrik „Aufwandswirkung

nach Zahlungswirkung". Der Posten steht auf der Aktivseite, weil sich dahinter eine bedingte Forderung verbirgt, eine Forderung, falls die Dienstleistung vom Verpflichteten später nicht erbracht wird. Der Teil dieser geleisteten Vorauszahlungen, der zukünftige Abrechnungszeiträume betrifft, wird im dHGB als aktiver Rechnungsabgrenzungsposten bezeichnet. Im Englischen heißt der Posten treffend *prepaid expenses*.

2. Passive (transitorische) Rechnungsabgrenzungsposten: Darunter versteht man erhaltene Vorauszahlungen für die künftige Lieferung eigener Dienstleistungen, die daher erst in zukünftigen Abrechnungszeiträumen Erträge generieren. Wir behandeln diesen Posten im Folgenden unter der Rubrik „Ertragswirkung nach Zahlungswirkung". Der Posten steht auf der Passivseite, weil sich dahinter eine bedingte Verbindlichkeit verbirgt, eine Verbindlichkeit, falls die Dienstleistung vom Unternehmen später nicht geleistet wird. Der Teil dieser erhaltenen Vorauszahlungen, der zukünftige Abrechnungszeiträume betrifft, wird im dHGB als passive Rechnungsabgrenzungsposten bezeichnet. Im Englischen heißt er treffender *unearned revenues*.

3. Aktive (antizipative) Rechnungsabgrenzungsposten: Dahinter verbergen sich Erträge des gegenwärtigen Abrechnungszeitraums aus Dienstleistungen, die erst in zukünftigen Abrechnungszeiträumen als Bargeld zufließen. Diesen Posten behandeln wir unter der Rubrik „Ertragswirkung vor Zahlungswirkung". Diese antizipativen Rechnungsabgrenzungsposten zeichnen sich durch ihren Forderungscharakter aus. Im dHGB werden sie als Forderungen bezeichnet. Im Englischen spricht man von *receivables*.

4. Passive (antizipative) Rechnungsabgrenzungsposten: So bezeichnet man Aufwendungen des gegenwärtigen Abrechnungszeitraums aus Dienstleistungen, deren Bezahlung erst in zukünftigen Abrechnungszeiträumen erfolgt. Sie werden als antizipative Rechnungsabgrenzungsposten bezeichnet und besitzen Verbindlichkeitscharakter. Diesen Posten behandeln wir unter der Rubrik „Aufwandswirkung vor Zahlungswirkung". Im dHGB werden sie deswegen als Verbindlichkeiten bezeichnet. Im Englischen wird ein solcher Posten als *payables* bezeichnet.

Behandlung zum Teil als Geschäftsvorfall möglich, meistens aber als anderes relevantes Ereignis

Soweit die genannten Fälle in einem Unternehmen vorliegen und noch nicht im Rahmen der Buchung der Geschäftsvorfälle berücksichtigt wurden, sind die Buchungen zum Ende des Abrechnungszeitraums vorzunehmen. Normalerweise kann nur ein Teil der insgesamt fälligen Buchungen im Zusammenhang mit physischen Ereignissen und damit als Geschäftsvorfall behandelt werden. Zumindest die Vorgänge, die sich in nachfolgenden Abrechnungszeiträumen ergeben, stellen andere relevante Ereignisse dar. Wir behandeln hier jeweils den gesamten Vorgang als ein „anderes relevantes Ereignis".

6.2.2.1 Aufwandswirkung nach Zahlungswirkung

Hinter einem aktiven Rechnungsabgrenzungsposten verbergen sich geleistete Vorauszahlungen für den künftigen Empfang von Lieferungen und Leistungen, die in einem späteren Abrechnungszeitraum als Aufwand zu verrechnen sind. Sie werden im dHGB als aktive Rechnungsabgrenzungsposten bezeichnet. Beispiele für solche Posten sind Vorauszahlungen für getätigte Anmietungen oder zukünftige Versicherungen des Unternehmens, die in einem nachfolgenden Abrechnungszeitraum in die Einkommensrechnung eingehen. Wesentlich ist dabei, dass Zahlungsmittel aus dem Unternehmen abfließen und dafür zukünftige Nutzungsrechte oder Nutzungsmöglichkeiten zufließen, die sich auf zukünftige Abrechnungszeiträume erstrecken. Im Kern handelt es sich um bedingte Forderungen, die nach dHGB jedoch in einem gesonderten Posten ausgewiesen werden. Die notwendigen Korrekturbuchungen seien am Beispiel einer vom Unternehmen geleisteten Mietvorauszahlung erläutert.

Aktive Rechnungsabgrenzungsposten: geleistete Vorauszahlungen für künftige Lieferungen oder Leistungen, die in späteren Zeiträumen als Aufwand zu behandeln sind

Leistung von Mietvorauszahlung als Beispiel

Mieten sind oft im Voraus zu bezahlen. Für den Mieter stellt die geleistete Vorauszahlung ein Vermögensgut dar, weil er das Recht erworben hat, zukünftig das angemietete Objekt zu nutzen. Der Wert dieses Rechts nimmt in dem Maße ab, wie die Mietzeit abläuft. Wir nehmen an, Karl Gross habe sein Büro für monatlich 2000 GE – fällig zum Monatsende, jedoch zweimonatlich ab dem 1. April im Voraus zahlbar – angemietet und er benutze kein Mietvorauszahlungskonto zur Buchung der Vorauszahlung. Bei Zahlung des Betrags am 1. April wäre ins Journal einzutragen:

Sachverhalt

Beleg	Datum	Anderes relevantes Ereignis und Konten	Soll	Haben
	1.4.	Mietvorauszahlung April und Mai		
		Aktive Rechnungsabgrenzungsposten (Miete)	4000	
		Zahlungsmittel		4000

Diese Vorauszahlung „nutzt" Karl Gross im April zur Hälfte. Diese 2000 GE wären den Erzeugnissen zuzurechnen, falls Karl Gross einen Bezug zu diesen Vermögensgütern herstellt; sie wären als Aufwand des April zu behandeln, falls er keinen Bezug dazu herstellt. Wenn bis zum 30. April keine weiteren Vorauszahlungen erfolgen und wir keinen Bezug zu Erzeugnissen unterstellen, ergäbe sich die folgende Buchung:

Behandlung ohne Bezug zu Erzeugnissen oder Handelsware

Beleg	Datum	Anderes relevantes Ereignis und Konten	Soll	Haben
	30.4.	Nutzung eines Teils der Mietvorauszahlung im April		
		Aufwand (Miete)	2000	
		Aktive Rechnungsabgrenzungsposten (Miete)		2000

Ab 1. Mai nähmen das Vermögensgüterkonto mit der Bezeichnung „Aktive Rechnungsabgrenzungsposten (Miete)", auf dem sich die gesamte Mietvorauszahlung befunden hat, sowie das Aufwandskonto das folgende Aussehen an:

Vermögensgüter				**Aufwand**		
Aktive Rechnungsabgrenzungs-						
S	**posten (Miete)**	**H**		**S**	**Aufwand (Miete)**	**H**
1.4.	4000	30.4.	2000	30.4.	2000	
Saldo	2000			Saldo	2000	

Bei diesem Ereignis passiert im Unternehmen nichts. Man kann die Buchung folglich auch nicht als Geschäftsvorfall verstehen. Wenn man sich aber am 30. April hinsichtlich aller Konten fragt, ob der ausgewiesene Endbestand richtig ermittelt wurde, stößt man auf den beschriebenen Sachverhalt. Man nimmt die Buchung im Journal vor und modifiziert den Endbestand des Kontos *Aktive Rechnungsabgrenzungsposten (Miete)* sowie das Aufwandskonto durch die entsprechende Buchung. Dann kann man auch noch die Saldenaufstellung entsprechend anpassen.

Behandlung mit Bezug zu Erzeugnissen oder Handelsware
Wird die Vermögensminderung mit der Abgabe einer Lieferung oder Leistung in Verbindung gebracht, so wird sie im Augenblick der Abgabe der Leistung an den Marktpartner zu Aufwand. Bis dahin wird das Konto *Erzeugnisse, Handelsware* anstatt des Aufwandskontos angesprochen. In einer Buchführung auf Basis der elektronischen Datenverarbeitung kann man derartige Buchungen oft automatisieren.

6.2.2.2 Ertragswirkung nach Zahlungswirkung

Passive Rechnungsabgrenzungsposten: erhaltene Vorauszahlung für noch zu erbringende Dienstleistung
Erhaltene Vorauszahlungen für die künftige Lieferung von Dienstleistungen stellen bedingtes Fremdkapital dar. Wenn mit der Leistungserbringung begonnen wird, entstehen in Höhe des Teils Erträge, der den laufenden Abrechnungszeitraum betrifft. Am Ende des Abrechnungszeitraums wird der Teil, der die Zukunft betrifft, zu einem passiven Rechnungsabgrenzungsposten.

Erhaltene Honorarvorauszahlungen als Beispiel
Der Sachverhalt sei ebenfalls an einem Beispiel erläutert: Ein Mandant hat Karl Gross am 20. April einen Beratungsauftrag erteilt, für den Gross 20000 GE erhält. Das Geld wurde bereits am 20. April überwiesen. In den Monaten Mai und Juni erbringt Gross die Leistung je hälftig. Der dazugehörige Aufwand beträgt jeweils 5000 GE. Mit der Honorarvorauszahlung für die künftige Lieferung von Dienstleistungen entsteht im Zahlungszeitpunkt noch kein Ertrag. Erst mit der Erbringung der Dienstleistung wird Ertrag erwirtschaftet. Bis dahin hat die erhaltene Vorauszahlung Verbindlichkeitscharakter. Vom Zeitpunkt des Erhalts der Zahlung an wird ein passiver Rechnungsabgrenzungs-

posten gebildet, der in dem Augenblick zu Ertrag wird, in dem die Dienstleistung „geliefert" wird. Die Buchung am 20. April geschieht nach dem Buchungssatz:

Beleg	Datum	Anderes relevantes Ereignis und Konten	Soll	Haben
	20.4.	Vorauszahlung für eine Beratung		
		Zahlungsmittel	20 000	
		Passive Rechnungsabgrenzungsposten (Honorar)		20 000

	Vermögensgüter				Fremdkapital	
					Passive Rechnungsabgrenzungs-	
S	**Zahlungsmittel**	**H**		**S**	**posten**	**H**
20.4.	20 000				20.4.	20 000
Saldo	20 000				Saldo	20 000

Ende Mai sind allerdings weitere Buchungen nötig, wenn Karl Gross dem Mandanten bereits einen Teil seiner Leistungen erbracht haben sollte. Wir unterstellen hier, Gross habe bereits Leistungen für 10 000 GE erbracht, geliefert und in Rechnung gestellt, wobei er für die Leistungserstellung Ausgaben in Höhe von 5 000 GE in bar tätigen musste. Im Journal und auf den Konten lauten die beiden Buchungen unter Berücksichtigung der vorläufigen Saldenaufstellung und der bisherigen Buchungen:

Notwendigkeit angepasster Endbestände der Saldenaufstellung

Beleg	Datum	Anderes relevantes Ereignis und Konten	Soll	Haben
	31.5.	vorausbezahltes Honorar		
		Passive Rechnungsabgrenzungsposten (Honorar)	10 000	
		Umsatzertrag		10 000
		Umsatzaufwand	5 000	
		Zahlungsmittel		5 000

	Fremdkapital				Erträge	
	Passive Rechnungsabgrenzungs-					
S	**posten (Honorar)**	**H**		**S**	**Umsatzertrag**	**H**
31.5.	10 000	20.4. 20 000			31.5.	10 000
		Saldo 10 000			Saldo	10 000

Vermögensgüter				Aufwand		
S	**Zahlungsmittel**		**H**	**S**	**Umsatzaufwand**	**H**
20.4.	20 000	31.5.	5 000	31.5.	5 000	
Saldo	15 000			Saldo	5 000	

Die restlichen 10 000 GE Umsatz werden mit dem restlichen Aufwand verrechnet, sobald der zweite Teil der Leistung nach dem Realisationsprinzip als erbracht gilt.

Häufigkeit in der Praxis

In der Praxis kommen Vorauszahlungen häufig vor. Fluggesellschaften verlangen beispielsweise die Bezahlung eines Flugtickets meist vor dem Flug. Bis zum Zeitpunkt des Flugs hat der Käufer eine Forderung gegenüber der Fluggesellschaft. Die Fluggesellschaft sollte eine Verbindlichkeit gegenüber dem Käufer zum Ende ihres Abrechnungszeitraums in Form einer passiven Rechnungsabgrenzung ausweisen. Erst wenn der Flug stattfindet oder das Ticket verfällt, entsteht beim Verkäufer Ertrag und beim Käufer in gleicher Höhe ohne Bezug zur Leistung Aufwand, sonst eine Erhöhung des Kontos *Erzeugnisse, Handelsware*. Erst mit dem Flug hat die Fluggesellschaft den Ertrag realisiert. Sie sollte erst dann die passive Rechnungsabgrenzung auflösen, die sie bei Erhalt des Flugpreises verbucht hatte.

6.2.2.3 Ertragswirkung vor Zahlungswirkung

Antizipative Rechnungsabgrenzungsposten mit Forderungscharakter

Hier geht es darum, Erträge zu verbuchen, bevor die zugehörigen Zahlungen stattgefunden haben. Solche Sachverhalte stellen das Gegenstück zu den eben behandelten Aufwendungen dar, die erst später zu Auszahlungen führen. Man bezeichnet sie in der Betriebswirtschaftslehre als antizipative Rechnungsabgrenzungsposten. Nach dHGB sind sie den Forderungen zuzurechnen.

Ausstehende Honorarzahlung als Beispiel

Als Beispiel stellen wir uns vor, Karl Gross habe am 15. April gegen ein Honorar von monatlich 1 000 GE die Buchführung eines Mandanten übernommen. Selbst wenn die Honorarzahlung erst am 15. Mai beginnt, hat Karl Gross Ende April für den abgelaufenen Monat 50% eines Monatshonorars als *Umsatzertrag* anzusetzen. Da noch keine Zahlung erfolgt ist, liegt kein Ereignis vor, das bereits im Rahmen der Geschäftsvorfälle berücksichtigt worden wäre. Die Buchung lautet:

Beleg	Datum	Geschäftsvorfall und Konten	Soll	Haben
	30.4.	Honorarforderung		
		Forderung (Verkauf)	500	
		Umsatzertrag		500

Die Konten *Forderungen (Verkauf)* sowie *Umsatzertrag* zeigen das Aussehen:

	Vermögensgüter				Erträge	
S	Forderungen (Verkauf)	H		S	Ertrag (Verkauf)	H
30.4.	500				30.4.	500
Saldo	500				Saldo	500

Ohne diese Buchung wären sowohl das Einkommen als auch das Vermögen für den Monat April falsch ausgewiesen.

6.2.2.4 Aufwandswirkung vor Zahlungswirkung

Es gehört zum Unternehmensalltag, dass Geschäftsvorfälle zu Erträgen und zu Aufwendungen führen, bevor eine Zahlung stattfindet, z.B. wenn man ein Vermögensgut verkauft und sich mit späterer Zahlung einverstanden erklärt. Im Folgenden geht es um solche Fälle von Aufwands- und Ertragsentstehung, in denen keine Vermögensänderungen stattfindet. Bei einigen Aufwandsarten tritt dies besonders häufig auf. Zu den wichtigen dieser Aufwandsarten gehören Lohn- und Gehalts- sowie oftmals Zinsaufwendungen. Solche Posten werden in der Betriebswirtschaftslehre als antizipative Rechnungsabgrenzungsposten bezeichnet. Nach dHGB sind sie unter den Verbindlichkeiten anzugeben.

Antizipative Rechnungsabgrenzungsposten mit Verbindlichkeitscharakter

Gehaltsaufwendungen lassen sich als typisches Beispiel anführen. Wir nehmen an, Karl Gross habe mit seiner Bürokraft ein monatliches Gehalt von 3 000 GE vereinbart, das zur Hälfte jeweils am 15. und am letzten Kalendertag des Monats ausgezahlt wird – es sei denn, diese Tage fallen auf ein Wochenende. In einem solchen Fall findet die Zahlung am darauffolgenden Montag statt. Für die weitere Analyse unterstellen wir, dass der 15. April auf einen Freitag und der 30. April auf einen Samstag fallen. Wir unterstellen weiterhin, die Gehaltszahlung werde nicht mit Erzeugnissen in Verbindung gebracht und es gäbe keine weiteren Vorgaben für die Gehaltszahlung. Am 15. April finden folgende Einträge im Journal und auf den Konten statt:

Gehaltsaufwendungen als Beispiel

Beleg	Datum	Anderes relevantes Ereignis und Konten	Soll	Haben
	15.4.	Gehaltszahlung		
		Aufwand (Gehalt)	1500	
		Zahlungsmittel		1500

	Vermögensgüter			Aufwendungen	
S	Zahlungsmittel	H	S	Aufwand (Gehalt)	H
	15.4.	1500	15.4.	1500	
	Saldo	1500	Saldo	1500	

Notwendigkeit angepasster End-bestände der Saldenaufstellung

Weil die Gehaltszahlung zum Monatsende erst am Montag, den 2. Mai stattfindet, taucht die zweite Hälfte der Gehaltszahlung für den Monat April in der Saldenaufstellung zum 30. April nicht auf. Um das Ergebnis für den Monat April richtig zu ermitteln, ist es jedoch erforderlich, auch die zweite Hälfte des April-Gehalts noch in der Einkommensrechnung des Monats April zu erfassen. Da Karl Gross seiner Bürokraft am 30. April die zweite Hälfte des Gehalts schuldet, sind auch die Verbindlichkeiten, die daraus erwachsen, in der Bilanz zum 30. April anzusetzen, obwohl sie sich nicht aus der Saldenaufstellung ergeben. Karl Gross bucht:

Beleg	Datum	Anderes relevantes Ereignis und Konten	Soll	Haben
	30.4.	Gehaltszahlung		
		Aufwand (Gehalt)	1500	
		Verbindlichkeiten (Gehalt)		1500

	Aufwendungen			Fremdkapital	
S	**Aufwand (Gehalt)**	**H**	**S**	**Verbindlichkeiten (Gehalt)**	**H**
15.4.	1500			30.4.	1500
30.4.	1500			Saldo	1500
Saldo	3000				

Erst diese Buchung bewirkt, dass sowohl Aufwendungen als auch Fremdkapital (und damit auch das Eigenkapital) für den Monat April richtig ausgewiesen werden. Da der Zahlungsmittelabgang der Gehaltszahlung am 2. Mai gegen die *Verbindlichkeiten (Gehalt)* zu buchen ist, ergibt sich daraus keine Wirkung für das Einkommen des Monats Mai.

Andere Aufwendungen mit späterer Zahlungswirkung

Auch andere Aufwendungen, die den Zahlungen vorausgehen, z.B. Zinsaufwendungen, werden auf die gleiche Art behandelt: Man belastet die Soll-Seite eines Aufwandskontos und gleichzeitig die Haben-Seite eines Verbindlichkeitskontos. Bei der Zahlung bucht man dann die Verbindlichkeitsreduzierung gegen den Zahlungsmittelabgang. Solche Ereignisse werden meist im Rahmen der Geschäftsvorfälle behandelt. In die gleiche Rubrik gehören auch Pensionsverpflichtungen eines Unternehmens. Das Recht auf eine Pension erarbeitet sich der Mitarbeiter während seines Berufslebens. Deswegen stellen die Posten zur Bildung der Rückstellung in diesen Zeiträumen Aufwand dar. Die spätere Pensionszahlung des Unternehmens erfolgt erst nach dem Ausscheiden des Mitarbeiters. Sie erfolgt einkommensneutral zu Lasten der Rückstellung. Die Unsicherheit über die endgültige Höhe der Zahlungen – man weiß ja nicht, wie lange der Mitarbeiter leben wird – drückt man durch den Ausweis als Rückstellung aus. Irrtümer korrigiert man einkommenswirksam, sobald sie feststehen.

Bildung von Rückstellungen als Beispiel

Begründung von Rückstellungen

In den bisherigen Ausführungen dieses Buches dienten hauptsächlich Verbindlichkeiten als Anschauungsbeispiel für Fremdkapital. Rückstellungen als Fremdkapitalposten wurden nur am Rande erwähnt, obwohl ihnen in den Bilanzen von Unternehmen betragsmäßig meist eine große Bedeutung zukommt. Zweifelsfrei erhöht die Bildung einer Rückstellung den Wert des Fremdkapitals und führt durch die Bildung zu einer Eigenkapitalminderung. Aus diesem Grunde wird hier auf die Bildung von Rückstellungen eingegangen.

Rückstellungen dienen – im Vergleich zu Verbindlichkeiten – dazu, unsichere, aber bestimmbare rechtliche oder wirtschaftliche Verpflichtungen des Unternehmens gegenüber Dritten abzubilden. Unsicher ist dabei, ob eine Verpflichtung tatsächlich besteht und auch, in welcher betragsmäßigen Höhe sie anfällt. Beispiele für Rückstellungen sind: Pensionsrückstellungen, Garantie- oder Kulanzrückstellungen, Prozessrückstellungen. Pensionsrückstellungen sind beispielsweise zu bilden, wenn sich Unternehmen rechtlich zu künftigen Pensionszahlungen an ihre Mitarbeiter verpflichtet haben. Um Garantie- oder Kulanzrückstellungen geht es bei rechtlichen oder wirtschaftlichen Verpflichtungen eines Unternehmens, gegebenenfalls künftig Garantie- oder Kulanzleistungen an Kunden zu erbringen.

Rückstellungsbegriff und Beispiele für Rückstellungen

Um Willkür bei der Einkommensermittlung zu vermeiden, sind für den Ansatz von Rückstellungen Objektivierungsanforderungen zu erfüllen. Strenge Objektivierungsanforderungen werden von den U.S.-amerikanischen Rechnungslegungsvorschriften gestellt. Um eine Rückstellung (*provision*) bilden zu dürfen, muss dort zunächst eine rechtliche oder wirtschaftliche Verpflichtung des Unternehmens gegenüber Außenstehenden vorliegen. Darüber hinaus muss die finanzielle Verpflichtung zuverlässig quantifizierbar (*reasonably estimable*) und die Inanspruchnahme des Unternehmens wahrscheinlich (*probable*) sein. Ist die Inanspruchnahme der Verpflichtung nur unter bestimmten Umständen möglich (*reasonably possible*), ist auf eine Rückstellungsbildung zu verzichten. Allerdings sind in den Finanzberichten Zusatzinformationen anzugeben. Ist die Inanspruchnahme unwahrscheinlich (*remote*), muss man sowohl von der Rückstellungsbildung als auch von Zusatzinformationen absehen. Nach dHGB sind die Objektivierungsanforderungen für Rückstellungen weniger streng. Was die Eintrittswahrscheinlichkeit der Verpflichtung angeht, gibt es nach dem Verständnis des dHGB – im Gegensatz zu den *US-GAAP* – keine strenge Differenzierung nach einem quantitativen oder qualitativen Wahrscheinlichkeitsspektrum. Das heißt allerdings nicht, dass jede noch so unsichere Verpflichtung hier angesetzt werden darf. Zumindest stichhaltige Argumente müssen für eine Rückstellungsbildung vorliegen, nach denen mit einer Inanspruchnahme möglicherweise zu rechnen ist.

Objektivierungserfordernis für die Rückstellungsbildung

Das folgende Beispiel veranschauliche die Bildung einer Rückstellung. Ein Unternehmen erwarte aus dem Verkauf von Vermögensgütern im April künftig Garantieverpflichtungen in Höhe von 5 000 GE. Die Eintrittswahrscheinlichkeit der künftigen Belastung werde aufgrund von Erfahrungen aus der Vergangenheit mit den verkauften Vermögensgütern als recht hoch eingeschätzt. Eine Rückstellung ist daher zu bilden. Der Buchungssatz lautet dann:

Beispiel zur Buchung einer Rückstellungsbildung

Beleg	Datum	Geschäftsvorfall und Konten	Soll	Haben
	30.4.	Künftige Garantieverpflichtungen		
		Aufwand (Rückstellung)	5 000	
		Rückstellungen (Garantieverpflichtungen)		5 000

Korrektur von Fehlschätzungen bei Auflösung

Kommt es in der Zukunft zum Eintritt des Risikofalles, so ist dieser aus der Rückstellung zu begleichen. Das Einkommen des Abrechnungszeitraumes, in dem das Risiko eintritt, wird nur insoweit berührt, als die Rückstellungen zu niedrig oder zu hoch angesetzt war. Dann gibt es im Abrechnungszeitraum der Inanspruchnahme zusätzlichen Aufwand oder zusätzlichen Ertrag. Kommt es in unserem Beispiel am 30. Mai zu einem Garantiefall in Höhe einer Bargeldzahlung von 4600 GE, für den am 30. April eine Rückstellung in Höhe von 5000 GE gebildet wurde, so lautet der Buchungssatz:

Beleg	Datum	Geschäftsvorfall und Konten	Soll	Haben
	30.5.	Eintritt des Garantiefalls vom 30. April		
		Rückstellungen (Garantieverpflichtungen)	5000	
		Ertrag (Auflösung Rückstellungen)		400
		Zahlungsmittel		4600

Im Falle einer zu niedrigen Rückstellung wird die Differenz als Aufwand gebucht. Nach Ablauf der Garantiefrist werden die nicht in Anspruch genommenen Rückstellungen einkommenswirksam aufgelöst mit einer Buchung der Form „Rückstellungen an Ertrag (Auflösung Rückstellung)".

6.2.2.5 Zusammenfassung der Buchungen bei Auseinanderfallen von Zahlung und Einkommenswirkung

Zwecke des Korrekturprozesses

Mit den Buchungen bei Auseinanderfallen von Einkommens- und Zahlungswirkung werden zwei Zwecke angestrebt: ein gemessen am Marktleistungsabgabekonzept zutreffender Ausweis des Vermögens und des Fremdkapitals sowie ein ebenfalls zutreffender Ausweis von Erträgen und Aufwendungen. Alle Korrekturbuchungen verändern jeweils ein Konto der Einkommensrechnung (Erträge oder Aufwendungen) und eines der Bilanz (Vermögensgüter oder Fremdkapital). Zahlungsmittel werden von keiner dieser weiteren Buchungen berührt, weil die Zahlungsmittel entweder bereits früher verändert wurden oder weil ihre Veränderung erst später stattfindet. Abbildung 6.1, Seite 237, fasst die Struktur der möglichen Buchungssätze zusammen.

6.3 Realisierte Ereignisse im Zusammenhang mit der Periodisierung von Zahlungen

Im Wesentlichen Abschreibungen auf das abnutzbare Anlagevermögen

Es gibt realisierte Ereignisse mit Zahlungen, die man für die Einkommensermittlung auf die Zeiträume verteilt, in denen das Ereignis gewirkt hat. Zu nennen sind besonders die Ausgaben für abnutzbares Anlagevermögen, das ja im Allgemeinen im Laufe des Alterungsprozesses der Anlagen an Nutzen verliert. Wir konzentrieren uns hier auf die Behandlung abnutzbarer Vermögensgüter. Es erscheint sinnvoll für die Einkommensmessung, die

Einkommenswirkung nach Zahlungswirkung bei Dienstleistungen
(Transitorische Rechnungsabgrenzungsposten in BWL, Rechnungsabgrenzungsposten im dHGB)

	anfängliche Buchung			spätere Buchung		
aktive Rechnungsabgrenzungsposten	Zahle bar und buche gegen Vermögenszunahme:			Buche Aufwand gegen Vermögensabnahme:		
	Aktive Rechnungs-			*Aufwand*	XXX	
	abgrenzungsposten	XXX		*Aktive Rechnungs-*		
	Zahlungsmittel		XXX	*abgrenzungsposten*		XXX
passive Rechnungsabgrenzungsposten	Empfange bar und buche gegen Fremdkapitalzunahme:			Buche Ertrag gegen Fremdkapitalabnahme:		
	Zahlungsmittel	XXX		*Passive Rechnungs-*	XXX	
	Passive Rechnungs-			*abgrenzungsposten*		
	abgrenzungsposten		XXX	*Ertrag*		XXX

Einkommenswirkung vor Zahlungswirkung bei Dienstleistungen
(Antizipative Rechnungsabgrenzungsposten in BWL, Forderungen und Verbindlichkeiten im dHGB)

	anfängliche Buchung			spätere Buchung		
noch nicht gezahlte Erträge	Buche Ertrag gegen Forderung:			Empfange bar und buche gegen Forderungsabnahme:		
	Forderung	XXX		Zahlungsmittel	XXX	
	Ertrag		XXX	Forderung		XXX
noch nicht bezahlte Aufwendungen	Buche Aufwand gegen Verbindlichkeit:			Zahle bar und buche gegen Verbindlichkeitsabnahme:		
	Aufwand	XXX		*Verbindlichkeit*	XXX	
	Verbindlichkeit		XXX	*Zahlungsmittel*		XXX

Abbildung 6.1: Buchungen bei Abweichen der Zahlung von der Einkommenswirkung

Anschaffungsausgaben abnutzbarer Anlagegüter über diejenigen Abrechnungszeiträume zu verteilen, in denen das Vermögensgut Nutzen stiftet. Diese Zeiträume können mit denjenigen der technischen Nutzbarkeit zusammenfallen, sie müssen es aber nicht. Ausschlaggebend ist vielmehr der sogenannte wirtschaftliche Nutzungszeitraum. Der auf einen Abrechnungszeitraum entfallende Teil der Anschaffungsausgaben wird als Abschreibung bezeichnet. Für die Behandlung der Abschreibung in der Buchführung kommen zwei Vorgehensweisen infrage, über die der Bilanzierer entscheiden muss. Die Behandlung der Wertminderung hängt davon ab, ob ein Zusammenhang mit Erzeugnissen und Handelsware gesehen wird oder nicht.

Der Behandlung von abnutzbaren Vermögensgütern und deren Abschreibungen liegt **Grundlagen** zunächst das Konzept der Periodisierung zu Grunde. Das Unternehmen erwirbt Vermögensgüter, deren Werte im Zeitablauf wegen der Abnutzung abnehmen. Der Betrag dieser Abnahme der Werte von Vermögensgütern wird als planmäßige Abschreibung bezeichnet.

Möbel als Beispiel   Im Unternehmen von Karl Gross stellen die Möbel, die am 13. April für 12000 GE gekauft wurden, abnutzbare Vermögensgüter dar. Journal und Konten sehen nach dem Einkauf folgendermaßen aus:

Beleg	Datum	Geschäftsvorfall und Konten	Soll	Haben
	13.4.	Möbelkauf		
		Betriebs- und Geschäftsausstattung	12000	
		Verbindlichkeiten (Einkauf)		12000

	Vermögensgüter				Verbindlichkeiten	
S	**Betriebs- und Geschäftsausstattung**	**H**		**S**	**Verbindlichkeiten (Einkauf)**	**H**
13.4.	12000				13.4.	12000
Saldo	12000				Saldo	12000

Diese Buchung lässt sich im Rahmen der Behandlung von Geschäftsvorfällen durchführen. Für die sich anschließenden Ereignisse von Wertminderungen gibt es im Unternehmen aber keine Vorgänge mehr, an die man eine Buchung knüpfen könnte. Die Wertminderungen sind folglich am Ende des Abrechnungszeitraums als sogenannte andere relevante Ereignisse vorzunehmen.

Ansatzpunkte zur Verteilung der gesamten Wertminderungszeiträume   Es gibt viele Ansatzpunkte, die gesamte Wertminderung auf die Abrechnungszeiträume zu verteilen. Eine nutzungsabhängige Verteilung ist ebenso möglich wie eine Verteilung entsprechend anderer Regeln. Besonders beliebt sind Verteilungen, die gewissen einfachen Formeln entsprechen, beispielsweise die nutzungsorientierte, die lineare oder die degressive Verteilung. Man benötigt in jedem Fall den Betrag, von dem abgeschrieben werden soll, den Betrag, auf den hin abgeschrieben werden soll und ein Verteilungsschema. Möchte man eine Abschreibung nach der Nutzung in den jeweiligen Abrechnungszeiträumen vornehmen, so benötigt man für das Verteilungsschema ein Maß für die gesamte Nutzbarkeit und dann die Nutzungen innerhalb jedes Abrechnungszeitraums. Bei linearer Abschreibung kommt das Verteilungsschema dadurch zum Ausdruck, dass man den gesamten Abschreibungsbetrag vieler Nutzungszeiträume durch die Anzahl der Nutzungszeiträume teilt.

Beispiel für lineare Abschreibung   Karl Gross glaubt, dass die Möbel vier Jahre lang genutzt werden können und dass sie dann wertlos sind. Eine Möglichkeit, den jährlichen Abschreibungsbetrag zu ermitteln, besteht darin, die Anschaffungsausgaben (12000 GE) durch die Anzahl der Nutzungsjahre zu teilen. Bei dieser als „lineare Abschreibung" bezeichneten Methode ergibt sich ein jährlicher Abschreibungsbetrag in Höhe von

$$12000\,GE\ /\ 4\ \text{Jahre} = 3000\,GE\ \text{je Jahr}.$$

Unterstellt man eine monatliche Berechnung und betrachtet man der Einfachheit halber den Monat April als einen vollen Monat, dann entfallen auf den Monat April und jeden weiteren Monat jeweils 250 GE (3000 GE / 12 Monate = 250 GE je Monat).

Unterstellt man weiterhin, die Wertminderung der Möbel habe nichts mit zu verkaufenden Vermögensgütern zu tun, so ist zum Ende des Monats die Abschreibung als Aufwand zu buchen. Man könnte nun, am 30.4., ins Journal eintragen:

Buchung, falls kein Bezug zu Erzeugnissen oder Handelsware unterstellt wird

Beleg	Datum	Anderes relevantes Ereignis und Konten	Soll	Haben
	30.4.	Abschreibung Möbel		
		Aufwand (Abschreibung Möbel)	250	
		Büro- und Geschäftsausstattung		250

Folgende Konteneinträge wären vorzunehmen:

Vermögensgüter				Aufwendungen			
S Büro- und Geschäftsausstattung H				**S Aufwand (Abschr. Möbel) H**			
13.4.	12000	30.4.	250	30.4.	250		
Saldo	11750			Saldo	250		

Bei dieser Vorgehensweise hat man alle für die Erstellung einer Bilanz und einer Einkommensrechnung zum 30.4. aus dem Ereignis folgenden Aktualisierungen in Form „anderer relevanter Ereignisse" vorgenommen. Diese Buchung der Abschreibung wird als direkte Buchung ohne Verkaufsbezug bezeichnet.

Hätte Karl Gross unterstellt, die Büromöbel hätten ihren Wert im Zusammenhang mit der Herstellung von Erzeugnissen verloren, so dürfte die Abschreibung erst in demjenigen Zeitpunkt zu Aufwand werden, in dem die Erzeugnisse verkauft werden. Läge dieser Verkauf nicht mehr im Monat April, so wäre im April zu buchen

Buchung, falls ein Bezug zu Erzeugnissen unterstellt wird

Beleg	Datum	Anderes relevantes Ereignis und Konten	Soll	Haben
	30.4.	Abschreibung Möbel		
		Erzeugnisse, Handelsware	250	
		Büro- und Geschäftsausstattung		250

und die folgenden Konteneinträge vorzunehmen:

Vermögensgüter				Vermögensgüter			
S Büro- und Geschäftsausstattung H				**S Erzeugnisse, Handelsware H**			
13.4.	12000	30.4.	250	30.4.	250		
Saldo	11750			Saldo	250		

In diesem Fall werden Abschreibungen zu Aufwand, wenn die Erzeugnisse oder Handelsware verkauft werden. Diese Behandlung von Abschreibungen als direkte Buchung dieser Abschreibung mit Verkaufsbezug bezeichnet.

Neben der linearen Abschreibung werden in Literatur und Praxis auch degressive Verfahren diskutiert und angewendet. Am bekanntesten ist die geometrisch-degressive Methode, bei der man die Abschreibung immer als einen festen Prozentsatz vom Buchwert der Bilanz des

Geometrisch degressive Abschreibung

vorangegangenen Zeitraums (Restbuchwert) definiert. Das Verfahren führt bei den üblichen Prozentsätzen zwischen 20 % und 30 % und bei genügend langer Nutzungsdauer dazu, dass zu Beginn der Abschreibungszeit die Abschreibungsbeträge höher sind als bei der linearen Methode. Dafür sind sie später niedriger. Das Verfahren besitzt den Nachteil, dass man niemals die gesamten Anschaffungsausgaben abschreiben kann, sondern höchstens einen Betrag, der einem vorgegebenen Endwert entspricht. Möchte man auf null abschreiben, so ist man folglich zum Wechsel der Methode innerhalb der Nutzungsdauer gezwungen. Besonders beliebt ist es, den Zeitpunkt des Methodenwechsels so zu bestimmen, dass sich in den ersten Abrechnungszeiträumen möglichst hohe Abschreibungsbeträge ergeben.

Arithmetisch degressives Verfahren

Ein anderes degressives Verfahren benutzt einen arithmetischen Ansatz. Dabei vermindert sich der Abschreibungsbetrag jedes Jahr und in der Summe wird der Anschaffungswert abgeschrieben. Eines dieser Verfahren wird als digitales Verfahren bezeichnet. Eine einfache Form besteht darin, die Anschaffungsausgaben durch die Summe der Ordnungszahlen der Nutzungszeiträume zu teilen und dann die Abschreibungsbeträge als Vielfache dieses Betrags zu bestimmen. Bei beispielsweise dreijähriger Nutzungsdauer würde man die Anschaffungsausgaben durch $1 + 2 + 3 = 6$ teilen. Als Abschreibungsbetrag des ersten Jahres ergäbe sich danach ein Betrag von 3/6 der Anschaffungsausgabe, im zweiten Jahr einer von 2/6 und im dritten Jahr einer von 1/6 der Anschaffungsausgabe.

Progressive Verfahren

Schließlich seien der Vollständigkeit halber noch Verfahren genannt, bei denen sich progressiv steigende Abschreibungsbeträge ergeben. Diese spielen aber in der Praxis keine Rolle.

Direkte und indirekte Buchung von Abschreibungen

In der Praxis hat es sich eingebürgert, die jährliche Aktualisierung der Werte abnutzbarer Vermögensgüter anders vorzunehmen, als bisher dargestellt. Das bisher dargestellte Verfahren bezeichnen wir als direkt. Indirekt geht man folgendermaßen vor: Auf dem Vermögenskonto *Büro- und Geschäftsausstattung* lässt man den Anfangsbestand während der gesamten Nutzungsdauer unverändert; die Abschreibungen des Abrechnungszeitraums verbucht man gegen ein Konto namens *Wertberichtigung Büro- und Geschäftsausstattung*. Man spricht dann von der indirekten Buchung der Abschreibungen.

Buchung ohne Bezug zu Erzeugnissen und Handelsware

Bei der indirekten Buchung von Abschreibungen ohne Bezug zu Erzeugnissen oder Handelsware lautet der Journaleintrag:

Beleg	Datum	Anderes relevantes Ereignis und Konten	Soll	Haben
	30.4.	Abschreibung Möbel		
		Aufwand (Abschreibung Möbel)	250	
		Wertberichtigung Betriebs- und		
		Geschäftsausstattung		250

Buchung mit Bezug zu Erzeugnissen und Handelsware

Bei indirekter Buchung von Abschreibungen mit Bezug zu Erzeugnissen oder Handelsware lautete diese Buchung:

Beleg	Datum	Anderes relevantes Ereignis und Konten	Soll	Haben
	30.4.	Abschreibung Möbel		
		Erzeugnisse, (Handelsware)	250	
		Wertberichtigung Betriebs- und		
		Geschäftsausstattung		250

In diesem Fall werden die Abschreibungen beim Verkauf der Erzeugnisse oder Handelsware zu Aufwand.

Man kann auf dem Konto *Betriebs- und Geschäftsausstattung* unabhängig von der Behandlung zum Ende des Abrechnungszeitraums jederzeit sehen, welchen Betrag man für die Möbel ausgegeben hat und wie alt sie sind. Aus dem Konto *Wertberichtigung Betriebs- und Geschäftsausstattung* lässt sich erkennen, in welcher Höhe man seit der Anschaffung der Möbel Abschreibungen vorgenommen hat. Beide Konten für sich genommen lassen sich nicht sinnvoll interpretieren. Zusammen erlauben sie jedoch einen tieferen Einblick in das Geschehen, als es das Konto *Betriebs- und Geschäftsausstattung* bei direkter Buchung der Abschreibungen gestattet.

Vorteile indirekter Darstellung

Das Konto *Wertberichtigung Betriebs- und Geschäftsausstattung* stellt ein Gegenkonto zum Konto *Betriebs-und Geschäftsausstattung* dar. Es handelt sich nicht um ein Konto der Einkommensrechnung, also nicht um ein Aufwandskonto, sondern um ein Korrekturkonto zu einem Aktivum. Man könnte es daher auch als „negatives" Aktivkonto betrachten. Die Konten sehen ohne Bezug zu Erzeugnissen oder Handelsware folgendermaßen aus:

Wertberichtigungskonten zu Konten abnutzbarer Vermögensgüter

Mit Bezug zu Erzeugnissen oder Handelsware stellen sich die Konten folgendermaßen

Vermögensgüter			Wertberichtigungen			Aufwendungen		
	Betriebs- und			Wertberichtigung Betriebs- und				
S	Geschäftsausstattung	H	S	Geschäftsausstattung	H		S Aufwand (Abschr. Möbel) H	
13.4.	12000				30.4. 250		30.4.	250
Saldo	12000			Saldo	250		Saldo	250

dar:

Vermögensgüter			Wertberichtigungen			Vermögensgüter		
	Betriebs- und			Wertberichtigung Betriebs- und				
S	Geschäftsausstattung	H	S	Geschäftsausstattung	H		S Erzeugnisse, Handelsware H	
13.4.	12000				30.4. 250		30.4.	250
Saldo	12000			Saldo	250		Saldo	250

Aus der Bilanz muss der Buchwert von Vermögensgütern zum Ende des Abrechnungszeitraums ersichtlich sein. Dies kann im Falle der Verwendung einer indirekten Abschreibungsmethode durch zwei Vorgehensweisen geschehen. Erstens kann man den Buchwert des jeweiligen indirekt abgeschriebenen Vermögensguts vor Übernahme in die Bilanz errechnen. Zweitens lässt sich die Höhe der erforderlichen Wertberichtigung zusätzlich zu den Anschaffungsausgaben angeben. Üblich ist es, den aktuellen Buchwert auszuweisen. Um diesen zu ermitteln, subtrahiert man zu jedem Bilanzstichtag die kumulierten Abschreibungen vom Anschaffungswert. Bei Karl Gross ergibt sich zum 30.

Buchwert abnutzbarer Anlagevermögensgüter

April, also einen Monat nach Anschaffung, bei linearer Abschreibungsmethode für die Möbel ein Betrag von:

Wert des Vermögensguts Möbel am 30. April X1

	Anschaffungsausgaben für Möbel	12 000
−	kumulierte Abschreibungen (Möbel)	250
=	Buchwert (Möbel)	11 750

Um dem Bilanzleser diese Information über den Buchwert der Möbel zu vermitteln, bietet es sich an, die Anschaffungsausgaben und die kumulierten Abschreibungen in zwei Spalten der Bilanz aufzuführen, und zwar vor der eigentlichen Angabe des Buchwerts.

6.4 Unrealisierte Ereignisse, deren Einkommenskonsequenzen vorweggenommen werden

Nur wenige Ausnahmen im dHGB

Das deutsche Handelsgesetzbuch erlaubt nur wenige Ausnahmen von den oben dargestellten Bilanzierungs- und Bewertungsprinzipien. Eine solche Ausnahme besteht darin, dass der Wert eines Vermögensguts aus der Buchführung den Marktwert, den Börsenwert oder den beizulegenden Wert am Bilanzstichtag nicht übersteigen darf. Für das Fremdkapital gilt analog dazu, dass der Bilanzansatz nicht unterboten werden darf. Eine andere Ausnahme besteht darin, dass absehbare künftige Verluste bereits in demjenigen Abrechnungszeitraum anzusetzen sind, in dem sie erkannt werden, und nicht erst in demjenigen, in dem sie entstehen. Im Gegensatz zum dHGB erlauben die *IFRS* und die *US-GAAP* in großem Umfang die Vorwegnahme sowohl künftig Erträge als auch künftiger Aufwendungen.

6.4.1 Niedrigerer Börsenwert, Marktwert oder beizulegender Wert von Aktiva und höherer Wert von Passiva nach dHGB

Ansatz eines eventuell niedrigeren Werts

Die Bewertungsregeln des dHGB verlangen zum Bilanzstichtag einen Vergleich der Werte, die sich aus der Buchführung ergeben, mit dem Börsen- oder Marktwert beziehungsweise mit dem sogenannten beizulegenden Wert. Ist dieser Vergleichswert eines Vermögensguts höher oder der eines Fremdkapitalpostens niedriger als der Buchwert, so ergeben sich daraus nur Konsequenzen für die Buchführung. Ist der Vergleichswert eines anderen Vermögensguts niedriger oder der eines Fremdkapitalpostens höher als der Buchwert, so müssen die Verluste, die bei einem Verkauf entstünden, ausgeglichen werden. Diese Anpassung der Buchführung an die Realität geschieht dadurch, dass man bei Vermögensgütern eine außerplanmäßige Abschreibung in Höhe der Differenz auf den Buchwert vornimmt und bei Fremdkapitalposten eine außerplanmäßige Zuschreibung vornimmt.

Die Buchung lautet beispielsweise bei einem Vermögensgut:

Buchungen

Beleg	Datum	Anderes relevantes Ereignis und Konten	Soll	Haben
	30.4.	Außerplanmäßige Abschreibung eines Vermögensguts		
		Aufwand (Außerplanmäßige Abschreibung)		
		Vermögensgut		

Bei einer Verbindlichkeit in fremder Währung, deren Umrechnungskurs sich beispielsweise für das Unternehmen ungünstig verändert hat, wäre zu buchen:

Beleg	Datum	Anderes relevantes Ereignis und Konten	Soll	Haben
	30.4.	Zuschreibung zu Verbindlichkeit		
		Aufwand (Zuschreibung Verbindlichkeit)		
		Verbindlichkeit		

Ein ähnlicher Sachverhalt ergibt sich, wenn man Forderungen auf ihre Werthaltigkeit hin prüft und eventuell außerplanmäßig abschreibt. Ist absehbar, dass sich der Schuldner in einer Lage befindet, welche seine Rückzahlungsfähigkeit gefährdet, so hat der Unternehmer die Forderung abzuschreiben. Dies geschieht normalerweise durch Bildung einer Wertberichtigung. In Bezug auf eine solche Forderung haben wir ähnliche Buchungen vorzunehmen wie für die oben genannten Fälle.

6.4.2 Absehbare zukünftige Verluste nach dHGB

Ein zukünftiger Verlust ist absehbar, wenn er mit einer gewissen Sicherheit in zukünftigen Abrechnungszeiträumen erwartet wird. Als Beispiel sei ein bereits geschlossener Vertrag genannt, aus dem man heute schon absehen kann, dass man in der Zukunft einen Verlust erwirtschaftet. Wir stellen uns beispielsweise einen Händler vor, der Ware zu einem Festpreis zu liefern versprochen hat, die er noch gar nicht eingekauft hat. Ändert sich der bei Vertragsabschluss unterstellte Einkaufspreis der Ware, so kann es sein, dass der erwartete Gewinn aus dem Geschäft sinkt oder sich in einen Verlust umkehrt. Ein anderes Beispiel mag man in einem Schadenersatzprozess sehen, den man zu verlieren droht.

Absehbare zukünftige Verluste

Ist ein solcher Verlust absehbar, so muss dieser in demjenigen Abrechnungszeitraum erfasst werden, in dem er erkannt wird, und nicht erst in demjenigen, in dem er entsteht. Hat man die zu verkaufenden Vermögensgüter noch nicht eingekauft, so bildet man einkommenswirksam eine Rückstellung, die man einkommensneutral auflöst, sobald der

Bildung einer Rückstellung

Verlust entsteht. Wir unterstellen, am 15. April sei ein Verlust von 2000 GE absehbar. Die Buchung lautet dann:

Beleg	Datum	Anderes relevantes Ereignis und Konten	Soll	Haben
	15.4.	Bildung einer Rückstellung		
		Aufwand (Vorwegnahme von Verlust)	2000	
		Rückstellung		2000

Bei Erhalt der Handelsware am 30. April kann die Rückstellung aufgelöst werden, indem man die Handelsware um den Rückstellungsbetrag niedriger als mit ihren Anschaffungsausgaben bewertet. Bei einem Einkauf in Höhe von 10000 GE auf Ziel lautet die Buchung

Beleg	Datum	Geschäftsvorfall und Konten	Soll	Haben
	30.4.	Einkauf von Handelsware		
		Erzeugnisse Handelsware	10000	
		Verbindlichkeiten (Einkauf)		10000
	30.4.	Abschreibung der Handelsware um den absehbaren Verlust, für den bereits eine Rückstellung gebildet worden war		
		Rückstellung	2000	
		Erzeugnisse, Handelsware		2000

Beim Verkauf der Handelsware kann dann kein Verlust mehr entstehen. Deswegen bezeichnet man den Vorgang als eine „verlustfreie" Bewertung. Die entsprechende Buchung lautet bei einem Verkaufspreis von 8000 GE auf Ziel:

Beleg	Datum	Geschäftsvorfall und Konten	Soll	Haben
	30.4.	Verkauf von Handelsware auf Ziel (Zugangs- und Ertragsbuchung)		
		Forderung (Verkauf)	8000	
		Umsatzertrag		8000
	30.4.	Verkauf auf Ziel (Aufwands- und Abgangsbuchung)		
		Umsatzaufwand	8000	
		Erzeugnisse, Handelsware		8000

Befindet sich die Ware bereits auf Lager, wenn der Verlust absehbar ist, so fallen nur die letztgenannten vier Buchungen an.

6.5 Ein Beispiel für Buchungen am Ende des Abrechnungszeitraums

Für die folgenden Ausführungen diene das leicht modifizierte Beispiel der Unternehmensberatung Karl Gross aus den vorhergehenden Kapiteln. Es sei angenommen, Karl Gross verfüge über die vorläufige Saldenaufstellung der Abbildung 6.2, Seite 245. Diese Saldenaufstellung ergibt sich weitgehend aus der zusammenfassenden Übersicht aus Kapitel 3 sowie aus der Fortschreibung in unserem Zusammenhang. Der Unterschied zu diesen Abbildungen liegt darin, dass einige zusätzliche Geschäftsvorfälle unterstellt, drei Ereignisse leicht modifiziert und die Aufwendungen etwas anders gegliedert werden. **Sachverhalt**

Unternehmensberatung Karl Gross
Vorläufige Saldenaufstellung für April X1

	Endbestand	
	Soll	Haben
Zahlungsmittel	100000	
Forderungen (Verkauf)	5000	
Büromaterial	2000	
Büro- und Geschäftsausstattung (Möbel)	12000	
Grundstück	30000	
Aktive Rechnungsabgrenzungsposten (Miete)	4000	
Verbindlichkeiten (Einkauf)		2000
Passive Rechnungsabgrenzungsposten (Honorarvorauszahlung)		20000
Einlagen		150000
Entnahmen	45000	
Erträge		62000
Aufwand (Verkauf Grundstück)	30000	
Aufwand (Verkauf Büromaterial)	1000	
Aufwand (Gehalt)	1500	
Aufwand (Sonstiges)	3500	
Summe	234000	234000

Abbildung 6.2: Saldenaufstellung des Unternehmens Karl Gross nach den 13 Ereignissen aus Kapitel 3 sowie einigen Modifikationen

Im Einzelnen wird unterstellt:

– Anschaffung von Büromöbeln zum Barpreis von 12000 GE.

– Erhalt einer Vorauszahlung in Höhe von 20000 GE für einen Auftrag, den Gross erst im Mai bearbeiten wird.

– Der Anstrich der Büroräume erfolgt im April für 1500 GE, die bar bezahlt werden.

Modifikationen werden für die folgenden Geschäftsvorfälle unterstellt:

Geschäftsvorfall 7a: Bei der Mietzahlung in Höhe von 4000 GE handelt es sich um eine Vorauszahlung für die Monate April und Mai.

- Geschäftsvorfall 7b: Das Gehalt in Höhe von 3 000 GE wurde erst zur Hälfte ausgezahlt und verbucht.
- Geschäftsvorfall 9: Karl Gross bezahlt die 50 000 GE für die Renovierung seiner Privatwohnung nicht aus seinen privaten Ersparnissen, sondern aus der Unternehmenskasse.

Die Gliederung der Aufwendungen erfolgt so, dass die mit dem Verkauf von Vermögensgütern und Dienstleistungen direkt zusammenhängenden Aufwendungen getrennt von den übrigen aufgeführt werden. Dadurch sind zu unterscheiden:

- Aufwendungen aus dem Verkauf in Höhe von 31 000 GE (30 000 GE für das verkaufte Grundstück des Geschäftsvorfalls 10 sowie 600 GE und 400 GE Büromaterial aus den Geschäftsvorfällen 4 und 5).
- übrige Aufwendungen in Höhe von 5 500 GE (1 500 GE gebuchter Gehaltsaufwand und 3 500 GE sonstiger Aufwand).

Vorläufige Saldenaufstellung Berücksichtigt man diese Veränderungen, so ergibt sich die Saldenaufstellung der Abbildung 6.2, Seite 245. Es handelt sich um eine vorläufige Saldenaufstellung für die Unternehmensberatung Karl Gross. In ihr sind zwar alle Erträge und Aufwendungen abgebildet, die in den Geschäftsvorfällen des April X1 Buchungsvorgänge ausgelöst haben, doch sind möglicherweise nicht alle relevanten Ereignisse erfasst, die man hätte berücksichtigen müssen. So ist zu vermuten, dass all jene Erträge oder Aufwendungen fehlen, die keine Geschäftsvorfälle ausgelöst haben. Man denke beispielsweise an Erträge oder Aufwendungen, die aus Einnahmen oder Ausgaben folgen, die eine Einkommenswirkung über mehr als einen einzigen Abrechnungszeitraum entfalten. Es können aber auch der eine oder andere Geschäftsvorfall unbewusst oder bewusst nicht aufgezeichnet worden sein. Ergänzungen der Buchungen werden insofern erforderlich.

Korrektur der vorläufigen Saldenaufstellung Wurden nicht alle Ereignisse berücksichtigt, sei es, dass sie als Geschäftsvorfälle hätten erfasst werden sollen, oder hat es andere relevante Ereignisse gegeben, so muss das zum Bilanzstichtag nachgeholt werden. Eine Erfassung wird z.B. unterbleiben, wenn die Kosten der Erfassung den finanziellen Nutzen einer genauen Aufzeichnung übersteigen und der Fehler zum Geschäftsjahresende leicht behoben werden kann. Diese Situation sei am Beispiel des Postens Büromaterial aus Abbildung 6.2, Seite 245, erläutert.

Korrekturbuchungen wegen unberücksichtigter relevanter Ereignisse Gross benötigt in seinem Unternehmen Büromaterial, um seine Beratungsleistungen zu erbringen. Über das Material hinaus, das er einzelnen Aufträgen genau im Rahmen eines Geschäftsvorfalls zuordnet, wird er Papier, Bleistifte und Kugelschreiber, Formulare, Hefthüllen und Ähnliches verbrauchen, ohne jedoch immer eine Buchung vorzunehmen. Dadurch nimmt der Bestand an Büromaterial anders ab, als es aus dem Büromaterialkonto ersichtlich ist. Durch den Verbrauch entsteht Aufwand, genau wie bei der Zahlung von Miete und Gehalt. Gross könnte jeden einzelnen Verbrauch von Büromaterial erfassen und verbuchen. Es ist jedoch fraglich, ob der daraus resultierende Informationsnutzen die Mühe lohnt, die damit verbunden ist. Ist Karl Gross nicht gewillt, jeden einzelnen Verbrauch aufzuzeichnen und zu verbuchen, dann muss er am Ende seines Abrechnungszeitraums die Summe aller Verbräuche ermitteln und verbuchen. Wie gelangt er zur richtigen Abbildung des Büromaterialverbrauchs in seinem Rechnungswesen?

Er weiß, dass der Endbestand des Kontos Büromaterial in der vorläufigen Saldenaufstellung den Verbrauch im Abrechnungszeitraum nicht widerspiegelt und daher fehlerhaft ist. Der bisherige Endbestand zeigt die Summe aus dem Bestand an Büromaterial zu Anfang des Abrechnungszeitraums, zuzüglich des im Abrechnungszeitraum eingekauften Büromaterials, abzüglich des im Rahmen der getätigten Beratungstätigkeiten verrechneten Büromaterials. Karl Gross erhält den korrekten Endbestand, indem er den nach einer Inventur ermittelten weiteren Verbrauch an Büromaterial im Monat April – nehmen wir an, es seien 500 GE – vom Betrag in der Saldenaufstellung abzieht. Die Korrektur des Postens Büromaterial in der Saldenaufstellung um 500 GE ist erforderlich und führt zum korrekten Kontenabschluss.

Korrektur wegen unterlassener Buchungen während des Abrechnungszeitraums

Dies sei am Beispiel verdeutlicht. Am 2. April habe Karl Gross beim Kauf des Büromaterials gebucht:

Verdeutlichung am Beispiel

Beleg	Datum	Geschäftsvorfall und Konten	Soll	Haben
	2.4	Kauf von Büromaterial		
		Büromaterial	3000	
		Verbindlichkeiten		3000

Wir nehmen an, es sei kein weiteres Büromaterial gekauft worden, und 1000 GE für Material seien im Rahmen von Geschäftsvorfällen bereits bis zum 30.4. abgebucht worden. Der Restbetrag in Höhe von 2000 GE steht nun in der Saldenaufstellung und in den Büchern. Die Bilanz zum 30. April sollte diesen Betrag jedoch nicht ausweisen. Warum nicht?

Im April wurde weiteres Büromaterial verbraucht, das jedoch nicht einzelnen Aufträgen zugerechnet wurde – wie dies beispielsweise mit dem Büromaterial für die anderen Geschäftsvorfälle der Fall war. In Höhe des Werts dieses (zusätzlich) verbrauchten Materials sind ebenfalls Aufwendungen angefallen. Um den Materialverbrauch wertmäßig zu ermitteln, bestimmt Karl Gross den Materialbestand zum Monatsende durch eine Inventur, bewertet ihn zu den Anschaffungsausgaben und vergleicht diesen Betrag mit demjenigen, den er auf dem Bestandskonto für Büromaterial vorfindet. Ergibt sich beispielsweise ein Endbestand von 1500 GE, dann erhält man wegen

Ermittlung des Aufwands durch Vergleich der Bestandsmengen und der in den Büchern geführten Mengen

$$Abgänge = Anfangsbestand - Endbestand + Zugänge$$

einen zusätzlichen Verbrauch im Wert von

$$500 = 2000 - 1500 + 0.$$

Zum 30. April ist daher der Bestand an Büromaterial um 500 GE zu verringern; der Stand des Kontos *Aufwand (Büromaterial)* ist um genau diesen Betrag zu erhöhen:

Beleg	Datum	Geschäftsvorfall und Konten	Soll	Haben
	30.4.	Büromaterialaufwendungen		
		Aufwand (Büromaterial)	500	
		Büromaterial		500

Aus dem Journaleintrag folgt die Buchung auf den Konten:

	Vermögensgüter				Aufwendungen	
S	Büromaterial	H		S	Aufwand (Büromaterial)	H
2.4.	3000	4.4.	600	30.4.	500	
		5.4.	400			
		30.4.	500	Saldo	500	
Saldo	1500					

Der Endbestand an Büromaterial Ende April beläuft sich so auf 1 500 GE und entspricht dem Anfangsbestand an Büromaterial für den Monat Mai.

Weitere Buchungen wegen Ereignissen, die keine Geschäftsvorfälle auslösen

Neben den Buchungen zur Nachholung vernachlässigter Geschäftsvorfälle sind gegebenenfalls weitere Buchungen vorzunehmen. Diese hängen mit dem Auseinanderfallen von Zahlung und Einkommenswirkung zusammen, soweit sie nicht bereits in der vorläufigen Saldenaufstellung berücksichtigt sind.

6.6 Korrigierte Saldenaufstellung und Finanzberichte

6.6.1 Korrektur der vorläufigen Saldenaufstellung

Schritte zur korrigierten Saldenaufstellung

In Abbildung 6.2, Seite 245, wurde eine vorläufige Saldenaufstellung der Unternehmensberatung Karl Gross vorgestellt. Im Laufe des Kapitels wurde gezeigt, dass die Zahlen dieser Übersicht nicht notwendigerweise den aktuellen Endbestand der jeweiligen Konten aufweisen müssen. Dazu wurden beispielhaft einige Geschäftsvorfälle angenommen, aufgrund derer die Saldenaufstellung zu aktualisieren wäre. Im Folgenden werden diese Ereignisse nochmals zusammenfassend dargestellt. Abbildung 6.3, Seite 249, enthält die Ausgangsinformationen für diese Buchungen, Abbildung 6.4, Seite 249, die Buchungssätze und Abbildung 6.5, Seite 250, die Konteninhalte. Mit Hilfe dieser Informationen lässt sich die korrigierte Saldenaufstellung erstellen. Der Informationsgehalt der Übersicht wird erhöht, wenn man nicht nur die korrigierte Saldenaufstellung selbst erstellt, sondern eine Tabelle anfertigt, welche die Korrekturen der vorläufigen Saldenaufstellung gesondert ausweist. Abbildung 6.6, Seite 251, enthält eine entsprechende Übersicht.

Zur besseren Lesbarkeit sind Vermögensgüterkonten getrennt von Kapitalkonten sowie Ertragskonten getrennt von Aufwandskonten angegeben.

Informationen zu den Korrekturbuchungen zum 30. April X1

(a)	Büromaterial-Endbestand 1 500 GE
(b)	„abgewohnte" Mietvorauszahlung 2 000 GE
(c)	gegen Vorauszahlung erbrachter Service 10 000 GE
(d)	Abschreibung auf Möbel 250 GE
(e)	noch nicht in bar erhaltener Umsatzertrag 500 GE
(f)	noch nicht gezahlter Aufwand (Gehalt) 1 500 GE

Abbildung 6.3: Informationen, die bei Karl Gross zu Buchungen am 30. April X1 führen

Beleg	Datum	Soll-Konto		Haben-Konto	Betrag
a	30.4.	*Aufwand (Büromaterial)*	an	*Büromaterial*	500
b	30.4.	*Aufwand (Miete)*	an	*Aktive Rechnungsabgrenzungsposten*	2 000
c	30.4.	*Passive Rechnungsabgrenzungsposten*	an	*Umsatzertrag*	10 000
d	30.4.	*Aufwand (Abschreibung Möbel)*	an	*Kum. Abschreibung (Möbel)*	250
e	30.4.	*Forderung (Verkauf)*	an	*Umsatzertrag*	500
f	30.4.	*Aufwand (Gehalt)*	an	*Verbindlichkeit (Gehalt)*	1 500

Abbildung 6.4: Buchungssätze für die Korrekturbuchungen zum 30.4.X1 im Unternehmen Karl Gross

6.6.2 Aufstellung von Finanzberichten aus der korrigierten Saldenaufstellung

Die korrigierte Saldenaufstellung enthält alle Informationen, die zur Aufstellung der Finanzberichte benötigt werden. Die Einkommensrechnung wird aus den Ertrags- und Aufwandskonten hergeleitet. Die Eigenkapitaltransferrechnung enthält die Einlagen und Entnahmen. Die Eigenkapitalveränderungsrechnung zeigt, auf welche Weise sich das Eigenkapital während des Abrechnungszeitraums insgesamt verändert hat. Sie enthält somit die Informationen der Einkommensrechnung sowie die Eigenkapitaltransfers. Die Bilanz enthält schließlich die Vermögensgüter, das Fremdkapital sowie das Eigenkapital. Da für die Bilanz das Eigenkapital benötigt wird, dieses sich aus der Eigenkapitalveränderungsrechnung ergibt und für letztgenannte das Einkommen und die Eigenkapitaltransfers bekannt sein müssen, bietet es sich an, zuerst die Einkommensrechnung und die Eigenkapitaltransferrechnung, dann die Eigenkapitalveränderungsrechnung und schließlich die Bilanz aufzustellen. Die Kapitalflussrechnung wird aus all diesen Posten gebildet. Sie wird aber nicht hier, sondern später beschrieben.

Korrigierte Saldenaufstellung als Datengrundlage für Finanzberichte

Abbildung 6.7, Seite 252, enthält eine Zuordnung der im Beispiel verwendeten Konten zu den jeweiligen Finanzberichten. Die Eigenkapitalveränderungsrechnung stellt einen Finanzbericht dar, der Elemente der Bilanz mit Elementen der Einkommensrechnung verknüpft.

| | Vermögensgüter | | = | | Fremdkapital | | + | | Eigenkapital | |

Vermögensgüter = Fremdkapital + Eigenkapital

S	Zahlungsmittel	H
Saldo 100 000		

S	Verbindlichkeiten (Einkauf)	H
	Saldo	2 000

S	Einlage Karl Gross	H
	Saldo	150 000

S	Forderungen (Verkauf)	H
Saldo	5 000	
(e)	500	
Saldo neu	500	

S	Verbindlichkeiten (Gehalt)	H
	(f)	1 500
	Saldo neu	1 500

S	Entnahme Karl Gross	H
Saldo	45 000	

S	Büromaterial	H
Saldo	2 000	(a) 500
Saldo neu	1 500	

Passive Rechnungsabgrenzungsposten (Honorar)

S		H
(c) 10 000	Saldo	20 000
	Saldo neu	10 000

S	Umsatzertrag	H
	Saldo	62 000
	(c)	10 000
	(e)	500
	Saldo neu	72 500

Aktive Rechnungsabgrenzungsposten (Miete)

S		H
Saldo 4 000	(b)	2 000
Saldo neu 2 000		

S	Aufwand (Miete)	H
(b)	2 000	
Saldo neu	2 000	

Büro- und Geschäftsausstattung

S		H
Saldo 12 000		

S	Aufwand (Gehalt)	H
Saldo	1 500	
(f)	1 500	
Saldo neu	3 000	

Kumulierte Abschreibungen (Möbel)

S		H
	(d)	250
	Saldo neu	250

S	Aufwand (Verkauf)	H
Saldo	31 000	

S	Grundstücke	H
Saldo 30 000		

S	Aufwand (Büromaterial)	H
(a)	500	
Saldo neu	500	

Aufwand (Abschreibung Möbel)

S		H
(d)	250	
Saldo neu	250	

S	Aufwand (Sonstiges)	H
Saldo	3 500	

Abbildung 6.5: Konten mit den Kontensalden der vorläufigen Saldenaufstellung und den Buchungen zum 30. April X1

Unternehmensberatung Karl Gross
Vorläufige Saldenaufstellung, Korrekturen und korrigierte Saldenaufstellung zum 30. April X1

	Vorläufige Saldenaufstellung		Korrekturen		Korrigierte Saldenaufstellung	
	Soll	Haben	Soll	Haben	Soll	Haben
Zahlungsmittel	100000				100000	
Forderungen (Verkauf)	5000		e: 500		5500	
Aktive Rechnungsabgrenzungsposten	4000			b: 2000	2000	
Büromaterial	2000			a: 500	1500	
Büro- und Geschäftsausstattung	12000				12000	
Kum. Abschreibungen (Möbel)				d: 250		250
Grundstück	30000				30000	
Verbindlichkeiten (Einkauf)		2000				2000
Verbindlichkeiten (Gehalt)				f: 1500		1500
Passive Rechnungsabgrenzungsposten		20000	c: 10000			10000
Einlage Karl Gross		150000				150000
Entnahme Karl Gross	45000				45000	
Ertrag (Verkauf)		62000		c: 10000		72500
				e: 500		
Aufwand (Verkauf)	31000				31000	
Aufwand (Miete)			b: 2000		2000	
Aufwand (Gehalt)	1500		f: 1500		3000	
Aufwand (Büromaterial)			a: 500		500	
Aufwand (Abschreibung Möbel)			d: 250		250	
Aufwand (Sonstiges)	3500				3500	
Summe	234000	234000	14750	14750	236250	236250

Abbildung 6.6: Vorläufige Saldenaufstellung, Korrekturen und korrigierte Saldenaufstellung der Unternehmensberatung Karl Gross zum 30. April X1

Formale Eigenschaften von Finanzberichten

Die Finanzberichte selbst sollten mit dem Namen des Unternehmens, der Bezeichnung des Berichts und dem Datum beziehungsweise dem Zeitraum überschrieben sein, auf den sie sich beziehen. Darunter werden die Beträge aufgelistet, die aus den Konten für die jeweiligen Posten der Finanzberichte resultieren. Oftmals verwendet man dazu eine Reihenfolge mit abnehmender Größenordnung der Posten. Für das Beispiel ergeben sich die in Abbildung 6.8, Seite 252, Abbildung 6.9, Seite 253, Abbildung 6.10, Seite 253, und Abbildung 6.11, Seite 253 angegebenen Berichte.

Unternehmensberatung Karl Gross
Korrigierte Saldenaufstellung zum 30. April X1

Kontobezeichnung	Korrigierte Saldenaufstellung		Zugehörigkeit zu Finanzbericht
	Soll	Haben	
Zahlungsmittel	100 000		Bilanz
Forderungen (Verkauf)	5 500		Bilanz
Aktive Rechnungsabgrenzungsposten	2 000		Bilanz
Büromaterial	1 500		Bilanz
Büro- und Geschäftsausstattung	12 000		Bilanz
Kum. Abschreibungen (Möbel)		250	Bilanz
Grundstück	30 000		Bilanz
Verbindlichkeiten (Einkauf)		2 000	Bilanz
Verbindlichkeiten (Gehalt)		1 500	Bilanz
Passive Rechnungsabgrenzungsposten		10 000	Bilanz
Einlage Karl Gross		150 000	Eigenkapitaltransferrechnung
Entnahme Karl Gross	45 000		Eigenkapitaltransferrechnung
Ertrag (Verkauf)		72 500	Einkommensrechnung
Aufwand (Verkauf)	31 000		Einkommensrechnung
Aufwand (Miete)	2 000		Einkommensrechnung
Aufwand (Gehalt)	3 000		Einkommensrechnung
Aufwand (Büromaterial)	500		Einkommensrechnung
Aufwand (Abschreibung Möbel)	250		Einkommensrechnung
Aufwand (Sonstiges)	3 500		Einkommensrechnung
Summe	236 250	236 250	

Abbildung 6.7: Zuordnung der Konten der Saldenaufstellung zu den Finanzberichten am Beispiel der Unternehmensberatung Karl Gross zum 30. April X1

Unternehmensberatung Karl Gross
Einkommensrechnung für April X1

Erträge	
Umsatzertrag	72 500 GE
Aufwendungen	
Aufwand (Verkauf)	−31 000 GE
Aufwand (Miete)	−2 000 GE
Aufwand (Gehalt)	−3 000 GE
Aufwand (Büromaterial)	−500 GE
Aufwand (Sonstiges)	−3 500 GE
Aufwand (Abschreibung Möbel	−250 GE
Summe Aufwand	−40 250 GE
Einkommen	32 250 GE

Abbildung 6.8: Einkommensrechnung der Unternehmensberatung Karl Gross

Unternehmensberatung Karl Gross
Eigenkapitaltransferrechnung für April X1

Einlagen:	
Einlage von Karl Gross	150 000 GE
Entnahmen:	
Entnahme von Karl Gross	−45 000 GE
Einlagenüberschuss 30. April X1	105 000 GE

Abbildung 6.9: Eigenkapitaltransferrechnung der Unternehmensberatung Karl Gross

Unternehmensberatung Karl Gross
Eigenkapitalveränderungsrechnung für April X1

Kapital Karl Gross, 1.April X1	0 GE
Zugang:	
Einlageüberschuss	105 000 GE
Gewinn	32 250 GE
Summe Zugänge	137 250 GE
Abgang:	
Entnahmeüberschuss	0 GE
Verlust	0 GE
Summe Abgänge	0 GE
Kapital Karl Gross, 30. April X1	137 250 GE

Abbildung 6.10: Eigenkapitalveränderungsrechnung der Unternehmensberatung Karl Gross

Unternehmensberatung Karl Gross

Aktiva	Bilanz zum 30. April X1		Passiva
Vermögensgüter		Fremdkapital	
Zahlungsmittel	100 000 GE	Verbindlichkeiten (Einkauf)	2 000 GE
Forderungen (Verkauf)	5 500 GE	Verbindlichkeiten (Gehalt)	1 500 GE
Aktive Rechnungsabgrenzungsposten	2 000 GE	Passive Rechnungsabgrenzungsposten	10 000 GE
Büromaterial	1 500 GE	Eigenkapital	
Büro- und Geschäftsausstattung 12 000 GE		Kapital Karl Gross	137 250 GE
– kumul. Abschreibungen (Möbel) −250 GE	11 750 GE		
Grundstück	30 000 GE		
Gesamte Vermögensgüter	150 750 GE	Gesamtes Fremd- und Eigenkapital	150 750 GE

Abbildung 6.11: Bilanz der Unternehmensberatung Karl Gross

6.7 Ethische Probleme bei vermögensorientierter Buchführung

Notwendigkeit ehrlicher Informationsvermittlung

Die Anfertigung von Finanzberichten stellt für manchen Ersteller eine ethische Herausforderung dar. Die Ersteller müssen ehrlich sein und alle Informationen vollständig liefern. Sonst eignet sich das Zahlenwerk weder zur Rechenschaftslegung noch zur Entscheidungsunterstützung von Eigenkapitalgebern, die von der Unternehmensleitung ausgeschlossen sind.

Beispiel für Ermessen im Rahmen der Korrekturbuchungen

Im Rahmen einer bestandsorientierten Buchführung werden eine Reihe von Buchungen vorgenommen, deren Grundlage nur geschätzt werden kann. So erfordert die Ermittlung der Abschreibung die Schätzung der Nutzungsdauer des Vermögensguts. Je nachdem, ob man eine pessimistische oder eine optimistische Schätzung abgibt, ändert sich die Höhe der jährlichen Abschreibungsbeträge und mit ihnen auch das Einkommen. Je kürzer *ceteris paribus* die Nutzungsdauer geschätzt wird, desto niedriger wird das Einkommen in den betroffenen Abrechnungszeiträumen ausgewiesen. Bei Schätzung einer langen Nutzungszeit wird dem entsprechend ein höheres Einkommen dargestellt. Bei anderen Buchungen sind oftmals ebenso Schätzungen erforderlich. Je nach der Situation, in der sich der Ersteller befindet, kann er versucht sein, die Buchungen in seinem Sinne zu gestalten. Insbesondere zur Darstellung der Kreditwürdigkeit und zur Zufriedenstellung von Aktionären bietet sich ein hohes Einkommen an. Was geschieht aber, wenn ein solches Einkommen im Wesentlichen aus einer entsprechenden Gestaltung der Buchungen resultiert? Werden Gläubiger und Aktionäre nicht getäuscht, wenn die Einkommenssituation ohne die gezielte Ausnutzung des Ermessens deutlich schlechter ist?

Umkehreffekt von Beeinflussungen des Einkommens in späteren Abrechnungszeiträumen

Bei der Ausnutzung von Ermessensspielräumen zur Gestaltung der Höhe des Einkommens hat man immer zu bedenken, dass der Effekt, den man heute zeigt, sich in nachfolgenden Abrechnungszeiträumen ins Gegenteil verkehrt. Wer die Nutzungsdauer eines Vermögensguts optimistisch mit zehn Jahren anstatt realistischer mit fünf Jahren unterstellt, ermittelt zwar eine niedrigere jährliche Abschreibung; spätestens nach dem fünften Jahr muss er jedoch damit rechnen, dass das Vermögensgut unbrauchbar wird und er dann den restlichen Buchwert in nur einem einzigen Zeitraum außerplanmäßig abzuschreiben hat.

6.8 Übungsmaterial

6.8.1 Fragen mit Antworten

Fragen	Antworten
Auf welcher Basis misst man das Einkommen eines Unternehmens (Erträge – Aufwendungen) am besten?	Auf Basis einer Bestandsorientierung, weil man ein vollständigeres Bild der Unternehmensaktivität zeichnet als bei einer Messung auf Zahlungsbasis.
Was versteht man unter der Abgabe von Marktleistungen?	Die Erfüllung aller aus einem Verkauf von Vermögensgütern oder Dienstleistungen resultierenden Pflichten seitens des Verkäufers.
Wann entstehen Erträge aus Marktleistungsabgaben beim Verkäufer?	Sobald der Verkäufer all seinen Pflichten aus dem Verkauf nachgekommen ist.
Womit beginnt man die Einkommensmessung am Ende eines Abrechnungszeitraumes?	Mit der vorläufigen Saldenaufstellung.
Wie aktualisiert man die Konten zur Aufstellung der Finanzberichte?	Durch Korrektur der Kontenendbestände, so dass sie den Stand zum Ende des Abrechnungszeitraumes angeben.
Warum passt man die Buchwerte von Vermögensgütern und Fremdkapital an die Ergebnisse einer Inventur an?	Um sicherzustellen, dass die Buchführung nicht auf Phantasiegrößen beruht, sondern mengenmäßig reale Sachverhalte beschreibt.
Welche Kategorien von Konten sollte man nach Buchung der Geschäftsvorfälle noch unterscheiden?	Geleistete Vorauszahlungen für Verkäufe, die in späteren Abrechnungszeiträumen zu Aufwand werden.
	Abschreibungen abnutzbarer Vermögensgüter.
	Aufwendungen für bezogene Lieferungen, die noch bezahlt werden müssen.
	Erträge aus erbrachten Lieferungen und Dienstleistungen, deren Bezahlung noch aussteht.
	Erhaltene Vorauszahlungen für Lieferungen, die in späteren Abrechnungszeiträumen zu Ertrag werden.
Wodurch unterscheiden sich Buchungen zur Korrektur von Beständen von anderen Buchungen?	(1) Sie werden im Gegensatz zu anderen Buchungen gewöhnlich erst am Ende des Abrechnungszeitraumes vorgenommen.
	(2) Sie verändern nie die Zahlungsmittel.
	(3) Alle Korrekturbuchungen betreffen jeweils mindestens ein Konto der Einkommensrechnung und mindestens ein Konto der Bilanz (Vermögens- oder Fremdkapitalkonto).
Wo werden die Konten mit ihren korrigierten Endbeständen zusammengefasst?	In der korrigierten Saldenaufstellung, die als Grundlage für Einkommensrechnung, Eigenkapitaltransferrechnung und Bilanz dient.

Fragen	**Antworten**
Was versteht man unter zeitraumbezogenen Vorgängen?	Vorgänge, die während eines Zeitraums zeitraumproportional stattfinden und einem Zeitpunkt nicht ohne Willkür zugeordnet werden können.
Was versteht man unter zeitpunktbezogenen Vorgängen?	Vorgänge, die zwar während eines Zeitraums stattfinden, die sich jedoch ohne Probleme einem Zeitpunkt zuordnen lassen.
Unter welchen Umständen spricht man von antizipativer Rechnungsabgrenzung?	Eine antizipative Rechnungsabgrenzung liegt vor, wenn in einem Abrechnungszeitraum Leistungen bereits erbracht oder empfangen werden, ohne dass im Abrechnungszeitraum bereits eine Zahlung stattgefunden hat.
Unter welchen Umständen spricht man von transitorischer Rechnungsabgrenzung?	Eine transitorische Rechnungsabgrenzung liegt vor, wenn in einem Abrechnungszeitraum zeitraumbezogene Zahlungen stattfinden, deren Gegenleistungen im aktuellen Abrechnungszeitraum nur zum Teil oder gar nicht erbracht werden.
Was versteht man unter der Periodisierung von Zahlungen?	Unter der Periodisierung von Zahlungen versteht man die Verteilung der Zahlung auf die Einkommensrechnungen der Zeiträume, in denen die Zahlung Nutzen stiftet. Ferner die Verteilung anderer Ausgaben, die als Aufwand berücksichtigt werden, bevor sie entstanden sind.
Welche Informationen werden für die Ermittlung von Abschreibungsbeträgen benötigt?	Der Betrag, der über die gesamte Nutzungszeit abzuschreiben ist, und ein Verteilungsschema.
Wodurch unterscheidet sich die lineare von der degressiven Abschreibung?	Durch unterschiedliche Verteilungsschemata: gleichmäßige Verteilung *versus* einer Verteilung, die im Zeitablauf zu abnehmenden Abschreibungsbeträgen führt.
Wie unterscheidet sich die direkte Verrechnung von Abschreibungen von der indirekten?	Bei direkter Verrechnung wird in jedem Abrechnungszeitraum der Buchwert des Vermögensguts angepasst. Bei indirekter Verrechnung wird stattdessen ein Wertberichtigungskonto mit der Summe aller bis zum Abrechnungszeitraum verrechneten Abschreibungen aufgestellt.
Bei welchen Ereignissen nimmt man nach dHGB die Einkommenswirkungen vorweg?	Nach dHGB werden in den Buchwerten von Aktiva beziehungsweise Passiva niedrigere beziehungsweise höhere Börsen-, Markt- und beizulegende Werte sowie absehbare Verluste vorweggenommen.

6.8.2 Verständniskontrolle

1. Was versteht man unter einem Abrechnungszeitraum, was unter einem Geschäftsjahr und was unter einem „Zwischenzeitraum"?

2. Werden aktive Rechnungsabgrenzungsposten im betriebswirtschaftlichen Sinne als Forderungen ausgewiesen oder als gesonderte Posten?

3. Was verbirgt sich inhaltlich hinter einem passiven Rechnungsabgrenzungsposten im betriebswirtschaftlichen Sinne?

4. Was hat ein antizipativer Rechnungsabgrenzungsposten mit Aufwand oder Ertrag zu tun?

5. Was hat ein transitorischer Rechnungsabgrenzungsposten mit Aufwand oder Ertrag zu tun?

6. Zu welchem Zweck nimmt man Buchungen vor, mit denen man die vorläufigen Angaben über Bestände korrigiert?

7. Warum nimmt man Buchungen zur Korrektur von Bestandsposten zum Ende und nicht während des Abrechnungszeitraums vor?

8. Nennen Sie vier Kategorien von Buchungen zur Korrektur von Bestandsposten und geben Sie jeweils ein Beispiel an!

9. Warum muss der vorläufige Endbestand des Büromaterials im Beispiel von Karl Gross angepasst werden?

10. Ein Unternehmen zahlt 1 800 GE im Voraus für eine Versicherung, die über drei Jahre läuft. Welche buchhalterischen Elemente erwachsen daraus in welcher Höhe für das Ende des ersten Jahres?

11. Was für ein Kontentyp verbirgt sich hinter *aktiven Rechnungsabgrenzungsposten* nach dHGB? Begründen Sie Ihre Antwort!

12. In der Bilanz eines Unternehmens finden sich die Posten *Buchwert des abnutzbaren Vermögens 135 000 GE* und *Kumulierte Abschreibungen auf das abnutzbare Vermögen 65 000 GE*. Wie hoch ist der aktuelle tatsächliche Buchwert des abnutzbaren Vermögens? Wie hoch waren die Anschaffungsausgaben?

13. Wie lautet der Buchungssatz zur Berücksichtigung von fälligen, aber noch nicht erhaltenen Zahlungen wegen Zinserträgen?

14. Warum ist eine erhaltene Vorauszahlung für zukünftig zu erbringende Lieferungen im betriebswirtschaftlichen Sinne eine Verbindlichkeit?

15. Welchem Zweck dient die korrigierte Saldenaufstellung?

16. Die Bellevue GmbH verzichtete am 31. Dezember auf die folgenden „Korrekturbuchungen": (a) Aufwendungen, die noch bezahlt werden müssen, in Höhe von 500 GE, (b) Erträge, deren Bezahlung noch aussteht, in Höhe von 850 GE und (c) Abschreibungen in Höhe von 1 000 GE. Bewirkte der Verzicht, dass das Einkommen zu niedrig oder zu hoch ausgewiesen wurde?

17. Welche Arten von Ereignissen werden im Rahmen der Vorwegnahme von Einkommenskonsequenzen nach dHGB berücksichtigt?

6.8.3 Aufgaben zum Selbststudium

Aufgabe 6.1 **Korrekturbuchungen: von der vorläufigen zur korrigierten Saldenaufstellung**

Sachverhalt

Das Unternehmen ABC erstellt zum 31. Dezember, dem Ende seines Wirtschaftsjahres, die in Abbildung 6.12, Seite 259, angegebene vorläufige Saldenaufstellung. Für die Durchführung der Buchungen zur Korrektur von Beständen liegen die folgenden Informationen vor:

a. Die durch eine Inventur festgestellte Menge an Büromaterial führt unter den angewandten Bilanzierungsregeln zu einem Wert des Büromaterials in Höhe von 1500 GE. Differenzen gegenüber dem sich aus der Buchführung ergebenden Wert weisen keinen Bezug zu Erzeugnissen oder Handelsware auf.

b. Die jährliche Wertminderung der Möbel beträgt 12500 GE. Sie weist keinen Bezug zu Erzeugnissen oder Handelsware auf.

c. Die jährliche Wertminderung des Gebäudes beträgt 2500 GE. Diese Wertminderung weist keinen Bezug zu Erzeugnissen oder Handelsware auf.

d. Es sind noch nachträgliche Lohnausgaben in Höhe von 9000 GE betreffend das Wirtschaftsjahr angefallen. Diese Löhne weisen einen Bezug zu bereits verkauften Erzeugnissen und Handelsware auf. Vernachlässigen Sie bei Ihrer Analyse die normalerweise mit Lohnzahlungen verbundenen Pflichten des Unternehmers!

e. Noch nicht verbuchte, aber bereits erbrachte Lieferungen von Handelsware im Einkaufswert von 4000 GE wurden dem Kunden mit einem Betrag von 6000 GE in Rechnung gestellt.

f. In Anrechnung auf eine Vorauszahlung in Höhe von 22500 GE wurde ein Teil der vereinbarten zeitraumbezogenen Dienstleistungen in Höhe von 15000 GE erbracht. Dafür waren keine Ausgaben angefallen.

g. Durch Vergleich mit einem geschätzten Marktwert stellte sich heraus, dass die planmäßig im Wert geminderten Gebäude einer weiteren außerplanmäßigen Wertminderung in Höhe von 1000 GE unterworfen waren.

Nehmen Sie an, Umsatzsteuerüberlegungen könnten vernachlässigt werden!

Fragen und Teilaufgaben

1. Eröffnen Sie die Konten mit den Beständen aus der vorläufigen Saldenaufstellung!

2. Geben Sie die Buchungssätze für die Buchungen zur Korrektur von Beständen an, die aus den oben genannten Informationen ergeben! Nehmen Sie die Buchungen auf den Konten vor!

3. Ermitteln Sie auf Basis der vorherigen Teilaufgaben die korrigierte Saldenaufstellung!

ABC
Vorläufige Saldenaufstellung zum 31. Dezember X1

	Salden	
	Soll	Haben
Zahlungsmittel	99 000	
Forderungen	173 000	
Büromaterial	3 000	
Möbel	50 000	
Kumulierte Abschreibungen (Möbel)		20 000
Gebäude	125 000	
Kumulierte Abschreibungen (Gebäude)		65 000
Erzeugnisse, Handelsware	12 000	
Verbindlichkeiten (Einkauf)		190 000
Verbindlichkeiten (Gehalt)		
passive Rechnungsabgrenzungsposten		22 500
Kapital		146 500
Entnahme	32 500	
Umsatzertrag		213 000
Umsatzaufwand	70 000	
Aufwand (Gehalt)	86 000	
Aufwand (Büromaterial)		
Aufwand (Abschreibung Möbel)		
Aufwand (Abschreibung Gebäude)		
Aufwand (Sonstiges)	6 500	
Summe	657 000	657 000

Abbildung 6.12: Vorläufige Saldenaufstellung der ABC zum 30. Juni X1

Lösungshinweise zu den Fragen und Teilaufgaben

1. Die Übertragung der Bestände aus der vorläufigen Saldenaufstellung auf die Konten bereitet keine Schwierigkeit.

2. Die Buchungssätze der „Korrekturbuchungen" ergeben sich aus den oben genannten Informationen.

Beleg	Datum	Ereignis und Konten	Soll	Haben
a	31.12	Wertminderung Büromaterial		
		Aufwand (Büromaterial)	1 500	
		Büromaterial		1 500
b	31.12	Abschreibung Büro- und Geschäftsausstattung (Möbel)		
		Aufwand (Abschreibung Möbel)	12 500	
		Kumulierte Abschreibung (Möbel)		12 500

Beleg	Datum	Ereignis und Konten	Soll	Haben
c	31.12	Abschreibung Gebäude		
		Aufwand (Abschreibung Gebäude)	2500	
		Kumulierte Abschreibung (Gebäude)		2500
d	31.12	Nachträglicher Lohnaufwand		
		Umsatzaufwand	9000	
		Verbindlichkeiten (Lohn)		9000
e	31.12	Erbrachte Lieferung (Zugangs- und Ertragsbuchung)		
		Forderungen (Verkauf)	6000	
		Umsatzertrag		6000
e	31.12.	Erbrachte Lieferung (Aufwands- und Abgangsbuchung)		
		Umsatzaufwand	4000	
		Erzeugnisse, Handelsware		4000
f	31.12	Erbringung eines Teils einer Dienstleistung (Zugangs- und Ertragsbuchung)		
		Passive Rechnungsabgrenzungsposten	15000	
		Umsatzertrag		15000
f	31.12.	Erbringung eines Teils einer Dienstleistung (Aufwands- und Abgangsbuchung)		
		Umsatzaufwand	0	
		Erzeugnisse, Handelsware		0
g	31.12.	Außerplanmäßige Wertminderung		
		Aufwand (außerplanmäßige Abschreibung)	1000	
		Kumulierte Abschreibung (Gebäude)		1000

3. Die endgültige Saldenaufstellung nimmt das folgende Aussehen an:

ABC
Erstellung der korrigierten Saldenaufstellung zum 31. Dezember X1 (in Tausend GE)

	vorl. Saldenaufstellung		Korrekturen		korr. Saldenaufstellung	
	Soll	Haben	Soll	Haben	Soll	Haben
Zahlungsmittel	99				99	
Forderungen (Verkauf)	173		(e1) 6		179	
Büromaterial	3			(a) 1,5	1,5	
Möbel	50				50	
Kumulierte Abschr. (Möbel)		20		(b) 12,5		32,5
Gebäude	125				125	
Kumulierte Abschr. (Gebäude)		65		(c) 2,5		
				(g) 1		68,5
Erzeugnisse, Handelsware	12		(d1) 9	(d2) 9		
				(e2) 4	8	
Verbindlichkeiten (Einkauf)		190				190
Verbindlichkeiten (Gehalt)				(d1) 9		9
Passive Rechnungsabgrenzungsp.		22,5	(f1) 15			7,5
Kapital		146,5				146,5
Entnahme	32,5				32,5	
Ertrag (Verkauf)		213		(e1) 6		
				(f1) 15		234
Aufwand (Verkauf)	70		(d2) 9			
			(e2) 4		83	
Aufwand (Gehalt)	86				86	
Aufwand (Büromaterial)			(a) 1,5		1,5	
Aufwand (Abschreibung Möbel)			(b) 12,5		12.5	
Aufwand (Abschreibung Gebäude)			(c) 2,5			
			(g) 1		3,5	
Aufwand (Sonstiges)	6,5				6,5	
Summe	657	657	60,5	60,5	688	688

Abgrenzung zeitraumbezogener von zeitpunktbezogenen Vorgängen   **Aufgabe 6.2**

Sachverhalt

Gegeben seien die folgenden Ereignisse in einem Unternehmen, dessen Abrechnungszeitraum dem Kalenderjahr entspricht:

a. Zinserträge für den Zeitraum vom 1. Mai bis 31. Oktober

b. Totalverlust eines Personenwagens durch einen Verkehrsunfall

c. Einnahmen aus spekulativen Wertpapiergeschäften

d. Wertverlust einer Maschine durch planmäßige Abnutzung

e. Einnahme aus dem Verkauf einer Maschine zu einem Preis, der über dem Buchwert lag

f. Der Aufwand aus dem Verkauf der Maschine entsprach ihrem Buchwert

g. Gehaltszahlung für September

h. Gehaltszahlung für September im Oktober

i. Die Lagermiete wird am 1. Juli für ein Jahr im Voraus bezahlt; das Wirtschaftsjahr entspricht dem Kalenderjahr

j. Reparaturausgaben für einen „Firmenwagen"

Fragen und Teilaufgaben

Ordnen Sie die angegebenen Ereignisse den Begriffen „zeitraumbezogen" und „zeitpunktbezogen" zu!

Lösungshinweise zu den Fragen und Teilaufgaben

Es ergibt sich die folgende Zuordnung:

a. Zinseinnahmen für den Zeitraum vom 1. Mai bis 31. Oktober *zeitraum*bezogen

b. Totalverlust eines Personenwagens durch einen Verkehrs- *zeitpunkt*bezogen
    unfall

c. Einnahmen aus spekulativen Wertpapiergeschäften *zeitpunkt*bezogen

d. Wertverlust einer Maschine durch planmäßige Abnutzung *zeitraum*bezogen

e. Einnahme aus dem Verkauf einer Maschine zu einem Preis *zeitpunkt*bezogen
    über dem Buchwert

f. Aufwand wegen des Verkaufs der Maschine *zeitpunkt*bezogen

g. Gehaltszahlung für September *zeitraum*bezogen

h. Gehaltszahlung für September im Oktober *zeitpunkt*bezogen

i. Lagermiete wird für 1 Jahr im Voraus bezahlt *zeitraum*bezogen

j. Reparaturkosten für einen Firmenwagen *zeitpunkt*bezogen

Aufgabe 6.3 **Abgrenzung zeitraumbezogener transitorischer von zeitraumbezogenen antizipativen Vorgängen**

Sachverhalt

In einem Unternehmen, dessen Abrechnungszeitraum dem Kalenderjahr entspricht, seien die folgenden Ereignisse gegeben:

a. Ein Zahlungseingang wegen halbjährlicher, zum Teil das Geschäftsjahr betreffender Mietvorauszahlungen.

b. Die Gutschrift der zum Kalenderjahresende fälligen Zinsen aus einer Wertpapieranlage steht noch aus.

c. Das Abonnement für die Tageszeitung wird auf ein Jahr im Voraus bezahlt und betrifft teilweise den nachfolgenden Abrechnungszeitraum.

d. Einem Angestellten wird ein Gehaltsvorschuss gewährt, der erst im folgenden Abrechnungszeitraum zurückzuzahlen ist.

e. Die Zahlungsmittel aus den Provisionseinnahmen von Dezember gehen erst im Januar des folgenden Abrechnungszeitraums ein.

f. Für ein Darlehen werden im Dezember des laufenden Abrechnungszeitraums die Zinsen für den nachfolgenden Abrechnungszeitraum im Voraus abgebucht.

g. Die Telefonrechnung von Dezember des laufenden Abrechnungszeitraums muss im Januar des nachfolgenden Abrechnungszeitraums beglichen werden.

h. Die Kraftfahrzeugsteuer wird in der Mitte des Abrechnungszeitraums für die Dauer eine ganzen Jahres im Voraus entrichtet.

Fragen und Teilaufgaben

1. Was ist unter „transitorischen" Vorgängen zu verstehen, was unter „antizipativen"?

2. Ordnen Sie die oben genannten Ereignisse den Begriffen „antizipativ" und „transitorisch" zu! Skizzieren Sie die aus den Ereignissen resultierenden Buchungssätze in den betroffenen Geschäftsjahren!

Lösungshinweise zu den Fragen und Teilaufgaben

1. Die Begriffe ergeben sich aus dem Lehrtext.

2. Klassifikation der Ereignisse:

   a. Transitorisches Ereignis

   b. Antizipatives Ereignis

   c. Transitorisches Ereignis

   d. Keine Einkommenswirkung

   e. Antizipatives Ereignis

   f. Transitorisches Ereignis

   g. Antizipatives Ereignis

   h. Transitorisches Ereignis

Buchmäßige Behandlung zeitraumbezogener transitorischer Vorgänge   **Aufgabe 6.4**

Sachverhalt

Das Personenunternehmen Schmidt & Co., das kalenderjahresweise eine Bilanz und eine Einkommensrechnung erstellt, verwendet dazu die folgenden Gliederungsschemata:

	Schmidt & Co.	
Aufwand	**Einkommensrechnung vom ... bis ...**	**Ertrag**
Aufwand (Verkauf)	Ertrag (Verkauf)	
Aufwand (Nicht-Verkauf)	Ertrag (Nicht-Verkauf)	
Gewinn	Verlust	

Schmidt & Co.

Aktiva	Bilanz zum ...	Passiva
Ausstehende Einlagen	Eigenkapital vor Einkommensverrechnung	
Immaterielle Vermögensgüter	Rückstellungen	
Nicht abnutzbare Sachanlagen	Einkommen	
Abnutzbare Sachanlagen	Erhaltene Anzahlungen	
Geleistete Anzahlungen auf Sachanlagen	Verbindlichkeiten aus Einkauf	
Finanzanlagen	Sonstige Verbindlichkeiten	
Roh-, Hilfs- und Betriebsstoffe	Passive Rechnungsabgrenzungsposten	
Erzeugnisse, Handelsware		
Geleistete Anzahlungen auf Vorräte		
Forderungen aus Verkauf		
Sonstige Forderungen		
Vermögensgüter (Sonstige)		
Zahlungsmittel		
Aktive Rechnungsabgrenzungsposten		
Bilanzfehlbetrag		

Während der Abrechnungszeiträume X1 bis X3, die den jeweiligen Kalenderjahren entsprechen, seien die folgenden Ereignisse im Rechnungswesen zu berücksichtigen:

a. Die Kraftfahrzeugsteuer in Höhe von 5 800 GE wird am 2. Januar X1 vorab für das gesamte Geschäftsjahr bezahlt.

b. Das Unternehmen gewährt einem Mitarbeiter am 1. März X1 einen Gehaltsvorschuss in Höhe von 1 500 GE. Der Vorschuss wird bei der folgenden Gehaltszahlung am 1. April X1 mit den Personalausgaben in Höhe von 2 800 GE verrechnet. Das Gehalt steht nicht in einer Beziehung zu Erzeugnissen oder Handelsware.

c. Aus der Vermietung von Büroräumen entstehen dem Unternehmen jährlich Mieterträge in Höhe von 18 000 GE. Am 1. September X1 überweist der Mieter die Miete für ein halbes Jahr im Voraus.

d. Das Abonnement für eine Fachzeitung wird am 1. Oktober X1 für den Bezug zwischen dem 1.10.X1 und dem 30.9.X2 bezahlt. Die Zeitung kostet monatlich 20 GE.

e. Am 25. Juli X1 wird die Jahresprämie für die Brandschutzversicherung in Höhe von 480 GE per Verrechnungsscheck bezahlt. Der Versicherungszeitraum läuft vom 1.8.X1 bis zum 31.7.X2.

f. Das Unternehmen mietet am 30. Oktober X1 mit Wirkung ab 1. November X1 für fünf Jahre eine Lagerhalle an. Die Mietzahlung für die ersten beiden Jahre in Höhe von 7200 GE wird noch am 30. Oktober X1 entrichtet.

g. Am 1. November X1 gehen die Zinsen für einen Kredit ein, der einem Kunden gewährt wurde. Die Zinszahlung über 900 GE erfolgt vorab für ein Quartal.

Unterstellen Sie, das Geschäftsjahr entspreche dem Kalenderjahr und es gäbe keine Umsatzsteuer!

Fragen und Teilaufgaben

1. Ermitteln Sie die Zeitpunkte, für welche die Buchungen vorzunehmen sind!

2. Geben Sie jeweils die Buchungssätze an!

Lösungshinweise zu den Fragen und Teilaufgaben

1. Die Zeitpunkte der Buchungen ergeben sich aus den Einkommensermittlungsregeln und werden bei der Teilaufgabe 2 angegeben.

2. Bei der Erstellung der Buchungssätze ist darauf zu achten, dass für Verkaufsvorgänge immer zwei Buchungen vorgenommen werden. Die Buchungssätze selbst ergeben sich ohne weitere Probleme.

Rückstellungen und Rechnungsabgrenzungsposten   **Aufgabe 6.5**

Fragen und Teilaufgaben

1. Aus welchem Grund kann es notwendig sein, am Ende des Abrechnungszeitraums Rechnungsabgrenzungsposten im betriebswirtschaftlichen Sinne zu bilden?

2. Erläutern Sie den Begriff der Rückstellung! Grenzen Sie dabei Rückstellungen gegenüber den Rechnungsabgrenzungsposten ab!

3. Handelt es sich bei den im folgenden genannten Ereignissen um Rückstellungen, Rechnungsabgrenzungsposten oder um keinen der beiden genannten Fälle? Geben Sie die zugehörigen Buchungssätze für die relevanten Zeitpunkte an! Unterstellen Sie ein Unternehmen, das nicht umsatzsteuerpflichtig ist und dessen Abrechnungszeitraum dem Kalenderjahr entspricht!

    a. Ein Unternehmen leistet eine Mietzahlung für eine angemietete Werkshalle in Höhe von 12 000 GE am 1.10.X1 vorab für ein halbes Jahr.

    b. Aus einem laufenden Gerichtsverfahren rechnet das Unternehmen am Jahresende X1 mit Schadensersatzverpflichtungen in Höhe von 4200 GE. Am 28.2.X2 wird es zur Zahlung von 2400 GE verurteilt. Die Zahlung erfolgt noch am gleichen Tag.

    c. Für eine Maschine, die am 20. Januar X2 mit einer Rechnung über 100000 GE geliefert wird, leistet das Unternehmen am 9.12.X1 eine Anzahlung in Höhe von 15000 GE. Die Restzahlung erfolgt am 1.2.X2.

    d. Während des Abrechnungszeitraums X1 werden 5000 Stück eines Produkts X hergestellt. In die Herstellungsausgaben gehen nur die Ausgaben für die Arbeitsleistungen von Mitarbeiter A ein, die das Unternehmen mit 10000 GE belasten. Von den hergestellten Erzeugnissen wird die Hälfte noch in X1 am Markt abgesetzt, die andere Hälfte im Februar X2. Der jeweilige Verkaufspreis beträgt bei Barzahlung 7500 GE. Die am Ende von X1 noch nicht verkaufte Menge befindet sich am 31.12.X1 noch im Lager.

Lösungshinweise zu den Fragen und Teilaufgaben

1. Rechnungsabgrenzungsposten im betriebswirtschaftlichen Sinne sind erforderlich, um ein „zahlungsbezogenes Einkommen" in ein „bestandsorientiertes, leistungsabgabeorientiertes Einkommen" umzurechnen.

2. Eine Rückstellung stellt eine der Ursache oder Höhe nach unsichere, aber ansonsten bestimmbare rechtliche oder wirtschaftliche Verpflichtung gegenüber Dritten dar. Ein

Rechnungsabgrenzungsposten im Sinne des dHGB ist dagegen nicht mit Unsicherheiten behaftet.

3. Die Beschreibung der Vorgänge in Buchungssätzen lautet bei Verwendung des so genannten Umsatzkostenverfahrens:

Beleg	Datum	Ereignis und Konten	Soll	Haben
a1	1.10. X1	Mietvorauszahlung für sechs Monate		
		Aktive Rechnungsabgrenzungsposten	12000	
		Zahlungsmittel		12000
a2	31.12. X1	Korrekturbuchung für X1: Mietaufwand in X1 und Anpassung des aktiven Rechnungsabgrenzungspostens		
		Mietaufwand	6000	
		Aktive Rechnungsabgrenzungsposten		6000
a3	31.3. X2	Mietaufwand in X2 und Auflösung des aktiven Rechnungsabgrenzungspostens		
		Mietaufwand	6000	
		Aktive Rechnungsabgrenzungsposten		6000
b1	31.12. X1	Rückstellung wegen ungewisser Schadenersatzleistungen		
		Sonstiger Aufwand	4200	
		Rückstellungen		4200
b2	28.2. X2	Schadensersatzleistung		
		Rückstellungen	4200	
		Sonstiger Ertrag		1800
		Zahlungsmittel		2400
c1	9.12. X1	Anzahlung Maschine		
		Geleistete Anzahlung auf Sachanlagen	15000	
		Zahlungsmittel		15000
c2	20.1. X2	Erhalt Maschine		
		Maschine	100000	
		Geleistete Anzahlung auf Sachanlagevermögen		15000
		Verbindlichkeiten aus Einkauf		85000
c3	1.2. X2	Restzahlung Maschine		
		Verbindlichkeiten (Einkauf)	85000	
		Zahlungsmittel		85000

Beleg	Datum	Ereignis und Konten	Soll	Haben
d1	Jahr X1	Herstellung Produkt X		
		Erzeugnis X	10000	
		Zahlungsmittel		10000
d2	Jahr X1	Verkauf von Erzeugnissen X in X1		
		Zahlungsmittel	7500	
		Umsatzertrag (Verkauf)		7500
		Aufwand (Verkauf)	5000	
		Erzeugnis X		5000
d3	Jahr X2	Verkauf von Erzeugnissen X in X2		
		Zahlungsmittel	7500	
		Umsatzertrag (Verkauf)		7500
		Aufwand (Verkauf)	5000	
		Erzeugnis X		5000

Bei Verwendung des so genannten Gesamtkostenverfahrens wären die Buchungen des Sachverhalts d entsprechend anzupassen.

Verteilungsverfahren für die Anschaffungsausgaben abnutzbarer Sachanlagen   **Aufgabe 6.6**

Sachverhalt

Am 1.1. des Abrechnungszeitraums X1 wird eine neue Maschine zu Anschaffungsausgaben in Höhe von 200000 GE angeschafft. Die Maschine wird bar bezahlt. Ihre Nutzungsdauer wird auf fünf Jahre geschätzt. Der Veräußerungswert am Ende der erwarteten Nutzungszeit sei sehr niedrig und daher zu vernachlässigen. Die Maschine hat nach den Vorstellungen der Geschäftsleitung indirekt mit der Herstellung von Erzeugnissen zu tun. Die Geschäftsleitung strebt die Verwendung eines Marginalprinzips an.

Fragen und Teilaufgaben

1. Wie lautet der Buchungssatz beim Kauf der Maschine?

2. Welche Buchungen sind nach jeweils einem Geschäftsjahr der Nutzung vorzunehmen, wenn die Wertminderung der Maschine linear verteilt werden soll?

3. Inwieweit verändern sich die Buchungen aus Teilaufgabe 2, wenn die Wertminderung der Maschine nicht durch eine lineare, sondern durch eine geometrisch-degressive Abschreibung mit einem Prozentsatz von 20 % berücksichtigt wird?

4. Inwieweit verändern sich die Buchungen aus Teilaufgabe 2, wenn anstelle des linearen Verteilungsverfahrens das digitale Abschreibungsverfahren zur Berücksichtigung der Wertminderung angewendet wird?

5. Wie verändern sich die Buchungen der vorherigen Teilaufgaben, wenn die Geschäftsleitung anstelle des Marginalprinzips ein Finalprinzip verwenden möchte?

Lösungshinweise zu den Fragen und Teilaufgaben

1. Die Buchung beim Kauf der Maschine ist trivial.

2. Weil die Wertminderung keinen Bezug zu Erzeugnissen aufweist, ist die Abschreibung als Aufwand des Geschäftsjahres anzusetzen, in dem sie entstanden ist. Läge ein Bezug zu Erzeugnissen vor, so wäre die Abschreibung nicht als Aufwand des Zeitraums, in dem sie angefallen ist, zu behandeln. Sie käme erst als Umsatzaufwand in die Einkommensrechnung, wenn die Erzeugnisse verkauft werden.

3. Bei geometrisch-degressivem Verteilungsverfahren berechnet sich die Abschreibung aus einem im Zeitablauf gleichbleibenden Prozentsatz auf den jeweiligen Restbuchwert. Zum Ende der Nutzungsdauer ist der Restbuchwert *en bloc* abzuschreiben. Hinsichtlich der Behandlung in Einkommensrechnungen gelten die gleichen Aussagen wie bei Teilaufgabe 1.

4. Das digitale Verteilungsverfahren ist ein arithmetisch-degressives Verteilungsverfahren.

5. Bei Verwendung eines Finalprinzips bildet die Abschreibung einen Bestandteil der Herstellungsausgaben der Erzeugnisse.

Aufgabe 6.7   **Planmäßige Wertminderungen des abnutzbaren Vermögens**

Sachverhalt

Am 1.1. des Abrechnungszeitraums X1 werde eine neue Maschine zu Anschaffungsausgaben in Höhe von 200 000 GE angeschafft. Die Maschine wird bar bezahlt. Ihre Nutzungsdauer wird auf acht Jahre geschätzt. Der Veräußerungswert am Ende der erwarteten Nutzungszeit sei sehr niedrig und daher zu vernachlässigen. Die Maschine hat nach den Vorstellungen der Geschäftsleitung nichts mit der Herstellung von Erzeugnissen zu tun.

Fragen und Teilaufgaben

1. Wie lautet der Buchungssatz beim Kauf der Maschine?

2. Welche Buchungen sind nach jeweils einem Geschäftsjahr der Nutzung vorzunehmen, wenn die Maschine linear abgeschrieben werden soll?

3. Inwieweit verändern sich die Buchungen aus Teilaufgabe 2, wenn anstelle der linearen Abschreibungsmethode das geometrisch-degressive Verfahren mit einem Abschreibungssatz von 20 % zur Anwendung kommt?

4. Nehmen Sie an, die Geschäftsleitung habe das Ziel, in den ersten Nutzungszeiträumen ein möglichst niedriges Einkommen auszuweisen. Ermitteln Sie gemäß dieser Annahme auf nachvollziehbare Weise, welche der oben genannten Abschreibungsmethoden die Geschäftsleitung im Hinblick auf ihre Zielvorstellung während der Nutzungsdauer der Maschine anwenden sollte, beziehungsweise wann die Geschäftsleitung die Abschreibungsmethode gegebenenfalls wechseln sollte!

Lösung der Fragen und Teilaufgaben

1. Buchungssatz beim Kauf:

Beleg	Datum	Ereignis und Konten	Soll	Haben
	1.1.X1	Kauf einer Maschine		
		Maschine	200000	
		Zahlungsmittel		200000

2. Der Betrag der linearen Abschreibung beläuft sich bei 200000 GE Anschaffungsausgabe und acht Jahren Nutzungsdauer jährlich auf 25000 GE. Buchungen (spätestens) zum Ende jedes Geschäftsjahres bei gleichmäßiger Verteilung der Anschaffungsausgaben über die Einkommensrechnungen der Nutzungsjahre (lineare Abschreibung):

Beleg	Datum	Ereignis und Konten	Soll	Haben
	31.12.	Abschreibung auf Maschine		
		Planmäßige Abschreibung (Maschine)	25000	
		Maschine		25000

3. Buchungen (spätestens) zum Ende jedes Geschäftsjahres bei geometrisch-degressiver Verteilung (20 %) der Anschaffungsausgaben über die Einkommensrechnungen der Nutzungsjahre (geometrisch-degressive Abschreibung mit 20 %):

Beleg	Datum	Ereignis und Konten	Soll	Haben
	31.12. X1	Planmäßige Abschreibung auf Maschine		
		Planmäßige Abschreibung (Maschine)	40000	
		Maschine		40000
	31.12. X2	Planmäßige Abschreibung auf Maschine		
		Planmäßige Abschreibung (Maschine)	32000	
		Maschine		32000
	31.12. X3	Planmäßige Abschreibung auf Maschine		
		Planmäßige Abschreibung (Maschine)	25600	
		Maschine		25600
	31.12. X4	Planmäßige Abschreibung auf Maschine		
		Planmäßige Abschreibung (Maschine)	20480	
		Maschine		20480
	31.12. X5	Planmäßige Abschreibung auf Maschine		
		Planmäßige Abschreibung (Maschine)	16384	
		Maschine		16384
	31.12. X6	Planmäßige Abschreibung auf Maschine		
		Planmäßige Abschreibung (Maschine)	13107	
		Maschine		13107

Beleg	Datum	Ereignis und Konten	Soll	Haben
	31.12. X7	Planmäßige Abschreibung auf Maschine		
		Planmäßige Abschreibung (Maschine)	10 486	
		Maschine		10 486
	31.12. X8	Planmäßige Abschreibung auf Maschine		
		Planmäßige Abschreibung (Maschine)	8 389	
		Maschine		8 389
	31.12. X8	Außerplanmäßige Abschreibung auf Maschine		
		Außerplanmäßige Abschreibung (Maschine)	33 554	
		Maschine		33 554

4. Nach dem vierten Jahr sollte man von der geometrisch-degressiven Abschreibungs-methode zur linearen Abschreibungsmethode wechseln. Dieses Ergebnis erhält man, wenn die Abschreibungsbeträge aus Teilaufgabe 3 mit denjenigen Beträgen vergleicht, die sich bei einer gleichmäßigen Verteilung des jeweiligen Restbuchwertes auf die Zeit der restlichen Nutzung ergibt.

Aufgabe 6.8 **Wertminderungen beim materiellen Vermögen**

Sachverhalt

In einem Abrechnungszeitraum ereignen sich die folgenden unvorhergesehenen Wertminderungen:

a. Der Wert eines Grundstücks sinkt vermutlich dauerhaft um 30 000 GE.

b. Um eine Maschine mit dem ihr am Bilanzstichtag beizulegenden Wert anzusetzen, ist eine Wertminderung in Höhe von 5 000 GE vorzunehmen.

c. Die entschädigungslose Enteignung einer Auslandsbeteiligung durch Verstaatlichung bedeutet einen Verlust des gesamten Werts der Auslandsbeteiligung, die mit 65 000 GE zu Buche stand.

d. Die Rohölpreise sind so gesunken, dass der Bestand an Roh-, Hilfs- und Betriebsstoffen um 12 000 GE niedriger anzusetzen ist, wenn man mit dem Wertansatz den Marktwert am Bilanzstichtag nicht überschreiten möchte.

Nehmen Sie an, keine der Wertangaben stehe in Bezug zu Erzeugnissen oder Dienstleistungen.

Fragen und Teilaufgaben

Wie sind die in den oben angegebenen Ereignissen bezeichneten Wertanpassungen zu verbuchen? Geben Sie die Buchungssätze an!

Lösung der Fragen und Teilaufgaben

Die Lösung ergibt sich aus den folgenden Buchungssätzen:

Beleg	Datum	Ereignis und Konten	Soll	Haben
		Wertverfall Grundstück		
		Aufwand (Abschreibung Grundstück)	30 000	
		Grundstück		30 000
		Wertverfall Maschine		
		Aufwand (Abschreibung Maschine)	5 000	
		Maschine		5 000
		Wertverfall Beteiligung		
		Aufwand (Abschreibung Beteiligung)	65 000	
		Wertpapiere des Anlagevermögens		
		(Beteiligungen)		65 000
		Wertverfall Roh-, Hilfs- und Betriebsstoffe		
		Aufwand (Roh-, Hilfs- und Betriebsstoffe)	12 000	
		Roh-, Hilfs- und Betriebsstoffe		12 000

7 Ermittlung von Finanzberichten

Lernziele

Nach dem Studium dieses Kapitels sollten Sie in der Lage sein,

- eine korrigierte Saldenaufstellung zur Erstellung von Finanzberichten zu verwenden,
- den Zusammenhang zwischen der Struktur von Finanzberichten und dem Arbeitsumfang zu deren Erstellung zu durchschauen,
- das Vorgehen bei der Erstellung von Finanzberichten zu beherrschen,
- Vermögensgüter- und Fremdkapitalposten, Erträge und Aufwendungen sowie Einlagen und Entnahmen entsprechend der Inhalte von Finanzberichten aufzubereiten und

Kennzahlen der Struktur der Vermögensgüter und des Kapitals zur Beurteilung von Unternehmen zu verwenden.

Überblick

In den bisherigen Kapiteln wurde gezeigt, dass man während des Abrechnungszeitraums Geschäftsvorfälle definieren und diese zur Vornahme von Buchungen verwenden kann. Es wurde auch gezeigt, dass nicht alle für die Buchführung relevanten Ereignisse als Geschäftsvorfälle erfasst werden können. Aufgrund der Regelungen sind manche Ereignisse abzubilden, die sich nicht in physischen oder rechtlichen Vorgängen im Unternehmen niederschlagen. Solche Vorgänge, beispielsweise Marktpreisänderungen von Vermögensgütern oder Wertveränderungen von Fremdkapitalposten, muss der Bilanzierer aus einem Vergleich von Buchwerten mit Marktwerten gewinnen, bevor er sie verbuchen kann. In allen Fällen werden die Finanzberichte direkt aus den Zahlen der Buchführung hergeleitet.

Den letzten Buchungen, die ein Geschäftsjahr betreffen, schließt sich die Erstellung von Finanzberichten an. Diese Arbeiten zur Ermittlung von Finanzberichten rechnen wir hier der Buchführung zu. Im Folgenden werden die entsprechenden Arbeiten getrennt für eine Einkommensrechnung, für eine Eigenkapitaltransferrechnung, für eine Eigenkapitalveränderungsrechnung, für eine Bilanz, für einen Anlagespiegel sowie für eine Kapitalflussrechnung gezeigt.

7.1 Grundlagen

In einem neu gegründeten Unternehmen beginnt der Prozess der Buchführung mit der Gestaltung eines Kontenplans. Danach werden diesem Plan entsprechend die benötigten Konten eingerichtet. In einem bereits bestehenden Unternehmen werden nur diejenigen Konten eingerichtet, die neu benötigt werden. Während des Abrech-

Arbeitsschritte der Buchführung für einen Abrechnungszeitraum

nungszeitraums werden die finanziellen Konsequenzen von Geschäftsvorfällen in einem Journal und auf den Konten abgebildet. Zum Ende eines Abrechnungszeitraums sind die sich daraus ergebenden Endbestände der Vermögensgüter und der Fremdkapitalposten um die finanziellen Konsequenzen anderer relevanter Ereignisse zu korrigieren. Dazu kann es nötig sein, weitere Buchungen zur Korrektur von Beständen vorzunehmen. Die Endbestände einzelner Gruppen von Konten sind danach so zusammenzufassen, wie es die Finanzberichte erfordern. Unterkonten, die man nicht mehr benötigt, werden „abgeschlossen", indem man den Saldo auf das zugehörige Oberkonto so „überträgt", dass das Unterkonto anschließend einen Saldo von null aufweist. Wenn man im Beispiel die im April entstandenen Unterkonten für Einlagen und Entnahmen des Karl Gross im nachfolgenden Abrechnungszeitraum Mai nicht mehr benötigt, bietet es sich an, die Salden beider Unterkonten auf ein Oberkonto *Eigenkapital Karl Gross* zu übertragen. Die Unterkonten werden dadurch auf null gesetzt und sind somit irrelevant. Die Konten *Einlagen (April)* und *Entnahmen (April)* braucht man dann nicht mehr weiter zu betrachten, weil sich die Angaben auf dem Oberkonto *Eigenkapital Karl Gross* finden. Die Unterkonten können im Archiv zu Dokumentationszwecken abgelegt werden.

Abschlussbuchungen

Eine Buchung, mit der man den Saldo der Kontenspalten auf null setzt, bewirkt, dass der Kontostand auf dem Gegenkonto erscheint. Man überträgt damit den Kontensaldo auf ein anderes Konto. Derartige Übertragungen von Kontensalden sind – wie alle anderen relevanten Ereignisse – im Journal aufzuzeichnen, bevor sie gebucht werden. Derartige Buchungen nennt man Abschlussbuchungen, weil damit ein Konto „abgeschlossen" wird.

Abschluss aller Konten

In Lehrbüchern des betriebswirtschaftlichen Rechnungswesens wird häufig vorgeschlagen, zum Ende eines Abrechnungszeitraums nicht nur Unterkonten, sondern alle Konten der Einkommensrechnung und der Bilanz „abzuschließen". Die Konten der Einkommensrechnung werden dann auf das *Einkommenskonto* gebucht, die Konten der Bilanz auf das sogenannte *Schlussbilanzkonto*. Danach braucht man nur noch den Saldo des *Einkommenskontos* auf das Eigenkapitalkonto zu übertragen. Zu Beginn des nachfolgenden Abrechnungszeitraums müssen dann diese Informationen wieder auf neue Konten übertragen werden, welche den neuen Abrechnungszeitraum betreffen. Man spricht dann im Gegensatz zu den Abschlussbuchungen von Eröffnungsbuchungen.

Abschluss nur temporärer Konten

In der Praxis geht man oft etwas anders vor. Man schließt nur Konten ab, die man nicht mehr benötigt; alle Konten, deren Inhalt auch in der Zukunft interessant ist, behält man dagegen bei. Für die Zukunft uninteressant sind die Konten der Einkommensrechnung und der Eigenkapitaltransfers des abgelaufenen Abrechnungszeitraums, weil man sie im nachfolgenden Abrechnungszeitraum für die Buchführung wieder neu mit Inhalt füllt. Die Bilanzkonten schließt man nicht ab, weil sie auch später noch benötigt werden. So kann man beispielsweise auch in nachfolgenden Abrechnungszeiträumen – ohne Gang ins Archiv – feststellen, wann in der Vergangenheit Forderungen entstanden sind und wann die zugehörigen Zahlungen eingegangen sind. Bei so einem Vorgehen unterscheidet man temporäre Konten von permanenten Konten. Temporäre Konten verwendet man nur für einen einzigen Abrechnungszeitraum, permanente dagegen so lange, wie das Vermögensgut oder der Kapitalposten existiert. Die temporären Konten schließt man zum Ende jedes Abrechnungszeitraums ab, die permanenten behält man unverändert bei.

Der Umfang der Arbeiten, die nach Berücksichtigung aller Geschäftsvorfälle und aller anderen relevanten Ereignisse anfallen, hängt davon ab, um welchen Finanzbericht es sich handelt, aus welchen Posten er besteht und welche oder wie viele Konten in der Buchführung für den jeweiligen Finanzbericht vorgesehen sind.

Umfang der Arbeiten abhängig von Struktur der Finanzberichte und Konten der Buchführung

Bilanzen und Einkommensrechnungen, aber auch die anderen Finanzberichte, lassen sich auf zwei Arten darstellen. Bei der einen Art, der Kontoform, stellt man die Vermögensgüter und das Kapital wie auf einem T-Konto gegenüber. Diese Form wurde bei den Bilanzen für die Unternehmensberatung Karl Gross verwendet. Sie lässt sich auch auf die anderen Finanzberichte anwenden. Die andere Art besteht darin, die Posten eines Finanzberichts untereinander aufzulisten, beispielsweise in einer Bilanz die Kapitalposten im Anschluss an die Vermögensgüter anzugeben. Diese Form wird als Berichtsform bezeichnet. Sie liegt der im ersten Kapitel angegebenen Bilanz der *Deutsche Telekom AG* zu Grunde.

Konto- und Berichtsform

Die Berichtsform besitzt gegenüber der Kontoform zwei Vorteile, von denen gewöhnlich nur einer genutzt wird. Der erste besteht darin, dass das Papier, auf dem die Bilanz gedruckt wird, weniger breit sein muss als bei der Kontoform. Man kann sich für den Druck längere und damit genauere Postenbezeichnungen leisten. Der zweite Vorteil ist der, dass man zusammengehörige Vermögensgüter und Kapitalposten unmittelbar untereinander, eventuell mit Saldenbildung, ausweisen könnte. Beispielsweise könnte man daran denken, den Vermögensgütern, für deren Anschaffung ein Kredit aufgenommen wurde, das Fremdkapital gegenüberzustellen, das aus dieser Kreditaufnahme noch besteht. Dieser zweite Vorteil der Berichtsform wird bislang, vielleicht wegen entsprechender Gliederungsvorschriften, nicht wahrgenommen. Der Vorteil der Kontoform hingegen mag darin bestehen, dass die vom T-Konto gewohnte Übersichtlichkeit erhalten bleibt.

Vorteile beider Gestaltungsformen

7.2 Einfluss der Struktur von Finanzberichten auf den Arbeitsumfang

7.2.1 Einkommensrechnung

Der Aussagegehalt einer Einkommensrechnung hängt wesentlich davon ab, wie tief man die Erträge und Aufwendungen eines Unternehmens untergliedert und wie man sie zu Gruppen zusammenfasst. Wir unterstellen, die Buchführung habe Ereignisse mindestens auf den Konten abgebildet, die für die gewünschte Einkommensrechnung benötigt werden.

Übersicht

Die Betriebswirtschaftslehre liefert etliche Anregungen dazu, wie man eine Einkommensrechnung aufbauen kann. Besonders hervorzuheben, aber in der Praxis völlig ungebräuchlich ist ein Konzept, bei dem man Erträge und Aufwendungen zunächst jeweils danach unterteilt, ob sie realisiert sind oder nicht. Ein anderes Konzept ordnet sie danach, ob sie mit der Abgabe von Leistungen an Marktpartner zusammenhängen oder nicht. Ein

Betriebswirtschaftliche Anregungen

ebenfalls aussagefähiges Konzept besteht darin, die Einkommensrechnung jeweils getrennt für den operativen, den investitionsorientierten und den finanziellen Bereich auszuweisen. Wiederum anders hat man vorzugehen, wenn man die regelmäßig gefüllten Posten getrennt von den unregelmäßig gefüllten Posten unterscheiden möchte. Eine gedankliche Ebene tiefer wird empfohlen, die Aufwendungen getrennt danach aufzuführen, ob sie mit der Veränderung der Absatzmenge variieren oder nicht.

Berichtspraxis　　Hinter solchen betriebswirtschaftlichen Vorschlägen bleibt die Praxis zurück. Insbesondere sucht man Angaben zur Veränderlichkeit mit der Absatzmenge vergeblich. Die meisten Unternehmen geben nicht mehr Posten an als die nach der Mindestgliederung des Rechtskreises, in dem sie sich befinden, geforderten Informationen.

Problematik des „Gesamtkostenverfahrens"　　Problematisch erscheint, dass das dHGB sogar Einkommensrechnungen gestattet, nach denen die Aufwendungen noch nicht einmal zu untergliedern sind. Dies gilt unter den folgenden, vom Unternehmen beeinflussbaren Bedingungen: Bei Anwendung des sogenannten Gesamtkostenverfahrens werden immer dann, wenn der Bestand an Vermögensgütern sich verändert hat, nicht die Aufwendungen untergliedert angegeben, sondern die Ausgaben. Nur die gesamten Aufwendungen kann man aus einer solchen Einkommensrechnung in einer einzigen Zahl herleiten. Dazu muss man aber zuvor diese Ausgaben um den Wert der Bestandsveränderungen korrigieren. Mangels entsprechender Angaben gelingt die Umrechnung von Ausgaben in Aufwand also regelmäßig nicht für einzelne Posten, sondern nur für den Gesamtbetrag.

Problematik des „Umsatzkostenverfahrens"　　Einkommensrechnungen nach dem sogenannten Umsatzkostenverfahren sind nicht mit diesem Nachteil behaftet. In der Praxis werden in solchen Rechnungen die Aufwendungen oft nur spärlich untergliedert. Die Einkommensrechnung der *Deutsche Telekom AG*, die wir im ersten Kapitel kennengelernt haben, stellt eine auf das dHGB bezogene Einkommensrechnung in der Form des Umsatzkostenverfahrens dar.

Arbeitsumfang　　Die Arbeiten zur Erstellung einer Einkommensrechnung unterscheiden sich je nachdem, ob ein Konzern vorliegt oder nicht. Aus Vereinfachungsgründen unterstellen wir, dass kein Konzern vorliegt. Die Arbeiten variieren ferner mit der gewählten Methode. Man wird entweder (1) die Endbestände von den Konten ablesen, sie in ein Schema für eine Einkommensrechnung eintragen und für den neuen Abrechnungszeitraum neue Konten einrichten oder (2) alle Konten der Einkommensrechnung über ein *Einkommenskonto* „abschließen" und dann für den neuen Abrechnungszeitraum neue Konten einrichten. Das *Einkommenskonto* enthält beim zweiten Fall die gesamte Einkommensrechnung in Kontoform.

7.2.2 Eigenkapitaltransferrechnung

Analoges Vorgehen wie bei Einkommensrechnung　　Eigenkapitalveränderungen entstehen in einem Unternehmen nicht nur durch das Einkommen, sondern auch durch Einlagen und Entnahmen der Unternehmer, durch sogenannte Eigenkapitaltransfers. Wenn nicht nur ganz wenige solcher Eigenkapitaltransfers stattfinden, ist es sinnvoll, diese in einer Eigenkapitaltransferrechnung zusammenzufassen. Bei Kapitalgesellschaften wird es normalerweise nur wenige solcher Eigenkapitaltransfers geben. Dann erstellt man nur selten einen eigenen Finanzbericht; man bucht stattdessen die Beträge direkt gegen das Eigenkapital. Bei Unternehmen, die keine Kapitalgesellschaften sind, muss man mit wesentlich mehr Eigenkapitaltransfers rechnen. Diese fasst man dann auf einem speziell dafür eingerichteten Konto zusammen. Dieses Konto wird üblicherweise als *Privatkonto* bezeichnet. Eigenkapitaltransfers kann man (1) von den Konten ablesen und in eine Eigenkapitaltransferrechnung übertragen oder (2) auf einem speziellen *Eigenkapitaltransferkonto* als Oberkonto zu *Einlagen* und *Entnahmen* zusammenfassen oder (3) direkt auf das *Eigenkapitalkonto* übertragen.

7.2.3 Eigenkapitalveränderungsrechnung

In der Praxis werden Bilanzen aufgestellt, aus denen lediglich das aktuelle Eigenkapital, untergliedert nach eingelegtem Kapital und nach Rücklagen, ersichtlich wird. Für Informationen über die Entwicklung des Eigenkapitals im Zeitablauf ist man über die Bilanz hinaus zusätzlich auf eine Eigenkapitalveränderungsrechnung angewiesen.

Ausweispraxis

Aussagefähig ist es, wenn in einem Finanzbericht das Eigenkapital zu Beginn des Abrechnungszeitraums und dessen Veränderungen während des Abrechnungszeitraums hervorgehen. Der Aussagegehalt wird noch gesteigert, wenn das Eigenkapital zu Beginn des Abrechnungszeitraums danach unterteilt wird, ob es von den Anteilseignern eingebracht wurde (gezeichnetes Kapital und Kapitalrücklagen) oder ob es sich um die nicht ausgeschütteten Einkommensbestandteile vergangener Abrechnungszeiträume (Gewinnrücklagen) handelt.

Quellen von Eigenkapitaländerungen

Die Arbeiten der Erstellung einer Eigenkapitalveränderungsrechnung werden davon geprägt, ob ein Konzern vorliegt oder nicht. Aus Vereinfachungsgründen unterstellen wir, es läge kein Konzern vor. Die Arbeiten hängen ferner von der Menge an Eigenkapitalposten ab, die berücksichtigt werden. Hinsichtlich der Technik, die benötigten Zahlen aus einer Buchführung zu ermitteln, unterscheiden sie sich aber nicht, soweit die Veränderungen in der Buchführung auf Unterkonten angegeben sind. Die einzelnen Veränderungen sind zu den Posten zusammenzufassen, die in der Bilanz benötigt werden. Die Eigenkapitalveränderungsrechnung erstellt man zweckmäßigerweise durch Ablesen von den Eigenkapitalunterkonten.

Arbeitsumfang

7.2.4 Bilanz

Für die Posten von Bilanzen gibt es je nach Regelungskreis unterschiedliche Klassifikationen. Gemäß den *IFRS* und den *US-GAAP* werden „kurzfristige" von „langfristigen" Posten unterschieden. Als kurzfristig gelten alle Posten, deren Dauer im Unternehmen das Ende des Abrechnungszeitraums nicht übersteigt, als langfristig alle anderen. Die Liste der mindestens anzugebenden Posten ist kurz und allgemein gehalten.

Klassifikation nach *IFRS* und *US-GAAP*

Im dHGB werden drei unterschiedliche Postenschemata vorgesehen, ein Schema für Industrie-, Handels- und Verkehrsunternehmen, eines für Banken und eines für Versicherungen. Wir konzentrieren uns hier auf das Schema für Industrie-, Handels- und Verkehrsunternehmen. Die Aktivseite wird dabei in Anlage- und Umlaufvermögen unterteilt. Bei Kreditinstituten ist eine Gliederung nach abnehmender Liquidität der Posten vorgeschrieben, bei Industrie- und Handelsunternehmen eine nach zunehmender Liquidität. Liquidität gilt als eine Maßgröße dafür, wie gut man tendenziell einen Posten in Zah-

Klassifizierung nach dHGB

lungsmittel umwandeln kann. Forderungen aus Verkäufen beispielsweise gelten als ziemlich liquide, weil man den daraus erwarteten Zahlungsmitteleingang in naher Zukunft erwartet. Büromaterial erscheint hingegen weniger liquide als Forderungen. Betriebs- und Geschäftsausstattungen oder Gebäude sind nur unter besonderen Anstrengungen in Zahlungsmittel zu verwandeln; ihr Liquiditätsgrad gilt daher als gering.

Nutzen von Information über Liquidität

Die Nutzer finanzieller Berichte sollten an solchen Informationen über die Liquidität interessiert sein, weil Unternehmen häufig in Probleme geraten, wenn die Zahlungsmittel knapp werden. Nutzer möchten oftmals wissen, wie gut ein Unternehmen Vermögensgüter in Zahlungsmittel umwandeln kann oder wann Fremdkapital zurückzuführen ist.

Vermögensgüter

Klassifikation nach Wirtschaftskreislaufgedanken

Eine häufig anzutreffende Unterscheidung ist diejenige nach kurz- und langfristig gebundenen Vermögensgütern (*current assets, non current assets*) oder die nach Anlage- und Umlaufvermögen.

"Kurz- und langfristige" Vermögensgüter

Als „kurzfristig" werden Vermögensgüter bezeichnet, die innerhalb eines Abrechnungszeitraums oder des normalen Wirtschaftskreislaufs eines Unternehmens (*operating cycle*) zu Zahlungsmitteln werden. Forderungen aus dem Verkauf von Vermögensgütern und Dienstleistungen, Forderungen aus Vorauszahlungen, Aktive Rechnungsabgrenzungsposten und Büromaterial gehören meistens zu solchen Vermögensgütern. Andere Vermögensgüter, beispielsweise die Gebäude, in denen ein Unternehmen betrieben wird, gelten als langfristig. Für die Unterteilung nach kurz- und langfristigen Vermögensgütern ist die Zeit maßgeblich, während der sich der Posten im Unternehmen befindet.

Umlaufvermögen, Kreislaufgedanke

Bei der Unterteilung nach Anlage- und Umlaufvermögen ist die Rolle des Vermögensguts im Absatz- und Beschaffungskreislauf ausschlaggebend. Vermögensgüter, die direkt in den Absatz- und Beschaffungskreislauf eingebunden sind, werden als Umlaufvermögen bezeichnet. Sie unterscheiden sich vom Anlagevermögen und damit von solchen Vermögensgütern, die nur indirekt mit dem Absatz- und Beschaffungskreislauf zusammenhängen, die also dazu dienen, den Absatz- und Beschaffungskreislauf aufrechtzuerhalten. Der direkte Absatz- und Beschaffungskreislauf besteht darin, dass beispielsweise Geld zur Beschaffung von Roh-, Hilfs- und Betriebsstoffen oder Handelsware verwendet wird oder auch zur Bezahlung von Beschäftigten, die daraus Erzeugnisse herstellen und veräußern oder Handelsware verkaufen. Mit dem Verkauf verschwinden die Erzeugnisse oder die Handelsware, und man erhält dafür entweder Bargeld oder Forderungen auf zukünftige Zahlung von Bargeld. Geht das Bargeld auf eine Forderung ein, so erlischt die Forderung. Das Bargeld kann erneut in den Kreislauf gesteckt werden. Alle Vermögensgüter, die direkt mit diesem Kreislauf zu tun haben, werden als Vermögensgüter des Umlaufvermögens bezeichnet. Im englischen Sprachraum verwendet man anstatt dieses Kreislaufkonzepts nur die Fristigkeit, die bis zur Zahlungsmittelwerdung verstreicht, man spricht von *current assets*. Dem Leser sollte klar sein, dass viele Vermögensgüter des Umlaufvermögens zugleich *current assets* sind, dass die Kriterien sich aber unterscheiden.

Anlagevermögen

Die andere Art von Vermögensgütern umfasst diejenigen, die nicht oder nur indirekt in den Absatz- und Beschaffungskreislauf eingebunden sind. Grundstücke, Gebäude, Maschinen und die Büro- und Geschäftsausstattung zählen meist zu solchen Vermögensgütern, die direkt nichts mit dem oben genannten Kreislauf zu tun haben, die jedoch zur Aufrechterhaltung des Beschaffungs- und Absatzkreislaufs nötig sind. Solche Vermögensgüter sind nicht zum Verkauf bestimmt. Sie dienen langfristig dem Unternehmen. Deswegen bezeichnet man sie auch als Vermögensgüter des Anlagevermögens. Demgegenüber ergeben sich die *non current assets* des englischen Sprachraums normalerweise, wenn die Frist bis zur Zahlungsmittelwerdung ein Jahr übersteigt.

Die Unterteilung von Vermögensgütern in Anlage- und Umlaufvermögen erschwert die Analyse von Geschäftsvorfällen, weil nicht mehr nur der Name des Vermögensguts zur Klassifikation ausreicht. Man muss auch die Funktion des Vermögensguts bezüglich des oben genannten Kreislaufs kennen. Das sei an einigen einfachen Beispielen erläutert: Sie betreiben eine Schreibwarenhandlung. Ein Kugelschreiber gehört zum Umlaufvermögen, wenn Sie gedenken, ihn zu verkaufen. Er gehört zum Anlagevermögen, wenn Sie ihn zum Schreiben von Rechnungen, Quittungen oder für andere Tätigkeiten in Ihrem Unternehmen verwenden. Ähnliche Überlegungen sind für die Autos einer Spedition anzustellen, die auch mit gebrauchten Lastkraftwagen handelt, oder für die Maschinen einer Maschinenfabrik, von denen einige verkauft und andere selbst genutzt werden.

Zuordnung zu Anlage- oder Umlaufvermögen hängt nicht von Art des Vermögensguts, sondern von seiner Funktion im Unternehmen ab

Fremdkapital

Das Fremdkapital wird nach seiner Liquiditätsnähe unterteilt, und zwar in kurz- und in langfristig fälliges Kapital. Als kurzfristig fällig gilt es, wenn es innerhalb eines Abrechnungszeitraums oder innerhalb eines Absatz- und Beschaffungszeitraums zurückzuzahlen ist. Verbindlichkeiten aus dem Einkauf, Gehaltsverbindlichkeiten, erhaltene Vorauszahlungen für noch zu erbringende Leistungen oder passive Rechnungsabgrenzungsposten stellen beispielsweise kurzfristig fälliges Fremdkapital dar. Alle übrigen Fremdkapitalposten, deren Rückzahlung normalerweise über einen Abrechnungszeitraum oder über den Zeitraum eines normalen Absatz- und Beschaffungszeitraums hinausgeht, gelten als langfristig fällig.

Klassifikation nach relativer Liquidität im Sinne der Fristigkeit

Die Bilanz der Unternehmensberatung Karl Gross wurde bis jetzt ohne Bezug zu einer spezifischen Gliederung oder Gruppierung von Vermögensgütern und Fremdkapitalposten angegeben. Eine Darstellung, in der die gerade beschriebene Klassifikation nach abnehmender Liquiditätsnähe berücksichtigt wird, ist aus Abbildung 7.1, Seite 280, ersichtlich. Auf der rechten Bilanzseite wird hier das Eigenkapital nach dem Fremdkapital aufgeführt, weil Eigenkapitalgeber keinen Rückzahlungsanspruch besitzen und das Eigenkapital daher dem Unternehmen länger zur Verfügung steht als das Fremdkapital.

Beispiele

Eine Unterteilung der Vermögensgüter nach dem Kreislaufgedanken mit zunehmender Liquidität hingegen hätte für Karl Gross beispielsweise zur Unterscheidung von Anlage- und Umlaufvermögen und damit zu einem Bilanzausweis gemäß Abbildung 7.2, Seite 280, geführt. Die Angabe des Eigenkapitals vor dem Fremdkapital folgt aus der Gliederung nach zunehmender Liquidität der aufgeführten Posten.

Unterteilung von Vermögensgütern und Fremdkapitalposten

Das deutsche Bilanzrecht gibt eine Bilanzgliederung vor. Für Personengesellschaften und Personenunternehmen werden deutlich weniger Details verlangt als für Kapitalgesellschaften. Die linke Bilanzseite wird im deutschsprachigen Raum mit dem Begriff „Aktiva" überschrieben, die rechte mit „Passiva"; in den USA wird die linke Bilanzseite mit *assets*, die rechte mit *liabilities and stockholders' equity* bezeichnet.

Bilanzschema

Unternehmensberatung Karl Gross
Bilanz zum 30. April X1

Aktiva		Passiva	
Kurzfristig liquide Vermögensgüter		Kurzfristig fälliges Fremdkapital	
Zahlungsmittel	100 000 GE	Verbindlichkeiten (Einkauf)	2000 GE
Forderungen (Verkauf)	5500 GE	Verbindlichkeiten (Gehalt)	1500 GE
Aktiver Rechnungsabgrenzungsposten	2000 GE	Passiver Rechnungsabgrenzungsposten	10 000 GE
Büromaterial	1500 GE		
Langfristig liquide Vermögensgüter		Langfristig fälliges Fremdkapital	0 GE
Möbel 12 000 GE			
– Kumulierte Abschr. (Möbel) –250 GE	11 750 GE	Eigenkapital Karl Gross	137 250 GE
Grundstück	30 000 GE		
Gesamte Vermögensgüter	150 750 GE	Gesamtes Fremd- und Eigenkapital	150 750 GE

Abbildung 7.1: Bilanz der Unternehmensberatung Karl Gross mit Klassifikation der Vermögensgüter und des Fremdkapitals nach abnehmender Liquiditätsnähe

Unternehmensberatung Karl Gross
Bilanz zum 30. April X1

Aktiva			Passiva	
Güter des Anlagevermögens			Eigenkapital Karl Gross	137 250 GE
Grundstück		30 000 GE		
Möbel	12 000 GE		Langfristig fälliges Fremdkapital	0 GE
– Kumulierte Abschr. (Möbel)	–250 GE	11 750 GE	Kurzfristig fälliges Fremdkapital	
Güter des Umlaufvermögens			Verbindlichkeiten (Einkauf)	2000 GE
Zahlungsmittel		100 000 GE	Verbindlichkeiten (Gehalt)	1500 GE
Forderungen (Verkauf)		5500 GE	Passiver Rechnungsabgrenzungsposten	10 000 GE
Aktiver Rechnungsabgrenzungsposten		2000 GE		
Büromaterial		1500 GE		
Gesamte Vermögensgüter		150 750 GE	Gesamtes Fremd- und Eigenkapital	150 750 GE

Abbildung 7.2: Bilanz der Unternehmensberatung Karl Gross mit Klassifikation der Vermögensgüter und des Fremdkapitals nach Wirtschaftskreislauf sowie nach zunehmender Liquiditätsnähe

Beispiel der Bilanz der Deutschen Telekom   Im ersten Kapitel wurde bereits die tatsächliche Bilanz eines deutschen Unternehmens vorgestellt. Diese Bilanz hieß „Konzern-Bilanz", weil sie nicht nur die Vermögensgüter und das Kapital der *Deutsche Telekom AG* umfasste, sondern die Vermögensgüter und das Kapital der als ökonomisch selbstständige Wirtschaftseinheit aufgefassten *Deutsche Telekom AG.* Mit den meisten Postenbezeichnungen dieser Bilanz sind Sie bereits vertraut, zumindest können Sie sich etwas darunter vorstellen. Lediglich zum Eigenkapital und Einkommen sind einige Anmerkungen zu machen. Der Posten „Konzernüberschuss" entspricht der Größe, die wir in diesem Buch als Einkommen bezeichnet haben. Sie stellt in der Bilanz der *Deutsche Telekom AG* das Einkommen dar, das für die Eigenkapitalgeber der *Deutsche Telekom AG* erwirtschaftet wurde. Der Posten „Anteile anderer Gesellschafter" enthält diejenigen Teile des Eigenkapitals von Untergesellschaften, so genannten Tochtergesellschaften, (inklusive des auf Tochtergesellschaften entfallenden Einkommens) der *Deutsche Telekom AG*, die auf andere Aktionäre als die *Deutsche Telekom AG* entfallen.

Die Arbeiten zur Erstellung einer Einkommensrechnung unterscheiden sich danach, ob wir es mit einem Konzern zu tun haben oder nicht. Zur Vereinfachung unterstellen wir hier, es läge kein Konzern vor. Ferner spielt der Umfang der Posten eine Rolle, die in einer Bilanz abgebildet werden sollen. Hinsichtlich der Technik, die benötigten Zahlen aus der Buchführung zu ermitteln, kann man – wie bei der Einkommensrechnung – alle Bilanzkonten auf einem Schlussbilanzkonto „abschließen". Alternativ dazu bietet es sich an, kein einziges Bilanzkonto zu verändern und nur die Bestände zum Ende des Abrechnungszeitraums für die Bilanz abzulesen. Wählt man die erstgenannte Methode, dann erhält man auf dem *Schlussbilanzkonto* eine vollständige Bilanz in Kontoform. Da man so im alten Abrechnungszeitraum alle Bilanzkonten „abgeschlossen" hat, muss man sie im neuen Abrechnungszeitraum wieder eröffnen.

Arbeitsumfang

7.2.5 Anlagespiegel

Der Anlagespiegel beschreibt postenweise die Veränderungen des Anlagevermögens während des Abrechnungszeitraums. Für jeden Posten werden zusätzlich zu den ursprünglichen Anschaffungsausgaben und der Summe bisher angesetzter Abschreibungen die Zugänge, die Zuschreibungen, die Abgänge, die Abschreibungen und die Umbuchungen des Abrechnungszeitraums gesondert angegeben. Das setzt voraus, dass man diese unterschiedlichen Arten von Veränderungen des Anlagevermögens auf gesonderten Konten erfasst und zum Ende des Abrechnungszeitraums zu Gunsten oder zu Lasten des betreffenden Postens auflöst.

Postenweise getrennte Erfassung der einzelnen Arten von Veränderungen des Anlagevermögens

Hinsichtlich des Arbeitsumfangs gelten analog die gleichen Ausführungen wie zur Eigenkapitalveränderungsrechnung.

Arbeitsumfang

7.2.6 Kapitalflussrechnung

Bei einer Kapitalflussrechnung geht es darum, die Einzahlungen und Auszahlungen eines Unternehmens anzugeben. Besonders aussagekräftig ist das, wenn man die Einzahlungen und die Auszahlungen jeweils in mehrere Zahlungsströme untergliedert. In der Betriebswirtschaftslehre wurden viele Möglichkeiten diskutiert, unterschiedliche Zahlungsströme zu definieren und zu ermitteln. Allen gemeinsam ist, dass sie mindestens Aussagen zum Zahlungsstrom aus dem operativen Bereich, aus dem investiven Bereich und aus dem finanzwirtschaftlichen Bereich eines Unternehmens zulassen. Eine ähnliche Unterteilung kennt man aus der Einkommensrechnung mit dem separaten Ausweis von Betriebsergebnis, Finanzergebnis usw.

Zusammenstellung von Einzahlungen und Auszahlungen des operativen, des investiven und des finanzwirtschaftlichen Bereichs

Die traditionelle Buchführung stellt nicht allein auf die Abbildung von Zahlungsströmen ab. Dennoch muss der Saldo sämtlicher Ein- und Auszahlungen während eines Abrechnungszeitraums genau der Veränderung der Zahlungsmittel während dieses Zeitraums entsprechen. Eine Kapitalflussrechnung stellt eine Zeitraumrechnung dar, welche die Veränderung der Zahlungsmittel in Form von Ein- und Auszahlungen eines Unternehmens

Ermittlung

darlegt. Der Saldo dieser Ein- und Auszahlungen entspricht meistens der aus der Bilanz ersichtlichen Zahlungsmittelveränderung. Es gibt also einen Zusammenhang zwischen der Veränderung von Bilanzposten und einer Kapitalflussrechnung. Letztlich soll die Kapitalflussrechnung zeigen, aus welchen Ein- und Auszahlungsströmen die Veränderung der Zahlungsmittel entstanden ist. Solche Ein- und Auszahlungsströme lassen sich – wie wir später noch sehen werden – durch eine Kombination von Zahlen der Einkommensrechnung und der Bilanz auf direktem sowie auf indirektem Weg ermitteln.

Zwecke

Die Information, die eine Kapitalflussrechnung enthält, ist in den Finanzberichten, die wir bisher kennengelernt haben, zwar enthalten, aber nicht explizit aus ihnen ersichtlich. Man konnte aus den bisher besprochenen Finanzberichten lediglich die Liquiditätsveränderung in Form der Zahlungsmittelveränderung erkennen. Allerdings würde nicht deutlich, wie es zu dieser Veränderung kommt. Eine Kapitalflussrechnung wird hauptsächlich aufgestellt und veröffentlicht, um

– dem Leser die Prognose zukünftiger Zahlungsströme zu ermöglichen; denn die Zahlungen zurückliegender Zeiträume können oftmals einen guten Anhaltspunkt für zukünftige Zahlungen liefern.

– die Entscheidungen der Unternehmensleitung zu beurteilen; denn im Gegensatz zu den anderen Finanzberichten erkennt man die liquiditätsmäßigen Rahmenbedingungen des Unternehmens.

– die Fähigkeit des Unternehmens zu erkennen, Zinsen und Darlehenstilgungen aufzubringen und darüber hinaus langfristig Dividenden zu zahlen.

– den Zusammenhang zwischen Einkommen und Zahlungsmittelveränderungen aufzuzeigen.

Verwendung des Zahlungsmittelbegriffs

Wenn im Zusammenhang mit einer Kapitalflussrechnung von Zahlungsmitteln gesprochen wird, kann man sich auf die Zahlungsmittel aus der Bilanz beziehen oder den Begriff anders mit Inhalt füllen. Dazu gehören meistens nicht nur das Bargeld und die Sichteinlagen bei Banken, sondern darüber hinaus Vermögensgüter des Umlaufvermögens, die kurzfristig in Zahlungsmittel umgewandelt werden können, beispielsweise Wertpapiere. Welche Posten man in einer Kapitalflussrechnung den Zahlungsmitteln zurechnet, bestimmt den Aussagegehalt der Rechnung und sollte daher stets angegeben werden. Wir unterstellen in diesem Buch, es werde der gleiche Zahlungsmittelbegriff verwendet wie in einer Bilanz.

Aufteilung von Zahlungsströmen

Bei Aufstellung einer Kapitalflussrechnung geht es darum, alle Veränderungen der Zahlungsmittel, also alle Ein- und Auszahlungen, die das Unternehmen tätigt oder erhält, zu erfassen. Letztlich hängt es von den Informationswünschen ab, die der Ersteller einer Kapitalflussrechnung erfüllen möchte, welche Gruppen von Tätigkeiten er unterscheidet und wie tief er die Zahlungen untergliedert. Folgt man der Idee, man solle zwischen operativen Tätigkeiten, Investitionsmaßnahmen und Finanzierungen unterscheiden, so sind diese drei Gruppen von Zahlungsströmen zunächst genau zu definieren und gegeneinander abzugrenzen. Kapitalflussrechnungen werden hier als ein Instrument zur Ergänzung von Bilanz, Einkommensrechnung, Eigenkapitaltransferrechnung und Eigenkapitalveränderungsrechnung gesehen. Es liegt daher nahe, die Definition der drei Gruppen auf diese anderen Rechenwerke hin auszurichten.

Bildung von Gruppen von Zahlungsströmen

Eine einfache, wenn auch nicht besonders genaue Form der Definition der Gruppen orientiert sich an Bilanz, Einkommensrechnung und Eigenkapitaltransferrechnung. Nach dieser Definition lässt sich die Zahlungsmittelveränderung eines Zeitraums durch

– alle operativen Zahlungstätigkeiten dieses Zeitraums, die überwiegend aus der Einkommensrechnung ersichtlich sind,

– alle Investitionszahlungen dieses Zeitraums, die sich überwiegend aus einer Analyse
der Konten des Anlagevermögens und der langfristig gebundenen Vermögensgüter
ergeben, und

– alle Finanzierungszahlungen dieses Zeitraums, die meistens aus einer Analyse der
Fremd- und Eigenkapitalkonten

ersichtlich sind. Die Struktur einer Kapitalflussrechnung stellt sich somit wie in Abbildung
7.3, Seite 283, dar..

Zahlungsstrom wegen operativer Tätigkeit

+ Zahlungsstrom wegen Investitionstätigkeit

+ Zahlungsstrom wegen Finanzierungstätigkeit

= Gesamte Veränderung der Zahlungsmittel

Abbildung 7.3: Struktur einer Kapitalflussrechnung

Spannungsverhältnis zwischen Ermessensfreiheit und richtiger Zuordnung von Zahlungsströmen

Das Ungenaue an dieser Zuordnung besteht darin, dass einige Zahlungen, die eigentlich
Investitionen und Finanzierungen betreffen, dem operativen Bereich zugerechnet werden
oder dass Zahlungen, die den operativen Bereich betreffen, als Investitions- oder Finanzierungszahlungen betrachtet werden. Dies gilt beispielsweise für Auszahlungen von Fremdka-
pitalzinsen oder Einzahlungen aus Investitionen wie Dividendenerträge oder schlichtweg
Gewinne aus Sachinvestitionen. Wir umgehen bei unserer Darstellung solche Zurechnungs-
probleme, indem wir unterstellen, wir könnten die Zugehörigkeit von Zahlungen eindeutig
bestimmen. Wir betrachten alle Zahlungen, die sich aus der Einkommensrechnung herleiten
lassen, als dem operativen Bereich zugehörig. Obwohl einige dieser Zahlungen eindeutig
Investitionen und Finanzierungen betreffen, erscheinen sie nach unserer Definition bei der
operativen Gruppe von Zahlungen. Unser Vorgehen ist zwar ungenau, schränkt aber sonst
eventuell entstehende „Schummel"-Möglichkeiten des Erstellers finanzieller Berichte ein:
nämlich eine operative Zahlung durch geschickte Argumentation als investitionsorientiert
oder finanzierungsbezogen zu klassifizieren oder umgekehrt. Obige Definition wird auch in
der Praxis einiger Regelungskreise verwendet. So findet man sie beispielsweise in den *US-
GAAP*. Wir folgen ihr in unserem Beispiel. Zwar könnte man alternativ eine wissenschaft-
lich „saubere" Definition anstreben, bei der es nicht zu einer Vermengung der drei Gruppen
kommt, allerdings wäre dies zwangsläufig mit schwer nachprüfbaren Entscheidungen des
Erstellers von Finanzberichten behaftet. Abbildung 7.4, Seite 284, enthält eine Übersicht
über wichtige Zahlungsströme, die wir in unserem Beispiel ansprechen.

Arbeitsumfang

Der Arbeitsumfang zur Erstellung einer Kapitalflussrechnung hängt zunächst davon ab,
ob wir es mit einem Konzern zu tun haben oder nicht. Aus Vereinfachungsgründen unterstellen wir, dass kein Konzern vorliegt. Die Arbeiten hängen ferner davon ab, wie viele
Typen von Zahlungsströmen man ausweisen möchte, zudem davon, wie gut die Posten
der Einkommensrechnung und die der Bilanz zusammenpassen.

	Einzahlungen	Auszahlungen
Operative Tätigkeiten	Einzahlungen von Kunden	Auszahlungen an Lieferanten
	Zins- und Dividendeneinzahlungen aus Anlagevermögen oder langfristigen Vermögensgütern	Auszahlungen an Beschäftigte
		Auszahlungen für Zinsen und Steuern
	Andere operative Einzahlungen	Andere operative Auszahlungen
Investitionen	Einzahlungen aus dem Verkauf von Sachanlagen oder langfristigen Sachgütern	Auszahlungen für den Kauf von Sachanlagen oder langfristigen Sachgütern
	Einzahlungen aus dem Verkauf von Finanzanlagen oder langfristigen Finanzgütern (außer Zahlungsmitteln)	Auszahlungen für den Kauf von Finanzanlagen oder langfristigen Finanzgütern (außer Zahlungsmitteln)
	Einzahlungen aus der Aufnahme von Finanzanlagen oder langfristigen Finanzgütern (z. B. Aufbau von Darlehensforderungen)	Auszahlungen wegen der Rückgabe von Finanzanlagen oder langfristigen Finanzgütern (z. B. Abbau von Darlehensverbindlichkeiten)
Finanzierungen	Einzahlungen aus dem Verkauf eigener Anteile	Auszahlungen für den Kauf eigener Anteile
	Einzahlungen aus der Aufnahme von Darlehen	Auszahlungen an Anteilseigner (Dividendenauszahlungen)
		Auszahlung wegen der Rückzahlung von Darlehen

Abbildung 7.4: Wichtige Zahlungsströme im Überblick

7.3 Vorgehen bei der Erstellung von Finanzberichten

7.3.1 Einkommensrechnung

Methoden: von den Konten ablesen oder Abschluss (und Eröffnung) aller Konten der Einkommensrechnung

In der Praxis werden – wie bereits erwähnt – zwei Methoden zur Erstellung von Einkommensrechnungen vorgeschlagen. Man kann (1) die Daten für die Einkommensrechnung aus einer Saldenaufstellung oder von den Konten ablesen. Man kann sie (2) im Rahmen eines formalen mehrstufigen Prozesses durch Buchungsvorgänge auf einem „Einkommenskonto" sammeln, dem Oberkonto für alle Erträge und Aufwendungen. Dieser letztgenannte Prozess besteht darin, die Salden aller Konten durch entsprechende Buchungen von diesen Unterkonten auf das angesprochene Oberkonto zu übertragen, so dass die Unterkonten danach einen Saldo von null aufweisen (und nicht mehr weiter zu betrachten sind). Die dazugehörigen Buchungssätze sind im Journal zu dokumentieren. Zu Beginn des neuen Abrechnungszeitraums ist in beiden Fällen für jeden Posten der Einkommensrechnung ein neues Konto mit einem Anfangsbestand von null einzurichten. Weil man die Einkommensrechnung jeweils nur für einen einzigen Abrechnungszeitraum bestimmt und deren Konten für jeden Zeitraum neu füllt, bezeichnet man die Konten der Einkommensrechnung als temporäre Konten.

Bei dem erstgenannten Prozess des Ablesens und Übertragens in das Schema einer Einkommensrechnung ergeben sich kaum weitere Probleme. Lediglich bei der Übertragung des Saldos aller Erträge und Aufwendungen auf das Einkommenskonto hat man mehr Buchungen durchzuführen als bei der zuletzt aufgeführten Methode. Bei diesem zuletzt genannten Prozess werden die temporären Konten – wie oben bereits beschrieben – zum Ende des Abrechnungszeitraums „abgeschlossen". Wie alle anderen Buchungen sind auch diese Buchungen im Journal und auf Konten zu dokumentieren. Im Rahmen der Abschlussbuchungen schließt man die Ertrags- und Aufwandskonten auf das *Einkommenskonto* als Oberkonto ab. Der Saldo des *Einkommenskontos* stellt den Gewinn dar, wenn die Erträge die Aufwendungen übersteigen. Er repräsentiert im umgekehrten Fall den Verlust. Weil sich die Endbestände der Ertrags- und Aufwandskonten jeweils nur auf einen einzigen Abrechnungszeitraum beziehen, werden sie zu dessen Ende „geschlossen"; ihr Saldo wird durch eine entsprechende Buchung auf „null gesetzt".

Unterschiedlicher Arbeitsaufwand

Ein weiterer Zwischenschritt besteht darin, die Salden der Oberkonten zu ermitteln und diese auf das Bilanzkonto *Eigenkapital* zu übertragen. Der Saldo des *Einkommenskontos* gibt an, wie sich das Eigenkapital durch die Gesamtheit der Erträge und Aufwendungen geändert hat.

Übertragung des Einkommens auf das Eigenkapitalkonto

7.3.2 Eigenkapitaltransferrechnung

Für die Erstellung einer Eigenkapitaltransferrechnung kommen – ebenso wie für die Erstellung einer Einkommensrechnung – zwei Methoden infrage, das Ablesen und Übertragen sowie der formale Abschluss über Buchungen auf ein Eigenkapitaltransferkonto. Da die erstgenannte Methode unproblematisch erscheint, beschränken wir uns hier auf die zuletzt genannte Methode.

Analoges Vorgehen wie bei Einkommensrechnung

Das *Entnahmekonto* und das *Einlagekonto* stellen temporäre Konten dar, weil sie nur zur Aufzeichnung der Einlagen und der Entnahmen des Unternehmers während eines einzigen Abrechnungszeitraums dienen. Sie kann man auf einem Eigenkapitaltransferkonto als Oberkonto „abschließen". Tut man dies, so kann man von einer Eigenkapitaltransferrechnung sprechen.

Vorgehen bei formalem „Abschluss" der Konten

Der Saldo des *Eigenkapitaltransferkontos* gibt an, wie sich das Eigenkapital durch Einlagen und Entnahmen geändert hat. Auch der Saldo dieses Kontos lässt sich mit einer Buchung analog zum oben genannten Vorgehen auf das Eigenkapitalkonto übertragen. Danach kann man schließlich den Endbestand des Eigenkapitals ermitteln.

Übertragung der Eigenkapitaltransfers auf das Eigenkapitalkonto

7.3.3 Eigenkapitalveränderungsrechnung

Die Veränderung des Eigenkapitals kann aus zwei Gründen erfolgen. Erstens kann das Unternehmen aus der Geschäftstätigkeit ein positives oder ein negatives Einkommen erzielt haben und zweitens kann das Eigenkapital des Unternehmers oder der Eigenkapitalgeber durch die Eigenkapitalgeber zu- oder abgenommen haben. Wir müssen also diese beiden Veränderungen angeben, wenn wir diejenigen des Eigenkapitals zeigen möchten. Wenn das Unternehmen in seiner Bilanz nur ein einziges Eigenkapitalkonto ausweist, ist diese Angabe einfach. Das Eigenkapital zu Beginn des Abrechnungszeitraums, die Eigenkapitaltransfers, das Einkommen und das Eigenkapital zum Ende des Abrechnungszeitraums sind für diesen Finanzbericht anzugeben. Bei mehr als einem Eigenkapitalposten ist jeweils anzugeben, um wie viel der Posten sich wegen Eigenkapitaltransfers und wegen Einkommens sowie wegen Umbuchungen geändert hat.

Ermittlung durch Ablesen von den Konten

Zur Ermittlung der Beträge können wir auf die Saldenaufstellung oder auf das *Einkommenskonto* und auf das *Eigenkapitaltransferkonto* schauen, um die gewünschten Beträge dort abzulesen. Eine Erstellung durch Buchungen ist möglich und erfolgt auf das *Bilanzkonto*.

7.3.4 Bilanz

Mögliche Vorgehensweisen

Für die Erstellung einer Bilanz werden in der Literatur zwei Verfahren vorgeschlagen. Eins beruht darauf, alle Bilanzkonten formal „abzuschließen". Das andere besteht darin, von den Bilanzkonten nur die Bestände zum Ende des Abrechnungszeitraums abzulesen und diese in ein Bilanzschema einzutragen.

Ablesen der Endbestände aus der Saldenaufstellung oder von den Konten und Eintrag in ein Bilanzschema

Es sei unterstellt, man habe die Konten der Buchführung, welche die Bilanz betreffen, bereits durch Zusammenfassen auf diejenigen reduziert, für die in der Bilanz Posten vorgesehen sind. Man errechnet für jedes dieser Bilanzkonten den Kontostand zum Ende des Abrechnungszeitraums. Dieser Betrag ist dann in das Bilanzschema einzutragen. Alle Bilanzkonten bleiben damit unverändert erhalten und können im neuen Abrechnungszeitraum weiterverwendet werden.

Formaler „Abschluss" aller Bilanzkonten

„Abschluss" aller Bilanzkonten über Schlussbilanzkonto

Eine häufig vorgestellte Variante der Erstellung einer Bilanz besteht darin, alle Bilanzkonten zum Ende des Abrechnungszeitraums „abzuschließen". Folglich sind für jeden neuen Abrechnungszeitraum neue Konten zu bilden und mit den Endbeständen der entsprechenden Konten des vorangegangenen Abrechnungszeitraums zu füllen. Für den Abschluss der Bilanzkonten führt man ein sogenanntes *Schlussbilanzkonto* als Oberkonto über alle Bilanzposten ein. Das *Eigenkapitalkonto* erhält aus Abschlussbuchungen das Einkommen und die Eigenkapitaltransfers. Die Vor- und Nachteile dieses Vorgehens wurden oben bereits beschrieben.

7.3.5 Anlagespiegel

Der Anlagespiegel nach dHGB sieht für jeden Posten des Anlagevermögens sieben Angaben vor. Damit wird es dem Leser leichtgemacht, die Entwicklung des Anlagevermögens im Zeitablauf vom Anfangsbestand über Zugänge, Zuschreibungen, Abgänge, Abschreibungen und Umbuchungen zum Endbestand zu verfolgen. Selbst dann, wenn der Bilanzposten unverändert aussieht, kann es erhebliche Veränderungen gegeben haben. Es macht beispielsweise einen wesentlichen Unterschied aus, ob der Bilanzbestand gleich hoch geblieben ist, weil man neues Anlagevermögen gekauft hat oder weil man eine Zuschreibung vorgenommen hat. Auch kann man aus dem Vergleich der ursprünglichen Anschaffungsausgaben mit dem gegenwärtigen Buchwert auf das Alter der Anlagen oder auf die Abschreibungspolitik des Unternehmens schließen.

7.3.6 Kapitalflussrechnung

Man kann grundsätzlich zwischen einer originären und einer derivativen Erstellung von Kapitalflussrechnungen unterscheiden. Originär erstellte Kapitalflussrechnungen basieren unmittelbar auf den Zahlungsstromdaten eines Unternehmens während eines Abrechnungszeitraums. Dieses Vorgehen verlangt eine entsprechende Aufzeichnung der Zahlungsströme, die man in einem Finanzbericht wiedergeben möchte. Davon abzugrenzen sind derivative Kapitalflussrechnungen. Diese werden auf der Grundlage einiger veröffentlichter Finanzberichte erstellt. Originäre Kapitalflussrechnungen können nur auf Basis unternehmensinterner Zahlen ermittelt werden; derivative Kapitalflussrechnungen kann dagegen auch jeder unternehmensexterne Finanzberichtsleser zu erstellen versuchen, wenn ihm eine Einkommensrechnung und die beiden benachbarten Bilanzen zur Verfügung stehen. Wie gut der Versuch gelingt, hängt davon ab, wie die Einkommensrechnung und die Bilanzen untergliedert sind und wie gut sich die Posten der Einkommensrechnung denjenigen der Bilanzen zuordnen lassen. Wir konzentrieren uns im Folgenden zunächst auf die direkte Methode. Bei beiden Methoden muss man folglich aufzeichnen, welchen Grund es für die Zahlungsmittelveränderung gibt. Als mögliche Gründe gelten die operativen Zahlungsmittelveränderungen, diejenigen aus Investitionen und diejenigen aus Finanzierungen.[1]

Originäre und derivative Kapitalflussrechnungen

Für die Erstellung derivativer Kapitalflussrechnungen unterscheidet man die direkte von der indirekten Methode. Bei der direkten Methode versucht man innerhalb jedes Bereichs, einzelne Zahlungsströme zu schätzen, beispielsweise den Einzahlungsstrom von Kunden und den Auszahlungsstrom für die Erstellung der Umsätze im Bereich des operativen Zahlungsstroms. Bei der indirekten Methode ermittelt man dagegen nur den Saldo aller operativen Zahlungsströme, indem man das Einkommen um diejenigen Bestandteile der Erträge und Aufwendungen korrigiert, die nicht zahlungswirksam waren. Die direkte Methode lässt sich meistens anwenden, wenn eine Einkommensrechnung vorliegt, die nach dem „Umsatzkostenverfahren" aufgestellt wurde. Abbildung 7.5, Seite 289, zeigt als fiktives Beispiel eine Kapitalflussrechnung, die entsprechend der direkten Methode auf Basis einer Einkommensrechnung nach dem „Umsatzkostenverfahren" aufgestellt wurde. Man kann jedoch auch – unter Verzicht auf Informationen – die indirekte Methode

Direkte versus indirekte Methode

---

[1] Vgl. zur Einführung beispielsweise Horngren et al. (2012), Kapitel 14.

anwenden. Liegt eine Einkommensrechnung nach dem „Gesamtkostenverfahren" vor oder entsprechen sich die Posten der Einkommensrechnung und der Bilanzen nicht, so kann man nur die indirekte Methode anwenden. Dann lässt sich der operative Zahlungsstrom nur als eine einzige Größe ermitteln.

Weiteres Vorgehen Im folgenden Abschnitt behandeln wir konkret die Ermittlung von Kapitalflussrechnungen. Wir konzentrieren uns auf die Ermittlung aus Einkommensrechnungen und benachbarten Bilanzen. Zunächst beschreiben wir den Fall, dem ein „Umsatzkostenverfahren" zu Grunde liegt, anschließend denjenigen, in dem ein „Gesamtkostenverfahren" verwendet wird.

CC Discount
Kapitalflussrechnung für das Geschäftsjahr X1

Bezeichnung	Beträge in TGE	
Zahlungsstrom aus operativen Tätigkeiten		
Einzahlungen		
von Kunden	250	
wegen Zinsen aus Darlehen an Kunden	14	
wegen erhaltener Dividenden aus Investitionen	13	277
Auszahlungen		
wegen verkaufter Erzeugnisse und Handelsware (nicht Sachanlagen)	−130	
an Gehaltsbezieher, die dem Verkauf nicht zugerechnet werden	−65	
wegen Zinsen auf Fremdkapital, die dem Verkauf nicht zugerechnet werden	−10	
wegen Einkommensteuer, die dem Verkauf nicht zugerechnet wird	−9	−214
Nettozahlungsstrom aus operativen Tätigkeiten		63
Zahlungsstrom aus Investitionen		
Einzahlungen		
wegen des Verkaufs von Sachanlagen	70	70
Auszahlungen		
wegen des Kaufs von Sachanlagen	−300	
wegen der Gewährung eines Darlehens (Finanzanlage)	−8	−308
Nettozahlungsstrom aus Investitionen		−238
Zahlungsstrom aus Finanzierungen		
Einzahlungen		
wegen Ausgabe von Aktien	120	
wegen Aufnahme eines langfristigen Darlehens	90	210
Auszahlungen		
Vorauszahlung von Zinsen auf ein Darlehen	−7	
Dividenden an Anteilseigner	−6	−13
Nettozahlungsstrom aus Finanzierungen		197
Nettozahlungsmittelveränderung		22
Zahlungsmittelbestand 31.12.X0		60
Zahlungsmittelbestand 31.12.X1		82

Abbildung 7.5: Beispiel einer entsprechend der direkten Methode aufgebauten Kapitalflussrechnung, ermittelt aus einer Einkommensrechnung nach dem „Umsatzkostenverfahren" und den benachbarten Bilanzen

Einkommensrechnung nach dem „Umsatzkostenverfahren" und zwei benachbarte Bilanzen als Basis

Man kann die Daten aus einer Bilanz zu Beginn eines Abrechnungszeitraums, einer Einkommensrechnung nach dem „Umsatzkostenverfahren" während des Abrechnungszeit-

Struktur des Vorgehens

raums und einer Bilanz zum Ende des Abrechnungszeitraums zur Ermittlung von Zahlungsströmen verwenden. Wenn diese Daten aufeinander Bezug nehmen, eignen sie sich zur
Anwendung der direkten Methode. Sie taugen dann ausgezeichnet zur Errechnung von Zahlungsströmen, wenn zu jedem Bestandsposten ein Posten der Einkommens- oder Eigenkapitaltransferrechnung definiert wird. Je unterschiedlicher allerdings die Struktur der Bilanzposten und die der Posten der Einkommensrechnung sind, desto geringer werden die
Vorteile der direkten Methode.

**Logik des Vorgehens
bei aufeinander
abgestimmten Größen**

Wir beschreiben die Logik der direkten Methode nur kurz anhand der Abbildung 7.6,
Seite 290. Für jede Ertrags- und Aufwandsart kann man so eine Rechnung aufstellen.
Diese Logik wird leicht verständlich, wenn man sie sich durch ein Beispiel veranschau-
licht.

Zahlungsart		Berechnung
Einzahlung	=	Ertrag – Zunahme des zugehörigen Aktivpostens + Abnahme des zugehörigen Aktivpostens – Abnahme des zugehörigen Passivpostens + Zunahme des zugehörigen Passivpostens
Auszahlung	=	Aufwand + Zunahme des zugehörigen Aktivpostens – Abnahme des zugehörigen Aktivpostens + Abnahme des zugehörigen Passivpostens – Zunahme des zugehörigen Passivpostens

Abbildung 7.6: Schema zur Ermittlung von Zahlungen aus einer Einkommensrechnung nach dem „Umsatzkostenverfahren" und benachbarten Bilanzen bei
der direkten Methode

Einkommensrechnung nach dem „Gesamtkostenverfahren" und zwei benachbarte Bilanzen als Basis

**Zahlungsstrom aus
operativer Tätigkeit als
Einkommen, verändert
um nicht zahlungswirk-
same Einkommens-
komponenten und
Zunahmen oder
Abnahmen bestimmter
Bilanzposten**

Die indirekte Methode zur Aufstellung einer Kapitalflussrechnung zeichnet sich – wie
oben bereits erwähnt – dadurch aus, dass bei der Ermittlung des Zahlungsstroms aus operativen Tätigkeiten ein anderes Vorgehen gewählt wird als bei der direkten Methode. Bei
der direkten Methode haben wir jeden einzelnen Ertrags- und Aufwandsposten um die
enthaltenen nicht zahlungswirksamen Teile korrigiert, die wir aus der Zu- oder Abnahme
zugehöriger Bilanzposten herausgelesen haben. Das allgemeine Vorgehen wurde durch
Abbildung 7.6, Seite 290, gekennzeichnet. Bei der indirekten Methode geht man weniger
differenziert vor. Man ermittelt nur einen einzigen operativen Zahlungsstrom, indem man
das Einkommen in eine Zahlungsüberschussgröße transformiert. Hierzu subtrahiert man –
wie in Abbildung 7.7, Seite 291 – vom Einkommen all jene Erträge, die nicht zahlungswirksam sind, und man addiert – entsprechend umgekehrt – alle nicht zahlungswirksamen
Aufwendungen. Zusätzlich passt man den sich ergebenden Betrag um Veränderungen von
Aktiv- und Passivposten an, die den operativen Bereich betreffen. Wegen dieser Vereinfachung ist die Methode bei einer Einkommensrechnung nach „Gesamtkostenverfahren"
anwendbar; erst recht gilt dies natürlich bei Einkommensrechnungen nach dem „Umsatzkostenverfahren".

Zahlungsart		Berechnung
Operativer Zahlungs-strom	=	Einkommen + zahlungsunwirksamer Aufwand – zahlungsunwirksamer Ertrag – Zunahme aller operativen Aktiva + Abnahme aller operativen Aktiva – Abnahme aller operativen Passiva + Zunahme aller operativen Passiva

Abbildung 7.7: Schema zur Ermittlung von Zahlungen aus einer Einkommensrechnung nach dem „Gesamtkostenverfahren" und benachbarten Bilanzen bei der indirekten Methode

Zusätzliche Information über zahlungsunwirksame Investitionen und Finanzierungen

Kapitalflussrechnungen sind darauf ausgerichtet, Zahlungsströme und deren Herkunft zu zeigen. Eine Kapitalflussrechnung enthält zwar Angaben über diejenigen Investitionen und Finanzierungen, die mit Zahlungsströmen verbunden sind, keineswegs jedoch Daten zu allen Investitionen und Finanzierungen. Möchte man die in Kapitalflussrechnungen gelieferten Daten zu einem Bild über Investitionen und Finanzierungen nutzen, so hat man einen in dieser Hinsicht ergänzenden Finanzbericht zu erstellen, aus dem auch oder nur diejenigen Investitionen und Finanzierungen hervorgehen, die nicht mit Zahlungsströmen verbunden sind.

Kapitalfluss-rechnungen informieren über Zahlungsströme und nicht über Investitionen oder Finanzierungen

Unternehmen betreiben nicht nur Investitionen, die „Geld kosten", sie setzen auch andere Finanzierungsinstrumente so ein, wie wenn diese Bargeld wären. So ist es beispielsweise beliebt, Investitionen in ganze Unternehmen oder in wertvolle Vermögensgüter mit neuen Aktien des Unternehmens anstatt mit Bargeld zu bezahlen. Die mit der Anschaffung eines Grundstücks zum Preis von 500 000 GE gegen Hingabe junger Aktien verbundene Buchung würde beispielsweise lauten:

Unternehmen betreiben auch zahlungsunwirksame Investitionen und Finanzierungen

Beleg	Datum	Geschäftsvorfall und Konten	Soll	Haben
	31. Aug.	Kauf Grundstück gegen Aktien *Grundstück* *Eigenkapital (neue Aktien)*	500 000	500 000

Die Buchung zeigt keine Konsequenzen für die Zahlungsmittel.

Um das Bild der Investitions- und Finanzierungslage abzurunden, das sich aus Kapitalflussrechnungen ergibt, sollten diejenigen Investitionen und Finanzierungen gesondert genannt werden, bei denen kein Bargeld geflossen ist. Ein solcher Finanzbericht könnte das Aussehen der Abbildung 7.8, Seite 292, annehmen:

Empfehlung zu Aufstellung eines ergänzenden Finanzberichts über nicht zahlungswirksame Investitionen und Finanzierungen

Finanzbericht über nicht zahlungswirksame Investitions- und Finanzierungsmaßnahmen	Betrag
Kauf von Vermögensgütern mit Bezahlung in Form von eigenen Aktien	
Verkauf von Vermögensgütern mit Bezahlung in Form von Aktien	
Kauf von Vermögensgütern mit Bezahlung in Form von Wertpapieren mit fest vereinbarten Zins- und Tilgungsleistungen	
Verkauf von Vermögensgütern mit Bezahlung in Form von Wertpapieren mit fest vereinbarten Zins- und Tilgungsleistungen	
Abbau von Fremdkapital durch Hingabe von Vermögensgütern	
Gesamtheit der nicht zahlungswirksamen Investitions- und Finanzierungsmaßnahmen	

Abbildung 7.8: Ergänzende Angaben betreffend zahlungsunwirksame Investitionen und Finanzierungen

7.4 Beispiele für die Erstellung von Finanzberichten

Sachverhalt

Wir unterstellen für unsere ersten vier Finanzberichte die korrigierte Saldenaufstellung der Abbildung 7.9, Seite 293, des Karl Gross.

7.4.1 Einkommensrechnung

Beschränkung auf Abschluss der Konten der Einkommensrechnung

Wir beschreiben hier nur die Methode, bei welcher die Ertrags- und Aufwandskonten über ein *Einkommenskonto* zusammengefasst werden, weil die andere Methode des Ablesens und Eintragens in ein Schema keine Verständnisprobleme mit sich bringt. Die folgende Darstellung geht von einem *Einkommenskonto* aus, dessen Saldo über das *Eigenkapitalkonto* abgerechnet wird. Die Journaleinträge der Abschlussbuchungen, die das *Einkommenskonto* betreffen, lauten:

Unternehmensberatung Karl Gross
Korrigierte Saldenaufstellung zum 30. April X1

	Korrigierte Saldenaufstellung		Einkommens-rechnungskonten		Bilanzkonten	
	Soll	Haben	Soll	Haben	Soll	Haben
Zahlungsmittel	100000				100000	
Forderungen (Verkauf)	5500				5500	
Aktiver Rechnungsabgrenzungsposten	2000				2000	
Büromaterial	1500				1500	
Möbel	12000				12000	
Kum. Abschreibungen (Möbel)		250				250
Grundstück	30000				30000	
Verbindlichkeiten (Einkauf)		2000				2000
Verbindlichkeiten (Gehalt)		1500				1500
Passiver Rechnungsabgrenzungsposten		10000				10000
Einlage Karl Gross		150000				150000
Entnahme Karl Gross	45000				45000	
Ertrag (Verkauf)		72500		72500		
Aufwand (Verkauf)	31000		31000			
Aufwand (Miete)	2000		2000			
Aufwand (Gehalt)	3000		3000			
Aufwand (Büromaterial)	500		500			
Aufwand (Abschreibung Möbel)	250		250			
Aufwand (Sonstiges)	3500		3500			
Summe	236250	236250	40250	72500	196000	163750
Einkommen			32250			32250
			72500	72500	196000	196000

Abbildung 7.9: Korrigierte Saldenaufstellung mit Einkommensrechnungskonten und Bilanzkonten der Unternehmensberatung Karl Gross zum 30. April X1

Beleg	Datum	Konten	Soll	Haben
A1a	30.4.	Abschlussbuchung Ertrag (Verkauf)		
		Ertrag (Verkauf)	72500	
		Einkommenskonto		72500
A1b	30.4.	Abschlussbuchung Aufwand (Verkauf)		
		Einkommenskonto	31000	
		Aufwand (Verkauf)		31000

Beleg	Datum	Konten	Soll	Haben
A2a	30.4.	Abschlussbuchung Aufwand (Miete)		
		Einkommenskonto	2 000	
		Aufwand (Miete)		2000
A2b	30.4.	Abschlussbuchung Aufwand (Gehalt)		
		Einkommenskonto	3000	
		Aufwand (Gehalt)		3000
A2c	30.4.	Abschlussbuchung Aufwand (Büromaterial)		
		Einkommenskonto	500	
		Aufwand (Büromaterial)		500
A2d	30.4.	Abschlussbuchung Aufwand (Abschreibung)		
		Einkommenskonto	250	
		Aufwand (Abschreibung Möbel)		250
A2e	30.4.	Abschlussbuchung Aufwand (Sonstiges)		
		Einkommenskonto	3500	
		Aufwand (Sonstiges)		3500

Dementsprechend sehen die Konten der Einkommensrechnung wie in Abbildung 7.10, Seite 295, aus. Für jedes Konto wird der Saldo aller Buchungen vor Durchführung der Abschlussbuchungen dargestellt. Da es sich bei den Buchungen um Abschlussbuchungen handelt, werden die Eintragungen auf den Konten bei uns jeweils mit der laufenden Nummer des entsprechenden Typs der Abschlussbuchung – ergänzt um den Buchstaben „A" für Abschlussbuchung – gekennzeichnet. Doppelstriche unter den Konten indizieren, dass danach ein abgeschlossenes Konto vorliegt.

Der Saldo des Einkommenskontos stellt den Gewinn bzw. den Verlust dar. Der Saldo bildet einen Teil der Veränderungen des ursprünglich eingesetzten Eigenkapitals ab. Er ist schließlich auf das Bilanzkonto *Eigenkapital* zu übertragen, wodurch das *Einkommenskonto* „abgeschlossen" wird.

7.4.2 Eigenkapitaltransferrechnung

In der Eigenkapitaltransferrechnung stellt man die Entnahmen und die Einlagen gegenüber. Der Saldo entspricht der Eigenkapitalveränderung aus Eigenkapitaltransfers zwischen dem Unternehmer oder den Eigenkapitalgebern und dem Unternehmen. Wir beschränken uns hier im Beispiel auf die Methode des formalen „Abschlusses" der Konten. Die entsprechenden Buchungssätze sind leicht nachzuvollziehen.

Aufwandskonten

S	Aufwand (Verkauf)	H	
Saldo	31 000	(A1b)	31 000

S	Aufwand (Miete)	H	
Saldo	2 000	(A2a)	2 000

S	Aufwand (Gehalt)	H	
Saldo	3 000	(A2b)	3 000

S	Aufwand (Büromaterial)	H	
Saldo	500	(A2c)	500

S	Aufwand (Abschreibung Möbel)	H	
Saldo	250	(A2d)	250

S	Aufwand (Sonstiges)	H	
Saldo	3 500	(A2e)	3 500

Einkommenskonto

S	Einkommenskonto	H	
(A1b)	31 000	(A1a)	72 500
(A2a)	2 000		
(A2b)	3 000		
(A2c)	500		
(A2d)	250		
(A2e)	3 500		
		Saldo	32 250

Ertragskonten

S	Erträge (Verkauf)	H	
(A1a)	72 500	Saldo	72 500

Abbildung 7.10: Ertrags- und Aufwandskonten sowie Einkommenskonto nach den Korrektur- und Abschlussbuchungen

Beleg	Datum	Konten	Soll	Haben
A4	30.4.	Abschlussbuchung Entnahme		
		Eigenkapitaltransfers Karl Gross	45 000	
		Entnahme Karl Gross (April)		45 000
A5	30.4.	Abschlussbuchung Einlage		
		Einlage Karl Gross (April)	150 000	
		Eigenkapitaltransfers Karl Gross		150 000

Auf den Konten sieht das so aus wie in Abbildung 7.11, Seite 296. Der Saldo des Kontos *Eigenkapitaltransfers* ist anschließend auf das Bilanzkonto *Eigenkapital* zu übertragen.

	Entnahmekonten			Eigenkapitaltransferkonto			Einlagekonten	
S	**Entnahme Karl Gross**	H	S	**Eigenkapitaltransfers**	H	S	**Einlage Karl Gross**	H
Saldo 45 000	(A4) 45 000		(A4) 45 000	(A5) 150 000		(A5) 150 000	Saldo 150 000	
			Saldo 105 000					

Abbildung 7.11: Einlage- und Entnahmekonten der Unternehmensberatung Karl Gross sowie Eigenkapitaltransferkonto nach den Korrektur- und Abschlussbuchungen

7.4.3 Eigenkapitalveränderungsrechnung

Die Eigenkapitalveränderungsrechnung unseres Beispiels beschränkt sich auf mindestens vier Posten. Sie könnte so aussehen wie in Abbildung 7.12, Seite 296.

Unternehmensberatung Karl Gross Eigenkapitalveränderungsrechnung zum 30.4.X1 in GE	
Eigenkapital zu Beginn des Abrechnungszeitraums	0 GE
Eigenkapitaltransfers	+ 105 000 GE
Einkommen	+ 32 250 GE
Eigenkapital zum Ende des Abrechnungszeitraums	= 137 250 GE

Abbildung 7.12: Eigenkapitalveränderungsrechnung der Unternehmensberatung Karl Gross für den Zeitraum 1.4. bis 30.4.X1

7.4.4 Bilanz

Zwei Vorgehensweisen denkbar

Wie oben beschrieben bieten sich für die Erstellung einer Bilanz zwei Vorgehensweisen an, das Ablesen der Endbestände der Konten mit dem Eintrag in ein Bilanzschema sowie die formale Herleitung durch „Abschluss" aller Bilanzkonten.

Ablesen der Endbestände aus der Saldenaufstellung oder von den Konten und Eintrag in ein Bilanzschema

Ohne weitere Buchungen vorzunehmen, kann man die Bilanz erstellen. Man muss nur zuvor die Kontenstände der Bilanzkonten zum Ende des Abrechnungszeitraums ermittelt haben, eine Information, die wir normalerweise bereits im Rahmen der Saldenaufstellung produziert haben. Wir schauen also nur auf die Saldenaufstellung und übertragen die Endbestände der Bilanzkonten in unser Bilanzschema. Alternativ dazu können wir auch auf die Konten selbst schauen und (gegebenenfalls) von dort die benötigten Daten übertragen.

Auswertung der Saldenaufstellung oder der Bilanzkonten

Formaler „Abschluss" aller Bilanzkonten

Wir bilden zunächst ein sogenanntes *Schlussbilanzkonto*. Zum Abschluss der Bilanzkonten auf dieses *Schlussbilanzkonto* sind die Buchungen der Abbildung 7.13, Seite 297 und Abbildung 7.14, Seite 298, vorzunehmen. Je nach Abschlussbuchungstyp für das Vermögens- und Eigenkapitalkonto sind sie mit den laufenden Nummern 6 und 7 gekennzeichnet. Der Abschluss der Vermögens- und Kapitalkonten auf dem *Schlussbilanzkonto* sieht wie in Abbildung 7.15, Seite 298, aus. Dabei unterstellen wir, das Einkommen und die Eigenkapitaltransfers seien bereits auf dem *Eigenkapitalkonto* berücksichtigt.

„Abschluss" der Bilanzkonten auf das „Schlussbilanzkonto"

Beleg	Datum	Konten	Soll	Haben
A6a	30.4.	Abschlussbuchung Zahlungsmittel		
		Bilanzkonto	100000	
		Zahlungsmittel		100000
A6b	30.4.	Abschlussbuchung Forderungen (Verkauf)		
		Bilanzkonto	5500	
		Forderungen (Verkauf)		5500
A6c	30.4.	Abschlussbuchung Aktiver RAP		
		Bilanzkonto	2000	
		Aktiver Rechnungsabgrenzungsposten		2000
A6d	30.4.	Abschlussbuchung Büromaterial		
		Bilanzkonto	1500	
		Büromaterial		1500
A6e	30.4.	Abschlussbuchung Möbel		
		Bilanzkonto	12000	
		Büro- und Geschäftsausstattung		12000
A6f	30.4.	Abschlussbuchung Grundstück		
		Bilanzkonto	30000	
		Grundstück		30000
A7a	30.4.	Abschlussbuchung Kumulierte Abschreibung (Möbel)		
		Kum. Abschreibungen (Möbel)	250	
		Bilanzkonto		250
A7b	30.4.	Abschlussbuchung Verbindlichkeiten (Einkauf)		
		Verbindlichkeiten (Einkauf)	2000	
		Bilanzkonto		2000

Abbildung 7.13: Abschlussbuchungen der Bilanzkonten

Beleg	Datum	Konten	Soll	Haben
A7c	30.4.	Abschlussbuchung Verbindlichkeiten (Gehalt)		
		Verbindlichkeiten (Gehalt)	1500	
		Bilanzkonto		1500
A7d	30.4.	Abschlussbuchung passiver Rechnungs-abgrenzungsposten		
		Passiver Rechnungsabgrenzungsposten	10000	
		Bilanzkonto		10000

Abbildung 7.14: Abschlussbuchungen der Bilanzkonten

Vermögensgüter

S	Zahlungsmittel		H
Saldo	100000	(A6a)	100000

S	Forderungen (Verkauf)		H
Saldo	5500	(A6b)	5500

S	Aktiver Rechnungs-abgrenzungsposten		H
Saldo	2000	(A6c)	2000

S	Büromaterial		H
Saldo	1500	(A6d)	1500

S	Büro- und Geschäfts-ausstattung		H
Saldo	12000	(A6e)	12000

S	Grundstück		H
Saldo	30000	(A6f)	30000

Einkommens- und Bilanzkonto

S	Einkommenskonto		H
(A1b)	31000	(A1)	72500
(A2a)	2000		
(A2b)	3000		
(A2c)	500		
(A2d)	250		
(A2e)	350		
(A8)	32250		

S	Eigenkapitaltransfers		H
	45000		150000
(A7e)	105000		

S	Bilanzkonto		H
(A6a)	100000	(A7a)	250
(A6b)	5500	(A7b)	2000
(A6c)	2000	(A7c)	1500
(A6d)	1500	(A7d)	10000
(A6e)	12000	(A9)	137250
(A6f)	30000		

Fremd- und Eigenkapital

S	Verbindlichkeiten (Einkauf)		H
(A7b)	2000	Saldo	2000

S	Verbindlichkeiten (Gehalt)		H
(A7c)	1500	Saldo	1500

S	Passiver Rechnungs-abgrenzungsposten		H
(A7d)	10000	Saldo	10000

S	Kumulierte Abschreibung (Möbel)		H
(A7a)	250	Saldo	250

S	Eigenkapital Karl Gross		H
(A9)	137250	(A7e)	105000
		(A8)	32250

Abbildung 7.15: Ertrags- und Aufwandskonten sowie Einkommens- und Kapitalkonto nach den Korrektur- und Abschlussbuchungen

Bei Verwendung dieser Methode, bei der man alle Konten abschließt, sind die Konten zu Beginn des neuen Abrechnungszeitraums mit den Endbeständen des vorhergehenden Abrechnungszeitraums neu zu eröffnen. Dazu sind im neuen Abrechnungszeitraum sogenannte Eröffnungsbuchungen vorzunehmen, welche bis auf die Kontenseiten den Abschlussbuchungen auf dem Bilanzkonto entsprechen. Bei den Eröffnungsbuchungen ist noch zu berücksichtigen, dass das Einkommen zusammen mit dem Eigenkapital ausgewiesen wird. Spätestens bei den Eröffnungsbuchungen ist demnach das Einkommen dem Kapital hinzuzurechnen. Die Aufstellung der entsprechenden Buchungssätze bleibt dem Leser überlassen.

Würde man nach „Abschluss" der Konten eine Saldenaufstellung produzieren, so wäre diese zunächst um ein *Schlussbilanzkonto* zu erweitern. Bis auf dieses Konto nähmen alle Kontensalden den Wert null an.

Aussagelosigkeit der endgültigen Saldenaufstellung

7.4.5 Anlagespiegel

In unserem Beispiel ist der Analgespiegel schnell erstellt, weil es nur wenige Posten des Anlagevermögens gibt und weil nur sehr wenige Veränderungen stattgefunden haben. Der Anlagespiegel könnte so aussehen wie in Abbildung 7.16, Seite 299.

	Historische Anschaffungs-ausgabe	Summe vergangener Abschreibungen	Buchwert zu Beginn	Zugänge	Zuschreibungen	Abgänge	Abschreibungen	Umbuchungen	Buchwert am Ende
Büromaterial	0	0	0	2000	0	500	0	0	1500
Möbel	0	0	0	12000	0	0	250	0	11750
Grundstück	0	0	0	0	0	0	0	0	30000

Abbildung 7.16: Anlagespiegel der Unternehmensberatung Karl Gross zum 30.4.X1

7.4.6 Kapitalflussrechnung

Direkte Methode

Wir unterstellen für das Beispiel, dass die Kapitalflussrechnung aus Abbildung 7.5, Seite 289 auf der Einkommensrechnung der Abbildung 7.17, Seite 300, nach dem „Umsatzkostenverfahren" und auf den Bilanzen der Abbildung 7.18, Seite 301, beruht. Zum besseren Verständnis haben wir in beiden Rechenwerken einen eindeutigen Bezug zu bestimmten Sachverhalten angemerkt. So enthält beispielsweise der *Aufwand (Verkauf)* alle Ausgaben, die man den verkauften Gütern zugerechnet hat, und der *Aufwand (Gehalt, nicht Verkauf)* nur diejenigen Ausgaben für Gehälter, welche man den verkauften Gütern nicht zugerechnet hat.

Beispiel

Wir wenden die Überlegungen zur Schätzung der Einzahlungen und Auszahlungen auf die einzelnen Zahlungsströme an und orientieren uns dabei an der Reihenfolge, die in der Kapi-

Präzisierungen

talflussrechnung der Abbildung 7.5, Seite 289, vorgegeben ist. Dabei geben wir immer alle Zeilen des Schemas an. Die Ausgangsdaten wurden so konstruiert, dass zu jedem Posten der Einkommensrechnung ein zugehöriger Bilanzposten existiert. Wir vermerken ferner in Klammern den Grund, weswegen der Bilanzposten mit dem Posten der Einkommensrechnung zusammenhängt. Wir erwähnen mit dem Symbol „./." auch den Fall, in dem es keine zugehörigen Posten gibt.

CC Discount
Einkommensrechnung für das Geschäftsjahr X1 in TGE

Erträge		
Ertrag (Verkauf)	300	
Ertrag (Zinsen, nicht Verkauf)	15	
Ertrag (Dividenden, nicht Verkauf)	13	
Ertrag (Gewinn aus Verkauf von Sachanlagen)	5	333
Aufwendungen		
Aufwand (Verkauf)	−160	
Aufwand (Gehalt, nicht Verkauf)	−60	
Aufwand (Abschreibungen, nicht Verkauf)	−12	
Aufwand (Zinsen für Fremdkapital, nicht Verkauf)	−10	
Aufwand (Einkommensteuer, nicht Verkauf)	−9	−251
Einkommen		82

Abbildung 7.17: Einkommensrechnung nach dem „Umsatzkostenverfahren"

Einzahlung von Kunden

Zusammenhang zwischen Ertrag (Verkauf) und Veränderungen der Forderungen (Verkauf)

Die Zahlungsmittelzugänge von Kunden ergeben sich aus dem *Ertrag (Verkauf)*, den man üblicherweise als Umsatzertrag bezeichnet, korrigiert um die Veränderung der *Forderungen (Verkauf)*, die üblicherweise als Forderungen aus Lieferungen und Leistungen bezeichnet werden. Wenn ein Umsatz „auf Ziel" erfolgt, nehmen anstatt der *Zahlungsmittel* die *Forderungen (Verkauf)* zu. Folglich ist der Umsatzertrag um eine eventuelle Zunahme der *Forderungen (Verkauf)* zu kürzen, um den Zugang an Zahlungsmitteln zu erhalten. Umgekehrtes gilt für eine Abnahme der *Forderungen (Verkauf)*. In einem solchen Fall nehmen die *Zahlungsmittel* stärker zu als es im *Ertrag (Verkauf)* zum Ausdruck kommt. Das ergibt sich, wenn *Forderungen (Verkauf)* aus vergangenen Abrechnungszeiträumen beglichen werden.

Berechnungsschema

Zahlenmäßig erhalten wir im Einklang mit den Vorgaben der Abbildung 7.6, Seite 290, für unser Beispiel einen Betrag von 250 TGE:

Einzahlung von Zinsen aus Darlehen an Kunden

Zusammenhang zwischen Ertrag (Zinsen, nicht Verkauf) und Forderungen (Zinsen, nicht Verkauf)

Die Einzahlungen von Zinsen aus Darlehen an Kunden ergeben sich aus dem *Ertrag (Zinsen)*, korrigiert um die Veränderung der *Forderungen (Zinsen, nicht Verkauf)*. Wenn die Zinsen nicht pünktlich bezahlt werden, entsteht zwar ein *Ertrag (Zinsen)*, aber es nehmen anstatt der *Zahlungsmittel* nur die *Forderungen (Zinsen, nicht Verkauf)* zu. Folglich ist der *Ertrag (Zinsen)* um eine eventuelle Zunahme der *Forderungen (Zinsen, nicht Verkauf)* zu kürzen, um die gezahlten Beträge zu ermitteln. Umgekehrtes gilt für eine Abnahme der *Forderungen (Zinsen, nicht Verkauf)*. In einem solchen Fall hätten die *Zahlungsmittel* stärker zugenommen als es im *Ertrag (Zinsen)* zum Ausdruck kommt. Das tritt auf, wenn Zinsforderungen aus vergangenen Abrechnungszeiträumen beglichen werden.

CC Discount
Bilanzen für die Geschäftsjahre in TGE, endend am

	31.12.X1	31.12.X0	Differenz
Anlagevermögen			
Finanzanlagen	8	–	8
Sachanlagen	300	77	223
Umlaufvermögen			
Forderungen (Verkauf)	150	100	50
Forderungen (Zinsen, nicht Verkauf)	20	19	1
Forderungen (Dividenden, nicht Verkauf)	0	0	0
Forderungen (Einkommensteuer, nicht Verkauf)	0	0	0
Erzeugnisse, Handelsware	230	240	−10
Zahlungsmittel	82	60	22
Aktiver Rechnungsabgrenzungsposten	16	9	7
Summe Aktiva	806	505	301
Eigenkapital			
Kapital	250	130	120
Gewinnrücklagen	94	18	76
Kurzfristiges Fremdkapital			
Verbindlichkeiten (Einkauf)	140	120	20
Verbindlichkeiten (Verkauf)	0	0	0
Verbindlichkeiten (Gehalt, nicht Verkauf)	10	15	−5
Verbindlichkeiten (Zinsen für Fremdkapital, nicht Verkauf)	0	0	0
Verbindlichkeiten (Einkommensteuer, nicht Verkauf)	0	0	0
Passiver Rechnungsabgrenzungsposten	12	12	0
Langfristiges Fremdkapital			
Verbindlichkeiten	300	210	90
Summe Passiva	806	505	301

Abbildung 7.18: Bilanzen

Einzahlung	=	Ertrag (Verkauf)	300
von Kunden		− Zunahme des zugehörigen Aktivpostens (Forderungen (Verkauf))	− 50
		+ Abnahme des zugehörigen Aktivpostens (Forderungen (Verkauf))	+ 0
		− Abnahme des zugehörigen Passivpostens (./.)	
		+ Zunahme des zugehörigen Passivpostens (./.)	
		= Einzahlung von Kunden	= 250

Zahlenmäßig erhalten wir im Beispiel einen Betrag von 14 TGE: **Berechnungsschema**

Einzahlung von	=	Ertrag (Zinsen)	15
Zinsen aus Darle-		− Zunahme des zugehörigen Aktivpostens (Forderungen (Zinsen, nicht	
hen an Kunden		Verkauf))	− 1
		+ Abnahme des zugehörigen Aktivpostens (Forderungen (Zinsen, nicht	
		Verkauf))	+ 0
		− Abnahme des zugehörigen Passivpostens (./.)	
		+ Zunahme des zugehörigen Passivpostens (./.)	
		= Einzahlung von Zinsen für das Darlehen an Kunden	= 14

Einzahlung wegen erhaltener Dividenden aus Investitionen

Zusammenhang zwischen Ertrag (Dividenden, nicht Verkauf) und Forderungen (Dividenden, nicht Verkauf)

Die Dividendeneinzahlungen aus Investitionen ergeben sich aus dem *Ertrag (Dividenden, nicht Verkauf)*, korrigiert um die Veränderung der *Forderungen (Dividenden)*. Wenn nämlich eine Dividendenzahlung verzögert erfolgt, nehmen anstatt der *Zahlungsmittel* nur die *Forderungen (Dividenden, nicht Verkauf)* zu. Folglich ist der *Ertrag (Dividenden, nicht Verkauf)* um eine eventuelle Zunahme der *Forderungen (Dividenden, nicht Verkauf)* zu kürzen. Umgekehrtes gilt wieder für eine Abnahme der *Forderungen (Dividenden, nicht Verkauf)*.

Berechnungsschema

Zahlenmäßig erhalten wir für unser Beispiel damit einen mit den Dividendeneinzahlungen übereinstimmenden Betrag von 13 TGE:

Einzahlung von Dividenden aus Investitionen	=	Ertrag (Dividenden, nicht Verkauf)	13
		− Zunahme des zugehörigen Aktivpostens (Forderungen (Dividenden, nicht Verkauf))	+ 0
		+ Abnahme des zugehörigen Aktivpostens (Forderungen (Dividenden, nicht Verkauf))	− 0
		− Abnahme des zugehörigen Passivpostens (./.)	
		+ Zunahme des zugehörigen Passivpostens (./.)	
		= Einzahlung von Dividenden aus Investitionen	= 13

Auszahlung für verkaufte Erzeugnisse, Handelsware (nicht Sachanlagen)

Zusammenhang zwischen Aufwand (Verkauf), Erzeugnissen, Handelsware und Verbindlichkeiten (Verkauf)

Für die Ermittlung der Auszahlungen wegen verkaufter Güter, die nicht aus dem Anlagevermögen stammen, wird ein zweistufiges Vorgehen notwendig. Zuerst sind die Ausgaben, danach die Auszahlungen zu bestimmen. Zunächst ist zu ermitteln, in welcher Höhe überhaupt *Erzeugnisse, Handelsware* zum Verkauf gelangt sind (Ausgabe für verkaufte Güter). Anschließend ist der Betrag zu bestimmen, der dafür im Abrechnungszeitraum gezahlt wurde (Auszahlungen für verkaufte Güter). In Höhe des Betrags, um den der Bestand an *Erzeugnissen, Handelsware* abgenommen hat, wurde weniger eingekauft oder produziert, als zum Verkauf benötigt wurde. Umgekehrt zeigt eine Erhöhung des Bestands an *Erzeugnissen, Handelsware*, dass mehr eingekauft wurde, als zum Verkauf erforderlich war.

Bestimmung der Ausgaben und Auszahlungen

Die Ausgaben – aber noch nicht die Auszahlungen – für den Kauf und die Produktion verkaufter *Erzeugnisse, Handelsware* ergeben sich zu 150 TGE:

Ausgabe für verkaufte Erzeugnisse, Handelsware	=	Aufwand (Verkauf)	160
		+ Zunahme des zugehörigen Aktivpostens (Erzeugnisse, Handelsware)	+ 0
		− Abnahme des zugehörigen Aktivpostens (Erzeugnisse, Handelsware)	− 10
		+ Abnahme des zugehörigen Passivpostens (./.)	
		− Zunahme des zugehörigen Passivpostens (./.)	
		= Ausgabe für verkaufte Erzeugnisse, Handelsware	= 150

Inwieweit diese Ausgaben bar bezahlt wurden, ergibt sich durch Vergleich mit den *Verbindlichkeiten (Einkauf)*. Haben diese zugenommen, so wurde in dieser Höhe nicht bar bezahlt; haben sie abgenommen, so wurden um diesen Betrag Verbindlichkeiten abgetragen.

Die Auszahlung an Lieferanten beträgt 130 TGE.

Berechnungsschema

Auszahlung	=	Ausgabe (Handelsware)	150
für verkaufte		+ Zunahme des zugehörigen Aktivpostens (./.)	
Erzeugnisse, Han-		– Abnahme des zugehörigen Aktivpostens (./.)	
delsware		+ Abnahme des zugehörigen Passivpostens (Verbindlichkeiten (Einkauf))	+ 0
		– Zunahme des zugehörigen Passivpostens (Verbindlichkeiten (Einkauf))	– 20
		= Auszahlung für verkaufte Erzeugnisse, Handelsware	= 130

Auszahlung an Gehaltsbezieher, die nicht dem Verkauf zugerechnet wird

Grundlage für die Auszahlung an Gehaltsbezieher, die im Beispiel nicht dem Verkauf zugerechnet wird, ist in unserem Beispiel der *Aufwand (Gehalt, nicht Verkauf)*. Soweit dieser Aufwand nicht bar bezahlt wurde, sind *Verbindlichkeiten (Gehalt, nicht Verkauf)* entstanden; soweit Zahlungsverpflichtungen zurückliegender Abrechnungszeiträume durch Zahlung ausgeglichen werden, haben die *Verbindlichkeiten (Gehalt, nicht Verkauf)* abgenommen.

Zusammenhang zwischen Aufwand (Gehalt, nicht Verkauf) und Verbindlichkeiten (Gehalt, nicht Verkauf)

Die Auszahlung wegen der Beschäftigung von Personal, das nicht dem Verkauf zugerechnet wird, beträgt 65 TGE.

Berechnungsschema

Auszahlung an	=	Aufwand (Gehalt, nicht Verkauf)	60
Gehaltsbezieher,		+ Zunahme des zugehörigen Aktivpostens (./.)	
die nicht dem Ver-		– Abnahme des zugehörigen Aktivpostens (./.)	
kauf zugerechnet		+ Abnahme des zugehörigen Passivpostens (Verbindlichkeiten (Gehalt, nicht	
werden		Verkauf))	+ 5
		– Zunahme des zugehörigen Passivpostens (Verbindlichkeiten (Gehalt, nicht	
		Verkauf))	– 0
		= Auszahlung an Gehaltsbezieher, die nicht dem Verkauf zugerechnet werden	= 65

Auszahlung wegen Zinsen auf Fremdkapital, die nicht dem Verkauf zugerechnet wird

Der Aufwand (Zins für kurzfristiges Fremdkapital), der im Beispiel nicht dem Verkauf zugerechnet wird, bildet die Grundlage für die Schätzung der entsprechenden Auszahlung. Er ist zu erhöhen um die Abnahme der *Verbindlichkeiten (Zinsen für Fremdkapital, nicht Verkauf)* und zu verringern um die Zunahme der *Verbindlichkeiten (Zinsen für Fremdkapital, nicht Verkauf)*.

Zusammenhang zwischen Aufwand (Zinsen für Fremdkapital, nicht Verkauf) und Verbindlichkeiten (Zinsen für Fremdkapital, nicht Verkauf)

Berechnungsschema

Die Auszahlung für Zinsen wegen kurzfristigen Fremdkapitals ergibt sich daher zu 10 TGE.

Auszahlung wegen Zinsen auf Fremd- kapital	=	Aufwand (Zins für kurzfristiges Fremdkapital)	10
		+ Zunahme des zugehörigen Aktivpostens (./.)	
		− Abnahme des zugehörigen Aktivpostens (./.)	
		+ Abnahme des zugehörigen Passivpostens (Verbindlichkeiten (Zins für kurzfristiges Fremdkapital, nicht Verkauf))	+ 0
		− Zunahme des zugehörigen Passivpostens (Verbindlichkeiten (Zins für kurzfristiges Fremdkapital, nicht Verkauf))	− 0
		= Auszahlung wegen Zinsen auf Fremdkapital	= 10

Auszahlung wegen Einkommensteuer, die nicht dem Verkauf zugerechnet wird

Zusammenhang zwischen Aufwand (Einkommensteuer, nicht Verkauf), Forderungen (Einkommensteuer, nicht Verkauf) und Verbindlichkeiten (Einkommensteuer, nicht Verkauf)

Der Aufwand für Einkommensteuern, die im Beispiel dem Verkauf nicht zugerechnet werden, bildet die Basis für die Schätzung der entsprechenden Auszahlung. Er ist zu erhöhen um die Zunahme der *Forderungen (Einkommensteuer, nicht Verkauf)* und um die Abnahme der *Verbindlichkeiten (Einkommensteuer, nicht Verkauf)*. Bei einer Abnahme der *Forderungen (Einkommensteuer, nicht Verkauf)* und einer Zunahme der *Verbindlichkeiten (Einkommensteuer, nicht Verkauf)* sind die Beträge zu verringern, um die Zahlungen zu erhalten.

Berechnungsschema

Die Auszahlung wegen Steuern ergibt sich hier zu 9 TGE.

Auszahlung wegen Einkommen- steuern	=	Aufwand (Einkommensteuer)	9
		+ Zunahme des zugehörigen Aktivpostens (Forderungen (Einkommensteuer, nicht Verkauf))	+0
		− Abnahme des zugehörigen Aktivpostens (Forderungen (Einkommensteuer, nicht Verkauf))	− 0
		+ Abnahme des zugehörigen Passivpostens (Verbindlichkeiten (Einkommensteuer, nicht Verkauf))	+ 0
		− Zunahme des zugehörigen Passivpostens (Verbindlichkeiten (Einkommensteuer, nicht Verkauf))	− 0
		= Auszahlung wegen Einkommensteuer	= 9

Einzahlung oder Auszahlung aus dem Verkauf von Sachanlagen

Beeinträchtigung mangels ausreichender Daten

Die Zahlungen aus dem Kauf von Sachanlagen könnten getrennt von denen aus dem Verkauf von Sachanlagen geschätzt werden, wenn die jeweils zugehörigen Aktiv- und Passivposten gesondert ausgewiesen würden. In unserem Beispiel kann man aus den Bilanzen nicht erkennen, ob beim Kauf Verbindlichkeiten und beim Verkauf Forderungen entstanden sind. Die Veränderung der Sachanlagen zeigt uns nur, wie groß die aus dem Kauf und Verkauf gemeinsam erwachsene Veränderung gewesen ist. Daher können wir mit der hier beschriebenen Methode nur den Saldo der beiden Zahlungsströme ermitteln. Wir wissen nicht, ob sich per Saldo eine Einzahlung oder eine Auszahlung ergibt. Wir hoffen auf eine Einzahlung und beginnen daher mit der Formel für Einzahlungen. Zugleich unterstellen wir, dass eine negative Einzahlung einer Auszahlung entspricht.

Einzahlungen ergeben sich *ceteris paribus*, wenn die Sachanlagen abnehmen, jedoch nicht, wenn die Abnahme aus nicht zahlungswirksamen Abschreibungen resultiert. Daher geht der Abschreibungsbetrag mit negativem Vorzeichen in die Formel ein. Erzielt man beim Verkauf eines Vermögensguts gegen Barmittel einen Gewinn, so übersteigt die Einzahlung den Wert des um Abschreibungen korrigierten Abgangs. Bei einem Verlust kommt weniger Wert in Form von Bargeld in das Unternehmen hinein als an Buchwerten abgehen.

Zusammenhang zwischen Ertrag (Gewinn aus dem Verkauf von Sachanlagen) und Vermögensposten (Sachanlagen) abzüglich Abschreibungen

Zahlenmäßig ergibt sich eine Einzahlung in Höhe von −230 TGE, was einer Auszahlung von 230 TGE entspricht:

Berechnungsschema für Einzahlungen

Einzahlung aus dem Verkauf von Sachanlagen	=	Ertrag (Gewinn aus dem Verkauf von Sachanlagen)	5
		− Zunahme des zugehörigen Aktivpostens (− Sachanlagen − Abschreibungen)	− 223 − 12
		+ Abnahme des zugehörigen Aktivpostens (− Sachanlagen − Abschreibungen)	+ 0
		− Abnahme des zugehörigen Passivpostens (./.)	
		+ Zunahme des zugehörigen Passivpostens (./.)	
		= Einzahlung aus dem Verkauf von Sachanlagen	= − 230

Hätten wir mit der Formel für Auszahlungen begonnen, so hätte man den Gewinn aus dem Verkauf von Sachanlagen als negativen Aufwand verstehen müssen und es hätten sich ebenfalls Auszahlungen von 230 TGE ergeben. Alternativ dazu hätte man den Gewinn als Zunahme eines Passivpostens (Gewinnrücklagen) ansehen können und bis auf das Vorzeichen das gleiche Ergebnis erhalten.

Berechnungsschema für Auszahlungen

Auszahlung aus dem Verkauf von Sachanlagen	=	Aufwand (Gewinn aus dem Verkauf von Sachanlagen)	− 5
		+ Zunahme des zugehörigen Aktivpostens (Sachanlagen + Abschreibungen)	+ 223 + 12
		− Abnahme des zugehörigen Aktivpostens (Sachanlagen + Abschreibungen)	− 0
		+ Abnahme des zugehörigen Passivpostens (./.)	
		− Zunahme des zugehörigen Passivpostens (./.)	
		= Auszahlung aus dem Verkauf von Sachanlagen	= 230

Auszahlung wegen des Kaufs von Sachanlagen

Hinter dem Kauf von Sachanlagen verbirgt sich ein Aktivtausch oder eine Bilanzverlängerung. Aus keinem der beiden Sachverhalte ergeben sich Konsequenzen für die Einkommensrechnung. Zur Ermittlung dieser Zahlungen benötigen wir zusätzliche Informationen. Hierzu kommen entweder unternehmensinterne Angaben über das Geschäft infrage (zahlungsbezogene Ermittlung) oder detaillierte Angaben darüber, wie sich die Veränderung des Bilanzpostens *Sachanlagen* in den beiden Bilanzen zusammensetzt. Ein sogenannter Anlagespiegel, den wir in diesem Buch kurz angesprochen haben, enthält solche Angaben. Für das Beispiel unterstellen wir, es sei bekannt, dass für 300 GE Bargeld Sachanlagen gekauft worden selen.

Kompliziertere Zusammenhänge in Sonderfällen

Auszahlung wegen der Gewährung eines Darlehens als Finanzanlage

Durch die Anschaffung einer Finanzanlage fließt Bargeld ab. Die Höhe des Abflusses ergibt sich, wenn wir die Zunahme des Postens *Finanzanlagen* ermitteln. Posten der Einkommensrechnung sind nicht betroffen.

Zusammenhang zwischen bestimmten Bilanzposten

Berechnungsschema   Man erhält eine Auszahlung von 8 TGE aus:

Auszahlung für	=	Aufwand (./.)	
Anschaffung einer		+ Zunahme des zugehörigen Aktivpostens (Finanzanlagen)	+ 8
Finanzanlage		– Abnahme des zugehörigen Aktivpostens (Finanzanlagen)	– 0
		+ Abnahme des zugehörigen Passivpostens (./.)	
		– Zunahme des zugehörigen Passivpostens (./.)	
		= Auszahlung für die Anschaffung einer Finanzanlage	= 8

Einzahlung wegen der Ausgabe von Aktien

Zusammenhang zwischen bestimmten Bilanzposten   Die Ausgabe von Aktien stellt keinen Vorgang dar, der die Einkommensrechnung betrifft. Vielmehr handelt es sich um einen Eigenkapitaltransfer. Es erfolgt eine Einlage. Hier steht dem Zugang an Eigenkapital in gleicher Höhe ein Zugang an Zahlungsmitteln gegenüber.

Berechnungsschema   Es ergibt sich eine Einzahlung in Höhe von 120 TGE:

Einzahlung aus	=	Ertrag (./.)	
der Ausgabe von		– Zunahme des zugehörigen Aktivpostens (./.)	
Aktien		+ Abnahme des zugehörigen Aktivpostens (./.)	
		– Abnahme des zugehörigen Passivpostens (Eigenkapital)	0
		+ Zunahme des zugehörigen Passivpostens (Eigenkapital)	+ 120
		= Einzahlung aus der Ausgabe von Aktien	= 120

Einzahlung aus der Aufnahme eines langfristigen Darlehens

Zusammenhang zwischen bestimmten Bilanzposten   Hierbei handelt es sich um eine Einzahlung, deren Ermittlung große Ähnlichkeit mit dem vorgenannten Ereignis besitzt. Allerdings handelt es sich hier um die Zunahme eines Fremdkapitalpostens, in der sich die Zunahme von Zahlungsmitteln zeigt.

Berechnungsschema   Man erhält die Einzahlung von 90 TGE:

Einzahlung aus	=	Ertrag (./.)	
der Aufnahme		– Zunahme des zugehörigen Aktivpostens (./.)	
eines Darlehens		+ Abnahme des zugehörigen Aktivpostens (./.)	
		– Abnahme des zugehörigen Passivpostens (langfristige Verbindlichkeiten)	– 0
		+ Zunahme des zugehörigen Passivpostens (langfristige Verbindlichkeiten)	+ 90
		= Einzahlung aus der Aufnahme eines Darlehens	= 90

Auszahlung wegen Vorauszahlung von Zinsen auf ein Darlehen

Zusammenhang zwischen bestimmten Bilanzposten   Die Vorauszahlung von Darlehenszinsen verkörpert so lange keinen Aufwand, bis der Zeitraum beginnt, für den die Zinsen gezahlt werden müssen. Bis dahin ist die Vorauszahlung als aktiver Rechnungsabgrenzungsposten auszuweisen. Nimmt der aktive Rechnungsabgrenzungsposten während eines Abrechnungszeitraums zu, dann verbirgt sich dahinter ein Abfluss von Zahlungsmitteln. Durch Analyse der Veränderung des aktiven Rechnungsabgrenzungspostens – unterstellt, diese lasse sich nur mit Darlehenszins-bedingten Ereignissen erklären – können wir die Höhe der Vorauszahlung an Darlehenszinsen bestimmen.

Wir erhalten hier einen Betrag von 7 TGE:

Auszahlung wegen der Vorauszahlung von Darlehenszinsen	=	Aufwand (./.)	
		+ Zunahme des zugehörigen Aktivpostens (Aktiver Rechnungsabgrenzungsposten)	+ 7
		– Abnahme des zugehörigen Aktivpostens (Aktiver Rechnungsabgrenzungsposten)	– 0
		+ Abnahme des zugehörigen Passivpostens (./.)	
		– Zunahme des zugehörigen Passivpostens (./.)	
		= Auszahlung wegen der Vorauszahlung von Darlehenszinsen	= 7

Auszahlung von Dividende an die Anteilseigner

Dividendenzahlungen mindern das Eigenkapital, und zwar die Gewinnrücklagen. Allerdings nehmen die Gewinnrücklagen durch ein positives Einkommen zunächst zu und durch ein negatives entsprechend ab. Die Höhe der Dividendenzahlung entspricht folglich der um das Einkommen korrigierten Abnahme der Gewinnrücklagen.

Zusammenhang zwischen bestimmten Bilanzposten

Im Beispiel ergibt sich ein Betrag von 6 TGE:

Auszahlung von Dividende an die Anteilseigner	=	Aufwand (./.)	
		+ Zunahme des zugehörigen Aktivpostens (./.)	
		– Abnahme des zugehörigen Aktivpostens (./.)	
		+ Abnahme des zugehörigen Passivpostens (Gewinnrücklage)	+ 0
		– Zunahme des zugehörigen Passivpostens (Gewinnrücklage) + Einkommen	– 76 + 82
		= Auszahlung von Dividende an die Anteilseigner	= 6

Indirekte Methode

Bei Verwendung einer Einkommensrechnung, die dem „Gesamtkostenverfahren" entspricht, kann man solche Rechnungen normalerweise nicht sinnvoll ausführen; denn hier lassen sich die Aufwendungen nicht einzeln ablesen, sondern nur als Saldo zusammen mit den Bestandsveränderungen errechnen. Nur wenn es keine Bestandsveränderungen gegeben hat, wenn also eine Einkommensrechnung nach dem „Gesamtkostenverfahren" bis auf die Gliederung *de facto* einer nach dem „Umsatzkostenverfahren" entspricht, lässt sich die direkte Methode auf das „Gesamtkostenverfahren" anwenden. Probleme ergeben sich weiterhin, wenn die Posten der Einkommensrechnung und die der Bilanzen sich nicht entsprechen. Auch dann bleibt als Ausweg nur die indirekte Methode.

Probleme bei Einkommensrechnung nach dem „Gesamtkostenverfahren"

Im Beispiel rechnen wir das Umlaufvermögen und das kurzfristige Fremdkapital bis auf die Rechnungsabgrenzungsposten dem operativen Bereich zu. Die Rechnungsabgrenzungsposten sind näher zu analysieren, weil diese auch – wie im Beispiel – mit Finanzierungen zusammenhängen können. Wir unterstellen, die Analyse habe ergeben, dass die Veränderung der Rechnungsabgrenzungsposten nicht dem operativen Bereich zuzurechnen sei. Der Zahlungsüberschuss aus operativen Aktivitäten berechnet sich dann wie in Abbildung 7.19, Seite 308.

Zurechnungen

CC Discount
Kapitalflussrechnung für das Geschäftsjahr X1 in TGE

Zahlungsstrom aus operativen Tätigkeiten

Einkommen		82
− Gewinn aus Veräußerung	−5	
+ Abschreibungen	+12	+7
− Zunahme von Aktivposten		
Forderungen (Verkauf)	−50	
Forderungen (Zinsen)	−1	
+Abnahme von Aktivposten		
Waren	+10	
−Abnahme von Passivposten		
Verbindlichkeiten (Gehalt)	−5	
+Zunahme von Passivposten		
Verbindlichkeiten (Einkauf)	+20	−26
Nettozahlungsstrom aus operativen Tätigkeiten		63

Zahlungsstrom aus Investitionen

Einzahlungen		
aus dem Verkauf von Sachanlagen	70	70
Auszahlungen		
Kauf von Sachanlagen	−300	
Gewährung eines Darlehens (Finanzanlage)	−8	−308
Nettozahlungsstrom aus Investitionen		−238

Zahlungsstrom aus Finanzierungen

Einzahlungen		
Ausgabe von Aktien	120	
Aufnahme eines langfristigen Darlehens	90	210
Auszahlungen		
Zinsvorauszahlung auf Darlehen	−7	
Dividenden an Anteilseigner	−6	−13
Nettozahlungsstrom aus Finanzierungen		197
Nettozahlungsmittelveränderung		22
Zahlungsmittelbestand 31.12.X0		60
Zahlungsmittelbestand 31.12.X1		82

Abbildung 7.19: Beispiel einer entsprechend der indirekten Methode aufgebauten Kapitalflussrechnung

7.5 Entscheidungsunterstützung: einige Bilanzkennzahlen

Die Buchführung dient dazu, Informationen zur Entscheidungsunterstützung zu liefern. Ein Kreditgeber muss beispielsweise abschätzen, ob der Kreditnehmer in der Lage sein wird, den Kredit mit den Zinsen zurückzuzahlen. Hat der Kreditnehmer bereits viele Kredite aufgenommen, so ist die Wahrscheinlichkeit eines Kreditausfalls höher als bei Kreditaufnahme in geringem Umfang. Zur Einschätzung der finanziellen Lage eines Unternehmens benutzen Entscheidungsträger Kennzahlen, die sie aus der Buchführung des Unternehmens ermittelt haben.

Bilanzkennzahlen zur Entscheidungsunterstützung

Eine häufig verwendete Kennzahl ist die Liquiditätskennzahl (*current ratio*), die aus dem Quotienten aus kurzfristig liquiden Vermögensgütern und kurzfristig fälligem Fremdkapital besteht:

Liquiditätskennzahl, *current ratio*

Liquidität = (kurzfristig liquide Vermögensgüter) / (kurzfristig fälliges Fremdkapital)

Die Kennzahl soll die Fähigkeit des Unternehmens messen, mit kurzfristig liquiden Vermögensgütern das kurzfristig fällige Fremdkapital zurückzuzahlen. Je größer die Kennzahl ist, desto besser sind die Rückzahlungsaussichten. Bei einem großen Wert der Kennzahl übersteigt der Wert der kurzfristig zu Bargeld werdenden Vermögensgüter das kurzfristig fällige Fremdkapital. In den USA gilt ein Wert zwischen 1,5 und 2,0 als ein akzeptabler Wert für die *current ratio*, ein Wert kleiner als 1,5 dagegen als Indikator eines Liquiditätsrisikos. Wegen unterschiedlicher Bewertungsregeln lassen sich diese Ziffern nicht auf Daten übertragen, die in anderen Regelungskreisen ermittelt wurden.

Der Verschuldungsgrad stellt eine zweite wichtige Kennzahl dar. Er ergibt sich aus dem Quotienten von Fremdkapital zu den gesamten Vermögensgütern:

Verschuldungsgrad

Verschuldungsgrad = Fremdkapital / (Gesamte Vermögensgüter)

Der Verschuldungsgrad gibt an, welcher Anteil der Vermögensgüter fremdfinanziert ist. Je niedriger die Kennzahl bei einem Unternehmen ist, desto weniger riskant erscheint *ceteris paribus* eine Kreditvergabe. Auch bei dieser Kennzahl ergeben sich je nach Regelungskreis unterschiedliche Werte.

Die Gewinnung von positiven Zahlungsströmen aus dem operativen Bereich ist für Unternehmen wesentlich. Auf Dauer zu geringe Zahlungsmittelzuflüsse bedrohen das Überleben. Gibt es dagegen genügend positive Zahlungsströme, dann kann das Unternehmen wachsen, hat genügend Geld für Forschung und Entwicklung und kann sich hochbezahlte Mitarbeiter leisten. Angesichts dieser Bedeutung von Zahlungsströmen fragt man sich, wie Aktionäre und Gläubiger mit der Kapitalflussrechnung eines Unternehmens umgehen.

Relevanz positiver Zahlungsströme aus dem operativen Bereich

Es ist offensichtlich, dass Finanzberichte nicht alle Informationen enthalten, die sich die Nutzer wünschen. In der Regel werden für Anlageentscheidungen neben den Finanzberichten weitere Informationen herangezogen. Dazu zählen Presseberichte und Daten über die Branche ebenso wie Vorhersagen über die wirtschaftliche Situation in einem Land, in einer Region oder auf der Welt. Vor der Vergabe von Darlehen wird die Bank meistens ein Gespräch mit der Geschäftsleitung führen, um herauszufinden, wie sich das

Kapitalflussrechnung stellt einen von vielen Informationsbausteinen dar

Unternehmen entwickeln wird. Aktionäre und Gläubiger erwarten beide Gewinne für die Zukunft. Sie interessieren sich auch für die zukünftigen Zahlungsströme, die das Unternehmens an sie richtet.

Kein neues Geld ohne positiven Zahlungsstrom aus dem operativen Bereich!   Mit den Daten aus einer Kapitalflussrechnung lassen sich problembeladene Unternehmen besser identifizieren als unproblematische. Negative operative Zahlungsströme sollten spätestens ab dem zweiten Jahr ernsthaft betrachtet werden. Ohne einen positiven Zahlungsstrom aus dem operativen Bereich kann ein Unternehmen auf Dauer nicht bestehen. Es genügt dann nicht, auf positive Zahlungsströme aus dem Investitions- oder Finanzbereich zu hoffen. Kein Aktionär oder Gläubiger wird langfristig Geld zur Verfügung stellen, um die operativen Geschäfte eines Unternehmens zu alimentieren.

7.6 Übungsmaterial

7.6.1 Fragen mit Antworten

Fragen	Antworten
Welche Typen von Finanzberichten sind sinnvollerweise zu erstellen?	Eine Einkommensrechnung, eine Eigenkapitaltransferrechnung, eine Eigenkapitalveränderungsrechnung, eine Bilanz, ein Anlagespiegel und eine Kapitalflussrechnung.
Mit Hilfe welcher Instrumente fasst man die Konsequenzen aller Geschäftsvorfälle und Korrekturbuchungen eines Unternehmens zusammen?	Mit Hilfe einer Saldenaufstellung mit Spalten für die vorläufigen Werte, für die Korrekturen, für die korrigierten Werte, für die Einkommensrechnung, die Eigenkapitaltransferrechnung und die Bilanz.
Worin besteht der letzte Schritt bei der Buchführung für einen Abrechnungszeitraum?	In den Abschlussbuchungen für die temporären Konten: Erträge, Aufwendungen, Einlagen und Entnahmen.
Warum werden die Ertrags-, Aufwands-, Einlage- und Entnahmekonten zum Ende des Abrechnungszeitraums auf null gesetzt?	Weil sich ihre Endbestände nur auf einen einzigen Abrechnungszeitraum beziehen.
Welche Konten braucht man nicht abzuschließen?	Die permanenten Konten: Vermögens- und Fremdkapitalkonten sowie das Eigenkapitalkonto. Diese Konten werden in den neuen Abrechnungszeitraum übernommen.
Wie klassifizieren Unternehmen ihre Vermögensgüter und das Fremdkapital in der Bilanz?	Je nach Regelungskreis unterschiedlich. Bei *IFRS* und *US-GAAP* gilt die Fristigkeit als Kriterium, bei dHGB für Vermögensgüter der Wirtschaftskreislaufgedanke und die relative Liquidität in kurzfristig (innerhalb eines Jahres oder innerhalb des Wirtschaftskreislaufs des Unternehmens) liquide und langfristig (= nicht-kurzfristig) liquide Posten.
Woher kommen die Zahlungsmittel eines Unternehmens und aus welchem finanziellen Bericht lassen sie sich ermitteln?	Aus operativen Tätigkeiten, aus Investitionen und aus Finanzierungen. Die Kapitalflussrechnung gibt Aufschluss über diese und deren Zusammensetzung.

Fragen	**Antworten**
Wie sollten die Zahlungsströme eines Unternehmens mit dessen Tätigkeiten zusammenhängen?	Der operative Zahlungsüberschuss sollte angemessen hoch sein, um die gewöhnlichen Geschäfte des operativen Bereichs abwickeln zu können. Ohne Investitionsausgaben gibt es kein Einkommenswachstum. Der Finanzierungsüberschuss deckt eine eventuelle Lücke.
Erzielen Unternehmen mit hohem Einkommen auch immer einen hohen operativen Zahlungsstrom?	Nein, weil Einkommen und Zahlungsüberschuss nur locker miteinander zusammenhängen.
Wie findet man heraus, ob das Unternehmen vermutlich seine Verbindlichkeiten bezahlen kann?	Durch eine Analyse der Einkommensrechnung und der Kapitalflussrechnung.
Wodurch zeichnet sich die direkte Methode zur Ermittlung des operativen Zahlungsstroms aus?	Zusammengehörige Posten der Einkommensrechnung und benachbarter Bilanzen werden zu einzelnen operativen Zahlungsströmen zusammengefasst.
Wodurch zeichnet sich die indirekte Methode zur Ermittlung eines operativen Zahlungsstroms aus?	Das operative Einkommen wird um die nicht zahlungswirksamen Komponenten der Ertrags- und Aufwandsposten korrigiert.
Lässt sich die direkte Methode immer anwenden?	Die direkte Methode lässt sich nur bei Vorliegen einer Einkommensrechnung nach dem „Umsatzkostenverfahren" anwenden.
Wann lässt sich die indirekte Methode anwenden?	Die indirekte Methode lasst sich bei jeder Form der Einkommensrechnung anwenden.
Auf welche Kennzahlen eines Unternehmens achten Entscheidungsträger oft bei ihren Kreditvergabeentscheidungen?	Auf die *current ratio* und den Verschuldungsgrad.

7.6.2 Verständniskontrolle

1. Wozu ist eine Saldenaufstellung hilfreich?

2. Warum sind die Korrekturen der Konteninhalte einem eventuellen Abschluss von Konten vorzunehmen?

3. Welcher Typ von Konten sollte abgeschlossen werden?

4. Welchen Zweck verfolgt man mit dem Abschluss der Konten?

5. Skizzieren Sie, inwiefern die Saldenaufstellung die Buchungen zum Ende des Abrechnungszeitraums erleichtert!

6. Worin liegt der Unterschied zwischen temporären und permanenten Konten? Geben Sie je fünf Beispiele an!

7. Warum werden Vermögensgüter als dem Anlagevermögen oder dem Umlaufvermögen zugehörig klassifiziert?

8. Welche Vorteile bringt eine Klassifikation der Vermögensgüter als kurz- oder als langfristig?

9. Geben Sie an, welche der folgenden Posten Anlagevermögen und welche Umlaufvermögen darstellen: Mietvorauszahlungen, Gebäude, Möbel, Forderungen (Verkauf),

Handelsware, Zahlungsmittel, innerhalb eines Jahres fällige Verbindlichkeiten, nach mehr als einem Jahr fällige Verbindlichkeiten!

10. Geben sie an, welche der folgenden Posten kurz- und welche langfristig gebunden sind: Mietvorauszahlungen, Gebäude, Möbel, Forderungen (Verkauf), Handelsware, Zahlungsmittel, innerhalb eines Jahres fällige Verbindlichkeiten, nach mehr als einem Jahr fällige Verbindlichkeiten!

11. Gibt es Reihenfolgen, in denen Bilanzposten aufgelistet werden?

12. Welche Zwecke verbindet man mit einer Kapitalflussrechnung?

13. Wozu kann einem das Wissen um Zahlungsströme der Vergangenheit nutzen?

14. Wie lassen sich die Zahlungsströme eines Unternehmens sinnvoll unterteilen oder zusammenfassen?

15. Wodurch zeichnen sich operative Tätigkeiten im Gegensatz zu Investitionen und Finanzierungen aus?

16. Lassen sich Zahlungsströme den drei Gruppen von Tätigkeiten immer eindeutig zuordnen?

17. Welche grundsätzlichen Möglichkeiten bieten Einkommensrechnungen nach dem „Umsatzkostenverfahren" und zwei benachbarte Bilanzen zur Aufstellung von Kapitalflussrechnungen durch Unternehmensexterne?

18. Auf welche Möglichkeit zur Aufstellung von Kapitalflussrechnungen sind Einkommensrechnungen nach dem „Gesamtkostenverfahren" und zwei benachbarte Bilanzen durch Unternehmensexterne beschränkt?

19. Kennzeichnen Sie die direkte und die indirekte Methode zur Aufstellung einer Kapitalflussrechnung durch Unternehmensexterne!

20. Warum ergänzt man bei der Erstellung einer Kapitalflussrechnung Erträge und Aufwendungen um die Veränderung zugehöriger Aktiv- und Passivposten?

21. Wie erklären sich die Vorzeichen der Berücksichtigung von Veränderungen der Aktiv- und Passivposten bei der Schätzung von Einzahlungen und Auszahlungen aus Erträgen und Aufwendungen?

22. Erklären Sie an einem Beispiel, wie man aus Finanzberichten die Einzahlung aus dem Verkauf von Handelsware schätzt!

23. Erklären Sie an einem Beispiel, wie man aus Finanzberichten die Auszahlung für den Einkauf von Handelsware schätzt!

24. Welche der beiden Methoden zur Erstellung des operativen Zahlungsstroms halten Sie für aussagefähiger und wie begründen Sie Ihre Antwort?

25. Warum informieren Kapitalflussrechnungen nicht vollständig über sämtliche Investitionen und Finanzierungen?

26. Was wünschen sich Berichtsempfänger, die möglichst gute Entscheidungen treffen möchten, zusätzlich zu Kapitalflussrechnungen?

27. Wie können Informationen aus Kapitalflussrechnungen für Investitions- und Kreditwürdigkeitsanalysen nützlich sein?

28. Welche von der Unternehmensleitung ausgeschlossene Gruppe könnte an der Information interessiert sein, ob eine Verbindlichkeit kurz- oder langfristig ist? Warum möchte die Gruppe das wissen?

29. Ein Freund erzählt Ihnen, der Unterschied zwischen kurz- und langfristig fälligen Verbindlichkeiten bestehe darin, dass sie gegenüber verschiedenen Gläubigern bestehen. Hat Ihr Freund recht? Definieren Sie die beiden Typen von Verbindlichkeiten!

30. Zeigen Sie, wie man die *current ratio* und den Verschuldungsgrad berechnet! Skizzieren Sie jeweils, was die Kennzahlen messen sollen und ob hohe oder niedrige Werte eine hohe Unternehmensqualität anzeigen!

7.6.3 Aufgaben zum Selbststudium

Saldenaufstellung: von der vorläufigen über die korrigierte Saldenaufstellung zur Einkommensrechnung und zur Bilanz   **Aufgabe 7.1**

Sachverhalt

Das Unternehmen ABC erstellt zum 31. Dezember, dem Ende seines Wirtschaftsjahres, die in Abbildung 7.20, Seite 313, angegebene vorläufige Saldenaufstellung.

ABC
Vorläufige Saldenaufstellung zum 31. Dezember X1

	Endbestand	
	Soll	Haben
Zahlungsmittel	99000	
Forderungen (Verkauf)	185000	
Büromaterial	3000	
Möbel	50000	
Kumulierte Abschreibungen (Möbel)		20000
Gebäude	125000	
Kumulierte Abschreibungen (Gebäude)		65000
Verbindlichkeiten (Einkauf)		190000
Verbindlichkeiten (Gehalt)		
Verbindlichkeiten (Vorauszahlung Einkauf)		22500
Kapital		146500
Entnahmen	32500	
Ertrag (Verkauf)		143000
Aufwand (Gehalt)	86000	
Aufwand (Büromaterial)		
Aufwand (Abschreibung Möbel)		
Aufwand (Abschreibung Gebäude)		
Aufwand (Sonstiges)	6500	
Summe	587000	587000

Abbildung 7.20: Vorläufige Saldenaufstellung der ABC zum 31. Dezember X1

Für die Arbeiten zum Ende des Abrechnungszeitraums liegen die folgenden Informationen vor:

a.   Das Büromaterial beläuft sich zum Ende des Wirtschaftsjahres auf 1 000 GE. Es wurde also Büromaterial mit Anschaffungsausgaben in Höhe von 2 000 GE verbraucht.

b.   Die Wertminderung der Büromöbel beträgt 10 000 GE.

c.   Die Abschreibung auf das Gebäude beträgt 5 000 GE.

d.   Es sind noch Gehaltsausgaben in Höhe von 2 500 GE für das alte Wirtschaftsjahr angefallen. Die Zahlung steht noch aus.

e.   Erbrachte Gutachten im Wert von 6 000 GE wurden in Rechnung gestellt, jedoch vom Kunden noch nicht bezahlt.

f.   Die Vorauszahlungen in Höhe von 22 500 GE für noch nicht erbrachte zeitpunktbezogene Beratungsleistungen haben infolge einer „Lieferung", die den Verbrauch von Büromaterial im Wert von 500 GE mit sich gebracht hat, im Verkaufswert von 9 000 GE abgenommen.

Keine dieser Informationen wurde bisher im Rechnungswesen verarbeitet. Bei den Ausgaben liegt kein Bezug zu Erzeugnissen oder Handelsware vor.

Fragen und Teilaufgaben

1.   Erstellen Sie die korrigierte Saldenaufstellung der ABC für den 31. Dezember X1! Kennzeichnen Sie die Korrekturen mit den Ereignisbuchstaben! Erstellen Sie dazu die vollständigen Journaleinträge für die Korrekturen und nehmen Sie die Buchungen auf Konten vor! Übernehmen Sie hierzu vor dem Eintrag auf die Konten deren Endbestand aus der vorläufigen Saldenaufstellung! Kennzeichnen Sie Ihre Einträge mit dem Buchstaben des abgebildeten Ereignisses!

2.   Erstellen Sie die Journaleinträge (Buchungssätze) für den Abschluss der temporären Konten und nehmen Sie die Buchungen auf den Konten vor!

3.   Erstellen Sie die Einkommensrechnung für das am 31. Dezember X1 endende Geschäftsjahr der ABC! Verändert die Einkommensrechnung ihr Erscheinungsbild in Abhängigkeit von der Art der Erstellung?

4.   Erstellen Sie die Eigenkapitalveränderungsrechnung für den 31. Dezember X1!

5.   Erstellen Sie eine gemäß dHGB strukturierte Bilanz zum 31. Dezember X1 in Kontoform! Nehmen Sie dafür an, alle Verbindlichkeiten seien kurzfristig fällig!

Lösungshinweise zu den Fragen und Teilaufgaben

1.   Die korrigierte Saldenaufstellung ergibt sich aus Abbildung 7.21, Seite 315.

2.   Als temporär bezeichnen wir alle Konten, die nur die Ereignisse eines einzigen Abrechnungszeitraums aufnehmen. Wir verstehen darunter die Konten der Einkommensrechnung. Die Journaleinträge zum Abschluss dieser Konten führen zu Buchungen, die man sich leicht selbst klar machen kann.

Saldenaufstellungen der ABC zum 31.12.X1 in GE

	Vorläufige Saldenaufstellung		Korrekturen		Korrigierte Saldenaufstellung	
	Soll	Haben	Soll	Haben	Soll	Haben
Zahlungsmittel	99000				99000	
Forderungen (Verkauf)	185000		(e) 600		191000	
Büromaterial	3000			(a) 2000		
				(f2) 500	500	
Büromöbel	50000				50000	
Kumulierte Abschreibungen (Möbel)		20000		(b) 10000		30000
Gebäude	125000				125000	
Kumulierte Abschreibungen (Gebäude)		65000		(c) 5000		70000
Verbindlichkeiten (Einkauf)		190000				190000
Verbindlichkeiten (Gehalt)				(d) 2500		2500
Verbindlichkeiten (Vorausz. Einkauf)		22500	(f1) 9000			13500
Kapital	32500	146500			32500	146500
Entnahmen						
Ertrag (Verkauf)		143000		(e) 6000		
				(f1) 9000		158000
Aufwand (Gehalt)	86000		(d) 2500		88500	
Aufwand (Büromaterial)			(a) 2000			
			(f2) 500		2500	
Aufwand (Abschreibung Möbel)			(b) 10000		10000	
Aufwand (Abschreibung Gebäude)			(c) 5000		5000	
Aufwand (Sonstiges)	6500				6500	
Summe	587000	587000	35000	35000	610500	610500

Abbildung 7.21: Vorläufige Saldenaufstellung, Korrekturen, und korrigierte Saldenaufstellung

3. Die Buchungen zum Abschluss der temporären Konten ergeben sich aus der folgenden Abbildung:

Beleg	Datum	Konten	Soll	Haben
1	31.12.	Abschlussbuchung Ertrag		
		Ertrag (Verkauf)	158000	
		Einkommenskonto		158000
2a	31.12.	Abschlussbuchung Aufwand (Gehalt)		
		Einkommenskonto	88500	
		Aufwand (Gehalt)		88500
2b	31.12.	Abschlussbuchung Aufwand (Büromaterial)		
		Einkommenskonto	2500	
		Aufwand (Büromaterial)		2500

Beleg	Datum	Konten	Soll	Haben
2c	31.12.	Abschlussbuchung Aufwand (Abschreibung Büromöbel) *Einkommenskonto*	10 000	
		Aufwand (Abschr. Möbel)		10 000
2d	31.12.	Abschlussbuchung Aufwand (Abschreibung Gebäude) *Einkommenskonto*	5 000	
		Aufwand (Abschr. Gebäude)		5 000
2e	31.12.	Abschlussbuchung Aufwand (Sonstiges) *Einkommenskonto*	6 500	
		Aufwand (Sonstiges)		6 500
3	31.12.	Abschlussbuchung Entnahme *Kapital*	32 500	
		Entnahme		32 500

Die Einkommensrechnung führt zu einem Einkommen von 45,5 TGE.

4. Die Eigenkapitalveränderungsrechnung zeigt die Veränderung des Eigenkapitals von anfänglich 146,5 TGE zu 159,5 TGE.

5. Die Bilanz ergibt ein Eigenkapital von 159,5 TGE.

Von der korrigierten Saldenaufstellung zu Finanzberichten

Sachverhalt

Gegeben sei die folgende korrigierte Saldenaufstellung des Unternehmens DEF, welches seine Einkommensrechnung nach dem Umsatzkostenverfahren erstellt.

DEF
Korrigierte Saldenaufstellung zum 31. Dezember X1

	Soll	Haben
Zahlungsmittel	99	
Forderungen (Verkauf)	179	
Büromaterial	1,5	
Möbel	50	
Kumulierte Abschr. (Möbel)		32,5
Gebäude	125	
Kumulierte Abschr. (Gebäude)		68,5
Erzeugnisse, Handelsware	8	
Verbindlichkeiten (Einkauf)		190
Verbindlichkeiten (Gehalt)		9
Passiver Rechnungsabgrenzungsp.		7,5
Kapital		146,5
Entnahme	32,5	
Ertrag (Verkauf)		234
Aufwand (Verkauf)	83	
Aufwand (Gehalt)	86	
Aufwand (Büromaterial)	1,5	
Aufwand (Abschreibung Möbel)	12.5	
Aufwand (Abschreibung Gebäude)	3,5	
Aufwand (Sonstiges)	6,5	
Summe	688	688

Fragen und Teilaufgaben

1. Erstellen Sie die Einkommensrechnung des Unternehmens für das Wirtschaftsjahr X1!

2. Erstellen Sie eine Eigenkapitalveränderungsrechnung für das Wirtschaftsjahr X1!

3. Erstellen Sie eine Bilanz für das Ende des Wirtschaftsjahres X1! Verwenden Sie zur Aufstellung der Bilanz die für das dHGB übliche Gliederung der Vermögensgüter und Kapitalposten!

Lösungshinweise zu den Fragen und Teilaufgaben

1. Das Einkommen wird mit 41 TGE errechnet.

2. In der Eigenkapitalveränderungsrechnung wird gezeigt, wie aus einem anfänglichen Eigenkapital von 146,5 TGE eines von 155 GE geworden ist.

3. Die Bilanz weist Vermögensgüter in Höhe von 361,5 TGE und ein Eigenkapital in Höhe von 155 TGE auf.

Aufgabe 7.3 **Eröffnung von T-Konten und Verarbeitung von Ereignissen, Abschluss nur der temporären Konten**

Sachverhalt

Die finanzielle Lage des Unternehmens GHI sei zu Beginn eines Geschäftsjahres durch die folgende Bilanz beschrieben:

GHI
Bilanz zum 1.1.X1 in GE

Aktiva		Passiva	
Nicht abnutzbare Sachanl.	200000	Verbindlichkeiten (Einkauf)	70000
Abnutzbare Sachanlagen	50000	davon gegenüber X 20000	
Erzeugnisse, Handelsware	50000	gegenüber Y 20000	
Forderungen (Verkauf)	40000	gegenüber Z 30000	
davon gegenüber A 25000		Verbindlichkeiten (Sonstige)	110000
gegenüber B 15000		Eigenkapital	180000
Flüssige Mittel	20000		
Bilanzsumme	360000	Bilanzsumme	360000

Während des Wirtschaftsjahres X1 ereignet sich das Folgende:

a. Verkauf eines Grundstücks mit einem Buchwert von 35000 GE für 50000 GE gegen Barzahlung.

b. Verkauf von Handelsware, die für 10000 GE eingekauft worden war, für 20000 GE auf Ziel an den Kunden B.

c. Tilgung der Verbindlichkeit gegenüber dem Lieferanten Y durch Barmittel.

d. Empfang einer Lieferung von Handelsware im Wert von 20000 GE vom Lieferanten X, wovon die Hälfte sofort bar bezahlt wird.

e. Kauf eines Computers für die Buchführung gegen Barzahlung von 5000 GE. Das Gerät wird voraussichtlich fünf Jahre genutzt werden. Die Anschaffungsausgaben mögen gleichmäßig über die Nutzungszeit verteilt werden. Ein Bezug zu den Erzeugnissen wird nicht gesehen.

f. Kunde B begleicht Forderungen des Unternehmens in Höhe von 15000 GE durch Barzahlung.

g. Verkauf von Handelsware an A für 10000 GE gegen Barzahlung. Der Buchwert der Handelsware hatte 12000 GE betragen.

h. Tilgung der Verbindlichkeit gegenüber dem Lieferanten Z bei gleichzeitiger Entrichtung der Zinsen in Höhe von 500 GE.

Fragen und Teilaufgaben

1. Stellen Sie die Konten mit ihren Beständen zum Beginn des Wirtschaftsjahres X1 dar!

2. Stellen Sie die Buchungssätze der Ereignisse des Wirtschaftsjahres X1 auf! Kennzeichen Sie bei Ihren Konten jeweils, ob es sich um ein Vermögens- oder Fremdkapitalkonto oder um ein Ertrags-, Aufwands-, Einlage- oder Entnahmekonto handelt!

3. Führen Sie die Buchungen auf den Konten durch und ermitteln Sie die vorläufigen Endbestände der Konten!

4. Unterscheiden Sie die temporären von den permanenten Konten!

5. Erstellen Sie für das Ende des Geschäftsjahres X1 eine vorläufige Saldenaufstellung und eine um den Abschluss temporärer Konten korrigierte Saldenaufstellung! Sehen Sie dabei ein Einkommenskonto vor! Stellen Sie die notwendigen Buchungssätze der Abschlussbuchungen des Wirtschaftsjahres X1 auf, indem Sie Erträge und Aufwendungen über ein Einkommenskonto sowie die Entnahmen direkt auf das Eigenkapitalkonto verrechnen! Nehmen Sie dabei die Buchungen auf den Konten vor!

6. Erstellen Sie aus den Unterlagen der Teilaufgabe 5 die Einkommensrechnung, die Eigenkapitalveränderungsrechnung und die Bilanz für das Wirtschaftsjahr X1!

7. Stellen Sie die Konten mit ihren Beständen zu Beginn des Wirtschaftsjahres X2 dar!

Lösungshinweise zu den Fragen und Teilaufgaben

1. Die Aufstellung der Konten mit ihren Anfangswerten ist sehr einfach.

2. Das Erstellen der Buchungssätze erscheint ebenfalls unproblematisch.

3. Die Buchung der Ereignisse auf Konten sollte auch keine Probleme bereiten.

4. Wir vertrauen darauf, dass Konten, die nur während eines Wirtschaftsjahres benötigt werden, als temporär zu bezeichnen sind.

5. Bei Abschluss nur der temporären Konten im oben beschriebenen Sinne ergeben sich die vorläufige und die korrigierte Saldenaufstellung der Abbildung 7.22, Seite 320. Über die Ereignisse hinaus ist für die Ermittlung der korrigierten Saldenaufstellung zu berücksichtigen, dass der Computer abzuschreiben ist (Ereignis i.), dass die Konten der Einkommensrechnung auf dem Einkommenskonto abzuschließen sind (Ereignisse j. und k.) und dass das Einkommenskonto über das Eigenkapitalkonto abzuschließen ist (Ereignis l.).

6. Man erhält ein Eigenkapital in Höhe von 201 500 GE, ein Einkommen in Höhe von 21 500 GE, das im Beispiel der gesamten Eigenkapitalveränderung entspricht.

7. Die Konten zu Beginn von X2 aufzustellen bereitet keine Probleme.

Abschluss aller (temporären und permanenten) Konten   **Aufgabe 7.4**

Sachverhalt

Die finanzielle Lage des Unternehmens JKL sei zum Ende eines Wirtschaftsjahres X1 durch die vorläufige Saldenaufstellung der Abbildung 7.23, Seite 321, beschrieben, in der nur die Abschlussbuchungen noch nicht vorgenommen wurden.

GHI Saldenaufstellungen

	Saldenaufstellung nach den Ereignissen a bis h		Weitere Korrekturen		Endgültige Saldenaufstellung	
	Soll	Haben	Soll	Haben	Soll	Haben
Nicht abnutzbare Sachanlagen	165 000				165 000	
Abnutzbare Sachanlagen	55 000			(i) 1 000	54 000	
Erzeugnisse, Handelsware	48 000				48 000	
Forderungen gegenüber A	25 000				25 000	
Forderungen gegenüber B	20 000				20 000	
Zahlungsmittel	29 500				29 500	
Verbindlichkeiten gegenüber X		30 000				30 000
Verbindlichkeiten gegenüber Y		0				0
Verbindlichkeiten gegenüber Z		0				0
Verbindlichkeiten (Sonst.)		110 000				110 000
Eigenkapital		180 000		(l) 21 500		201 500
Entnahmen						
Erträge		80 000	(j) 80 000			
Aufwendungen	57 500		(i) 1 000	(k)58 500		
Einkommenskonto			(k)58 500	(j) 80 000		
			(l) 21 500			
Summe	400 000	400 000	161 000	161 000	341 500	341 500

Abbildung 7.22: Saldenaufstellungen der GHI

JKL Saldenaufstellung zum 31.1.X1

	Vorläufige Saldenaufstellung		Abschlussbuchungen		Korrigierte Saldenaufstellung	
	Soll	Haben	Soll	Haben	Soll	Haben
Nicht abnutzbare Sachanlagen	165000					
Abnutzbare Sachanlagen	54000					
Waren	48000					
Forderungen gegenüber A	25000					
Forderungen gegenüber B	20000					
Zahlungsmittel	19500					
Verbindlichkeiten gegenüber X		30000				
Verbindlichkeiten gegenüber Y		0				
Verbindlichkeiten gegenüber Z		0				
Verbindlichkeiten (Sonstige)		100000				
Eigenkapital		180000				
Entnahmen						
Erträge		80000				
Aufwendungen	58500					
Einkommenskonto						
Summe	390000	390000				

Abbildung 7.23: Vorläufige Saldenaufstellung der JKL

Fragen und Teilaufgaben

1. Erstellen Sie für das Ende des Wirtschaftsjahres X1 eine korrigierte Saldenaufstellung, in der die Abschlussbuchungen berücksichtigt werden! Schließen Sie die Bilanzkonten und die Eigenkapitaltransferkonten auf ein Schlussbilanzkonto und die Erträge und Aufwendungen auf ein Einkommenskonto ab! Geben Sie dazu die vollständigen Journaleinträge der Abschlussbuchungen des Geschäftsjahres X1 gesondert an!

2. Ermitteln Sie die Einkommensrechnung, die Eigenkapitalveränderungsrechnung und die Bilanz für das Geschäftsjahr X1!

3. Eröffnen Sie die Konten mit ihren Beständen zu Beginn des Wirtschaftsjahres X2 und übertragen Sie die Anfangsbestände im Rahmen von Buchungssätzen vom sogenannten Bilanzkonto auf die Konten!

Lösungshinweise zu den Fragen und Teilaufgaben

1. Die Saldenaufstellungen ergeben sich wie in Abbildung 7.24, Seite 322.

JKL Saldenaufstellung Ende X1

	Vorläufige Saldenaufstellung		Abschlussbuchungen		Korrigierte Saldenaufstellung	
	Soll	Haben	Soll	Haben	Soll	Haben
Nicht abnutzbare Sachanlagen	165 000			165 000	0	
Abnutzbare Sachanlagen	54 000			54 000	0	
Waren	48 000			48 000	0	
Forderungen gegenüber A	25 000			25 000	0	
Forderungen gegenüber B	20 000			20 000	0	
Zahlungsmittel	19 500			19 500	0	
Verbindlichkeiten gegenüber X		30 000	30 000			0
Verbindlichkeiten gegenüber Y		0				0
Verbindlichkeiten gegenüber Z		0				0
Verbindlichkeiten (Sonst.)		100 000	100 000			0
Eigenkapital		180 000	201 500	21 500		0
Entnahmen						
Erträge		80 000	80 000			0
Aufwendungen	58 500			58 500		0
Einkommenskonto			58 500	80 000		
			21 500			0
Schlussbilanzkonto			165 000		165 000	
			54 000		54 000	
			48 000		48 000	
			25 000		25 000	
			20 000		20 000	
			19 500		19 500	
				30 000		30 000
				100 000		100 000
				201 500		201 500
Summe	390 000	390 000	823 000	823 000	331 500	331 500

Abbildung 7.24: Vorläufige und korrigierte Saldenaufstellung der JKL

2. Die Einkommensrechnung ergibt ein Einkommen von 21 500 GE, die Eigenkapital-veränderungsrechnung zeigt die Entwicklung des Eigenkapitals von 180 000 GE auf 201 500 GE und die Bilanz das Eigenkapital in Höhe von 201 500 GE.

3. Zu Beginn des Folgejahres X2 ergeben sich nach entsprechenden Eröffnungsbuchungen die Konten mit ihren Anfangsbeständen.

Ermittlung einer Kapitalflussrechnung durch Auswertung von Finanzberichten (Einkommensrechnung nach dem „Gesamtkostenverfahren" und zwei benachbarte Bilanzen)   **Aufgabe 7.5**

Sachverhalt

Das Unternehmen Walter Huber erstellt eine Bilanz für das Ende des Geschäftsjahrs X0, eine Einkommensrechnung für das Geschäftsjahr X1 und eine Bilanz für das Ende des Geschäftsjahrs X1. Im Folgenden sieht man die beiden Bilanzen und die dazugehörige Einkommensrechnung nach dem „Gesamtkostenverfahren" sowie die Bilanzveränderungen. Die Zuordnung der Bilanzveränderungen zu drei verschiedenen Zahlungsströmen wird durch die Worte operativ, investiv und finanzorientiert angedeutet. Das Eigenkapital ergibt sich in diesen Bilanzen aus der Summe von vier Posten. Einer dieser Posten gibt das Einkommen des abgelaufenen Abrechnungszeitraums an. Zusätzlich finden wir eine dazu gehörige Einkommensrechnung nach dem "Gesamtkostenverfahren" vor. Es sei unterstellt, alle Posten der Einkommensrechnung beträfen den operativen Bereich. Ferner sei unterstellt, das Einkommen des Vorzeitraums werde im laufenden Zeitraum entweder in die anderen Rücklagen eingestellt oder an die Anteilseigner ausgeschüttet.

Walter Huber

Bilanzen

	31.12.X0	31.12.X1	X1 – X0
Aktiva			
Grundstücke und Gebäude (investiv)	10000	9200	–800
Maschinen (investiv)	16000	16000	0
Erzeugnisse, Handelsware (operativ)	18000	14200	–3800
Roh-, Hilfs- und Betriebsstoffe (operativ)	10000	10000	0
Forderungen aus Lieferungen und Leistungen			
(operativ)	14000	22000	8000
Guthaben bei Banken	12000	16600	4600
Summe	80000	88000	8000
Passiva			
Gezeichnetes Kapital (finanzorientiert)	6000	8000	2000
Kapitalrücklage (finanzorientiert)	4000	7200	3200
Andere Rücklagen (finanzorientiert)	12000	14000	2000
Gewinnrücklagen (operativ)	2000	4000	2000
Pensionsrückstellungen (operativ)	18000	17600	–400
Sonstige Rückstellungen (Einkommensteuern)			
(operativ)	4000	4600	600
Langfristige Verbindlichkeiten (finanzorientiert)	4000	5000	1000
Sonstige betriebliche Verbindlichkeiten (operativ)	10000	12800	2800
Verbindlichkeiten aus Lieferungen und Leistungen			
(operativ)	20000	14800	–5200
Summe	80000	88000	8000

Walter Huber

Einkommensrechnung für das Geschäftsjahr X1

Umsatzertrag		40 200
Umsatzaufwand		
Materialherstellungsausgaben für produzierte Menge	−10 000	
Personalherstellungsausgaben für produzierte Menge	−7 000	
Abschreibungen auf Maschinen	−1 000	
Zugang zum Fertigerzeugnislager	0	
Abgang vom Fertigerzeugnislager	−3 800	−21 800
Bruttoeinkommen vom Umsatz		18 400
Vertriebsaufwand (Material)		−2 000
Allgemeiner Verwaltungsaufwand (Löhne)		−3 200
Sonstiger betrieblicher Aufwand		−7 000
Zinsaufwand		−1 000
Einkommen vor Einkommensteuern		5 200
Steuern vom Einkommen und Ertrag		1 200
Jahresüberschuss		4 000

Fragen und Teilaufgaben

1. Wie kann man vorgehen, um Aussagen über die Veränderung der Zahlungsmittel zu erfahren?

2. Bestimmen Sie eine aussagefähige Kapitalflussrechnung aus den Daten! Verwenden Sie dazu die indirekte Methode!

Lösung der Fragen und Teilaufgaben

1. Man kann vom Einkommen ausgehen und dieses so korrigieren, dass man letztlich eine einzige Zahlungsmittelveränderung erhält. Alternativ dazu kann man alle Posten der Bilanz und der Einkommensrechnung auswerten, um etwas über die einzelnen Zahlungsströme der Zahlungsmittelveränderung zu erfahren.

2. Zur Ermittlung einer Kapitalflussrechnung sind die Daten der Einkommensrechnung und die Veränderungen von Bilanzposten als Zahlungsveränderungen zu interpretieren. Weil die Einkommensrechnung nach dem „Gesamtkostenverfahren" aufgebaut ist, liegen die Erträge und die Aufwendungen des operativen Bereichs nicht vor. Es bleibt nur die Anwendung der indirekten Methode. Dazu addieren wir zum Einkommen den Teil der operativen Aufwendungen, der nicht zahlungswirksam war und subtrahieren den Teil der operativen Erträge, der nicht zahlungswirksam war, um den Zahlungsstrom aus operativer Tätigkeit zu erhalten. Für das operative Einkommen ergibt sich dann ein Zahlungsstrom aus operativen Tätigkeiten in Höhe von −1400 GE, einer aus Investitionen in Höhe von −200 GE und einer aus Finanzierungen in Höhe von 6200 GE.

Ermittlung einer Kapitalflussrechnung durch Auswertung von Finanzberichten **Aufgabe 7.6**
(Einkommensrechnung nach dem „Umsatzkostenverfahren" und zwei benachbarte Bilanzen)

Sachverhalt

Das Unternehmen Ernst Haber erstellt eine Bilanz zum Ende des Geschäftsjahrs X0, eine Einkommensrechnung für das Geschäftsjahr X1 und eine Bilanz zum Ende des Geschäftsjahres X1. Im Folgenden sieht man die beiden Bilanzen und die dazugehörige Einkommensrechnung nach dem „Umsatzkostenverfahren"

.

Ernst Haber

Bilanzen

	31.12.X0	31.12.X1	X1 − X0
Aktiva			
Grundstücke und Gebäude (investiv)	10000	9200	−800
Maschinen (investiv)	16000	16000	0
Erzeugnisse, Handelsware (operativ)	18000	14200	−3800
Roh-, Hilfs- und Betriebsstoffe (operativ)	10000	10000	0
Forderungen aus Lieferungen und Leistungen (operativ)	14000	22000	8000
Guthaben bei Banken	12000	16600	4600
Summe	80000	88000	8000
Passiva			
Gezeichnetes Kapital (finanzorientiert)	6000	8000	2000
Kapitalrücklage (finanzorientiert)	4000	7200	3200
Andere Rücklagen (finanzorientiert)	12000	14000	2000
Gewinnrücklagen (operativ)	2000	4000	2000
Pensionsrückstellungen (operativ)	18000	17600	−400
Sonstige Rückstellungen (Einkommensteuern) (operativ)	4000	4600	600
Langfristige Verbindlichkeiten (finanzorientiert)	4000	5000	1000
Sonstige betriebliche Verbindlichkeiten (operativ)	10000	12800	2800
Verbindlichkeiten aus Lieferungen und Leistungen (operativ)	20000	14800	−5200
Summe	80000	88000	8000

Ernst Haber

Einkommensrechnung für das Geschäftsjahr X1

Umsatzertrag		40 200
Umsatzaufwand		
Materialaufwand (für die verkaufte Menge)	−12 000	
Personalaufwand (für die verkaufte Menge)	−8 000	
Sonstiger Herstelungsaufwand	−5 800	
Abschreibungen auf Maschinen (für die verkaufte Menge)	−1 000	−26 800
Bruttoeinkommen vom Umsatz		13 400
Vertriebsaufwand (Material)		−2 000
Allgemeiner Verwaltungsaufwand (Löhne)		−3 200
Sonstiger betrieblicher Aufwand		−2 000
Zinsaufwand		−1 000
Einkommen vor Einkommensteuern		5 200
Steuern vom Einkommen und Ertrag		1 200
Jahresüberschuss		4 000

Fragen und Teilaufgaben

1. Wie kann man vorgehen, um Aussagen über die Veränderung der Zahlungsmittel zu erfahren?

2. Bestimmen Sie eine aussagefähige Kapitalflussrechnung aus den Daten! Verwenden Sie dazu die direkte Methode!

Lösungshinweise zu den Fragen und Teilaufgaben

1. Man kann vom Einkommen ausgehen und dieses so korrigieren, das man letztlich eine einzige Zahlungsmittelveränderung erhält. Alternativ dazu kann man alle Posten der Bilanz und der Einkommensrechnung auswerten, um etwas über die einzelnen Zahlungsströme dieser Zahlungsmittelveränderung zu erfahren.

2. Zur Ermittlung einer Kapitalflussrechnung sind die Daten der Einkommensrechnung und die Veränderungen von Bilanzposten als Zahlungsveränderungen zu interpretieren. Wir können nun die einzelnen operativen Zahlungsströme ermitteln, die zum operativen Zahlungsstrom beitragen. Zusätzlich muss man die Veränderung von Bilanzposten zwischen den zwei Zeitpunkten ermitteln, um schließlich zum gesamten Zahlungsstrom aus operativen Tätigkeiten zu gelangen. Nach der direkten Methode zur Messung des operativen Einkommens ergibt sich dann ein Zahlungsstrom aus operativen Tätigkeiten in Höhe von − 1 400 GE, einer aus Investitionen in Höhe von −200 GE und einer aus Finanzierungen in Höhe von 6 200 GE, so dass die Zahlungsmittel um 4 600 GE zugenommen haben.

Literaturverzeichnis

Grundlegende Literatur zur Einführung in die Gebiete der Buchführung und des betriebswirtschaftlichen Rechnungswesens findet man in Einführungswerken sowie in den Literaturangaben von Fachartikeln. Hier wird nur auf Quellen verwiesen, welche die speziellen Aspekte der Ausführungen betreffen.

Ballwieser, W. (2002), Informations-GoB – auch im Lichte von *IAS* und *US-GAAP*, Zeitschrift für kapitalmarktorientierte Rechnungslegung, 2. Jahrgang, S. 115–121.

Ballwieser, W. (2009), *IFRS*-Rechnungslegung – Konzept, Regeln und Wirkungen, 2. überarbeitete und erweiterte Auflage, München (Vahlen).

Baetge, J., Kirsch, H.-J., Thiele, S. (2015), Konzernbilanzen, 11. überarbeitete Auflage, Düsseldorf (Institut der Wirtschaftsprüfer).

Beaver, W.H. (1998), Financial Reporting – An Accounting Revolution, 3rd edition, Upper Saddle River, N.J. (Prentice Hall).

Berle, A.A./ Means, G.C. (1932), The Modern Corporation and Privat Property, New York, Nachdruck 1991.

Busse von Colbe, W., Ordelheide, D., Gebhardt, G., Pellens, B. (2009), Konzernabschlüsse – Rechnungslegung nach betriebswirtschaftlichen Grundsätzen sowie nach Vorschriften des HGB und der IAS/*IFRS*, 9. Auflage, Wiesbaden (Gabler).

Coenenberg, A.G. / Haller, A. / Mattner, G. / Schultze, W. (2016), Einführung in das Rechnungswesen – Grundlagen der Buchführung und Bilanzierung, 6. überarbeitete Auflage, Stuttgart (Schäffer-Poeschel).

Deutsche Telekom AG, Geschäftsbericht 2016 (deutsch).

DRSC, siehe Selbstpräsentation im Internet unter *www.drsc.de.*

Eisele, W., Knobloch, A.P. (2011), Technik des betrieblichen Rechnungswesens, 8. vollständig überarbeitete und erweiterte Auflage, München (Vahlen).

FASB, siehe Selbstpräsentation im Internet unter *www.fasb.org.*

Horngren, C.T., Harrison, W.T., Oliver M.S. (2012), Accounting, 9. Auflage, Upper Saddle River (Prentice Hall).

IASB, siehe Selbstpräsentation im Internet unter *www.iasb.org.*

Leffson, U. (1987), Die Grundsätze ordnungsmäßiger Buchführung, 7. Auflage, Düsseldorf.

Metro AG, Geschäftsbericht 2015/2016 (deutsch).

Möller, H.P. / Hüfner, B. / Keller, E. / Ketteniß, H. / Viethen, H.W. (2017), Konzern-Finanzberichte – Ökonomische Grundlagen, regulatorische Vorgaben und Informationskonsequenzen, 3. aktualisierte Auflage, Berlin Heidelberg (Springer Gabler).

Moxter, A. (1984), Bilanzlehre, Band I: Einführung in die Bilanztheorie, 3., vollständig umgearbeitete Auflage, Wiesbaden (Gabler).

Moxter, A. (2003), Grundsätze ordnungsmäßiger Rechnungslegung, Düsseldorf (Institut der Wirtschaftsprüfer).

Poensgen, H.O. (1973), Geschäftsbereichsorganisation, Opladen (Westdeutscher Verlag).

Schneider, D. (1997), Betriebswirtschaftslehre, Band 2: Rechnungswesen, 2., verbesserte Auflage, München und Wien (Oldenbourg).

Verwendete Rechts- Regulierungsquellen:

International Financial Reporting Standards [Hrsg.] (2012), *International Financial Reporting Standards 2012*, London (Lexisnexis).

Siebte Richtlinie der EU vom 13.6.1983 mit sämtlichen Änderungen und Anpassungen, siehe *http://europa.eu/ legislation_summaries/internal_market/single_market_capital/l26010_de.htm*.

Vierte Richtlinie der EU vom 25.7.1978 mit sämtlichen Änderungen und Anpassungen, siehe *http:// europa.eu/legislation_summaries/internal_market/single_market_capital/l26009_de.htm*.

Als weitere Rechtsquellen wurden aus dem deutschen Rechtskreis herangezogen:

- Abgabenordnung
- Einkommensteuergesetz
- Handelsgesetzbuch
- Publizitätsgesetz
- Umsatzsteuergesetz
- Kleinstkapitalgesellschaften-Bilanzrechtsänderungsgesetz (MicroBilG)

Glossar

Abbildung buchführungsrelevanter Ereignisse im Rechnungswesen, Anforderungen
Aus den vielen Anforderungen erscheinen die folgenden sehr wichtig: → Anforderung nach selbstständiger Wirtschaftseinheit, → Anforderung nach Leistungsabgabeorientierung, → Anforderung nach Unternehmensfortführung, → Anforderung nach Relevanz, → Anforderung nach Verlässlichkeit, → Anforderung nach Vergleichbarkeit, → Anforderung nach Vorsicht, → Anforderung nach stabiler Währungseinheit

Abgabenordnung
Deutsches Gesetz zur Regelung der Rechte und Pflichten von Bürgern bei Abgaben an den Staat

Abgrenzung, Prinzip der sachlichen
Prinzip, nach dem → Ausgaben, die sachlich einem Ertrag zugerechnet werden, in demjenigen → Abrechnungszeitraum als → Aufwand anzusetzen sind, in dem der zugehörige → Ertrag angesetzt wird.

Abgrenzung, Prinzip der zeitlichen
Prinzip, nach dem → Ausgaben, die sachlich keinem → Ertrag zugerechnet werden, in demjenigen → Abrechnungszeitraum als → Aufwand anzusetzen sind, in dem sie zeitlich anfallen.

Abgrenzung, Prinzip der zeitraumbezogenen
Prinzip, nach dem → Ausgaben, die pro rata temporis anfallen, zeitanteilig als → Aufwand zu behandeln sind, entweder zeitanteilig → sachlich oder zeitanteilig auf die betroffenen → Abrechnungszeiträume

Abnutzbares Anlagevermögen
→ Anlagevermögen, abnutzbares

Abrechnungszeitraum
Zeitraum, der durch zwei aufeinanderfolgende Bilanzstichtage begrenzt wird. Häufig wird von Abrechnungsperiode gesprochen, obwohl die Zeitspannen nicht gleich groß sein müssen. Der englischsprachige Ausdruck für Abrechnungszeitraum heißt → *accounting period*.

Abschluss aller Konten
Methode zur Behandlung von → Konten zum Ende des Abrechnungszeitraums, bei der alle Konten abgeschlossen werden. Durch eine Buchung der jeweiligen Endbestände auf Bilanz- und Einkommenskonto wird der jeweilige Kontostand auf null gebracht.

Abschluss der temporären Konten
Methode zur Behandlung von → Konten zum Ende des Abrechnungszeitraums, bei der nur die → temporären Konten abgeschlossen werden. Durch eine Buchung der jeweiligen Endbestände auf Bilanz- und Einkommenskonto wird der Kontostand dieser Konten auf null gebracht. Die nicht temporären Konten werden nicht auf null gesetzt.

Abschluss der permanenten Konten
Methode zur Behandlung von → Konten zum Ende des Abrechnungszeitraums, bei der kein Abschluss vorgenommen wird. Der Kontostand dieser Konten nicht auf null gebracht.

Abschreibung
Wertanpassung nach unten. Soweit es dabei um die Verteilung von Anschaffungsausgaben als Aufwand auf die Jahre der Nutzung geht, werden sie als → planmäßige Abschreibungen bezeichnet, sonst als → außerplanmäßige Abschreibungen. In der englischen Sprache wird die erstgenannte Art als → *depreciation* bezeichnet, die zuletzt genannte als → *write off*.

Abschreibung, außerplanmäßige
→ Abschreibung, die von → Vermögensgütern vorgenommen wird, um Wertminderungen gegenüber dem eventuell um → planmäßige Abschreibungen gekürzten Buchwert zu erfassen. Im Englischen wird der Ausdruck → *write off* dafür verwendet.

Abschreibung, degressive
Methode, bei der die → planmäßige Abschreibung von → Vermögensgütern, die der Abnutzung unterliegen, so berechnet wird, dass die Abschreibungsbeträge der einzelnen Abrechnungszeiträume im Zeitablauf abnehmen

Abschreibung, direkte
Darstellungsart von Abschreibungen, bei der eine Verminderung des Buchwerts des abzuschreibenden Vermögenguts erfolgt

Abschreibung, indirekte
Darstellungsart von Abschreibungen, bei der formal keine Verminderung des Buchwerts des abzuschreibenden Vermögensguts erfolgt, sondern der Aufbau eines Korrekturkontos zu dem Konto des Vermögensguts gebil-

det wird. Dieses Korrekturkonto enthält die Summe aller Abschreibungen, die für das Vermögensgut seit dessen Anschaffung angefallen sind, das also die kumulierten Abschreibungen angibt. Der Bestandswert des Vermögensguts bleibt unverändert. Der Wert für die Bilanz ergibt sich, indem man den Korrekturwert vom Buchwert abzieht.

Abschreibung, lineare
Methode, bei der die → planmäßige Abschreibung von → Vermögensgütern, die der Abnutzung unterliegen, so berechnet wird, dass die Abschreibungsbeträge der einzelnen Abrechnungszeiträume gleich groß sind.

Abschreibung, planmäßige
→ Abschreibung, die von → Vermögensgütern vorgenommen wird, weil diese der Abnutzung unterliegen. Sie wird vorgenommen, um die → Anschaffungsausgaben eines mehrere → Abrechnungszeiträume nutzbaren → Vermögensguts auf die Zeiträume der Nutzung zu verteilen. Im Englischen wird der Ausdruck → *depreciation* dafür verwendet.

Account
Englischsprachiger Ausdruck für → Konto

Accounting period
Englischsprachiger Ausdruck für → Abrechnungszeitraum

Accrual basis der Rechnungslegung
→ Rechnungslegung, *accrual basis* der

Aktiver Rechnungsabgrenzungsposten
→ Rechnungsabgrenzungsposten, aktiver

Aktivum
Posten, der auf der Vermögensseite einer → Bilanz aufgeführt wird, unabhängig davon, ob es sich um ein Vermögensgut handelt oder nicht

Anderes relevantes Ereignis
→ Ereignis, anderes relevantes

Anforderung nach Anschaffungsausgabenorientierung
Der Begriff steht für die Forderung nach Bewertung von Vermögensgütern zu ihren (fortgeführten) Anschaffungsausgaben, bis dass ein Verkauf erfolgt. Die → Anforderung nach Verlässlichkeit wird durch die

Anforderung nach Anschaffungsausgabenorientierung besonders gut erfüllt.

Anforderung nach Leistungsabgabeorientierung
Anforderung, zur Ermittlung von Gewinn und Verlust die Veränderung von Vermögensgüter- und Fremdkapitalposten zum Zeitpunkt der Abgabe dieser Posten an einen Marktpartner zu erfassen

Anforderung nach Relevanz
Anforderung nach Relevanz der Rechnungslegung für Entscheidungen. Im englischsprachigen Raum ist von → *relevance* die Rede.

Anforderung nach selbstständiger Wirtschaftseinheit
Zur Vermeidung von Verzerrungen durch die Bilanzersteller ist eine selbstständige Wirtschaftseinheit als Gegenstand des Rechnungswesens zu fordern.

Anforderung nach stabiler Währungseinheit
Anforderung danach, dass der Wert der verwendeten Währung sich im Zeitablauf nicht ändert. Dies erspart Auf- und Abzinsungen. Im englischsprachigen Raum wird von einer → *stable monetary unit* gesprochen.

Anforderung nach Unternehmensfortführung
Anforderung danach, dass das → Unternehmen im Zeitablauf fortgeführt wird. Dies erspart die Schätzung von Liquidationswerten für → Vermögensgüter und für → Fremdkapitalposten. Im englischsprachigen Raum geht es um den → *going concern*.

Anforderung nach Vergleichbarkeit
Anforderung zur Erstellung von → Finanzberichten, welche die → Vergleichbarkeit im Zeitablauf und die Vergleichbarkeit zwischen → Unternehmen herstellen soll. Im englischsprachigen Raum wird die Anforderung unter dem Stichwort → *comparability* diskutiert.

Anforderung nach Verlässlichkeit
Anforderung, nur solche Posten anzusetzen, deren Werte man verlässlich ermitteln kann. In der englischen Sprache geht es um die Anforderung nach → *reliability*.

Anforderung nach Vorsicht
In der deutschen Literatur mit unterschiedlicher Bedeutung verwendete Anforderung, die bei der Führung von → Büchern beachtet werden soll. Im weiteren Sinne bedeutet es, → Vermögensgegenstände und → Fremd-

kapital im Zweifel so zu bewerten, dass man ein niedriges → Eigenkapital und ein niedriges → Einkommen erhält. Im engen Sinne bedeutet es nur, bei Schätzungen denjenigen Wert anzusetzen, aus dem sich ein niedriges Eigenkapital und ein niedriges Einkommen herleiten lassen. Im englischen Sprachraum ist von → *conservatism* oder von → *prudence* die Rede.

Anforderung nach Zeitnähe
Informationen können ihre → Relevanz verlieren, wenn sie nicht mehr zeitnah sind. So dürfte beispielsweise der genau feststellbare historische Anschaffungswert eines vor Jahrzehnten erworbenen Grundstücks für heutige Entscheidungen irrelevant sein. Er ist nicht zeitnah. Im Englischen verbirgt sich dahinter die Anforderung nach → *timeliness*.

Anhang
Finanzbericht nach dHGB mit Angaben, die in den anderen → Finanzberichten nicht enthalten sind

Anlagespiegel
→ Finanzbericht, der die Veränderungen des → Anlagevermögens zwischen zwei Bilanzstichtagen erklärt

Anlagevermögen
Oberbegriff über diejenigen → Vermögensgüter, die dazu bestimmt sind, dem → Unternehmen durch Gebrauch zu dienen. Im deutschen Handelsrecht übliche Klasse von Vermögensgütern, die weiter unterteilt wird in → immaterielles Anlagevermögen, → Finanzanlagevermögen und → Sachanlagevermögen. Das Anlagevermögen entspricht weitgehend, aber nicht ganz, den *non current assets* der *International Financial Reporting Standards*.

Anlagevermögen, abnutzbares
→ Anlagevermögen, das infolge von Gebrauch oder Zeitablauf an Wert verliert. Diesen Wertverlust berücksichtigt man im Rechnungswesen durch eine → planmäßige Abschreibung.

Anlagevermögen, finanzielles
Anlagevermögen, das aus Forderungen, Beteiligungen und Wertpapieren besteht

Anlagevermögen, immaterielles
Körperlich nicht fassbare Vermögensgüter des → Anlagevermögens, die weder dem → Finanzan-lagevermögen noch dem abnutzbaren Anlagevermögen zugerechnet werden

Anlagevermögen, nicht abnutzbares
→ Anlagevermögen, das weder durch Gebrauch noch durch Zeitablauf an Wert verliert

Anlagevermögen, sachliches
Anlagevermögen, das aus Sachgütern besteht, z.B. nicht zum Verkauf bestimmten Grundstükken, Gebäuden, Maschinen

Anschaffungsausgabe
Ausgabe für die Anschaffung eines Vermögensguts. „Anschaffungsausgabe" ist der Begriff, den das dHGB meint, wenn von Anschaffungskosten geschrieben wird. Das → dHGB versteht unter der Anschaffungsausgabe für ein Vermögensgut den Betrag, der sich unter Einbezug der Anschaffungsnebenausgaben abzüglich eventueller Anschaffungspreisminderungen ergibt.

Antizipativer Vorgang
→ Einkommenswirkung, Zahlung nach

AO
Abkürzung für die → Abgabenordnung des deutschen Rechts

Arbeitsablauf bei der Erfassung eines relevanten Ereignisses
→ Relevantes Ereignis

Aspekt, finanzieller
Sichtweise, bei der man sich auf die Einkommens- oder Eigenkapitalwirkung von etwas konzentriert

Asset
Englischsprachiger Ausdruck für → Vermögensgut, üblicherweise im englischsprachigen Ausland verstanden als Ressource, über die das → Unternehmen infolge vergangener Ereignisse verfügen kann und aus der es in Zukunft einen wirtschaftlichen Nutzen zu erzielen erwartet

Auftragsfertigung, über den Bilanzstichtag hinausgehend
Fertigung von Aufträgen während eines Zeitraumes, der mindestens einen Bilanzstichtag überschreitet. Zur Behandlung im Rechnungswesen wird die → *completed contract*-Methode von der → *percentage of completion*-Methode unterschieden. Nach dHGB gilt die *completed contract*-Methode als die anzuwendende.

Aufwand

Negative → Eigenkapitalveränderung eines → Abrechnungszeitraums, die nicht als → Eigenkapitaltransfer zu klassifizieren ist. Im englischsprachigen Raum steht der Ausdruck → *expenditure* für Aufwand.

Aufwand aus dem Verkauf von Erzeugnissen, Handelsware und Dienstleistungen

→ Ausgaben, die nach dem → Prinzip der sachlichen Abgrenzung ermittelt werden. Die Verrechnung in der Einkommensrechnung erfolgt zu dem Zeitpunkt, zu dem der Ertrag aus dem Verkauf der zugehörigen Handelsware verrechnet wird. Anstatt des Begriffs wird auch der Ausdruck → Umsatzaufwand verwendet.

Aufwand, einkommensabhängiger

→ Aufwand, dessen Höhe vom → Einkommen abhängt, wie es beispielsweise bei einkommensabhängigen Vorstandstantiemen der Fall ist. Die Höhe dieses Aufwands und die Höhe des Einkommens lassen sich exakt durch Lösen eines Gleichungssystems ermitteln.

Ausgabe

→ Auszahlung oder Fremdkapitalzunahme im Zusammenhang mit dem Einkauf von → Vermögensgütern oder Dienstleistungen

Ausgabe, die einer einzelnen Erzeugniseinheit durch Messen zugerechnet werden kann

→ Ausgabe für die → Herstellung und den Verkauf eines Erzeugnisses, die sich bei der Anwendung eines → Marginalprinzips dieser Erzeugniseinheit zurechnen lässt. Man spricht ungenau auch von den Einzelausgaben für eine Erzeugniseinheit.

Ausgabe, die einer einzelnen Erzeugniseinheit nicht durch Messen zugerechnet werden kann

→ Ausgaben für die → Herstellung und den Verkauf einer Erzeugniseinheit, die sich der Erzeugniseinheit nur nach einem Finalprinzip zurechnen lassen. Was sich für eine einzelne Erzeugniseinheit nicht messen lässt, kann sehr wohl für viele Erzeugniseinheiten messbar sein. Man spricht ungenau auch von den Gemeinausgaben einer Erzeugniseinheit.

Außerplanmäßige Abschreibung

→ Abschreibung, außerplanmäßige

Ausweisregeln

Regeln oder Vorschriften, die festlegen, welche Posten in → Finanzberichten mindestens getrennt voneinander darzustellen sind

Auszahlung

Abfluss von → Zahlungsmitteln

Balance sheet

Englischsprachiger Ausdruck für den → Finanzbericht mit der → Bilanz als Inhalt

Bebaute Grundstücke

Häufig vorkommende Kontenbezeichnung für Grundstücke mit Gebäuden

Belastung, erwartete künftige

Nach der Interpretation des → dHGB verbergen sich hinter dem Ausdruck die Rückstellungen. Im englischsprachigen Raum stellt der Begriff das präzise Kriterium zur Bildung von → Rückstellungen dar. Es wird in den *US-GAAP* unterschieden zwischen Belastungen, die *reasonably estimable* und *probable* sind, die *possible* sind und die *remote* sind. Die Passivierung einer Rückstellung wird nur im erstgenannten Fall erlaubt. Im zweitgenannten Fall sind Angaben in den *notes* zu machen. Der zuletztgenannte Fall entzieht sich einer Bilanzierung. In der englischsprachigen Literatur spricht man von → *contingent liabilities*.

Berichtspflicht nach dHGB

Vorschriften des → dHGB zur Erstellung und Veröffentlichung von → Finanzberichten durch → Unternehmen. Viele umfangreiche Finanzberichte müssen börsennotierte Aktiengesellschaften anfertigen und veröffentlichen.

Bestandsrechnung

Rechenwerk, welches das Ausmaß von Beständen zu einem Zeitpunkt abbildet, z.B. den Bestand an → Eigenkapital zum Bilanzstichtag

Betriebsaufwand

Aufwand aus operativen Maßnahmen. Fraglich ist bei dieser Definition allerdings, welche Maßnahmen dem operativen Bereich zugerechnet werden und welche nicht.

Betriebs- und Geschäftsausstattung
Häufig vorkommende Kontenbezeichnung für die Möbel und die anderen Vermögensgüter, die man zur Ausstattung eines Unternehmens benötigt

Betriebseinkommen
Saldo aus → Betriebsertrag abzüglich → Betriebsaufwand. Dabei ist unklar, was man alles dem Betriebsertrag zurechnet und was dem Betriebsaufwand.

Betriebsergebnis
Ungenauer Ausdruck für → Betriebseinkommen

Betriebsertrag
Ertrag aus operativen Vorgängen. Fraglich ist bei dieser Definition allerdings, welche Vorgänge dem operativen Bereich zugerechnet werden und welche nicht.

Bewegungsrechnung
Rechenwerk, welches die Veränderung von Beständen während eines → Abrechnungszeitraums beschreibt, beispielsweise die → Einkommensrechnung als die Bewegungsrechnung des → Eigenkapitals aus Veränderungen, die nicht mit → Eigenkapitaltransfers zusammenhängen.

Bewertungsregeln
Regeln oder Vorschriften, nach denen → Vermögensgüter und → Fremdkapital zu bewerten sind

Bilanz
→ Finanzbericht, der aus der Zusammenstellung aller → Aktiva und aller → Passiva besteht. Man stellt im Wesentlichen die bewerteten → Vermögensgüter und die bewerteten → Fremdkapitalposten gegenüber, um das → Eigenkapital sichtbar zu machen. Je nach den Ansatz- und den Bewertungsregeln für die → Vermögensgüter und das → Fremdkapital wird das → Eigenkapital unterschiedlich hoch berechnet. Meist wird sich eine Bilanz nach → dHGB von einer solchen nach → US-GAAP und von einer solchen nach → IFRS unterscheiden, weil die jeweiligen Ansatz- und Bewertungsregeln variieren. Im englischsprachigen Raum heißt die Bilanz → balance sheet.

Bilanzierungshilfe
Posten, der nach → dHGB in einer Bilanz angesetzt werden darf, ohne die Kriterien eines Vermögensgegenstandes oder die eines Fremdkapital-postens zu erfüllen. Die Möglichkeiten des dHGB zur Bildung solcher Posten sind äußerst beschränkt.

Bruttolohn
In Deutschland übliche Bezeichnung für den Betrag an → Personalausgaben, von dem die vom Beschäftigten zu tragenden Steuern und Versicherungsbeträge berechnet werden. Der Bruttolohn ist niedriger als der Betrag, den der → Unternehmer bei Beschäftigung von Personal zu entrichten hat. Der Unternehmer hat zusätzlich zum Bruttolohn im Wesentlichen Versicherungsbeträge für das beschäftigte Personal zu entrichten.

Buch
Gebundene Zusammenstellung von Texten. Im Rahmen der Buchführung versteht man unter dem Buch die Zusammenstellung aller Buchungssätze und → Konten, die sich früher in einem gebundenen Buch befinden mussten.

Buchführung, doppelte
System zur Abbildung der Bestände an → Vermögensgütern und → Fremdkapital sowie der Veränderungen des → Eigenkapitals. Die Abbildung erfolgt dabei so, dass jedes → relevante Ereignis chronologisch und systematisch aufgezeichnet wird. Bei der systematischen Aufzeichnung werden mindestens zwei → Konten angesprochen. Die doppelte Buchführung sollte so aufgebaut sein, dass zur Herleitung von → Finanzberichten geeignet ist.

Buchführung, Interessierte an
Als primär an den Ergebnissen der Buchführung eines Unternehmens Interessierte kann man tatsächliche und potenzielle Anteilseigner, Informationsintermediäre, Regulierer, die Geschäftsführung, Aufsichtsorgane und die Finanzberichts-prüfer auffassen.

Buchführungspflicht nach dHGB
Die Pflicht zur → Buchführung ist für Kaufleute und → Gesellschaften im → dHGB geregelt.

Buchung
Erfassung der finanziellen Konsequenzen eines → relevanten Ereignisses in der → Buchführung: Bildung und Eintragung des → Buchungssatzes ins → Grundbuch oder → Journal und anschließend Darstellung auf den betroffenen → Konten

Buchungssatz
Im → Grundbuch aufgezeichnete, ein → relevantes → Ereignis betreffende formalisierte Anweisung, welche → Konten mit welchen Beträgen wegen des Ereignisses auf ihrer → Soll-Seite zu verändern sind und wel-

che Konten mit welchen Beträgen auf ihrer → Haben-Seite zu verändern sind

Capital contribution
Englischsprachiger Ausdruck für → Einlage

Capital reduction
Englischsprachiger Ausdruck für → Entnahme

Cash
Englischsprachiger Ausdruck für → Zahlungsmittel

Cash flow statement
Englischsprachiger Ausdruck für → Kapitalflussrechnung

clean surplus-**Anforderung**
Anforderung, dass die Gewinnrücklage richtig und vollständig ausgewiesen werde. Dies entspricht der Anforderung, dass alle Eigenkapitalveränderungen, die keine Eigenkapitaltransfers darstellen, explizit in einer oder in mehreren Einkommensrechnungen angegeben werden.

Comparability requirement
Englischsprachiger Ausdruck für → Anforderung nach Vergleichbarkeit

Completed contract-**Methode**
Eine Methode zur Abbildung von Aufträgen im Rechnungswesen, deren Bearbeitung über einen Bilanzstichtag hinaus geht. Ansatz der Ertrags- und der Aufwandsbuchung zu dem Zeitpunkt, zu dem die Leistung an den Marktpartner abgegeben wird. Die Anwendung dieser Methode entspricht dem Wortlaut des → dHGB. Nach den → *IFRS* ist die Anwendung dieser Methode umstritten.

Conservatism requirement
Englischsprachiger Ausdruck für → Anforderung nach Vorsicht

Contingent liability
Englischsprachiger Ausdruck für → Rückstellung oder Eventualverbindlichkeit

Corporate Governance-**Kodex**
Überwiegend ethisch begründbare Verhaltensregeln für die am → Unternehmen interessierten Gruppen und die im Unternehmen tätigen Leitungs- und Aufsichtsorgane

Costs of goods sold
Englischsprachiger Ausdruck für den → Aufwand aus dem Verkauf von Erzeugnissen und Handelsware. Man spricht auch vom Umsatzaufwand.

Credit
Anderer, auch im englischsprachigen Ausland verwendeter Ausdruck für die rechte Seite eines zweispaltigen Kontos, für dessen → Haben-Seite

Current assets
Im englischen Sprachraum steht eine geläufige Klasse von → Vermögensgütern dahinter, die dem Unternehmen nur kurzfristig zur Verfügung stehen. Die *current assets* entsprechen weitgehend, aber nicht ganz dem → Umlaufvermögen.

Debit
Anderer, auch im englischsprachigen Ausland verwendeter Ausdruck für die linke Seite eines zweispaltigen Kontos, für dessen → Soll-Seite

Degressive Abschreibung
→ Abschreibung, degressive

Depreciation
Englischsprachiger Ausdruck für → Abschreibung, planmäßige

Deutsches Handelsgesetzbuch
In Gesetzesform vorliegendes System von Normen, in dem sich Vorschriften für → Unternehmen und Kaufleute befinden, unter anderem die Vorschriften zur Rechnungslegung von Kapitalgesellschaften

Deutsches Handelsrecht
Gesamtheit der deutschen juristischen Regelungen im Zusammenhang mit wirtschaftlichen Fragen. Hier interessieren besonders der Aufbau, Ablauf und die Abbildung unternehmerischer Tätigkeit in → Unternehmen. Weitgehend bekannte Teile sind das → deutsche Handelsgesetzbuch, das Aktiengesetz und das GmbH-Gesetz.

Deutsches Rechnungslegungs Standards Committee
Gremium, das seit 1998 Auslegungsstandards für die Vorschriften des → dHGB zur Rechnungslegung erarbeitet und den deutschen Gesetzgeber berät

dHGB
Abkürzung für → deutsches Handelsgesetzbuch

Direkte Abschreibung
→ Abschreibung, direkte

Dividend
Englischsprachiger Ausdruck für → Dividende, → Entnahme. In manchen Texten wird der Ausdruck im Sinne von → Eigenkapitaltransfer verwendet und umfasst dann auch die Einlagen und Kapitalerhöhungen.

Dividende
Ausschüttung eines → Unternehmens in der → Rechtsform einer → Kapitalgesellschaft an seine Anteilseigner. In Deutschland sieht das Aktiengesetz vor, dass normalerweise der Vorstand über die Höhe von Dividenden entscheidet. Im englischsprachigen Raum wird der Begriff → dividend für diesen Ausdruck verwendet.

Doppelte Buchführung
→ Buchführung, doppelte

DRSC
Abkürzung für → Deutsches Rechnungslegungs Standards Committee.

Eigenkapital
Saldo aus → Vermögensgütern und → Fremdkapitalposten. Die Höhe des Eigenkapitals hängt von der Bewertung der Vermögensgüter und der Fremdkapitalposten ab.

Eigenkapitalherabsetzung
Herabsetzung des von den Anteilseignern in eine → Kapitalgesellschaft eingelegten → Eigenkapi-tals. Gründe können im Ausgleich von → Verlusten bestehen sowie in der → Kapitalrückzahlung an die Anteilseigner.

Eigenkapitalrücklage
Beträge, die von den Anteilseignern beim Kauf „junger" Anteile über den Nominalwert hinaus eingezahlt wurden (Kapitalrücklage), oder Beträge vergangener Eigenkapitalmehrungen, die nicht ausgeschüttet wurden (Gewinnrücklage)

Eigenkapitalrückzahlung
Rückzahlung von Eigenkapital an die Anteilseigner. Eine solche Rückzahlung ist nach → dHGB nur unter sehr einschränkenden Bedingungen und unter Ausweitung der Haftung möglich.

Eigenkapitaltransfer
→ Eigenkapitalveränderungen, die aus einem Kapitaltransfer vom → Unternehmen an die Anteilseigner, also einer → Entnahme oder → Dividende, oder aus einem Kapitaltransfer von den Anteilseignern in das Unternehmen, also einer → Einlage oder → Kapitalerhöhung, herrühren

Eigenkapital, Unterkonten
Das Eigenkapital lässt sich auf vielfältige Weise in Unterkonten aufteilen. Bei → Personengesellschaften unterscheidet man → Konten für die festen Teile des Eigenkapitals von solchen für dessen variable Teile. Bei → Kapitalgesellschaften wird das → Eigenkapital üblicherweise unterteilt in den Betrag, der aus Haftungsgründen nicht unterschritten werden darf (Grundkapital bei der AG, Stammkapital bei der GmbH), in die zusätzlichen Einzahlungen der Anteilseigner (→ Kapitalrücklagen), in die nicht ausgeschütteten Gewinne vergangener Abrechnungszeiträume (→ Gewinnrücklagen) sowie in den → Gewinn beziehungsweise → Verlust des gerade abgeschlossenen Abrechnungszeitraums.

Eigenkapitalveränderung
Veränderung des → Eigenkapitals im → Abrechnungszeitraum. Üblicherweise werden → Eigenkapitaltransfers getrennt von den restlichen Eigenkapitalveränderungen, dem → Einkommen, aus-gewiesen.

Eigenkapitalveränderungsrechnung
→ Finanzbericht, der die Entwicklung des → Eigenkapitals vom Beginn bis zum Ende des → Abrechnungszeitraums enthält. Dieser Finanzbericht enthält das Eigenkapital vom Beginn des Abrechnungszeitraums, die Veränderungen durch Eigenkapitaltransfers und Einkommen sowie das Eigenkapital zum Ende des Abrechnungszeitraums. In der englischen Sprache wird dafür der Ausdruck → statement of owners' equity verwendet.

Einkauf von Roh-, Hilfs- und Betriebsstoffen sowie Handelsware
Der Einkauf von → Vermögensgütern ist ein einkommensneutraler Vorgang. Die Roh-, Hilfs- oder Betriebsstoffe nehmen zu. In gleicher Höhe nehmen die Zahlungsmittel ab beziehungsweise die Verbindlichkeiten aus dem Einkauf steigen. Der Einkauf einer nicht-lagerfähigen Dienstleistung beeinflusst dagegen das Einkommen des Abrechnungszeitraums.

Einkommen

Das Einkommen stellt diejenige → Eigenkapitalveränderung eines → Unternehmens während eines → Abrechnungszeitraums dar, die nicht aus → Eigenkapitaltransfers zwischen den Eigenkapitalgebern und dem Unternehmen herrührt. Ist das Einkommen positiv, heißt es → Gewinn, ist es negativ, heißt es → Verlust. Gewinn und Verlust entstehen formal, wenn man vom → Ertrag den → Aufwand abzieht. Im → dHGB heißt der Gewinn → Jahresüberschuss beziehungsweise Konzernüberschuss und der Verlust → Jahresfehlbetrag beziehungsweise Konzernfehlbetrag. In der Literatur findet man für das Einkommen auch die Begriffe → Erfolg und → Ergebnis. Wenn die → clean surplus Anforderung nicht erfüllt ist, rechnet man sich ein unvollständiges Einkommen aus, das dem oben definierten nicht entspricht. Im englischsprachigen Raum wird von → net income oder → profit und von → net loss oder → loss gesprochen.

Einkommensrechnung

Finanzbericht, der mit allen → Erträgen und allen → Aufwendungen die Größen zur Ermittlung des → Einkommens enthält. Das Einkommen entsteht durch Abzug der → Aufwendungen von den → Erträgen. In der englischen Sprache werden dafür die Ausdrücke → income statement oder → statement of earnings verwendet. Die Einkommensrechnung kann nach → dHGB in der Form des sogenannten → Gesamtkostenverfahrens oder in der des sogenannten → Umsatzkostenverfahrens erfolgen. Einkommensunterschiede ergeben sich dabei aber nicht.

Einkommensvorwegnahme

Ausdruck für diejenigen Regelungen, welche aus zukünftigen Vorgängen Ertrag oder Aufwand im laufenden Abrechnungszeitraum anzusetzen erlauben, welche also zukünftige Einkommenskonsequenzen heute bereits vorwegnehmen

Einkommenswirkung nach Zahlung
→ Einkommenswirkung, Zahlung vor

Einkommenswirkung vor Zahlung
→ Einkommenswirkung, Zahlung nach

Einkommenswirkung, Zahlung nach

Erfolgt die Zahlung aus einem → relevanten Ereignis in einem späteren → Abrechnungszeitraum als die Erfassung in der → Einkommensrechnung, so entstehen nach → dHGB entweder → Forderungen oder → Verbindlichkeiten. Wir haben es mit einem sogenannten → antizipativen Vorgang zu tun. Die Einkommenswirkung geht also der Zahlung voraus.

Einkommenswirkung, Zahlung vor

Erfolgt die Zahlung aus einem → relevanten Ereignis in einem früheren → Abrechnungszeitraum als die Erfassung in der → Einkommensrechnung, so entstehen nach → dHGB entweder → Vorauszahlungen, wenn Erzeugnisse oder Handelsware berührt werden, oder → Rechnungsabgrenzungsposten, wenn es um eine Dienstleistung geht. Wir haben es mit einem sogenannten → transitorischen Vorgang zu tun.

Einlage

Oberbegriff für den → Eigenkapitaltransfer von dem oder den Eigenkapitalgeber(n) in das → Unternehmen. Bei → Kapitalgesellschaften wird dieser Eigenkapitaltransfer als → Kapitalerhöhung bezeichnet. Im englischsprachigen Raum steht dafür der Ausdruck → capital contribution vereinzelt auch → dividend.

Einnahme
→ Einzahlung oder Forderungszunahme

Einzahlung
Zufluss von → Zahlungsmitteln

Einzelunternehmen

In Deutschland üblicher (aber schlecht gewählter) Ausdruck für eine Wirtschaftseinheit ohne Anteile an anderen wirtschaftlich unselbstständigen Wirtschaftseinheiten. Der Begriff wird häufig im Gegensatz zum Konzern verwendet, bei dem man immer eine wirtschaftlich selbstständige und gleichzeitig eine oder mehrere wirtschaftlich unselbstständige Wirtschaftseinheiten betrachtet. Einzelunternehmen können wirtschaftlich selbstständig oder wirtschaftlich unselbstständig sein.

Entnahme

Oberbegriff für den → Eigenkapitaltransfer vom → Unternehmen an den oder die Eigenkapitalgeber. Bei → Kapitalgesellschaften wird dieser Eigenkapitaltransfer als → Dividende bezeichnet, wenn er aus gegenwärtigem oder in der Vergangenheit nicht ausgeschüttetem → Gewinn besteht, und als → Kapitalherabsetzung, wenn dadurch das von den Eigenkapitalgebern eingelegte → Eigenkapital vermindert wird. Die vergleichbaren englischsprachigen Ausdrücke lauten → *dividend* und → *capital reduction.*

Entscheidungsrelevanz

Relevanz für Entscheidungen. Hinsichtlich des Kaufs und Verkaufs von Aktien gewünschte Eigenschaft der Rechnungslegung von börsennotierten Kapitalgesellschaften

Ereignis, anderes relevantes

In der → Buchführung zu erfassendes Ereignis, das im → Unternehmen keine physischen Vorgänge auslöst, an die man eine Buchung anschließen könnte. Als Beispiel kann die → Abschreibung eines Vermögensguts dienen. Im Unternehmen gibt es nach der Anschaffung keinen physischen Vorgang mehr, der zum Anlass für die → Buchung einer Abschreibung herangezogen werden könnte.

Ereignis, einkommensneutrales

Ein für die → Buchführung → relevantes Ereignis, bei dem die → Einkommensrechnung nicht berührt wird

Ereignis, einkommenswirksames

Ein für die → Buchführung → relevantes Ereignis, bei dem die → Einkommensrechnung berührt wird

Ereignis, relevantes

Ereignis, dessen finanzielle Konsequenzen in der → Buchführung erfasst werden. Man kann sogenannte → Geschäftsvorfälle von → anderen relevanten Ereignissen unterscheiden. Bei Geschäftsvorfällen wird die Buchung an einen im Unternehmen stattfindenden physischen Vorgang geknüpft, bei anderen relevanten Ereignissen gibt es keinen solchen physischen Vorgang.

Erfolg

Ungenauer Ausdruck, der auch als Synonym zu → Einkommen verwendet wird

Erfolgsrechnung

Ungenauer Ausdruck, der auch für eine → Einkommensrechnung verwendet wird

Ergebnis

Ungenauer Ausdruck, der auch für → Einkommen verwendet wird

Ergebniskonto

Ungenauer Ausdruck für das Einkommenskonto, das alle → Erträge und alle → Aufwendungen aufnimmt

Ergebnisneutrales Ereignis

Ungenauer Ausdruck für ein relevantes → Ereignis, das sich nicht auf das Einkommen auswirkt

Ergebnisrechnung

Ungenauer Ausdruck, der auch für die → Einkommensrechnung verwendet wird.

Ergebniswirksames Ereignis

Ungenauer Ausdruck für ein relevantes → Ereignis, das sich auf das Einkommen auswirkt

Erhaltungsausgabe

Ausgabe, die der Erhaltung eines Vermögensguts dient, die also für die Wartung oder Reparatur eines Vermögensguts anfällt. In der Buchführung hängt die Behandlung davon ab, ob die Erhaltungsausgabe mit Erzeugnissen oder Handelsware in Beziehung gesetzt wird oder nicht. Die Ausgabe wird im laufenden Abrechnungszeitraum zu Aufwand, wenn kein Bezug zu Erzeugnissen oder Handelsware unterstellt wird. Wird der Bezug dagegen unterstellt, so erscheint die Ausgabe in demjenigen Abrechnungszeitraum als Aufwand, in dem die Erzeugnisse oder Handelsware verkauft werden.

Ertrag

Positive → Eigenkapitalveränderung eines → Abrechnungszeitraums, die nicht als → Eigenkapitaltransfer zu klassifizieren ist

Expenditure

Englischsprachiger Ausdruck für → Aufwand

Fair value

Englischsprachiger Oberbegriff für einen „fairen" Wertansatz zum Bilanzstichtag. Als „fairer" Wert eines → *asset* oder einer → *liability* wird allgemein der Betrag verstanden, zu dem zwei voneinander unabhängige Parteien mit Sachverstand und Abschlusswillen bereit wären, das *asset* gegen Geld zu tauschen beziehungsweise die *liability* mit Geld oder anderen Vermögensgütern zu begleichen. Man kann den *fair value* auch als einen unter normalen Bedingungen zustande gekommenen Tageswert zum Bilanzstichtag auffassen, sofern von einem aktiven Markt ausgegangen werden kann (*mark to market*). Lässt sich dies nicht unterstellen, ist der *fair value* auf Basis eines Bewertungskalküls zu schätzen (*mark to model*).

FASB
Akronym für → *Financial Accounting Standards Board*

Fehlersuche in der Buchführung
Mathematische Analyse einer Differenz zum leichten Auffinden einer fehlerhaften → Buchung

Finalprinzip
→ Zurechnungsprinzip, Argumentationskette, bei welcher der Zweck im Vordergrund steht, eine Zurechnung vorzunehmen

Financial Accounting Standards Board
Privat organisiertes Gremium, das seit vielen Jahren die U.S.-amerikanischen Standards zur Rechnungslegung und die anderen U.S.-amerikanischen Rechnungslegungsregeln erarbeitet.

Financial statements
Englischsprachiger Ausdruck für die → Finanzberichte

Finanzanlagen
→ Anlagevermögen, finanzielles

Finanzberichte
Gesamtheit der Berichte über die wirtschaftliche Lage, die von → Unternehmen regelmäßig anzufertigen sind. Bei börsennotierten Kapitalgesellschaften handelt es sich zur Zeit nach → dHGB um die → Bilanz, den → Anlagespiegel, die → Einkommensrechnung, die → Eigenkapitalveränderungsrechnung, die → Kapitalflussrechnung und die → Segmentberichterstattung sowie um den → Anhang. Im englischsprachigen Raum wird dafür der Ausdruck → *financial statements* verwendet.

Finanzieller Aspekt
→ Aspekt, finanzieller

Finanzielles Anlagevermögen
→ Anlagevermögen, finanzielles

Forderungen
Anspruch eines → Unternehmens gegenüber Dritten auf Erhalt von Geld- oder anderen Leistungen. Wir unterscheiden → Forderungen aus dem Verkauf, → Forderungen aus geleisteten Vorauszahlungen für Vermögensgüter, → Forderungen aus der Vergabe von

Darlehen und → sonstige Forderungen. Forderungen aus geleisteten Vorauszahlungen für den zukünftigen Empfang von Dienstleistungen werden als aktive → Rechnungs-abgrenzungsposten bezeichnet.

Forderung aus dem Verkauf von Erzeugnissen und Handelsware
Forderung, die aus der Abgabe von → Vermögensgütern oder Dienstleistungen an Marktpartner resultiert

Forderung aus der Vergabe von Darlehen
Forderung, die aus der Vergabe eines Darlehens folgt

Forderung aus geleisteten Vorauszahlungen
Forderung, die aus der Abgabe einer Vorauszahlung für eine zeitpunktbezogene, aber noch nicht erhaltene Lieferungen von Vermögensgütern durch Marktpartner resultiert

Fremdkapital
Nach → dHGB verbergen sich hinter Fremdkapital sichere oder erwartete künftige Belastungen der → Vermögensgüter eines → Unternehmens. Nach den *IFRS* entsteht Fremdkapital bei einer gegenwärtigen Verpflichtung, die aus einem vergangenen → Ereignis resultiert und in Zukunft voraussichtlich zum Abfluss von Ressourcen führt. Je nach den verwendeten Regelungen für den Ansatz und die Bewertung von Passiva ergibt sich eine unterschiedliche Höhe des Fremdkapitals. Das Fremdkapital nach → dHGB entspricht daher im Allgemeinen nicht dem nach → *US-GAAP* oder dem nach → *IFRS*.

Fremdkapital mit sicherer Zahlungsverpflichtung
Das Fremdkapital, aus dem eine sichere Zahlungsverpflichtung resultiert, wird nach → dHGB als → Verbindlichkeit bezeichnet. Der Begriff Verbindlichkeiten entspricht nicht den → *liabilities* der *IFRS*, weil die letztgenannten *liabilities* sichere und unsichere Zahlungsverpflichtungen umfassen.

Fremdkapital mit unsicherer Zahlungs-verpflichtung
Fremdkapital mit unsicherer Zahlungsverpflichtung wird nach → dHGB als → Rückstellung bezeichnet. Nach *IFRS* geht es dagegen um einen Teil der → *liabilities*.

Gesamtkostenverfahren
Aus der Kostenrechnung stammender Name für ein Aufbauprinzip einer → Einkommensrechnung. Das

Einkommen ergibt sich bei diesem wie auch bei anderen Verfahren aus der Summe von operativem Einkommen, investitionsorientiertem Einkommen und Finanzeinkommen. Alle Einkommensarten werden, wie auch sonst üblich, jeweils aus der Differenz zwischen den entsprechenden Ertrags- und Aufwandsarten errechnet. Im Gegensatz zu anderen Verfahren werden die operativen Aufwendungen allerdings nicht direkt ermittelt, sondern aus dem Saldo von operativen → Ausgaben für die gesamte Produktionsmenge zuzüglich eventueller Abnahmen der Bestände von Erzeugnissen und Handelsware abzüglich eventueller Zunahmen der Bestände von Erzeugnissen und Handelsware. Dieser letztgenannte Saldo entspricht genau den Umsatzaufwendungen. Ein vermeintlicher Vorteil des Verfahrens besteht darin, dass man Außenstehenden keinen genauen Einblick in die Kalkulation gestattet. Ein anderer Vorteil besteht darin, dass man während des Abrechnungszeitraums alle Ausgaben für die Herstellung von Erzeugnissen und die Beschaffung von Handelsware wie Aufwand behandeln und erst nach der → Inventur den Korrekturposten bilden kann. Der Nachteil eines solchen auf einer Inventur beruhenden Vorgehens besteht aber darin, dass man vor einer Inventur keine Zahlen über das gesamte Eigenkapital und das gesamte Einkommen eines Unternehmens ermitteln kann. Eine übliche Alternative zur Einkommensrechnung nach dem so genannten Gesamtkostenverfahren besteht in einer Einkommensrechnung nach dem so genannten → Umsatzkostenverfahren.

Geschäftsvorfälle
In der → Buchführung zu erfassende → relevante Ereignisse, die physische Vorgänge im → Unternehmen hervorrufen, an die ein Buchungsvorgang anknüpfen kann. Der Verkauf einer Handelsware stellt beispielsweise einen Geschäftsvorfall dar, weil eine Rechnung geschrieben und die Handelsware aus dem Lager entnommen wird. Beide physische Vorgänge können dazu herangezogen werden, die Buchungen auszulösen, die aus dem Verkauf folgen (Zugangs- und Ertragsbuchung sowie Aufwands- und Abgangsbuchung).

Gewinn
Der Gewinn stellt das positive → Einkommen eines → Unternehmens dar. Er entsteht, wenn die → Erträge die → Aufwendungen übersteigen. Im englischsprachigen Raum heißt er → *net income* oder → *profit*.

Gewinn- und Verlustrechnung
Name der → Einkommensrechnung im → dHGB

Gewinnrücklage
Summe der in der Vergangenheit erzielten und nicht ausgeschütteten Gewinne

Gewinnverwendungsregeln
Juristische Regeln, nach denen in Deutschland die Kompetenzen, über die Verwendung des → Gewinns zu entscheiden, zwischen Unternehmensleitung und Gesellschafterversammlung geregelt sind

Going concern-Anforderung
→ Anforderung nach Unternehmensfortführung

Gross margin
Englischsprachiger Ausdruck für → Rohertrag

Grundbuch
→ Gebundenes Buch, auch → Journal genannt, in dem die für die Buchführung → relevanten Ereignisse in chronologischer Reihenfolge aufgezeichnet werden

Haben-Seite
Rechte Spalte eines prinzipiell zweispaltigen → Kontos

Handelsware
Häufig vorkommende Kontenbezeichnung für Ware, mit der man Handel treiben möchte

Hauptbuch
→ Gebundenes Buch, in dem sich die Bilanz- und Einkommenskonten befinden

Herstellung von Erzeugnissen
Prozess, der in der Buchführung die Ermittlung der → Herstellungs- und weiterer Ausgaben für ein Erzeugnis erfordert. Herstellung ist ein → einkommensneutraler Vorgang, bei dem → Vermögensgüter (Vorräte an Erzeugnissen) aus anderen Vermögensgütern (Rohstoffen, Zahlungsmitteln) oder Fremdkapital (Verbindlichkeiten für Lohn) gebildet werden. Ausgaben für ein Erzeugnis, die nichts mit dessen Herstellung zu tun haben, gehören zwar nicht zu den Herstellungsausgaben dieses Erzeugnisses, wohl aber zu den gesamten Ausgaben des → Abrechnungszeitraums. Es hängt von den verwendeten Argumentationsketten ab, ob man eine Ausgabe den Ausgaben für ein Erzeugnis zurechnet oder nicht und ob man es zu dessen Herstellungsausgaben zählt oder nicht.

Herstellungsausgaben

Ausgaben, die der → Herstellung von Erzeugnissen zugerechnet werden. Meistens werden Ausgaben für Material und für Lohn den Erzeugnissen als sogenannte → Einzelausgaben zugerechnet. Je nach Wahl des → Zurechnungsprinzips werden den Erzeugnissen zusätzlich sogenannte → Gemeinausgaben zugerechnet. Die Herstellungsausgaben bilden den Betrag, mit dem eine Lagerzunahme aus der Herstellung bewertet würde. Bei Verkauf der Erzeugnisse werden die Herstellungsausgaben der Erzeugnisse als → Aufwand für den Verkauf von Erzeugnissen und Handelsware verbucht.

IAS

Abkürzung für → *International Accounting Standards*

IASB

Abkürzung für → *International Accounting Standards Board*

IASC

Abkürzung für → *International Accounting Standards Committee*

IFRS

Abkürzung für → *International Financial Reporting Standards*

Imparitätsprinzip

Prinzip, erwartete → Gewinne nicht, erwartete → Verluste dagegen sehr wohl in der → Einkommensrechnung zu erfassen

Income

Englischsprachiger Ausdruck für → Einkommen

Income from operations

Englischsprachiger Ausdruck für → Betriebseinkommen. Unklar ist dabei allerdings, welche Erträge und Aufwendungen man dem Betriebseinkommen zurechnet und welche man anderen Einkommensteilen zuordnet.

Income statement

→ Einkommensrechnung

Indirekte Abschreibung

→ Abschreibung, indirekte

International Accounting Standards

Standards zur Rechnungslegung, die bis 2002 vom → *IASC* erarbeitet und seither vom → *IASB* modifiziert wurden. Die Standards werden seit 2003 fortgesetzt in Form der → *International Financial Reporting Standards*

International Accounting Standards Board

Gremium, das seit 2003 die → *IFRS* erarbeitet

International Accounting Standards Committee

Gremium, das in der Vergangenheit bis 2002 die → *IAS* erarbeitet hat

International Financial Reporting Standards

Standards zur Rechnungslegung, die seit 2003 vom → *International Accounting Standards Board* erarbeitet werden

Inventar

Liste der Arten und Mengen an → Vermögensgütern und → Fremdkapital eines → Unternehmens. Das Inventar wird im Rahmen einer Inventur ermittelt.

Inventory

Englischsprachiger Ausdruck für den Lagerbestand

Inventur

Tätigkeit der Erstellung des → Inventars

Jahresabschluss

Ausdruck des → dHGB als Oberbegriff über die → Bilanz, den → Anlagespiegel, die → Gewinn- und Verlustrechnung sowie den → Anhang eines rechtlich selbstständigen Unternehmens. Bei börsennotierten Kapitalgesellschaften umfasst der Jahresabschluss zusätzlich eine → Kapitalflussrechnung sowie eine → Segmentberichterstattung, bei Konzernen die Angaben in Finanzberichten, die sich auf den Konzern beziehen. Die Bezeichnung ist ungenau, weil viele Arten von Finanzberichten in kürzeren als jährlichen Zeitabständen zu erstellen sind und weil nicht alle Konten abgeschlossen werden müssen.

Jahresfehlbetrag

Jahresfehlbetrag steht für den nach dem → dHGB ermittelten → Verlust, den ein Unternehmen erzielt. Bei Konzernen geht es um den → Konzernfehlbetrag. Im englischsprachigen Raum werden die Begriffe → *net loss* und → *loss* dafür verwendet.

Jahresüberschuss

Jahresüberschuss steht für den nach dem → dHGB ermittelten → Gewinn, den ein Unternehmen im juristischen Sinne erzielt. Bei Konzernen geht es um den → Konzernjahresüberschuss. Im englischsprachigen Raum werden die Begriffe → *net income* und → *profit* dafür verwendet.

Journal

→ Gebundenes Buch, auch → Grundbuch genannt, in dem die für die → Buchführung → relevanten Ereignisse in chronologischer Reihenfolge aufgezeichnet werden

Kapital

Zusammenstellung, welche die Herkunft der → Vermögensgüter kennzeichnet. Das Kapital wird auf der → Passivseite einer → Bilanz angegeben. Üblicherweise wird der Betrag genannt, der von Fremden kommt und als → Fremdkapital bezeichnet wird, sowie der Betrag, der von den Eigenkapitalgebern stammt oder diesen zugerechnet und als → Eigenkapital bezeichnet wird.

Kapitalerhöhung

Ungenauer Ausdruck für eine Eigenkapitalerweiterung eines Unternehmens

Kapitalflussrechnung

→ Finanzbericht, in dem die → Einzahlungen in das und die → Auszahlungen aus dem Unternehmen dargestellt werden. Kapitalflussrechnungen sind nach dHGB seit 1998 von börsennotierten Gesellschaften zu veröffentlichen. In der Regel wird der Zahlungsstrom aus operativen Tätigkeiten in Deutschland nach der indirekten Methode entwickelt, getrennt von der direkten Ermittlung der Zahlungsströme aus Investitionen und aus Finanzierungen.

Kapitalflussrechnung, direkte Methode zur Ermittlung des *operating cash flow*

Ermittlung des Zahlungsstromes aus operativen Vorgängen, bei dem mehrere Einzahlungs- und Auszahlungsströme unterschieden werden. Mehrstufige Gegenüberstellung der Einzahlungen und der Auszahlungen des operativen Bereichs.

Kapitalflussrechnung, indirekte Methode zur Ermittlung des *operating cash flow*

Ermittlung des Zahlungsstroms aus operativen Vorgängen. Den Erträgen aus operativer Tätigkeit wird der Saldo aus operativen → Ausgaben zuzüglich der Bestandsverrringerungen an Erzeugnissen und Handelsware abzüglich der entsprechenden Bestandserhöhungen zugerechnet. Die Ermittlung des Zahlungsstroms kann auch durch die Korrektur des operativen Einkommens um die zahlungsunwirksamen Komponenten des Einkommens, durch Abziehen der zahlungsunwirksamen Erträge und durch Hinzuzählen der zahlungsunwirksamen Aufwendungen erfolgen.

Kapitalgesellschaft

→ Unternehmen, in dem das → Eigenkapital von vielen Personen stammt, die meistens nicht an der Unternehmensleitung beteiligt sind. Kapitalgesellschaften begründen eine eigene Rechtspersönlichkeit. Übliche Formen von Kapitalgesellschaften sind in Deutschland die Gesellschaft mit beschränkter Haftung und die Aktiengesellschaft.

Kapitalherabsetzung

Ungenauer Ausdruck für die → Eigenkapitalherabsetzung eines Unternehmens, die in vielen Fällen einer Entnahme entspricht.

Kapitalrücklage

Ungenauer Ausdruck für → Eigenkapitalrücklage

Kapitalrückzahlung

Ungenauer Ausdruck für → Eigenkapitalrückzahlung

Kontenplan

Übersicht über die in einem speziellen Buchführungssystem benutzbaren → Konten

Kontenrahmen

Meist von Verbänden herausgegebene Empfehlungen zum Aufbau eines → Kontenplans

Konto

Darstellungsform für die Veränderungen von Beständen. Im Rahmen der sogenannten doppelten Buchführung werden Konten verwendet, die zwei Zahlenspalten aufweisen, jeweils eine für die Zugänge und eine für die Abgänge. Der Normierung der Konteninhalte durch die doppelte Buchführung entsprechend werden die Zugänge von Konten für Vermögensgüter jeweils auf der linken Seite, der Soll-Seite, eines Kontos verzeichnet und die Zugänge für Kapitalkonten jeweils auf der rechten Seite, der Haben-Seite, eines Kontos. Die Abgänge von Vermögenskonten werden auf der Haben-Seite und die Abgänge von Kapitalkonten auf der Soll-Seite abgebildet. Durch diese Normierung besteht jeder → Buchungssatz aus der Angabe von (1) Konten, deren Soll-Seiten zu verändern sind, (2) Konten, deren Haben-Seiten zu verändern sind und (3) den zugehörigen Beträgen. In der englischen Sprache steht der Ausdruck → *account* für Konto und die Begriffe → *debit* für → Soll und → *credit* für → Haben. In den meisten Unternehmen werden die Konten zur Vermeidung von Verwechslungen nummeriert.

Konto, permanentes
→ Konto, das man über mehrere → Abrechnungszeiträume hinweg benutzen möchte, weil es Informationen enthält, die man möglicherweise in mehreren Abrechnungszeiträumen benötigt. Als Beispiel eines solchen Kontos sei das für bebaute Grundstücke genannt.

Konto, temporäres
→ Konto, das man nur in einem einzigen → Abrechnungszeitraum benutzen möchte, beispielsweise das Konto für eine bestimmte Art von Erträgen des Abrechnungszeitraums X1.

Konzern
Aus mehreren rechtlich selbstständigen Unternehmen bestehende ökonomisch selbstständige → Wirtschaftseinheit. Konzerne sind nicht buchführungspflichtig. Sie müssen aber in der Lage sein, aus den Finanzberichten der von Ihnen geführten Unternehmen Finanzberichte zu erzeugen, die sich auf den Konzern beziehen.

Konzernjahresabschluss
Unpassender Ausdruck des → dHGB für die Gesamtheit von → Bilanz, → Anlagespiegel → Gewinn- und Verlustrechnung sowie → Anhang eines Konzerns. Bei börsennotierten Konzernen kommen eine Konzern-Kapitalflussrechnung und eine Konzern-Segmentberichterstattung hinzu. Der Ausdruck ist unpassend, weil sich die Bewegungsrechnungen nicht auf ein Jahr beziehen müssen und weiterhin, weil durchaus nicht alle Konten abzuschließen sind. Besser wäre der Ausdruck Konzernfinanzberichte.

Konzernjahresfehlbetrag
Unpassender Ausdruck für den nach → dHGB ermittelten → Verlust, den ein → Konzern während eines → Abrechnungszeitraums erzielt. Die Ermittlung erfolgt durch Addition der Zahlen der Unternehmen, die zum Konzern gehören, durch Eliminierung konzerninterner Ereignisse und durch anschließende Konsolidierung dieser Summen. Der Ausdruck ist unpassend, weil sich die Einkommensrechnung nicht auf ein Jahr beziehen muss. Besser wäre der Ausdruck Konzernfehlbetrag.

Konzernjahresüberschuss
Unpassender Ausdruck für den nach → dHGB ermittelten → Gewinn, den ein → Konzern während eines Abrechnungszeitraums erzielt. Die Ermittlung erfolgt durch Addition der Zahlen der Unternehmen, die zum Konzern gehören, durch Eliminierung konzerninterner Ereignisse und durch anschließende Konsolidierung dieser Summen. Der Ausdruck ist unpassend, weil sich die Einkommensrechnung nicht auf ein Jahr beziehen muss. Besser wäre der Ausdruck Konzernüberschuss.

Korrekturbuchungen
Sie ergeben sich (1) aus Buchungsfehlern, die man korrigiert, und (2) aus der Berücksichtigung von Buchungen wegen anderer relevanter Ereignisse. Die letztgenannten Korrekturbuchungen sind → Buchungen, die nach Aufstellung der → vorläufigen Saldenaufstellung vorgenommen werden, um die → korrigierte Saldenaufstellung zu erhalten.

Korrigierte Saldenaufstellung
→ Saldenaufstellung, korrigierte

Leistungsabgabeorientierung der Rechnungslegung
→ Rechnungslegung, Leistungsabgabeorientierung der, → Anforderung nach Leistungsabgabeorientierung

Liabilities
Englischsprachiger Ausdruck für das → Fremdkapital eines → Unternehmens

Lineare Abschreibung
→ Abschreibung, lineare

Liquidität
Zahlungsfähigkeit eines → Unternehmens

Loss
Englischsprachiger Ausdruck für den → Verlust, den ein Unternehmen während eines Abrechnungszeitraums erzielt

Lower of cost or market-Prinzip
Englischsprachiger Ausdruck für das → Niederstwertprinzip

Marginalprinzip
Es handelt sich um eines der → Zurechnungsprinzipien

Marktleistungsabgabe

Ausdruck dafür, dass beim Verkäufer Einkommen entsteht, wenn er allen seinen Verpflichtungen aus dem Verkauf von Vermögensgütern an einen Marktpartner nachgekommen ist

Maschinen

Häufig vorkommende Kontenbezeichnung für die abnutzbaren Vermögensgüter, die zur Herstellung von Erzeugnissen verwendet werden. Soweit die Nutzung von Maschinen nur zu Verwaltungszwecken erfolgt, subsumiert man sie unter der Kontenbezeichnung Betriebs- und Geschäftsausstattung.

Matching-Prinzip

Englischsprachiger Ausdruck für das Prinzip, → Erträge und die sachlich zugehörigen → Aufwendungen in der → Einkommensrechnung des gleichen Abrechnungszeitraums anzusetzen

Mengenrabatt

Rabatt, der meistens vor einem Geschäftsabschluss ausgehandelt wird und deswegen Bestandteil der Kaufpreisverhandlungen ist. Ein solcher Mengenrabatt beeinflusst die Höhe des Kaufpreises, jedoch nicht die sich anschließenden Buchungen des Einkaufs. Solche Rabatte stellen kein Einkommen dar, sondern Korrekturen des Anschaffungspreises.

Negatives Wirtschaftsgut

→ Wirtschaftsgut, negatives

Net income

U.S.-amerikanischer Ausdruck für den → Gewinn eines → Unternehmens während eines Abrechnungszeitraums, ermittelt nach den U.S.-amerikanischen Standards zur Rechnungslegung

Net loss

U.S.-amerikanischer Ausdruck für den → Verlust eines → Unternehmens während eines → Abrechnungszeitraums, ermittelt nach den U.S.-amerikanischen Standards zur Rechnungslegung

Nicht abnutzbares Anlagevermögen

→ Anlagevermögen, nicht abnutzbares

Niederstwertprinzip

Prinzip des → dHGB, nach dem → Vermögensgüter in der → Bilanz so lange mit ihren eventuell wegen Abnutzung fortgeschriebenen → Anschaffungs- oder → Herstellungsausgaben anzusetzen sind, bis der Börsenwert, der Marktwert oder der beizulegende Wert niedriger ist. Im englischsprachigen Raum ist in diesem Zusammenhang vom → *lower of cost or market principle* die Rede.

Non current assets

Oberbegriff über → Vermögensgüter, die nicht den → *current assets* zugerechnet werden. Im englischen Sprachraum geläufige Klasse von Vermögensgütern. Die *non-current assets* entsprechen weitgehend, aber nicht ganz dem Anlagevermögen.

Normierung von Konteninhalten

→ Konto

Oberkonto

→ Konto, über das mehrere → Unterkonten abgeschlossen werden

Operating expense

Englischsprachiger Ausdruck für → Betriebsaufwand. Nach → dHGB steht nicht fest, welche Aufwendungen dem operativen Bereich zuzurechnen sind. Nach → US-GAAP zählen alle Aufwendungen der Einkommensrechnung dazu, auch wenn sie offensichtlich nichts mit dem operativen Bereich zu tun haben, um Ermessensspielräume bei den Finanzberichterstellern zu vermeiden.

Operating income

Englischsprachiger Ausdruck für → Betriebseinkommen

Operating revenues

Englischsprachiger Ausdruck für → Betriebsertrag. Nach → dHGB steht nicht fest, welche Erträge dem operativen Bereich zuzurechnen sind. Nach → US-GAAP zählen alle Erträge der Einkommensrechnung dazu, auch wenn sie offensichtlich nichts mit dem operativen Bereich zu tun haben, um Ermessensspielräume bei den Finanzberichterstellern zu vermeiden.

Owners' equity

Englischsprachiger Ausdruck für → Eigenkapital

Partialbetrachtung

Betrachtung eines sachlichen oder zeitlichen Ausschnitts des Unternehmens

Passiver Rechnungsabgrenzungsposten
→ Rechnungsabgrenzungsposten, passiver

Passivum
Oberbegriff zu allen Posten, die auf der Kapital-seite einer → Bilanz erscheinen

Percentage of completion-Methode
Methode zur Abbildung von Fertigungsaufträgen, deren Fertigstellung über einen Bilanzstichtag hinaus geht. Es wird der Ansatz von anteiligen Erträgen und anteiligen Aufwendungen aus dem Verkauf von Erzeugnissen in jedem Zeitraum vorweggenommen, in dem an dem Auftrag gearbeitet wird, obwohl die Abnahme durch den Käufer noch aussteht. Nach den Kommentaren zum → dHGB widerspricht die *percentage of completion*-Methode dem Realisationsprinzip. Nach den → *IFRS* ist ihre Anwendung in den meisten Fällen verbindlich.

Periodisierung
Ausdruck für das Prinzip, Gewinne oder Verluste jeweils für einen gleich langen Zeitraum zu ermitteln. Die Periodisierung betrifft insbesondere die Verrechnung der Abnutzung von Vermögensgütern, die der Abnutzung unterliegen.

Permanentes Konto
→ Konto, permanentes

Personalausgaben
→ Ausgaben für die Beschäftigung von Personal. Werden die Ausgaben der → Herstellung von Erzeugnissen zugerechnet, richtet sich die Behandlung im Rechnungswesen nach dem → Prinzip der sachlichen Abgrenzung. Dann werden die Personalausgaben in dem Zeitraum zu Aufwand, in dem die Erzeugnisse verkauft werden. Werden sie nicht der Herstellung von Erzeugnissen zugerechnet, so sind sie → zeitraumbezogen abzurechnen. Daher erscheinen sie in dem Abrechnungszeitraum als Aufwand, in dem sie angefallen sind.

Personengesellschaft
→ Unternehmen, in dem das → Eigenkapital von mehreren Personen stammt, die oft alle an der Geschäftsführung beteiligt sind. Übliche Formen sind in Deutschland die Offene Handelsgesellschaft und die Kommanditgesellschaft.

Planmäßige Abschreibung
→ Abschreibung, planmäßige

Positives Wirtschaftsgut
→ Wirtschaftsgut, positives

Preisnachlass, nachträglicher
Ein nachträglicher Preisnachlass verlangt beim Käufer und beim Verkäufer Buchungen. Der Käufer muss seine Kaufbuchung korrigieren durch eine zusätzliche Korrekturbuchung in Höhe des Nachlasses. Der Verkäufer muss seine im Zusammenhang mit dem Verkauf gemachte Zugangs- und Ertragsbuchung durch eine weitere Buchung in Höhe des Nachlasses korrigieren. Ein nachträglicher Preisnachlass wirkt sich auch auf die Umsatzsteuer aus. Wurden die gekauften Vermögensgüter zwischen dem Kaufzeitpunkt und dem Zeitpunkt des Preisnachlasses weiter verarbeitet oder verkauft, so sind, streng genommen, die aus der Weiterverarbeitung und dem eventuellen Verkauf angefallenen Buchungen ebenfalls zu korrigieren.

Prepaid expense
Englischsprachiger Ausdruck, der inhaltlich mit den → aktiven Rechnungsabgrenzungsposten übereinstimmt

Prinzip der sachlichen Abgrenzung
→ Abgrenzung, Prinzip der sachlichen

Prinzip der zeitlichen Abgrenzung
→ Abgrenzung, Prinzip der zeitlichen

Prinzip der zeitraumbezogenen Abgrenzung
→ Abgrenzung, Prinzip der zeitraumbezogenen

Profit
Englischsprachiger Ausdruck für den → Gewinn eines → Unternehmens

Profit and loss account
Englischsprachige Bezeichnung für das → Konto, auf dem die → Einkommensrechnung durchgeführt wird

Provisions
Englischsprachiger Ausdruck für → Rückstellungen

Prudence requirement
→ Anforderung nach Vorsicht

PublG
Abkürzung für → Publizitätsgesetz

Publizitätsgesetz
Gesetz, das in Deutschland die Berichtspflicht für große → Unternehmen regelt, die keine Aktiengesellschaften darstellen.

Purchase returns
Englischsprachiger Ausdruck für → Rücksendung von Handelsware

Realisation principle
Englischsprachiger Ausdruck für → Realisationsprinzip

Realisationsprinzip
Prinzip, nach dem Ertrag aus einem Geschäft erst entsteht, wenn das Geschäft realisiert ist. Das ist der Fall, wenn der Verkäufer all seinen Pflichten nachgekommen ist. Die → *terms of trade* helfen dem Verkäufer bei der Festlegung seiner Verpflichtungen. In der englischen Sprache steht dafür der Ausdruck → *realisation principle*.

Rechnungsabgrenzungsposten
→ Aktivischer oder passivischer Bilanzposten für streng zeitraumbezogene Zahlungen, die vor dem Bilanzstichtag für Dienstleistungen in einem genau bestimmbaren Zeitraum nach dem Bilanzstichtag geleistet oder empfangen wurden.

Rechnungsabgrenzungsposten, aktiver
Forderungsähnlicher Posten, der aus noch nicht erhaltenen, aber bereits bezahlten zeitraumbezogenen Dienstleistungen von Marktpartnern resultiert. In der englischen Sprache wird ein Posten mit diesem Inhalt → *prepaid expense* genannt.

Rechnungsabgrenzungsposten, passiver
Verbindlichkeitsähnlicher Posten, der aus noch nicht erbrachten, aber bereits bezahlten zeitraumbezogenen Dienstleistungen an Marktpartner resultiert. In der englischen Sprache wird ein Posten mit diesem Inhalt → *unearned revenue* genannt.

Rechnungslegung, *accrual*-Basis der
Festlegung, dass → Eigenkapital und → Gewinn oder → Verlust ermittelt werden unter Berücksichtigung von Beständen an Vermögensgütern und Fremdkapital sowie aus deren Veränderungen

Rechnungslegung, Leistungsabgabeorientierung der
Festlegung, dass normalerweise bei Abgabe einer Leistung an einen Marktpartner → Gewinn oder → Verlust entsteht

Rechtsformen
Juristische Gestaltungsmöglichkeiten für die rechtlichen Rahmenbedingungen, nach denen sich → Unternehmen organisieren. Als Arten unterscheidet man in Deutschland das von einer einzelnen Person geführte Unternehmen von → Personengesellschaften und von → Kapitalgesell-schaften.

Relevantes Ereignis
→ Ereignis, relevantes

Relevantes Ereignis, Arbeitsablauf bei der Erfassung
Erfassung derjenigen → relevanten Ereignisse, die → Geschäftsvorfälle darstellen, zu dem Zeitpunkt, zu dem physische Vorgänge im → Unternehmen ablaufen; Erfassung der → anderen relevanten Ereignisse zum Ende des Abrechnungszeitraums durch Prüfung jedes einzelnen Kontostandes, ob alle → relevanten Ereignisse erfasst wurden

Relevanzanforderung
→ Anforderung nach Relevanz

Reliability requirement
Englischsprachiger Ausdruck für → Anforderung nach Verlässlichkeit

Requirement of a going concern
Englischsprachiger Ausdruck für → Anforderung nach Unternehmensfortführung

Requirement of an economically independent unit
Englischsprachiger Ausdruck für → Anforderung nach selbstständiger Wirtschaftseinheit

Requirement of comparability
Englischsprachiger Ausdruck für → Anforderung nach Vergleichbarkeit

Requirement of conservatism
Englischsprachiger Ausdruck für → Anforderung nach Vorsicht

Requirement of prudence

Englischsprachiger Ausdruck für → Anforderung nach Vorsicht

Requirement of relevance

Englischsprachiger Ausdruck für → Anforderung nach Relevanz

Requirement of reliability

Englischsprachiger Ausdruck für → Anforderung nach Verlässlichkeit

Requirement of stable monetary unit

Englischsprachiger Ausdruck für → Anforderung nach stabiler Währungseinheit

Requirement of timeliness

Englischsprachiger Ausdruck für → Anforderung nach Zeitnähe

Rohertrag

Saldo aus → Umsatzertrag (Ertrag aus dem Verkauf) abzüglich → Umsatzaufwand (Aufwand für verkaufte Erzeugnisse und Handelsware)

Roh-, Hilfs- und Betriebsstoffe

Häufig vorkommende Kontenbezeichnung für die Vermögensgüter, die in einem Produktionsunternehmen für die Produktion benötigt werden

Rücklagen

Eigenkapitalbestandteile, die für bestimmte Zwekke gebildet wurden, beispielsweise der Teil des Eigenkapitals einer Kapitalgesellschaft, der die Mindesthaftungssumme übersteigt. Man unterscheidet bei Kapitalgesellschaften in Deutschland → Kapitalrücklagen von → Gewinnrücklagen. Kapitalrücklagen entstehen, wenn Anteilseigner beim Kauf ihrer Aktien mehr Geld in das Unternehmen einzahlen als der Mindesthaftungssumme ihrer Aktie entspricht. Gewinnrücklagen entstehen durch Einbehaltung von Gewinn im Unternehmen.

Rücksendung von Handelsware

In der Praxis vorkommender Vorgang, bei dem unter Umständen die Kaufbuchung ganz oder anteilig durch eine weitere Buchung zurückgenommen wird. Im Englischen wird die Warenrücksendung als → *purchase return* bezeichnet.

Rückstellungen

Rückstellungen gehören zum → Fremdkapital. Es handelt sich nach → dHGB um erwartete künftige Belastungen des Vermögens, deren Zahlungsverpflichtung oder deren Höhe nicht feststehen. Im → dHGB sind Rückstellungen auch ansetzbar, wenn man einen absehbaren zukünftigen Verlust als Aufwand bereits im laufenden Abrechnungszeitraum vorwegnimmt. In der englischen Sprache werden für Rückstellungen die Ausdrücke → *contingent liability* und → *provision* verwendet.

Rückstellungen, Ansatz von

→ Erwartete künftige Belastung des Vermögens. Zur Vermeidung missbräuchlicher Bildung von Rückstellungen wird der Begriff der → erwarteten künftigen Belastung im englischsprachigen Raum näher definiert.

Sachanlagen

→ Anlagevermögen, sachliches

Sachliche Abgrenzung, Prinzip der

→ Abgrenzung, Prinzip der sachlichen

Saldenaufstellung

Liste der jeweiligen Kontensalden, der Differenz zwischen der Soll- und der Haben-Seite eines jeden Kontos. In der englischen Sprache heißt die Saldenaufstellung → *trial balance*.

Saldenaufstellung, korrigierte

Liste der jeweiligen Kontensalden nach Berücksichtigung aller für die → Buchführung → relevanten Ereignisse

Saldenaufstellung, vorläufige

Liste der jeweiligen Kontensalden nach Berücksichtigung aller Geschäftsvorfälle

Schwebendes Geschäft

Geschäft aufgrund eines zweiseitig verpflichtenden Vertrages, der noch von keiner Seite erfüllt worden ist. Schwebende Geschäfte werden grundsätzlich nicht bilanziert. Nur wenn daraus ein Verlust absehbar ist, erfolgt nach → dHGB der Ansatz einer Rückstellung und die Verbuchung von Aufwand in Höhe des erwarteten Verlusts.

Segmentberichterstattung
→ Finanzbericht, in dem wichtige Zahlen eines Unternehmens oder Konzerns nach sogenannten Segmenten getrennt angegeben werden

Skonto
Barzahlungsrabatt, dessen Inanspruchnahme bei Geschäftsabschluss unbekannt ist. Wird bei der Buchung eines Verkaufs eine Inanspruchnahme des Skontos unterstellt, die dann nicht vorgenommen wird, ergeben sich Konsequenzen für die Buchführung. Sie ergeben sich auch, wenn man keine Inanspruchnahme unterstellt und dann vom Käufer unter Abzug von Skonto gezahlt wird. Skontobeträge stellen keinen Einkommensbestandteil dar, sondern eine Korrektur des Anschaffungspreises.

Soll-Seite
Linke Spalte eines prinzipiell zweispaltigen → Kontos

Sonstige Verbindlichkeiten
→ Verbindlichkeiten, sonstige

Stabile Währungseinheit, Anforderung nach
→ Anforderung nach stabiler Währungseinheit

Stable monetary unit requirement
Englischsprachiger Ausdruck für die → Anforderung nach stabiler Währungseinheit

Statement of cash flows
Englischsprachiger Ausdruck für den → Finanzbericht mit der → Kapitalflussrechnung als Inhalt

Statement of earnings
Englischsprachiger Ausdruck für → Einkommensrechnung

Statement of owners' equity
Englischsprachiger Ausdruck für → Eigenkapitalveränderungsrechnung

Temporäres Konto
→ Konto, temporäres

Terms of trade
Liste von im Geschäftsleben üblichen Vereinbarungen bei Kauf oder Verkauf von Vermögensgütern oder Dienstleistungen

Timeliness requirement
Englischsprachiger Ausdruck für → Anforderung nach Zeitnähe

Totalbetrachtung
→ Betrachtung eines Unternehmens über seine gesamte Lebensdauer und alle Teile hinweg

Transitorischer Vorgang
→ Einkommenswirkung, Zahlung vor

Transportausgaben
Transportausgaben werden bei derjenigen Partei verrechnet, die sie übernommen hat. Hat der Käufer sie zu bezahlen, gehören sie zu den → Anschaffungsausgaben für die gekaufte Handelsware. Die → *terms of trade* helfen den Parteien bei der Festlegung von Details.

Trial balance
Englischsprachiger Ausdruck für → Saldenaufstellung

Umlaufvermögen
Nach → dHGB Oberbegriff über diejenigen → Vermögensgüter, die nicht dazu bestimmt sind, dem Unternehmen durch Gebrauch zu dienen. Dies sind Vermögensgüter, die im Rahmen der Geschäftstätigkeit ständig ihre Form wechseln, insofern „umlaufen". Zahlungsmittel, Roh-, Hilfs- und Betriebsstoffe, Erzeugnisse, Forderungen gehören beispielsweise dazu. Im → dHGB verbirgt sich hinter dem Umlaufvermögen eine übliche Klasse von Vermögensgütern. Vermögensgüter, die zum Umlaufvermögen gehören entsprechen weitgehend, aber nicht ganz den Vermögensgütern, die zu den → *current assets* zählen.

Umsatzaufwand
→ Aufwand wegen des Verkaufs von Erzeugnissen und Handelsware sowie wegen der Erbringung von Dienstleistungen

Umsatzertrag
→ Ertrag aus dem Verkauf von Erzeugnissen und Handelsware sowie aus dem Absatz von Dienstleistungen

Umsatzkostenverfahren
Aus der Kostenrechnung stammender Name für ein Aufbauprinzip einer → Einkommensrechnung. Das Einkommen ergibt sich bei diesem Verfahren wie beim sogenannten Gesamtkostenverfahren aus der Summe der Differenz aus den → Erträgen und → Aufwendungen aus dem Verkauf von Vermögensgütern und

Dienstleistungen sowie aus der Differenz der restlichen → Erträge und Aufwendungen. Allerdings werden beim Umsatzkostenverfahren die Aufwendungen aus dem Verkauf direkt angegeben. Ermittelt und verbucht man die Umsatzaufwendungen bei jedem Verkauf, so besitzt die Buchführung jederzeit (und nicht erst nach einer Inventur) die Möglichkeit, gute Schätzwerte (ohne eventuellen aus der Inventur ersichtlichen Schwund) für das Eigenkapital und das Einkommen zu ermitteln.

Unearned revenue
Englischsprachiger Ausdruck mit dem gleichen Inhalt wie → Rechnungsabgrenzungsposten, passiver

Unterkonten des Eigenkapitals
→ Eigenkapital, Unterkonten des

Unterkonto
→ Konto, das über ein → Oberkonto abgeschlossen wird

Unternehmen
Wirtschaftseinheit, in welcher der → Unternehmer tätig ist. Unternehmen werden vor allem im dHGB genannt. Wie alle Wirtschaftseinheiten ermitteln Unternehmen mit ihrem Rechnungswesen das → Eigenkapital und das → Einkommen. Diese juristischen Abgrenzung von Unternehmen, die in der rechtlichen Selbstständigkeit besteht, bildet aber nicht alle Sachverhalte ab, die für Wirtschaftseinheiten relevant sind. Ein weiteres Merkmal stellt die wirtschaftliche Selbstständigkeit dar. Unternehmen können wirtschaftlich selbstständig oder wirtschaftlich unselbstständig sein. Im Zusammenhang mit Konzernen wird dagegen auf die wirtschaftliche Selbstständigkeit abgestellt.

Unternehmensfortführung, Anforderung nach
→ Anforderung nach Unternehmensfortführung

Unternehmer
Person oder Personengruppe zur Leitung der Geschäfte eines → Unternehmens. Unternehmer übernehmen meistens Einkommensunsicherheiten von Beschäftigten, sind an Arbitragegewinnen interessiert und müssen sich durchsetzen können.

US-GAAP
Sammelbegriff für alle U.S.-amerikanischen Standards und Regeln zur Rechnungslegung von Unternehmen

Verbindlichkeiten
Nach → dHGB stellen Verbindlichkeiten Leistungsverpflichtungen des → Unternehmens dar, die juristisch erzwingbar sind und eine wirtschaftliche Belastung darstellen. Wir unterscheiden → Verbindlichkeiten aus dem Einkauf, → Verbindlichkeiten aus erhaltenen Vorauszahlungen, → Verbindlichkeiten aus Darlehen und → sonstige Verbindlichkeiten.

Verbindlichkeiten aus Darlehen
Verbindlichkeiten, die aus der Aufnahme von Darlehen resultieren

Verbindlichkeiten aus dem Einkauf
Verbindlichkeiten, die aus dem Einkauf von Vermögensgütern und Dienstleistungen von Marktpartnern folgen

Verbindlichkeiten aus erhaltenen Vorauszahlungen
Verbindlichkeiten, die aus dem Erhalt von Vorauszahlungen für zu erbringende zeitpunktbezogene, aber noch nicht gelieferte Erzeugnisse oder Handelsware an Marktpartner folgen

Verbindlichkeiten, sonstige
Restliche, nicht unter die anderen Verbindlichkeitsposten fallende Verbindlichkeiten

Vergleichbarkeit in Zeitablauf
→ Anforderung nach Vergleichbarkeit

Vergleichbarkeit zwischen Unternehmen
→ Anforderung nach Vergleichbarkeit

Verkauf von Vermögensgütern und Dienstleistungen
Beim Verkauf von Vermögensgütern und Dienstleistungen fallen zwei → Buchungen an, die → Zugangs- und Ertragsbuchung sowie die → Aufwands- und Abgangsbuchung. Wenn man während des Abrechnungszeitraums nur die Zugangs- und Ertragsbuchung vornimmt, muss man sich merken, dass man zum Ende des Abrechnungszeitraums noch die Aufwands- und Abgangsbuchungen für sämtliche Verkäufe vorzunehmen hat, eventuell in nur einer einzigen Pauschalbuchung.

Verlässlichkeitsanforderung
→ Anforderung nach Verlässlichkeit

Verlust

Verlust stellt das negative → Einkommen eines → Unternehmens dar. Er entsteht, wenn der → Ertrag den → Aufwand nicht deckt.

Vermögensgegenstand

→ Vermögensgut, das nach den Regeln des → dHGB bilanzierungsfähig ist: ein einzeln veräußerungsfähiges, selbstständig bewertbares Vermögensgut

Vermögensgut

Oberbegriff für das, was auf der Aktivseite einer → Bilanz erscheint. In einer Bilanz nach → dHGB versteht man darunter die → Vermögensgegenstände, in einer → Bilanz nach U.S.-amerikanischen oder internationalen Standards die → *assets*.

Vorläufige Saldenaufstellung

→ Saldenaufstellung, vorläufige

Vorrat an Erzeugnissen und Handelsware

Bewerteter Lagerbestand an Erzeugnissen, Handelsware

Vorsichtsanforderung

→ Anforderung nach Vorsicht

Wertanpassung, außerplanmäßige

Außerplanmäßige Zuschreibung oder → außer-planmäßige Abschreibung des Werts eines → Vermögensguts

Wirtschaftsgut, negatives

Ausdruck des deutschen Steuerrechts für dasjenige → Fremdkapital, das in einer → Bilanz nach deutschem Steuerrecht angesetzt wird. Nach der in diesem Buch verwendeten Terminologie müssen zur Passivierung eines Postens im steuerrechtlichen Sinn sichere oder hinreichend sichere Belastungen des Vermögens vorliegen, die auf einer rechtlichen oder wirtschaftlichen Leistungsverpflichtung beruhen und selbstständig bewertbar sind. Negative Wirtschaftsgüter des deutschen Steuerrechts entsprechen weitgehend, aber nicht ganz, dem Fremdkapital des → dHGB und den → *liabilities* der IFRS.

Wirtschaftsgut, positives

Ausdruck des deutschen Steuerrechts für diejenigen → Vermögensgüter, die in einer → Bilanz nach deutschem Steuerrecht angesetzt werden. Nach der in diesem Buch verwendeten Terminologie müssen zur Aktivierung eines Guts im steuerrechtlichen Sinn Ausgaben entstanden sein, ein über das Wirtschaftsjahr hinausgehender Nutzen zu erwarten sein und eine selbstständige Bewertbarkeit vorliegen. Positive Wirtschaftsgüter des deutschen Steuerrechts entsprechen weitgehend, aber nicht ganz, den Vermögensgegenständen des → dHGB und den *assets* der IFRS.

Write off

Englischsprachiger Ausdruck für → außerplanmäßige Abschreibung

Zahlungsmittel

Barmittel sowie jederzeit verfügbare sogenannte Sichteinlagen bei Banken. Im englischsprachigen Raum wird dafür der Ausdruck → *cash* verwendet.

Zeitliche Abgrenzung

→ Abgrenzung, Prinzip der zeitlichen

Zeitnäheanforderung

→ Anforderung nach Zeitnähe

Zeitraumbezogene Abgrenzung

→ Abgrenzung, Prinzip der zeitraumbezogenen

Zurechnungsprinzipien

Prinzipien oder Argumentationsketten, die man anwendet, wenn man Vermögensgüter mit den Wertbestandteilen versieht, die aus Vorgängen resultieren. Ein bekanntes Beispiel ergibt sich, wenn man Erzeugnisse mit den Werten versehen möchte, die bei ihrer Herstellung angefallen sind. Bei dieser Ermittlung der → Herstellungsausgaben eines Erzeugnisses ist es erforderlich, Überlegung zur Abgrenzung derjenigen Ausgaben, die man dem Erzeugnis zurechnet, von denjenigen vorzunehmen, die man ihm nicht zurechnet. Die vielen möglichen Zurechnungsprinzipien oder Argumentationsketten lassen sich in zwei Arten unterteilen, in Marginalprinzipien und in Finalprinzipien. Nach einem Marginalprinzip wird einem Erzeugnis eine Ausgabe nur zugerechnet, wenn sie mit jeder neuen Erzeugniseinheit wieder neu anfällt. Finalprinzipien eröffnen dagegen die Möglichkeit, Erzeugnissen auch solche Ausgaben zuzurechnen, die nur einmalig oder gemeinsam anteilig für mehrere Produktionseinheiten anfallen.

Zuschreibung

Anpassung des Buchwerts eines Vermögensguts an seinen gestiegenen Wert

Sachverzeichnis

A

Accountant 29
Accrual Accounting 11
Adressaten der Rechnungslegung 4
Aktiengesellschaft (AG) 7, 8
Allowance 185
Anlagevermögen 278
Ansatzvorschrift 48
Aspekt
    finanzieller 10
Asset 71, 72
    current 278
    non current 278
Auditor 5
Aufbewahrungspflicht 44
Aufwand
    Entstehung 75
    Teil der Einkommensrechnung 75
Aufzeichnungspflicht 43

B

Berufschancen im Rechnungswesen 29
Bestands- und Bewegungsrechnung 12
Bestandsaufnahme (Inventur) 174
Bestandsrechnung 12
Besteuerungsgrundlage 6
Bewegungsrechnung 12
Bewertungsvorschriften des dHGB 48
Bilanz 71, 73, 100
    als Schuldendeckungspotenzial 80
    Beispiel nach HGB 27
    inhaltliche Gestaltung 277
Bilanzgleichung
    intertemporale 74
    intratemporale 73
Buchführungspflicht 40
    Beginn und Ende 47
    derivative 42
    nach dHGB 46

C

Certified Public Accountant 5
clean surplus-Relation 84
Comparability 26
Conservatism 26
Cost principle 24
Costs of goods sold 171
Current assets 278
Current ratio 309

D

Decision usefulness 58
Deutsches Rechnungslegungs Standards Committee 18
Dividende 75
Dokumentation 40

E

Earnings per share 60
Economic entity-Konzept 21, 39
Eigenkapital 5
    Ermittlung 70, 72
    Postenstruktur 277
Eigenkapitaltransfers 5, 74
Eigenkapitalveränderung 73, 74
Eigenkapitalveränderungsrechnung 100, 103
Einkommen 5, 6, 75, 100
    Gewinn 6
    Jahresfehlbetrag 6
    loss 6
    net income 6
    net loss 6
    profit 6
    Verlust 6
Einkommensabhängige Zahlungen 6
Einkommensrechnung 100, 103
    Deutsche Telekom AG 29
    Gesamtkostenverfahren 198, 276
    inhaltliche Gestaltung 275
    Umsatzkostenverfahren 198, 276
Einlage 74
Einzelbewertung 24, 48

Einzelunternehmen 7
Endorsement 58
Entnahme 75
Entscheidungskontext 3
Equity-Methode 62
Ereignis
    relevantes 4
Ertrag
    Teil der Einkommensrechnung 75
Ethik 5, 254
    Probleme 5
Expense
    prepaid 228

F

Fair value 25
Fehlersuche 140
Finalprinzip 84
Finalprinzips 199
Financial Accounting Standards Board 18
Finanzberichte 3, 27
    Beispiel 27
    konsolidierte 171
Fremdkapital 72, 279
Fristigkeit 279

G

Gehaltsbestandteile in Deutschland 179
Generally Accepted Accounting Principles (U.S. GAAP) 18
Genossenschaft (eG)
    eingetragene 7, 8
Gesamtkostenverfahren 197, 201
Gesellschaft
    (eingetragene) Genossenschaft 8
    Aktiengesellschaft 8
    Kommanditgesellschaft 8
    mit beschränkter Haftung (GmbH) 6, 8
    Personengesellschaft 7
    stille 8
Gewinn- und Verlustrechnung 100
Gläubiger 72
Gläubigerschutz 19

Going concern-Konzept 22
Grenzprinzip 84
Gross margin-Prozentsatz 210

H

Haftung 9
Haftungsbegrenzung 9
Handelsgesellschaft
    offene (oHG) 8
Handelsware 169
    Rücksendung 185
    Vorrat 171

I

Informationen 4
Informationspolitik, verzerrte 5
Informationszweck der Rechnungslegung 3, 40
International Accounting Standards 18
International Accounting Standards Board 18
International Financial Reporting Standards 7, 18
Inventar 226
Inventur 226

J

Jahresabschluss 3
Jahresüberschuss 6
Juristische Person 8

K

Kapitalerhöhung 74
Kapitalflussrechnung 11, 29, 100, 103
    direkte Methode 287
    indirekte Methode 308
    Zwecke 282
Kapitalgesellschaft 6, 8
Kapitalherabsetzung 75
Kapitalrückzahlung 75
Kaufmann 46
    Arten von 46

Kommanditgesellschaft (KG) 8
Kommanditisten 8
Komplementäre 8
Konsequenzen
    finanzielle 4
Konsolidierung 9
Konto
    permanentes 274
    temporäres 274
Konzern 9

L

Lage
    wirtschaftliche 40
Leistungsabgabeorientierung 24
Liquidität 278, 309

M

Marginalprinzip 84, 199
Marktleistungsabgabe 81
Mehrwertsteuer 180
Methodenstetigkeit 48
Mittelherkunft 70, 71
Mittelverwendung 70, 71

N

Nachprüfbarkeit 40
Non current assets 279
Nutzer von Finanzberichten
    unternehmensexterne 4
    unternehmensinterne 4

O

Oberkonto
    und Unterkonto 117
Offenlegungspflicht 41
Operating cycle 278
Owners' equity 72

P

Pensionsrückstellung 234

Pensionsverpflichtungen 234
Permanentes Konto 274
Personengesellschaft 6, 7
Preisnachlass, nachträglicher 185
Prepaid expense 228
Privatbereich 7
Probable 235
Prudence principle 26
Purchase returns 185

R

Rate of inventory turnover 210
Reasonably estimable 235
Reasonably possible 235
Rechenschaft 40
Rechnungsabgrenzungsposten
    aktiver (antizipativer) 228
    aktiver (transitorischer) 229
    antizipativer 227, 232, 233
    nach deutschem Handelsrecht 227
    passiver (antizipativer) 228
    passiver (transitorischer) 228
    transitorischer 227, 230
Rechnungslegung
    Adressaten 4
    Relevanz 20
    Zeitnähe 20
Rechnungswesen
    betriebswirtschaftliches 3, 10
    externes 5
    internes 5
    mit Vermögensorientierung 11
Rechtsformen
    für Unternehmen 6
Rechtsformunterschiedliche Ausweis- und Gewinnverwendungsregeln 9
Rechtspersönlichkeit
    eigene 8
Rechtssicherheit 40
Relevance principle 20
Relevante Ereignisse 4
Relevanz 20
    der Rechnungslegung 20
Reliability principle 20

Remote 235
Residualanspruchberechtigte 22
Ressourcen
    Ansprüche 11
    ökonomische 11, 70
Revenues
    unearned 228
Roh-, Hilfs- und Betriebsstoffe 169
Rohertragsprozentsatz 210
Rückstellung 72, 234, 235

S

Saldenaufstellung
    korrigierte 182, 248
Segment reporting 60
Selbstinformation 40
Spannungsverhältnis zwischen Relevanz und Verlässlichkeit 20
Stable monetary unit 23
Stille Gesellschaft 8

T

Temporäres Konto 274
Terms of trade 81
Timeliness 20

U

Umlaufvermögen 278
Umsatzkostenverfahren 200
Umsatzsteuer 180
Unearned revenue 228
Unterkonto
    Übertragung des Saldos 118
Unternehmen
    im juristischen Sinn 21, 41, 51
    im ökonomischen Sinn 21, 41, 51
Unternehmeninsolvenz 8
Unternehmensfortführung 22

Unternehmensvergleich 26
Unternehmerbezug 11

V

Verbindlichkeiten 72
Vergleichbarkeit 26
Verhaltenskodex 5
Verkauf
    auf Ziel 188
Verlässlichkeit der Rechnungslegung 20
Vermögensgegenstand 71, 72
Vermögensgut 71
    Arten von 113
Vermögensorientiertes Rechnungswesen 11
Veröffentlichungspflicht 9
Verschuldungsgrad 309
Vorsichtsprinzip 26

W

Warenvorratsumschlag 210
Wirtschaftsgut 71, 72
Wirtschaftskreislauf 278
Wohlfahrt
    gesamtwirtschaftliche 40

Z

Zahlungsorientierte Anfangsbilanz 14
Zahlungsorientierte Bilanz 16
Zahlungsorientierte Eigenkapitaltransfer-rechnung 14
Zahlungsorientierte Einkommensrechnung 14
Zahlungsrechnung 11
Zeitnähe der Rechnungslegung 20
Zeitvergleich 26
Zurechnungsprinzipien 199
Zuschreibung 349
Zweck 19